国家出版基金项目
NATIONAL PUBLICATION FOUNDATION

"十四五"
国家重点出版物出版规划项目

先进核科学与技术应用和探索丛书
核与辐射安全系列

总主编　欧阳晓平

核技术应用
同位素与辐射技术

编　著　罗顺忠
参　编　王　静　李兴亮　雷轶松　杨玉青　张华明
刘国平　魏洪源　贾尧丹　邴文增

哈爾濱工程大學出版社
Harbin Engineering University Press

内 容 简 介

本书是一部旨在介绍非动力核技术(通常称为同位素与辐射技术)及其应用所涉及的主要方法、原理及新进展的教材。其内容涉及同位素制备技术,核分析技术,核技术在工业、农业、医学、环境等领域的应用。

本书可作为大专院校核科学与技术所属专业教学教材、相关专业选修教材和参考书,也可作为从事核技术应用研究的科技工作者的参考书。

图书在版编目(CIP)数据

核技术应用 : 同位素与辐射技术 / 罗顺忠编著. 哈尔滨 : 哈尔滨工程大学出版社, 2025. 3. -- ISBN 978-7-5661-4707-3

Ⅰ. TL99

中国国家版本馆 CIP 数据核字第 2025XR4602 号

核技术应用:同位素与辐射技术

HEJISHU YINGYONG:TONGWEISU YU FUSHE JISHU

选题策划 石 岭
责任编辑 石 岭 马佳佳
封面设计 李海波

出版发行 哈尔滨工程大学出版社
社　　址 哈尔滨市南岗区南通大街 145 号
邮政编码 150001
发行电话 0451-82519328
传　　真 0451-82519699
经　　销 新华书店
印　　刷 哈尔滨午阳印刷有限公司
开　　本 787 mm×1 092 mm 1/16
印　　张 20.25
字　　数 533 千字
版　　次 2025 年 3 月第 1 版
印　　次 2025 年 3 月第 1 次印刷
书　　号 ISBN 978-7-5661-4707-3
定　　价 68.00 元

http://www.hrbeupress.com
E-mail:heupress@hrbeu.edu.cn

从书序

核电在我国是战略性高技术产业，是构建清洁低碳、安全高效的现代能源体系的重要组成部分。经过多年的努力，我国核电从无到有，从小到大，取得了举世瞩目的成就。我国核科学与技术的快速发展，推动了整个科学技术领域和国民经济的发展，大大增强了我国的综合国力，提高了我国的国际地位。习近平总书记对我国核工业取得的成就给予了充分肯定，指出核工业要坚持安全发展、创新发展，坚持和平利用核能，全面提升核工业的核心竞争力，续写我国核工业新的辉煌篇章。

核行业的迅猛发展必然对核安全与辐射防护问题提出更多、更高的要求，核安全与辐射防护等工作对核工业健康可持续发展，发挥着重要的支撑作用。我们应居安思危，坚持不懈地推进核安全研究，减少核设施发生事故的概率，并尽可能减轻核事故后果的影响。辐射防护可有效保护人类和环境免受辐射照射产生的有害效应，而又不过于限制辐射照射在有益于人类健康和有利于工业、农业及其他行业领域的应用。因此，核与辐射安全对促进核科学与技术的发展起着越来越重要的作用，对保护人体健康和人类生存环境具有重要意义。

“先进核科学与技术应用和探索丛书——核与辐射安全系列”作为“先进核科学与技术应用和探索丛书”的第一辑，是国内首套系统讲解核科学与技术中的核安全与辐射防护问题的书籍，围绕核科学与技术应用中的辐射及其安全问题，从大气环境、核电厂等对人体可能造成的外照射和内照射等多个维度，讲解电离辐射的类型和来源，电离辐射监测、剂量评定与防护，以及辐射在工业、农业和医学等领域中的应用和安全问题。本丛书紧密贴合我国核技术发展实际，并在各自专题领域具有一定的先进性。

本丛书的出版将是核科学与技术领域关于核与辐射安全问题的一次系统性梳理与提高，将促进相关领域的理论研究和经验反馈，促进核行业稳步、健康与可持续发展，并为高校和科研单位提供知识参考，助力提高人才培养水平，为国家核行业发展储备技术骨干。

中国工程院院士 

序　言

自从 1896 年贝可勒尔(A. H. Becquerel)发现铀的天然放射性至今,核科学技术的发展已经历了 120 多年,在这期间的前 50 年,主要是核科学的进展。人工放射性的发现、原子核模型的建立、核裂变和核聚变现象的发现,加速器和反应堆的成功建成与运转为当代最重要的技术科学之一——核技术的诞生奠定了坚实的科学基础。20 世纪 40 年代,第一颗原子弹的爆炸成功,为人类揭开了核技术应用的序幕。第二次世界大战以后,核技术应用在军事与和平利用两个方向上都得到了迅猛发展。冷战时期超级大国的核军备竞赛,极大地刺激了以核武器为代表的核技术的军事应用,而核反应所蕴藏的巨大能量潜力以及核辐射独有的效应和性能同样又使人们对核技术的和平利用产生了极大的探索兴趣。经过此后几十年的发展,核技术对社会、经济和科学起到了非常重要的推动作用。可以说,现代很多科学技术领域所取得的成就都与核技术是分不开的。核技术应用给国民经济各个相关领域带来了巨大的社会效益和经济效益。在美国等发达国家,核技术应用产业的产值在 20 世纪末已占其全年国内生产总值(GDP)的 3%~5%。正如 20 世纪 90 年代国际原子能机构(IAEA)在一份报告中指出的:就应用广度而言,只有现代电子学和信息技术才能与同位素及辐射技术相提并论。

我国核技术及其应用已有 50 多年的历史,无论是在核技术自身的发展、核技术应用的拓展方面,还是在核技术产业化的推进方面,皆取得了长足的进步。具体体现在:建立起较为完善的教学、科研和产业化体系;具有提供常用同位素的生产能力;部分核仪器仪表成果处于国际领先地位;核技术应用已具有一定的产业化规模。然而与国际发展水平相比,我国在研发投入、创新成果、人才、经济效益等方面尚有较大的差距。

人类进入 21 世纪,科学技术发展的需求、社会进步的需求,以及人类面临的能源、环境压力给核技术及应用带来新的发展机遇,被称为“第二个春天的到来”。国内不少大专院校把握难得的机遇,陆续成立、恢复、加强、适应其发展的学科或学院,为加快人才培养创造必要的条件。这样一来,相关的教材就成为突出的需求。近年来虽已有一些专著或教材可供大专院校教学和学生学习之用,但这些专著或教材基本上仅局限于所涉及核技术的某个具体领域,而缺少从核技术作为一个技术科学的层面对其内涵、应用和发展做全面、系统介绍的教科书。

为了弥补这个不足,编者产生了编写本教材的想法。编写人员在构思设计本教材的内容时,也只能把它局限于核技术的和平利用方面,在和平利用方面又仅局限于非核能部分。因为核技术的军事应用和核能部分,在专业内涵、学科关联和相关的工程技术等方面,与和平利用的非核能部分有相当大的不同和独立性。本教材内容的限定,看来是必要的,这样既可以避免教材过于繁杂,也可使教学更有针对性。

主编及各位参编人员在和平利用核技术的重要支柱——同位素技术及应用领域已经有二十多年的工作经历，积累了较丰富的实践经验并取得了重要成果。有这样的基础，该书应该是一部集基础理论和实践、技术与应用的好教材。

受该书主编所邀，我很高兴地为该教材写此序言。我们期望它能为我国核技术的和平利用助一臂之力。

胡思得

中国工程院院士

2008 年 12 月 30 日于北京

序　言

20 世纪是人类社会科学技术飞跃发展的世纪，许多科学技术领域的成就对人类文明和社会生产力的进步发挥了重大作用，核科学技术是其中之一。虽然核科学技术是以美国 1945 年在日本广岛投放第一颗原子弹的巨大破坏性而进入公众视野的，但随后可控裂变能的应用为人类开辟了一个崭新的清洁能源领域——核能发电；这之后核科学技术以其独特的技术优势显示出诱人的应用前景，因而从第一座核反应堆建成后，各国核科学家倾注了全力研究和开发核科学技术在各个领域的应用，以造福人类。早在 1956 年第一届日内瓦国际和平利用原子能会议上就已显示出核技术的应用价值和发展前景。经过半个多世纪的发展，核技术应用已经取得了巨大的经济效益和社会效益。

广义的核（科学）技术应用涉及军用和民用，涵盖工业、农业、医学、环境、国防和科学研究等领域，而通常所讲的核技术则主要指民用非动力核技术，亦称同位素与辐射技术。它是以放射性同位素和射线与粒子束为基础的，涉及放射性同位素生产设施（反应堆、加速器等）、放射源、放射性同位素制剂（配合物）、射线与粒子束涉及辐射效应、核探测技术、核分析技术及其应用等。

核技术的独特之处在于它基于对原子内部结构科学认识（发现）和核性质系统研究的应用，远远超越了有史以来的常规科学技术。铀（或钚）原子裂变释放的能量远大于含碳燃料（煤炭、石油、天然气）燃烧释放的比能量，并且在环保和运输量上具有无与伦比的优势，使核能发电成为最现实的首选清洁能源。放射性同位素固有的射线“标识”特点，在许多科学技术研究领域引发了一场革命性的变革：在医学上广泛利用放射性同位素标记技术研究人体各项功能与基因片段的关系，了解其功能和作用，使用分子影像技术将基因表达、生物信号传递等复杂过程转化为直观图像，以观察药物或基因治疗的机理；在农学上利用放射性同位素标记技术可研究农作物的施肥管理和生长代谢规律。不同核辐射（射线、粒子）因其能量和特性差异具有不同的穿透物质的能力，与物质相互作用的机制不同，或生成新的产物或引发新的特征信息，为科技工作者提供了重要的揭示和改造自然世界的新的技术途径，如核辐射作用于生物体可造成生物基因突变，这种效应在农业中可被用于生物品种改性。核辐射与材料或化学物质作用时发生射线能量沉积或能量转移传递，而使材料的化学结构发生变化，这种功能已成功地用于有机高分子与材料的辐射加工，它与化学工业的常规方法相比具有许多优点。利用核辐射对物质的穿透性可实现对材料（或物体）的无损检测，其探测下限可达 $10^{-18} \sim 10^{-19}$ g，工业 CT、医用 CT 和许多核仪器均是利用核辐射穿透性来实现其探测功能的。

我国核技术应用起步较晚，1958 年在中国原子能研究院建成国内第一个反应堆后开始了我国核技术及其应用的奋斗历程，经过 50 年的发展，核技术为推动国民经济建设做出了重要贡献，并极大地推动了相关领域科学技术的进步。自 20 世纪 90 年代经历了短暂的低潮之后，面对世界范围的解决能源危机、缓解环境压力、提高健康质量、破解科技难题的需求，核技术及其应用迎来了新的发展机遇，被称为“第二个春天的到来”。为适应核工业、核技术及其应用发展形势对专业人才的需求，国内许多大学恢复或新组建核工程和核技术应用的院系或相关专业，组织编写出版核科学技术应用方面的教科书或专著已是当务之急，由此孕育和催生了这本教科书的问世。

《核技术应用》一书的主编及其带领的研究团队从20世纪80年代初开始，一直从事同位素技术及其应用研究工作，先后在放射性同位素制备、同位素制剂(配合物)的开发和应用，尤其是在医用放射性同位素及其药物化学方面开展了大量、系统的研究工作，积累了丰富的经验，取得了许多创新性成果。其先后获得省(部)级科技进步奖10余项，发表论文90余篇。该书是在多年技术积累的基础上，参阅大量国内外文献资料编写而成的。近年来，虽然涉及核技术及应用的学术专著已有不少陆续问世，但尚无将核技术作为一门蓬勃发展的科学技术，系统、完整地介绍其基本内容、原理方法及其应用和发展前景的基础性教科书。我相信该教科书的出版有助于弥补上述不足，有益于核技术应用人才培养；并为推动我国核科学技术的发展、缩小与国际先进水平的差距，发挥积极的作用。

中国工程院院士

2009年3月10日

前　言

《核技术应用》一书于 2009 年 10 月问世，2014 年 6 月完成第 1 次修订（2015 年 1 月出版），目前被多所大学作为教材使用，且成为从事核技术应用研究和产业化工作的相关人员的参考书。据出版社反馈，本书在科技专业类教材或专著中较为畅销，且得到读者高度认可。可见，本书为我国核技术研究及应用人才的培养做出了应有的贡献，这也是编著者所预期和希望的，对此甚感欣慰。

近年来，核技术应用在技术创新、应用拓展、产业化推进等方面得到了快速发展，在应对突发性公众事件方面发挥了独特作用。本次修订主要依据以下原则：

（1）进一步丰富和完善基础知识；

（2）尽可能纳入新的研究成果与前沿应用；

（3）调整个别章节结构使其更加合理。

时隔逾十年，因工作变化和个人原因，一些参编者已不再从事核技术应用相关研究并不再参与本书的修订工作，征得本人同意，不再列入。在此对他们在本书编写及历次修订过程中付出的辛勤劳动表示诚挚谢意！

此次修订过程中，哈尔滨工程大学出版社石岭老师在编辑加工及教材使用建议和读者意见收集方面做了许多细致的工作，四川省核学会秘书长杨来生研究员、四川省绵阳市生态节能环保低碳产业技术研究院执行院长李谦研究员给予了建设性的意见，在此一并表示衷心感谢！“路漫漫其修远兮，吾将上下而求索。”编著者有志于将本书打磨成经得起时间检验和对得起读者首肯的一部特色教材。尽管修订过程中，编著者凝心聚力、认真审慎，但仍可能存在疏漏和不足之处，诚望读者慷慨匡正。

2024 年 11 月 30 日

2009版前言

核技术(通常指非动力核技术,也称为同位素与辐射技术)应用在解决人类面临的基本问题、突破现代科技难点和推进科技进步方面发挥着不可替代的作用。国际原子能机构(IAEA)曾在一份报告中指出:就应用的广度而言,只有现代电子学和信息技术才能与同位素及辐射技术相提并论。美国将核技术列入长期优先支持的22项关键技术之一,通过加大投资力度,强化基础研究和应用开发,确立了其在国际上的领先地位,并在国民经济建设中发挥了重要的作用。20世纪90年代,核技术应用产业的年产值占其国民经济总产值的比例已超过3%。

我国无论是在核技术本身的发展方面,还是在应用的产业化规模方面均与国际上发达国家存在较大差距。核技术及其应用经历20世纪末期的相对低潮之后,进入21世纪,获得了新的发展机遇。2003年中国核学会在山东长岛召开的第一届核技术应用发展战略研讨会上,对影响我国核技术及其应用发展的主要问题进行了研讨,提出了相应的对策建议,主要包括恢复或完善高校相关专业、重视和加强人才培养、加大资源投入力度、列入国家重点攻关计划等;并形成了加快核技术及其应用发展的战略报告,受到中央领导的高度重视,并做出重要批示,要求加快核事业的发展。中央领导人的批示精神体现了党中央关于加快核事业发展新的指导思想和战略决策,是贯彻落实科学发展观的重大举措,具有深刻的现实意义和深远的历史意义。核事业的快速发展,核技术及应用的振兴,关键在于人才培养,而编写出一部既有实用性又有理论性的好教材,是人才培养的基础,也是支撑核事业、核技术及其应用的专业和学科建设的重要组成部分。我们希望用我们的辛勤劳动和初步成果,去实现这一目标。

本教材主编自20世纪80年代初开始涉足核技术及其应用领域,先后在有重要应用价值的放射性同位素的制备及应用、一些特殊核素的行为化学等方面组织开展了大量系统的研究工作,并取得了较好的成果。本教材先后获省部级科技进步奖10余项,其中一等奖3项、二等奖5项,发表论文90余篇。本教材是基于主编及其研究团队20多年研究工作的积累和对核技术及其应用发展的把握所形成的研究生培养用“讲义”的基础上,对其结构做适当调整、内容进行充实和完善后编写而成的。本教材从基本原理、基本方法及特点入手,系统介绍核技术在多个领域中的应用、取得的成效和发展趋势。全书分为9章,涵盖核技术应用的主要领域和最新成果,力求让已学习了基础的“原子核物理”“放射化学”“辐射防护与测量”等课程的学生通过本课程的学习能初步掌握核技术应用的基本原理、基本方法,熟悉核技术应用的主要范围、了解核技术应用的最新进展以及发展趋势。

本教材在编写过程中,参阅了大量文献和资料,引用了其中一些数据、图表,节录了其中一些文字(包括结果、结论),主要的引用来源或出处已列于参考文献目录中。教材编写小组对所参阅的文献资料的作者表示衷心的谢意。

感谢原国防科工委（现国防科技局）对本教材的问世所提供的重要支持；感谢国家核技术工业应用工程技术研究中心给予的慷慨帮助；感谢西南科技大学国防学院及有关老师给予的大力协助。

在教材初稿修改过程中，国内核技术及应用领域的专家、学者，如国家核电技术公司董事长傅满昌研究员、中国同位素与辐射行业协会秘书长陈殿华研究员、四川大学邓侯富教授和刘宁教授、中国原子能科学研究院倪邦发研究员和张培信研究员、四川原子能研究院陈浩研究员、西南科技大学陈晓明教授等对有关章节进行了斧正，提出了许多宝贵意见。在此，对他们所付出的劳动致以真挚的谢意。

教材编写组尤其要特别真诚致谢中国工程院胡思得院士和傅依备院士。两位德高望重的老前辈在成稿过程中不吝赐教，给予了许多教诲和关心，并欣然为本教材作序。这不仅给编写组以莫大的鼓励，同样更是对核技术及应用人才的培养所给予的深深厚望。

本教材编写时力求文字简洁、图文并茂，力求基础和实用并重、原理和应用系统，但由于核技术及其应用涉及面广，其发展可谓日新月异，受限于编者的学识和水平，书中难免有疏漏或不妥之处，也难免会出现以偏概全之误，希望读者予以指正，我们将不胜感激。

编　者

2008 年 12 月 16 日

2015版前言

《核技术应用》作为一部旨在介绍非动力核技术（通常称同位素与辐射技术）及其应用所涉及的原理、主要方法及新进展的教材，于 2009 年 10 月由哈尔滨工程大学出版社出版，至今已五年有余。基于该书问世后的发行情况和读者的要求，本次再版修订按照以下四个原则完成：

（1）进一步审定和完善基本术语与定义，使之更加准确和适用；

（2）调整章节结构，使之更加合理或协调；

（3）适当增补近期发展成果或趋势，使之保持新颖；

（4）适当增加原理方面的内容，使之进一步学科化。

例如将第 4 章由原来的“同位素仪器仪表”修改为“核仪器仪表”，并对章内各节进行调整；在第 9 章，增加了同位素电池，尤其是辐射伏特效应同位素微型电池研究的最新进展以及放射性同位素衰变能在发光材料等方面的原理与应用的介绍。

希望此次修订能使本书更趋于系统和完整，有利于读者更加全面地了解或掌握核技术及其应用的相关知识，把握其发展方向。

本次修订由张华明、钟文彬、何佳恒、刘秀华和刘国平等同志共同完成；感谢宋虎、王关全和魏洪源三位同志为再版修订工作所做出的努力，感谢中国原子能研究院倪邦发研究员对第 3 章所做的修改和审定。本书的再版也得到了哈尔滨工程大学出版社的大力支持，尤其是本书责任编辑张盈盈同志在书稿修订、读者意见收集与反馈等方面做了大量的工作，在此对他们所付出的辛勤劳动表示衷心感谢！

本书的出版得到了中国工程物理研究院核物理与化学研究所的大力支持与协助，在此表示诚挚的谢意！

尽管在修订过程中，编者尽力认真、细致和严谨，但难免百密一疏，也可能存在以偏概全之误，希望读者不吝指正。

2014 年 6 月 5 日

目　　录

第1章　概　　论

自法国物理学家贝可勒尔(A. H. Becquerel)于1896年首次发现铀(U)的天然放射性后，人们于20世纪30年代末期开始核能和核辐射的开发利用，对于原子核的研究以及由原子核发射的各类射线与物质的相互作用的认识得到进一步提升，并将其应用于现代科技研究——探索新领域、阐释新现象、确证新物质，逐步形成一门具有丰富内涵且与多学科交叉融合的新兴科学技术，即核科学技术(nuclear science and technology)，简称核技术。

核技术是现代科学技术的重要组成部分，是20世纪人类文明史上一个重要的里程碑，是当代最主要的尖端技术之一，也是社会现代化的重要标志之一。核技术现已广泛应用于国防、工业、农业、医学、通信、交通、环保、考古、资源开发和科学研究等众多领域，形成相对独立的完整的研究和应用体系，并以其知识密集性、交叉渗透性、不可取代性、高效益性及广泛适应性等特点，被纳入世界高科技角逐的竞技场。它的快速发展已成为推进全球经济增长和新技术、新材料、新方法不断取得创新发展的动力。

核技术一般分为核武器技术、核动力技术和同位素与辐射技术(简称同辐技术，也称为非动力核技术)。本教材中所述的核技术主要是同位素与辐射技术(包括放射性核素制备，核分析技术，核仪器仪表，辐射加工，核技术在医学、农业、环境等领域的应用等方面)以及核能的和平利用等内容。

1.1　核技术的发展历程

继铀盐的放射性被发现以后，法国科学家居里夫妇(Pierre & Marie Curie)于1898年相继发现了钋(Po)和镭(Ra)，并在1902年提炼出0.1 g的镭盐和几毫克钋。镭的发现，引发科学和哲学的巨大变革，为人类探索原子世界的奥秘打开了大门。以下主要事件，为核技术的诞生奠定了重要的科学基础并推动了核技术应用的迅速发展。

(1)1898年，卢瑟福(E. Rutherford)用强磁铁使铀射线偏转，发现射线分为方向相反的两种，一种非常容易被吸收，称为α射线；另一种具有较强的穿透力，称为β射线。1900年，法国化学家和物理学家维拉德(P. Villard)观察到，镭还存在着第三种射线，它不受磁场的影响，与X射线非常类似，称为γ射线。

(2)1930年，德国物理学家博特(E. Bothe)和贝克尔(H. Becker)用α粒子轰击铍、锂、硼原子核，产生了一种能使计数管放电而且穿透力很强的神秘射线。1932年，英国物理学家查德威克(J. Chadwick)研究认为这种"射线"是一种不带电的中性粒子流，它的质量数和质子相当，并具有很强的穿透本领，命名为"中子"。中子被发现后，成为科学家们进行核科学研究的重要工具，并极大地促进了核科学技术的迅猛发展。

(3)1930年前后，英国物理学家考克拉夫特(J. D. Cockcroft)和瓦尔顿(E. T. Walton)一起建造了世界上第一台粒子加速器。

(4)1931年，美国物理学家范德格拉夫(R. J. Van de Graaft)建造了静电加速器；美国物理学家劳伦斯(E. O. Lawrence)和利文斯顿(M. S. Livingston)设计制造了第一台用来加速离子的回旋加速器。随着微波技术的发展，1947 年，行波电子直线加速器和驻波质子加速器被成功建造。

(5)1934 年，约里奥·居里(Joliot Curie)夫妇用钋的 α 射线轰击铝箔，发现铝箔具有放射性，并用化学方法从铝箔中分离出^{30}P(磷-30)，首次发现人工放射性，随后在实验中发现铀裂变产生多个中子，并释放出大量能量，且预言可以实现链式反应。

(6)1938 年，在德国出生的美国物理学家贝特(H. A. Bethe)和德国天文学家魏茨泽克(F. V. Wetabckor)各自独立发现聚变反应(或称为"热核反应")。

(7)1939 年，奥地利物理学家迈特纳(L. Meitner)和她侄子弗里施(O. Frisch)等一起发现了铀核裂变现象，并测得 200 MeV 左右的裂变能。

(8)1942 年 1 月，在芝加哥大学早已废弃的足球场西看台下的一个小院落内，由美籍意大利物理学家费米(E. Feimi)设计建造了世界上第一座铀裂变反应堆 CP-1(芝加哥 1 号堆)。

(9)1942 年 12 月 2 日，人类首次完成自持裂变链式反应实验，第一座天然铀-石墨反应堆成功启动。

(10)1945 年 7 月 16 日凌晨 5 点 30 分，美国爆炸了世界上第一颗原子弹(用来进行原子弹爆炸试验)。

(11)1951 年 12 月 20 日，美国利用它的第一座生产钚的增殖反应堆的剩余热量发电，电功率为 100 kW。虽然美国从 20 世纪 50 年代初就开始研究和建造用于发电的各种类型的反应堆，但其真正的目的还是用于军事。

(12)1952 年 11 月 1 日，美国在太平洋的珊瑚岛(即马绍尔群岛)爆炸了世界上第一颗氢弹。

(13)1954 年 1 月 21 日，美国建造的第一艘核动力潜艇"鹦鹉螺"号下水。

(14)1954 年 6 月 27 日，苏联建成世界上第一座使用核燃料发电的核动力反应堆，其电功率为 5 000 kW。

(15)1957 年，美国瑞侃(Raychem)公司首次用加速器辐照生产热缩材料(heat shrinkable materials)，开创了辐射化工产业的历史。

(16)1957 年，美国凡士通(Firestone)公司首次用加速器辐照硫化技术生产汽车轮胎。

(17)1961 年，Allis-Chalmers 和 William Myers 将第一台商用闪烁照相机在 Ohio 大学投入使用。

(18)1969 年 7 月 21 日，美国"阿波罗 11 号"飞船登月。为飞船供热的两个装置为^{238}Pu(钚-238)同位素发热器。

(19)1969 年，英国工程师亨斯菲尔德(G. N. Hounsfield)成功设计了计算机断层扫描仪(CT)并于 1972 年面世，提高了病变检出率和诊断准确度，大大促进了核医学的发展。

(20)1970 年，美国福特(Ford)汽车公司首次将电子加速器用于汽车配件涂漆固化。

(21)1974 年，第一台正电子发射计算机断层扫描仪问世，并在 20 世纪 90 年代后期应用于临床。

(22)1976 年，John Keyes 研制出第一台多用途单光子发射计算机断层成像仪。

(23)1981 年，J. P. Mach 发表关于第一个肿瘤显像的单株抗体放射性药物的文章。

(24)1991 年，Cytogen 公司第一个推出经美国食品和药品监督管理局(Food and Drug Administration，FDA)同意的肿瘤显像的单株抗体放射性药物。

1.2　核技术的内涵、基本概念和术语

1.2.1　核技术的内涵

核技术是以核物理、辐射物理、放射化学、辐射化学和核辐射与物质的相互作用为基础，以加速器、反应堆、核武器装置、核辐射探测器和核电子学为支撑技术的综合性很强的现代科学技术。它利用辐射源(包括射线装置、放射性同位素源)的电离辐射以及其他形式的辐射与物质相互作用所产生的物理、化学和生物效应，观察自然现象、揭示自然规律、破解科学难题并加以实际应用。

核技术所涉及的学科领域和应用范围十分广泛，从其技术的角度可分为射线技术、同位素技术和支撑技术三个方面，其重要内涵如下。

(1)射线技术：包括辐射加工、离子束加工、核分析技术、核成像技术、辐射检测仪表。

(2)同位素技术：包括同位素制备、同位素制品、放射性药物、放射性年代学、放射性同位素能源、同位素示踪。

(3)支撑技术：包括加速器技术、反应堆技术、核辐射探测和核电子学、放射源技术、辐射剂量学和辐射防护。

核技术从其应用的角度可分为核技术在工业中的应用、核技术在生命科学中的应用、核技术在农业中的应用、核技术在环境科学中的应用、核技术在材料科学中的应用、核技术在能源领域中的应用、核仪器仪表等。

如今，核技术以其独特的交叉融合优势，在几十年发展的基础上，进一步向其他基础学科以及应用领域渗透，形成了一些交叉学科或边缘学科，如核天文学、核考古学、核地质学等。

1.2.2　基本概念和术语

1. 元素、同位素和核素

元素(element)：具有相同质子数的一类原子的统称，如氢(H)元素，是原子核内质子数均为1而中子数分别为0、1和2的 ^{1}H原子(氕，H)、^{2}H原子(氘，D)和 ^{3}H原子(氚，T)的统称。

放射性元素(radioactive element)：其所有的同位素都具有放射性的元素，如铀(U)元素、钚(Pu)元素。

天然放射性元素(natural radioactive element)：其所有的同位素都具有放射性的天然元素，如铀(U)元素。

同位素(isotope)：具有相同原子序数，但质量数不同的一类核素，也就是指原子核中具有相同质子数、不同中子数的这一类原子之间的相互称谓，如 ^{1}H、^{2}H、^{3}H，它们互为同位素。

同位素组分(isotopic composition)：用原子百分数表示的某元素中各同位素的含量，如锂(Li)元素的同位素组分为7.59% ^{6}Li、92.41% ^{7}Li。

稳定同位素(stable isotope)：某种元素中不发生或极不易发生放射性衰变的同位素，如氢(H)元素中的 ^{1}H(氕，H)。

放射性同位素(radioisotope)：某种元素中发生放射性衰变的同位素，或某种元素中发生衰变或自发裂变，并伴随辐射的不稳定同位素，如氢(H)元素中的 ^{3}H(氚，T)。

同位素丰度(isotopic abundance)：一种元素的同位素混合物中，某特定同位素的原子数与

该元素的总原子数之比，如 ^{1}H 丰度为 99.985%、^{2}H 丰度为 0.015%。

天然丰度(natural abundance)：在一种元素中特定同位素天然存在的丰度，如 ^{1}H 丰度为 99.985%指的就是 ^{1}H 的天然丰度。

富集度因子(enrichment factor)：某种特定同位素在同位素混合物中的相对组分与这种同位素在天然同位素混合物中的相对组分之比，如工业用 ^{235}U 富集度约为 20%的铀燃料发电，该燃料中的 ^{235}U 的富集度因子约为 28(^{235}U 天然丰度为 0.72%)。

核素(nuclide)：具有特定质量数、原子序数和核能态，而且其平均寿命长得足以被观察到的一类原子。也是所有已知同位素的统称，包括稳定化学元素(279 种)和不稳定化学元素(约 2 700 种)，如氢元素中的 ^{1}H 核素、^{2}H 核素、^{3}H 核素。

放射性核素(radionuclide)：一种放射性同位素，或具有放射性的核素，能自发地放出 α、β 等射线，通常也称不稳定核素，如氢元素中的 ^{3}H 核素。

放射性(radioactivity)：某些核素自发地放出粒子或 γ 射线，或在轨道电子俘获后放出 X 射线，或发生自发裂变的核性质。如 ^{3}H 核素自发释放出能量为 18.586 6 keV 的 β 射线的性质，即 ^{3}H 核素具有放射性。

天然放射性(natural radioactivity)：天然存在的核素具有的放射性。

人工放射性(artificial radioactivity)：人工放射性核素具有的放射性。

感生放射性(induced radioactivity)：由辐照产生的放射性。

原生放射性核素(primordial radionuclides)：地球形成时和由于其半衰期长还没有完全衰变的初始放射性核素(相关的原始放射性核素 ^{238}U、^{235}U 和 ^{232}Th 产生的放射性核素除外)。

宇生放射性核素(cosmogenic radionuclides)：大气中的原子核发生宇宙辐射相互作用产生的放射性核素。

人工放射性核素(artificial radionuclides)：由人工产生的放射性核素。

长寿命放射性核素(long-lived radionuclides)：辐射防护法定义半衰期大于 100 d 的放射性物质为长寿命放射性核素。

短寿命放射性核素(short-lived radionuclides)：辐射防护法定义半衰期不大于 100 d 的放射性物质为短寿命放射性核素。

同质异能态(isomeric state)：核的某种平均寿命长得足以被观察的亚稳激发态。

同质异能素(nuclear isomers)：处于同质异能态的核素。

同分异构体(isomers)：在不同的能量条件下，具有相同中子和质子数的核素。

同质异能跃迁(isomeric transition)：核由同质异能态(亚稳态)跃迁到更低的能态(通常为核的基态)，同时发出 γ 射线的过程。

2. 基本量与概念

活度/放射性活度(activity)：一定量的放射性核素在一个很短的时间间隔内发生的核衰变数除以该时间间隔，亦称衰变率。放射性活度的单位为贝可[勒尔]，符号为 Bq。

贝可[勒尔](Becquerel)：放射性活度的国际单位，定义为放射性核素在 1 s 内的衰变次数。1 Bq 是指放射性核素每秒一次衰变的量。放射性活度的常用单位为居里(Curie，Ci)，居里与贝可之间的换算关系为 $1\ Ci = 3.7\times10^{10}\ Bq$。

戈瑞(Gray，Gy)：吸收剂量单位，定义为每千克物质所吸收辐射的总能量。吸收剂量的 SI 单位为焦耳每千克($J\cdot kg^{-1}$)，称为戈[瑞](Gy)。Gy 与旧制吸收剂量单位拉德(rad)的换算关系是 1 Gy = 100 rad。

吸收剂量率：单位时间内的吸收剂量，单位为 $Gy \cdot s^{-1}$，也可以用 $Gy \cdot h^{-1}$ 等表示。

西沃特(Sv)：剂量当量单位，定义为物质吸收的剂量与其生物效应系数的积，即剂量当量($J \cdot kg^{-1}$)= 吸收剂量×生物效应系数，用西沃特(Sv)表示，与旧制剂量当量单位雷姆(rem)的换算关系是 1 Sv = 100 rem。

核跃迁(nuclear transition)：核系统从一种量子能态转变为另一种量子能态的过程。例如通过 α 或 β 衰变，由一种核素转变为另一种核素的过程，或通过吸收(或放出)光子、轨道电子或电子对使系统的核能级发生变化的过程。

核磁共振(nuclear magnetic resonance，NMR)：射频辐射被处于磁场中的物质吸收时所观察到的共振现象。原子核的磁矩在磁场中旋进(进动)，只有某些确定的磁矩方向是允许的，它们之间的能量差值与磁场有关。当射频量子的能量刚巧等于这些能量差时，就会引起能级跃迁使磁矩取向改变，发生共振吸收。

核能(nuclear energy)：核反应(尤指裂变和聚变)或核跃迁时释放的能量。

核聚变(nuclear fusion)：两个轻原子核结合成一个较重的原子核的核反应。

等离子体(plasma)：粒子、电子和电中性粒子的电中性气体混合物。高温氢等离子体可用作受控聚变试验的燃料。

放射性衰变(radioactive decay)：不稳定原子核放出粒子或 γ 辐射，或俘获轨道电子后放出 X 射线，或发生自发核裂变的一种自发核转变现象。

衰变常数(decay constant; disintegration constant)：单位时间内一个原子核的衰变概率。

衰变能(disintegration energy)：给定的核衰变所释放的能量。

衰变纲图(decay scheme)：详细标明能级、辐射类型和半衰期等核数据的放射性核素衰变的图式。

半衰期(half-life)：在单一的放射性衰变过程中，放射性活度降至其原有值一半时所需要的时间。

放射性平衡(radioactive equilibrium)：某一衰变链中，各放射性核素的活度均按该链前驱核素的半衰期随时间做指数衰减的状态。这种放射性平衡只有在前驱核素的半衰期比该衰变链中其他任何一代子体核素的半衰期长时才是可能的。如果前驱核素的半衰期很长，以至在我们考察期间，前驱核素总体平衡上的变化可以忽略，那么所有核素的放射性活度将几乎相等，这种平衡称为长期平衡；否则，就称为暂时平衡。

比活度(specific activity)：单位质量的某种物质的放射性活度。

热中子(thermal neutrons)：与所在介质处于热平衡状态的中子。

冷中子(cold neutrons)：动能为毫电子伏量级或更低量级的中子。

超热中子(epithermal neutrons)：动能高于热扰动能的中子。此术语常常仅指能量刚超过热能(即可与化学键能相比)的能量范围的中子。

超冷中子(ultracold neutrons)：特指动能为微电子伏量级或更低量级的冷中子。

慢中子(slow neutrons)：动能低于某指定值的中子。该值因应用的场合(如反应堆物理、剂量学、中子核反应研究)的不同而异。在反应堆物理中，该值通常选为 1 eV；在剂量学中，常用有效镉截割能(约 0.6 eV)；在中子核反应研究中，则常选为 1 keV。

快中子(fast neutrons)：动能大于某指定值的中子。该值因应用场合(如中子核反应研究、反应堆物理、屏蔽或剂量学)的不同而异。在中子核反应研究中以进入不可分辨共振能区作为界限，一般在 10 keV 以上；在反应堆物理中，这个值通常选为 0.1 MeV。

共振中子(resonance neutron)：动能在中子核反应截面出现共振的能量范围内的中子。这个能量范围变化较大，通常为 1 eV~1 keV。

光电效应(吸收)(photoelectric effect)：光子被原子吸收发射轨道电子的现象。某些介质表面吸收光子发射电子也称为光电效应。

康普顿效应(Compton effect)：X 辐射和 γ 辐射光子被物质散射的一种效应。散射是由光子与自由电子或可被看成是自由电子的电子相互作用而发生的。入射光子的部分能量和动量转移给电子，其余部分被散射光子带走。

切伦科夫辐射(Cerenkov radiation)：当带电粒子在介质中以大于该介质中光速的速度运动时所发射的电磁辐射。

中子衍射(neutron diffraction)：在一定条件下，中子束与物质相互作用而产生的衍射现象。

多普勒效应(Doppler effect)：由辐射源相对于观察者的运动而引起辐射波长的改变。

散裂(spallation)：能量足够高的粒子与原子核发生反应，反应物碎裂成较多碎片的过程。

阈能(threshold energy)：引起某种特定核反应所需的入射粒子动能(实验室系)的最小值。

截面(cross section)：入射粒子与靶粒子之间发生某种特定相互作用概率的度量。它是指每一靶粒子发生某种指定过程的反应概率除以该入射粒子的注量所得的商。

靶恩(Barn)：核物理中表示某一反应的粒子活化截面的单位，符号为 b，$1\ b = 10^{-28}\ m^2$，近似等于原子内一个核子的截面大小。

核裂变(nuclear fission)：核裂变是指重核与中子相作用而分成两个质量相差不大的碎片(偶尔分成三块碎片)，同时发射一个或者几个中子的现象。通常伴随发射中子及 γ 射线，在少数情况下也发射轻带电粒子。

裂变能(fission energy)：原子核裂变时释放的能量。

裂变碎片(fission fragments)：裂变产生的具有一定动能的各种核素。

裂变产额(fission yield)：裂变中产生某一给定种类裂变产物的份额。质量数在 90 和 140 附近的裂变产物有特别高的裂变产额。

核化学(nuclear chemistry)：用化学方法或化学与物理相结合的方法研究原子核及核反应的化学分支学科。有时，核化学泛指涉及核科学化学方面的分支学科。核化学主要研究核性质、核转变的规律及核转变的化学效应。

放射化学(radiochemistry)：研究放射性物质的化学分支学科。包括用化学方法处理辐照过的或自然界存在的放射性物质以得到放射性核素及其化合物，将化学技术应用于核研究以及将放射性物质用于研究。

核反冲(nuclear recoil)：核碰撞、核转变或辐射作用赋予剩余核的运动。

放射性标准源(radioactivity standard)：性质和活度在某一确定的时间内都是已知的，并能用作比对标准或参考的放射源。

放射性纯度(radioactive purity)：在含有某种特定放射性核素的物质中，该核素及其短寿命子体的放射性活度与物质中总放射性活度的比值。

放射化学纯度(radiochemical purity)：在含有基本上是以一种特定化学形态存在的某种放射性核素的样品中，以该种特定化学形态存在的该放射性核素占总放射性核素的百分比。

冷却(cooling)：通过放射性衰变使物质的放射性活度减弱。

去污(decontamination):用物理、化学或生物的方法去除或降低放射性污染的过程,可分为初步去污、深度去污、在役去污、事故去污和退役去污。

去污因数(decontamination factor):被污染物去污前、后的放射性水平的比值,又称去污因子。用于评价对被放射性污染物体的去污效果,其既可针对某个特定的放射性核素也可针对总的放射性污染的去除。

载体(carrier):以适当的数量载带某种微量物质共同参与某化学或物理过程的另一种物质。

离子交换膜(ion exchange membrane):含离子基团的、对溶液里的离子具有选择透过能力的高分子膜。

同位素效应(isotope effect):由于质量的不同而造成同一元素的同位素原子(或分子)之间物理和化学性质的差异。

同位素交换(isotopic exchange):两种同位素原子在两个不同分子或离子间或一个分子的不同位置上的化学交换,以及两种同位素分子在不同聚集态之间的交换过程。

同位素平衡(isotopic equilibrium):在同位素交换过程中同位素的分配达到平衡状态。

加速器(accelerator):一种使带电粒子增加 0.1 MeV 以上动能的装置。

(辐射)源[(radiation) source]:可以通过发射电离辐射或释放放射性物质而引起辐射照射的一切物质或实体。放射源为辐射源的一种,是指由放射性物质引起辐射照射的源。

密封源(sealed source):密封在包壳里的或紧密地固结在覆盖层里并呈固体形态的放射性物质。

(轨道)电子俘获[(orbital) electron capture]:原子核俘获一个轨道电子而变成另一种原子核的放射性转变过程。

内转换(inner conversion):与 γ 辐射相竞争的一种核跃迁过程,它通过电磁相互作用,将原子核的激发能直接转化成壳层电子的激发能而退激。

俄歇效应(Auger effect):处于激发态的原子,由于外壳层电子填充内壳层空穴,发射轨道电子而不是发射 X 射线的退激发过程。

穆斯堡尔效应(Mossbauer effect):γ 辐射的无反冲发射和无反冲共振吸收。

3. 辐射与射线

物质发出射线的现象称为辐射。辐射包括电离辐射(ionizing radiation)和非电离辐射(non-ionizing radiation)两类。能够引起物质电离的辐射称为电离辐射。电离辐射的种类很多,常见的有电磁辐射(包括 X 射线和 γ 射线)、带电粒子射线(包括 α 射线、β 射线、电子束、质子射线、氘核射线、重离子束、介子束等),以及不带电粒子射线(即中子)。绝大多数电离辐射是由核反应堆、加速器以及放射性核素源产生的。非电离辐射是指由于能量低而不能引起物质电离的辐射,如红外线、微波等。

4. 核衰变与核反应

核衰变又称放射性衰变,是指某些核素的原子核质子数或中子数过多或偏少造成原子核不稳定而自发蜕变成另外一种核素,并同时发射各种射线的现象。放射性衰变主要有 α 衰变、β 衰变和 γ 衰变三种,另外还有自发裂变、缓发质子、缓发中子等衰变形式。通常把衰变前的原子核称为母体,衰变后生成的原子核称为子体,如子体核仍是放射性的,仍可发生衰变,则依次称各代子体为第一代、第二代……第 n 代子体。

原子核放射性衰变的重要特性是放射性原子的数目随时间按指数规律减少。如初始时刻为 N_0 个的放射性核在 t 时刻变为 N 个，$N=N_0e^{-\lambda t}$，式中 λ 是常数，称为衰变常数，其物理意义是单位时间内一个原子核的衰变概率，单位为 s^{-1}。

原子核自发放出 α 粒子(即氦核，^4He)的过程称为 α 衰变。

原子核自发放出 β 粒子(即电子)的过程称为 β 衰变。β 衰变包括三种形式，即 β^- 衰变、β^+ 衰变和轨道电子俘获。其中，β^- 放出电子，同时释放反中微子；β^+ 放出正电子，同时释放出中微子；轨道电子俘获是指原子核俘获一个外电子的过程。天然放射性核素的 β 衰变主要是 β^- 衰变，而且原子核 β 衰变放出的正、负电子不是原子核内所固有的，而是核内质子与中子相互转变而产生的。

原子核自发放出 γ 光子的过程称为 γ 衰变，即原子核从高能态(即激发态)通过发射 γ 光子跃迁到较低能态的过程。在 γ 跃迁中原子核的质量数和电荷数不变，只是能量发生了变化。

核反应是指原子核与原子核，或原子核与粒子(如中子、α 粒子等)彼此相互作用而导致原子核发生变化的现象。

链式核反应(nuclear chain reaction)，指核反应产物之一能引起同类的反应，从而使该反应能链式地进行的核反应。

热核反应(thermonuclear reaction)指参与反应的轻原子核(如氕、氘、氚、锂等)在高温、高密度状态下从热运动获得必要的动能而引起的聚变反应。

5. 射线与物质作用

(1) α 射线与物质的相互作用

α 粒子实际上是带两个单位正电荷的氦原子核。核衰变所发射的 α 粒子能量一般为 4~9 MeV。α 粒子与物质相互作用的主要形式有电离、激发、散射和核反应几种。

①电离

α 粒子通过物质时，与它周围原子的壳层电子发生库仑作用，使其获得能量。当电子获得足以克服原子核对它束缚的能量时，就能脱离原子而成为自由电子，形成自由电子和正离子组成的离子对，这种现象称为电离。当这些自由电子的动能足够大的时候，还将引起其他原子的电离。前者称为初级电离，后者称为次级电离。在空气中产生一个离子对大约需要 35 eV 的能量，所以一个 5 MeV 的 α 粒子，在空气中可以产生约 1.5×10^5 个离子对。α 粒子主要通过电离过程损失能量。

α 粒子通过物质时，在径迹上将产生很多离子对，并且离子对的分布是不均匀的。射线在单位路程上产生的离子对的数目称为比电离或电离密度。

②激发

如果在相互作用过程中，壳层电子获得的能量不足以使它脱离原子成为自由电子，而仅仅使电子从低能级跃迁到高能级，使原子处于激发态，这种相互作用就称为激发。受激的原子随即发射出一定能量的 X 射线而回到基态。该激发能也可传递给核外电子，使该电子获得足够的能量逃离原子核的束缚而成为一个自由电子(即俄歇电子)，此过程称为俄歇效应。α 粒子和物质相互作用时产生激发效应的概率低于电离效应。

③散射

α 粒子在物质中运动时，还会受到原子核及核外电子的库仑场和核力场的相互作用，从而改变其运动方向，这种现象称为散射。散射分为弹性散射和非弹性散射两种。弹性散射的特征是散射后的α粒子和散射核的总动能与散射前的总动能分别相等。非弹性散射的特征是散射前、后体系的总动能发生了变化。α粒子通过物质时的散射通常以弹性散射为主。

实验和理论计算表明，当α粒子垂直地入射到散射体上，经散射后，大部分α粒子是小角散射，发生大角散射的概率较小。

由于散射效应，按原来方向行进的α粒子的数目将减少，但远小于电离和激发效应所引起的α粒子的数目的减少。

④核反应

通常情况下，α粒子引起核反应的概率相当小。它与Be、B、F、Li、Na、O等元素相互作用发生(α,n)反应时将产生中子，这是目前制备同位素中子源的主要方法。

(2)β射线与物质的相互作用

β粒子实际上就是电子(包括正电子和负电子)，它是在核反应过程中从原子核内发射出来的高速电子。β粒子一般是指带负电荷的电子。核衰变过程还可能引起核外电子转变为自由电子(即所谓的俄歇电子或内转换电子)。发生β衰变的放射性核素所发射的β粒子的能量一般在4 MeV以下。在这样的能量范围内，β射线与物质相互作用的主要形式为激发、电离、散射和发生次级辐射等。

①电离、激发

β粒子与物质作用时，和α粒子一样，会使物质的分子或原子发生电离。但是，其比电离值与能量相同的α粒子相比却小很多，即使二者的速度相同，α粒子的比电离值也要比β粒子大几个量级，例如5 MeV的α粒子在水中每微米产生约3 000对正负离子对，而1 MeV的β粒子每微米只产生5对；由于β能谱的连续性，我们给出的为平均比电离值。对于单能快速电子，在空气中的比电离值大小与电子的速度有关，速度越大，比电离值反而越小。

与α粒子一样，快速电子使物质电离时，每产生一个离子对所需的能量几乎与它的速度无关，但其值比α粒子的低，在空气中约为32.5 eV。

②散射

由于β粒子的质量比α粒子小得多，所以更容易被散射。β粒子的散射过程要比α粒子复杂得多，它不仅会被核散射，也可以被轨道电子所散射。每个β粒子在到达射程末端之前，一般会发生多次散射，由于在其进程上大角度散射和小角度散射的多次发生，还将导致反散射(散射角大于90°)。

③次级辐射

当β粒子在原子的轨道电子的库仑场或原子核的库仑场及核力场中因散射而发生偏转时，其速度将发生变化，并伴随电磁波的发射，这个过程称为韧致辐射。韧致辐射具有连续的能谱。β粒子与高原子序数物质相互作用时，产生韧致辐射的概率比较大。

除了韧致辐射以外，物质中的原子与电子相互作用时，还会发射出特征X射线。特征X射线的产生机理是：快速电子将原子的K、L、M等壳层的电子击出原子之外，该壳层就产生了空位，当外层电子向内层跃迁时，将两壳层间的能量差以X射线的形式发射出来，这种X射线具有确定的能量。

另外，快速电子与物质相互作用时，还会将物质中的原子的价电子激发至更高的能级，而当它们返回基态时，会发出可见光和紫外线，这些次级辐射总称为荧光。

(3)γ 射线与物质的相互作用

γ 射线是一种高能电磁波,它是在原子核转变过程中发射出来的波长比紫外线更短的电磁辐射,波长范围为 $10^{-8}\sim10^{-11}$ cm。

γ 射线与物质的相互作用形式多达十几种,其作用形式主要取决于 γ 射线的能量。γ 射线与物质的相互作用显著区别于带电粒子,带电粒子与物质的相互作用机制是通过与介质原子核和核外电子的库仑相互作用,在其运动路径上经过多次碰撞而逐渐损失其能量。γ 光子则是通过与介质原子或核外电子的单次作用,损失很大一部分能量或完全被吸收。同位素放射源发射的 γ 射线的能量一般是在几千电子伏特到 2 MeV。对于放射性核素核衰变时发射的 γ 射线,或者内层轨道电子跃迁时发射的 X 射线,它们与物质作用的主要形式有光电效应、康普顿-吴有训效应和电子对效应三种。尽管还存在一些其他的形式,如瑞利(Rayleigh)散射、光核反应等,但在通常情况下它们的反应截面相对小得多,与主要形式相比作用是次要的。γ 射线与物质的作用过程中新生成的电子一般都具有较高的能量,还可以进行次级电离。

①光电效应

介质原子作为一个整体与 γ 光子发生电磁相互作用,结果是吸收了一个 γ 光子,并将 γ 光子放出的全部能量 E_γ 传递给一个束缚电子,该束缚电子摆脱原子对它的束缚之后发射出来,被称为光电子,这种效应即光电效应(photoelectric effect)。光电子的动能 E_e 为

$$E_e = E_\gamma - E_i \tag{1-1}$$

式中 E_i——电子的逸出功或称电子在原子能中的结合能;

i——代表电子壳层,i=K,L,…;

E_γ——入射光子的能量。

上述光电效应中,光电子发射方向相对于 γ 光子入射方向不完全是各向同性的。光电子的发射方向和入射光子的能量 E_γ 大小有关,当 E_γ 比较小(20 keV)时,光电子的发射方向几乎与入射光子的方向垂直;当 E_γ 逐步增大时,光电子的发射方向逐步趋向于和入射光子的方向一致。光电子和普通电子一样,在与物质相互作用过程中通过激发、电离等逐渐损失能量而被阻止。发射光电子后的原子也会以发出特征 X 射线的形式回到基态。

②康普顿-吴有训效应

介质原子核外壳层电子的结合能相对于 γ 射线的能量,介质原子核外壳层电子可视为自由电子,γ 光子可与这些自由电子发生弹性碰撞。设碰撞前,光子的能量为 E_γ,碰撞后,光子偏转一角度 θ,能量为 E'_γ,而电子则得到能量 $E_\beta = E_\gamma - E'_\gamma$,并和入射光子呈一特定角度射出,这种现象称为康普顿-吴有训效应。

γ 射线与物质相互作用时,发生康普顿-吴有训效应的概率除了与吸收体有关外,还取决于入射 γ 射线的能量 E_γ,并随着 E_γ 的增加而减少。

③电子对效应

能量大于等于电子静止质量两倍(1.02 MeV)的 γ 光子在原子核场附近湮没而生成一对正负电子,光子的能量一部分转化为正负电子的静止质量,另一部分转化为它们的动能,这种现象称为电子对效应。产生这种效应的概率除了与吸收体有关外,还取决于 γ 射线的能量 E_γ,当 E_γ<1.02 MeV 时,动能等于 0;E_γ>1.02 MeV 时,动能随 E_γ 的增加而增大。

生成的负电子在与物质相互作用时因电离、激发等逐渐损失能量而被阻止。生成的正电子在损失能量之后,将与物质中的负电子相结合而变成 γ 射线,此过程称为正电子湮没。

上述为 γ 射线与物质相互作用的三种主要形式。实际上康普顿-吴有训效应、光电效应

总是同时存在的，当 $E_{\gamma}>1.02$ MeV 时正负电子产生过程也会参与其中。

(4) 中子与物质的相互作用

除 ^{1}H 以外的所有原子核中都存在着中子。中子的质量与质子的质量大致相等，因为中子与 γ 射线一样不带电，所以中子与物质的相互作用完全不同于带电粒子。由于轨道电子和核的库仑场对它不起作用，所以只有当中子射入核内或者处于核力起作用的范围（10^{-15} m）时，才和原子核相互作用，而与外壳层的电子则不会发生作用。

中子与物质的相互作用形式分为散射、俘获、核反应和核裂变四种，其中散射又可以分为弹性散射和非弹性散射。发生以上各种效应的概率，除了与核物质的性质有关外，主要取决于中子的能量。根据中子能量的高低，可以把中子分为快中子、中能中子和热中子三类。与介质达到热平衡的中子称为热中子或慢中子，在常温时，热中子的平均动能为 0.025 eV；能量大于 100 keV 的中子称为快中子；能量介于快中子和热中子之间的中子称为中能中子或超热中子。慢中子与原子核作用的主要形式是俘获，中能中子和快中子与物质作用的主要形式是弹性散射，对于能量大于 10 MeV 的快中子则以非弹性散射为主。

在上述的中子与物质的相互作用过程中，除了弹性散射之外，其余各种现象均会产生次级辐射。从辐射防护的观点来看，中子产生的次级辐射是相当重要的。在实际工作中，大多数情况遇到的是快中子，快中子与轻物质发生弹性散射时损失的能量要比与重物质作用时损失的能量大得多。例如，当快中子与氢核碰撞时，交给反冲质子的能量可以达到中子能量的一半，因此含氢多的物质均是屏蔽中子的最好材料，如水和石蜡，其价格低廉，容易获得，效果较好，是最常用的中子屏蔽材料。

①散射

散射分为弹性散射和非弹性散射两种。

弹性散射的特点是入射的中子被核偏转一个角度，而核受到反冲，散射前后入射中子和靶核组成的系统的总动能和总动量不变，即核不被激发，因此没有 γ 射线产生。入射中子的动能在反冲核和散射中子之间分配，核的质量愈小，则得到的能量愈多或者说中子损失的能量愈多。中子经多次散射后，损失能量，减速成为热中子。

非弹性散射的特点是入射中子被核偏转一个角度，核受到反冲，而入射中子动能的一部分用于使核激发，受激的核回到基态时发出 γ 射线。这个过程仅仅对于快中子和重核才是主要的。

②辐射俘获或(n,γ)反应

所谓俘获是指原子核吸收一个中子而成为质量数增加 1、电荷数保持不变的原子核的核反应。通常生成的复合核处于激发态，当它回到基态时，发射能量为几兆电子伏特的 γ 射线，这种辐射俘获反应用(n,γ)表示。有时，一些同位素与超热范围内某一能量的中子发生这种反应的概率极大，称为共振俘获或共振吸收。

③(n,α)、(n,p)、(n,d)反应

发射带电粒子的核反应，不如辐射俘获反应普遍。这些核反应是根据所发射的带电粒子来命名的，如发射氦核(α)、质子(p)和氘核(d)的反应分别命名为(n,α)反应、(n,p)反应、(n,d)反应。因为带电粒子在逃离核时必须克服库仑力，所以轻核和快中子发生这种过程的概率较大，但是也有例外，如热中子极易与 ^{7}Li 发生(n,α)反应。

④核裂变反应

核裂变是指重核与中子相互作用而分成两个质量相差不大的碎片(偶尔分成三块碎片)，同时发射一个或者几个中子的现象。热中子和^{233}U、^{235}U、^{239}Pu作用，快中子和重核作用都有可能发生这种反应。

通常用微观截面来定量地描述以上各个过程的概率。微观截面的物理意义为：一个具有一定能量的中子，穿过内含一个原子核的厚度为 1 cm、体积为 1 cm^3 的介质时，发生某一过程的概率。

中子与物质相互作用时，发生非弹性散射、弹性散射、辐射俘获、核反应和核裂变等过程，其强度将逐渐减弱。由于各个过程是独立进行的，故总微观截面为各个过程的微观截面之和。微观截面的数值取决于中子的能量及介质的性质。

6. 放射分析技术

标记化合物(labeled compound)是指化合物中某一个或多个原子或其化学基团，被其易辨认的同位素、其他易辨认的核素或其他基团所取代而所得到的化合物。标记化合物中这些易被辨认的原子或基团称为示踪原子(或基团)。放射性标记化合物即用放射性核素作为示踪剂的标记化合物，如 $Na^{18}F$、$^{14}CH_3COOH$ 等。

稳定核素标记化合物(stable nuclide labeled compound)：即人为地改变化合物中某一元素的稳定同位素丰度到可以观测程度的一类化合物，如 $NH_2{}^{13}CH_2COOH$、$^{15}NH_3$ 等。

非同位素标记化合物(non-isotope labeled compound)：即在特定条件下，还可用非同位素关系的示踪原子，取代化合物分子中的某些原子，如用^{75}Se 取代半胱氨酸分子中的硫原子，制成硒标记的半胱氨酸。

多标记化合物(multi-labeled compound)：即在化合物分子中引入两种或多种示踪原子，如 $^{14}CH_3CH(^{15}NH_2)COOH$、$^{14}CH_3CH(NH_2)^{13}COOH$ 等。

定位标记(specific labeling, S)：在这类化合物中的标记原子处在分子中的特定位置上，而且标记原子的数目也是一定的。定位标记化合物命名时，除了在化合物名称后(或前)，要注明示踪原子的名称外，还需注明标记的位置与数目。例如用^{14}C 标记丙氨酸时，若在甲基上得到标记，即$^{14}CH_3CH(NH_2)COOH$，命名为 S-3-^{14}C-丙氨酸；当甲基与羧基上得到标记时，即$^{14}CH_3CH(NH_2)^{14}COOH$，命名为 S-1,3-^{14}C-丙氨酸。通常已注明示踪原子的具体标记位置后，符号 S 可省略。

均匀标记(uniform labeling, U)：是指标记碳原子在被标记分子中，呈均匀分布，对于分子中的所有碳原子来讲，具有统计学的均一性，例如用$^{14}CO_2$ 通过植物的光合作用制得带标记的葡萄糖分子，其中^{14}C 被统计性地均匀分布在葡萄糖分子的六个碳原子上，这种标记分子可命名为 U -^{14}C-葡萄糖。在放射性药品广告中，常用符号 UL 表示。

名义定位标记(nominal labeling, N 或 n)：是指根据标记化合物的制备方法，理应获得定位标记分子。但实际测定结果表明，氚原子在指定位置上的分布低于化合物中总氚含量的95%。对这类化合物在其名称后可用符号“N”或“n”标明。例如 5-T(n)-尿嘧啶，表示氚原子主要标记在分子的第五位上，但仍有 5%以上的氚分布在尿嘧啶分子的其他位置上。

全标记(general labeling, G)：是指在分子中所有氢原子都有可能被氚取代，但由于氢原子在分子中的位置不同，而被氚取代的程度也可能不同。例如，用气体曝射法制备的氚标记胆固醇分子，在分子的环上、角甲基及侧链上的氢或多或少地被氚所标记，但各位置上氚标记的程度并不相同,即可命名为 G-T-胆固醇。

示踪(tracing):在化学或生物过程中通过加入易跟踪的放射性原子对物质进行确定。

同位素稀释分析(isotope dilution analysis):在样品中加入一定量已知丰度的某元素的同位素(或包含该同位素的物质),通过对其混合前后在样品中的丰度的测定,求得样品中该元素(或该物质)含量的分析方法。

放射测量分析(radiometric analysis):通过测量某组分放射性活度来确定某物质质量的一种定量化学分析方法。

活化(activation):由辐照产生放射性的过程。

中子活化分析(neutron activation analysis,NAA):入射粒子是中子的活化分析。

离子束分析(ion beam analysis):利用带电粒子与物质的相互作用产生的瞬发信息进行物质的成分分析和结构分析。

中子照相术(neutron radiography):利用中子束穿透物体时的衰减程度,显示物体内部结构的照相技术。

放射结晶学(radio crystallography):利用 X 射线、电子、中子等被固体体系的衍射来进行晶体结构(特别是晶体的参数)和晶体物质鉴定的技术。

放射性测(定)年(代)(radioactive dating):借助放射性核素(铀、碳-14、钾-40 等)或其衰变产物在物品或材料中的含量来确定该物品或材料的年龄。

7. 辐射加工技术

辐射交联(radiation crosslinking):高分子材料的微观分子线性长链在射线作用下产生自由基,链与链间的自由基会发生反应,或高分子链重排,从而形成网状 T 形结构,高分子链由二维结构变为三维立体结构,由辐射导致的这种变化称为辐射交联。辐射交联后的三维网状结构能显著提高材料的力学性能、电学性能、耐应力开裂性能和使用寿命,是目前高分子材料改性的主要手段之一。

辐射接枝(radiation grafting):射线作用于基材产生自由基,与不饱和单体分子发生反应,将单体分子接枝在基材上。基材可以是高分子聚合物、无机物、木材、纸张和其他可以产生自由基的材料;接枝可以是液相、固相和气相,可以是共辐照接枝,也可以是预辐照接枝,通过接枝赋予基材某种特定的功能或性能。例如,丝绸辐射接枝丙烯酸或丙烯酸酯等类单体,可显著改善丝绸的外观、力学强度、着色性、可加工性、耐洗涤性、挺括性,并保持丝绸本身的其他天然优点。

辐射聚合(radiation polymerization):将不饱和单体配制的聚合体系进行辐照,引发自由基或离子聚合,不需要其他化学引发剂,因此在合成的聚合物中不存在化学引发剂的残基和片段,这对生物和医药产品来说非常重要。化学引发剂残基的存在可能导致人体细胞过敏引起炎症或导致血液凝结形成血栓,堵塞毛细血管。辐射聚合还有一个优点就是“冷聚合”,也就是说,聚合无须高温高压,在常温下即可进行,减少投资费用,避免采用复杂的化工设备。

辐射降解(radiation decomposition):高分子链在射线作用下,产生的自由基引发分子链的重排,这种重排导致高分子主链发生断裂,形成小分子链,使高分子的性质发生变化;利用此性质可得到人们所需要的产品和进行环境保护。聚四氟乙烯具有良好的润滑性质,可通过辐射降解制成聚四氟乙烯粉末,添加到油墨、涂料和耐磨油中;天然高分子如纤维素、海洋生物的壳等通过辐射降解制成葡萄糖、甲壳素等用途广泛的产品,既治理了污染又创造了一定的经济效益。

辐射灭菌（radiation sterilization）：辐射灭菌又称辐射消毒，是指利用高能射线破坏细菌或病毒的蛋白质分子结构和遗传物质，达到使细菌致死的作用。辐射灭菌安全、快速、有效，医疗领域主要用于医疗设备、药物和不能采用高温高压消毒的医用材料和器械。食品保鲜也是利用高能射线对霉菌和腐败菌的杀灭作用来延长食品的保鲜期。

8. 辐射防护基本知识

由于在核技术开发研究和应用的各个领域都涉及放射性核素和/或电离辐射，因此辐射防护的知识对于核技术及相关行业的从业人员十分重要。辐射防护作为原子能科学技术中的一个重要分支，是人们发展和利用电离辐射、放射性物质及核能的过程中产生和发展起来的，研究人类免受或少受电离辐射危害的一门综合性的边缘学科。它涉及原子核物理、放射化学、辐射剂量学、核电子学、放射医学、放射生物学及放射生态学等学科。其基本任务是保护环境、保障从业人员和公众及其后代的健康与安全。具体地讲，辐射防护的目的在于防止因电离辐射引起的非随机性生物效应，并限制随机性生物效应的发生概率，使之达到被认为可以接受的水平。射线防护的基本原则是采取一些适当措施，把射线工作人员以及周围其他工作人员所受的射线剂量降低到最高允许剂量（也叫安全剂量。我国规定的职业照射剂量限值为 20 $mSv \cdot a^{-1}$，公众照射剂量限值为 1 $mSv \cdot a^{-1}$）以下，确保人身安全。

在核技术实践中，人们对于预防外照射的防护原则是在控制源强的前提下，辐射防护措施主要采用屏蔽防护、时间防护和距离防护三原则。对于内照射的防护原则为围封隔离、净化通风、密闭包容、废物处置。对于不同的辐射源可选择使用不同的材料以达到有效屏蔽防护效果，如对于 γ 射线源一般选用 Pb（铅）等高密度金属、普通混凝土或重混凝土；对 β 射线的屏蔽，通常要选用原子序数比较低的物质，诸如像有机玻璃和 Al（铝）这样的材料，以减少 β 射线在屏蔽材料中转变为轫致辐射的份额；对于快中子屏蔽，则是原子序数较低的物质，如 B（硼），尤其是含氢多的物质，如水和石蜡等。

随着防护科学技术的发展和人们的安全、环保意识的提高，核技术在逐步渗入国民经济各行各业并对传统技术进行改造的同时，越来越被公众广泛接受，成为一项相对安全、环保的高新产业。

1.3 核技术应用及发展

从 20 世纪 40 年代中期开始，核技术及其应用在全世界范围内迅速发展。核技术与不同学科的高度交叉和融合，促进了许多边缘学科的产生。可以说，现代许多科学技术成就的取得与核技术的贡献是分不开的。研究各种射线和核能粒子束与物质的相互作用及相互作用产生的物理、化学和生物学的变化，构成了辐射物理学、辐射化学和辐射生物学的主要内容。核技术在医学中的应用和迅速发展，相应地又产生了医学物理、核医学等学科，涉及放射性核素制备、放射性核素标记化合物、辐射剂量等。

核技术向国民经济各个领域的渗透，促进了许多新的产业形成，如辐射加工、无损检测、核医学诊断设备与放射治疗设备、同位素和放射性药物等。目前，除军事用途外，核技术在能源安全、工业检测与加工、农业与林牧渔业、医学与生命科学、环境保护与治理、食品保鲜与物品消毒等诸多领域得到了广泛的应用。其应用充分体现了核技术的基本功能：一是获取信息，如同位素示踪、中子活化分析、中子照相术、过程监测、工业无损探伤、火灾预警报警、资源探测、人体脏器显像、放射性免疫分析等；二是进行物质改性和材料加工，如辐射加工、中子掺杂、静电消除、辐射育种、离子注入等;三是利用其衰变能,如同位素电池、光源、热源、隐形材料等。

1.3.1 核技术在能源方面的应用

核能的应用最先体现在国防方面。原子弹和氢弹,以及为核武器研究和制造提供技术和材料的各种反应堆、加速器,体现了核技术应用的尖端技术水平。原子弹就是利用^{235}U(铀-235)或^{239}Pu(钚-239)裂变时瞬间释放出巨大能量的原理制成的,氢弹则是利用了原子弹爆炸产生的能量促使氘、氚聚变的原理制成,它的威力一般要比原子弹大数百倍。对于核技术在国防军事方面的应用,本书不做介绍。

在民用能源方面,核能的利用主要包括以下三方面。

(1)利用重核裂变会放出巨大能量,建造核电站、空间堆电源、核供热堆、用于船舶或潜艇的核动力装置等,是裂变能实际应用的主要方向。

(2)利用轻核聚变时放出的比重核裂变时放出的更加巨大的能量可控核聚变技术,将在21世纪中后期聚变堆的研究和开发方面得到实际应用(聚变反应堆产生的放射性废物较裂变反应堆更少且安全性高),可望最终解决人类所面临的能源危机。

(3)利用放射性核素衰变时放出的能量做成电池,已广泛应用于宇宙探测器、人造卫星、心脏起搏器等领域。用作制造特种电源-同位素电池(如^{238}Pu电池),其特点是不需外界能源,小巧紧凑,使用寿命长,是目前人类进行深空探索唯一可用的电源。

核技术在解决人类面临的能源危机问题中的作用日益明显。目前,核能发电已占世界总发电量的约20%,而法国的核能发电量已占总发电量的70%以上。近年来,中国、印度等发展中国家加快发展核电的步伐,特别是在中国,核电在缓解因经济发展不均衡、电力产业结构不合理和能源生产企业布局不合理造成能源生产、输送和使用等突出矛盾方面起到了显著的作用。通过选用新堆型,提高安全性和降低建设造价,核能发电的贡献不断增大,这对缓解世界能源危机无疑是一个重大的贡献。随着世界科技和经济的高速发展,21世纪人类对能源的需求急剧增加,通过受控核聚变技术及其工程化研究,采用氘(D)、氚(T)等为原料的核聚变释放的巨大能量将成为人类最终解决能源危机的主要途径。到21世纪中叶,受控核聚变技术有望从实验室走向实用,占地球面积三分之二的海洋中巨大的氘储量将为人类提供取之不尽的清洁能源,估计可供人类使用10^9 a;威力很大的核爆炸将为工程建设、改造环境和开发资源服务;核动力将在交通运输及星际航行等方面发挥更大的作用。

1.3.2 核技术在工业领域中的应用

核技术在工业中的应用主要体现为生产过程中的射线分析检测、辐射加工、同位素示踪等。根据放射性核素放出的射线可作为获取工业过程中的控制参数和其他信息的一种信息源的原理而集成的各种同位素监控仪器仪表,如测厚仪、核子秤、射线探伤机、集装箱检测系统、离子感烟火灾报警器等在矿产开发、工业生产控制等方面发挥着不可替代的作用,是工业过程控制和自动化监测的重要组成部分。近年来,一些国家研制开发的^{60}Co(钴-60)集装箱CT检测系统、中子成像检测系统,以及基于核技术研制的爆炸物检测装置、高能电子束消毒灭菌系统、放射性物品检测装置等,都是核技术应用的成果,为打击走私、反恐等提供了有力的手段,为维护人身财产和保障国家安全发挥着越来越重要的作用。

辐射加工是核技术工业应用的重要体现,已在交联线缆、热缩材料、橡胶硫化、高分子电阻正温度系数(positive temperature coefficient of resistance,PTC)器件、医疗用品消毒灭菌、食品辐照保藏以及废水、废气处理等领域取得显著成效，形成产业规模。我国的辐射加工产品有 20 多类 300 多种，形成了热收缩材料、辐射交联电线电缆和辐射乳液聚合三大支柱产品。目前，全世界开展核技术应用的有 80 多个国家，用于辐射加工的电子加速器超过 1 000 台，其总功率约为 45 MW；^{60}Co 放射源的辐照装置约 250 座，总装源强度 2.5×10^{8} Ci，强度已达 9.25×10^{18} Bq。

电离辐射在医疗用品消毒灭菌方面，同传统的加热和化学处理工艺相比，具有极低能耗、可常温灭菌、消毒灭菌彻底、操作简便快捷、无化学残留和二次污染等优点，特别适用于某些不能用高温、高压消毒的物品，已基本取代了高温湿法灭菌和化学灭菌等传统方法，成为大批量医疗用品消毒的主要方式。可应用辐射灭菌消毒的医疗用品种类很多，包括金属制品、塑料制品以及一次性使用的高分子材料医疗用品等，中西药与化妆品也都可以采用辐射消毒灭菌，在发达国家，医疗卫生用品的辐射消毒约占钴源装置运行量的 80%，而中国不足 10%，发展前景远大。

辐照食品有利于储藏和保鲜。食品辐照与其他众多的食品保藏方法相比，具有能耗低、方便高效、卫生安全性好（无毒物残留和无二次污染）、能够保持食品的原有风味和含芳香性成分等独特优势，日益得到了广泛的应用。鲜活食品经过电离辐射处理，可以延缓其呼吸、抑制发芽、延长货架期、杀虫灭菌、进行检疫处理等。食品辐照加工正逐渐替代对大气臭氧层破坏严重的二溴乙烯加工技术，成为国际重点推广项目。1980 年 11 月，联合国粮食及农业组织（FAO）、国际原子能机构（IAEA）和世界卫生组织（WHO）在日内瓦召开会议宣布辐照的任何食品在其总体平均辐照剂量达到 1.0×10^{5} Gy 时都没有毒理学危害，也不存在其特殊的营养学或微生物学问题的安全性后，食品辐照加工业得到大力发展，并继续在减少食品储存消耗、防止食源性疾病传播、方便食品进出口检疫和提高人类生活质量与建立“绿色食品工程”等方面做出了更大贡献。目前，全世界约有 45 个国家批准辐照食品 200 多种，年市场销售总量达 3.0×10^{5} t 以上，而且食品辐照在国外已作为预防食源性疾病和开展国际农产品检疫的一种有效手段。另外，为满足辐射加工需要而发展的同位素辐照装置及成套设备、大功率辐照加速器及成套设备，以及以同位素 γ 源和加速器为射线源的大型工业在线检测、危险物品的安全检测装备、辐射治疗设备等，已形成产业规模。

基于离子注入的辐射加工或改性为半导体材料升级换代、电子信息产业的发展提供了强大的技术平台。目前，全世界用于集成电路的离子注入机共有 3 000 多台。用 12 MeV 电子加速器对硅整流器件（可控硅）的辐射改性已经得到了广泛的应用；用金属离子源（MEVA）注入材料表面，增强材料表面的力学强度和耐摩擦性等也已广泛用于刀具加工、汽车工业与航空航天工业；在核反应堆上运用中子嬗变掺杂（NTD）制造的 N 型高阻硅，适宜于制备优质高阻材料。离子注入已成为微电子线路加工的手段之一，离子束刻蚀相对于光束和电子束刻蚀具有分辨率高（可达 0.01 μm）、曝光时间短的优点，低温等离子体刻蚀方法将取代高温沉积法，成为大规模集成电路生产精细图案高保真转移的唯一经济可行的办法。运用氧离子注入半导体硅片上，在很薄的单晶硅层下，形成绝缘的 SiO_2 层，这种半导体材料具有功耗小、时间响应快、体积小等优点，将有很好的发展前景。

1.3.3 核技术在农业领域中的应用

在农业领域中，核技术应用主要包括辐射育种和辐射昆虫不育两个方面。

农作物优良品种选育和推广，是实现农业可持续发展的重要一环，有助于改进品质、增强抗逆性、提高农作物的产量，以满足人类对粮食日益增长的需求。辐射育种技术是利用 γ 等射线诱发农作物种子基因突变，获得有价值的新突变体，进而培育出优良的农作物品种。这种通过电离辐射（包括利用外太空的宇宙射线）诱使农作物遗传物质发生改变，改良物种或创造出新品种的育种方式较之于其他育种方式，具有提高突变率与扩大变异谱、打断性状的紧密连锁实现基因重排、变异稳定快、育种年限短、增强抗逆性和提高作物品质等诸多特点。目前辐射育种已经获得超过 2 500 种新的农作物品种，在全世界播种面积达几千万公顷，产生了巨大的经济效益和社会效应。我国辐射突变育种的成就突出，培育的新品种约占世界培育农作物新品种总数的四分之一，特别是在粮、棉、油等作物新品种的推广应用方面取得了显著的增产效果。20 世纪 50 年代，辐射育种只占农作物新品种的 9%，而现在已上升到 50% 以上，辐射源除了采用 γ 射线以外，中子、离子束、激光和等离子体作为辐射源也得到逐步应用。

辐射昆虫不育是一种先进的生物虫害防治方法。它利用 γ 等射线对有害昆虫进行适当辐射剂量的照射，使其丧失生殖能力，不仅达到防治甚至根除害虫的目的，还避免了因使用农药所造成的环境污染。对昆虫采用辐射不育技术代替农药来控制病虫害的生长，将极大地抑制因病虫害导致的粮食减产（据保守估计，虫害造成世界粮食每年减产 25% ~ 30%），并大大避免因大量使用农药所带来的环境污染。目前，这种技术已在墨西哥、美国、智利、坦桑尼亚、埃塞俄比亚、阿根廷和秘鲁等国家成功应用，全世界半数以上国家采用辐射雄性不育法对 200 多种虫害进行杀灭处理，比如在国外大面积根除地中海果蝇、抑制非洲彩蝇，在国内防治玉米螟、小菜蛾、柑橘大实蝇等害虫方面都取得了较好的防治效果。

另外，利用核素示踪与相关技术结合，研究农药、肥料的合理施用和防治环境污染，检测水土流失、草场退化、荒漠化等区域性环境变化，开发新型动物饲料、疫苗、疾病诊断药盒、改进家畜优化和繁殖等，对农业的发展起到了极大的促进作用。如采用核素示踪技术研究肥料（特别是新型生长素微量元素）的吸收，改进施肥技术，增加农作物的产量。微量的稀土元素在生物体内新陈代谢过程中起着重要的生理作用，可以增加植物体内叶绿素的含量，提高光合作用效率，增加农作物的结实率和营养成分的含量。核技术为改造传统农业、促进农业科学技术进步、促进农业发展走上环境友好之路，发挥了重要的作用。

1.3.4 核技术在医学领域中的应用

医学和生命科学是核技术应用最活跃的领域，包括核医学诊断、治疗及生命科学研究等方面。

核技术用于人体疾病诊断主要采用辐射源（大多用 X 射线）和放射性核素，其中放射性核素诊断的应用最广。放射性核素的临床诊断可分为体内显像和体外诊断，是基于放射性示踪原理对患者进行疾病检查的一种诊断方式。体内显像是将放射性药物引入体内，用仪器进行脏器显像或功能测定，目前已由单一的 SPECT、正电子发射型计算机断层扫描（positron emission tomography，PET）诊断发展到将 SPECT 或 PET 与核磁共振（magnetic resonance imaging，MRI）或 CT 结合的融合显像技术。体外诊断是采用放射免疫分析（radioimmunoassoy，RIA）方法，在体外对患者体液中生物活性物质进行微量分析。

核技术用于疾病治疗是利用了电离辐射对病变组织细胞的杀灭作用，可分为体外放射治疗和体内放射性药物或放射源治疗两种方式。目前，体外放射治疗是治疗癌症三大有效手段之一，可分为外部远距离照射、腔内后装近程照射、间质短程照射和内介入照射等，大都采用 γ 射线或高能电子作为外用辐射源。体内放射治疗是将放射性药物或放射源注入或置入体内进行治疗，多年来一直备受临床医学的关注。放射免疫的靶向治疗、受体介导的靶向治疗、放射性核素基因治疗以及放射性核素微粒肿瘤组织间定向植入治疗等，将会成为恶性疾病如肿瘤治疗中的主要手段，在某些方面可优于外照射治疗或化疗。

如今，核医学已进入分子核医学时代。在受体、基因、抗原、抗体、酶、神经传导物质和各种生物活性物质的研究中，核技术发挥着其他技术不可取代的重要作用；心脏核医学和神经传导核医学更加受到医学界的重视；在与其他显像技术和治疗方法的竞争中，核医学显像正从脏器灌注显像向分子核医学功能显像方面发展，多种显像技术的融合（如 MRI 与 PET、MRI 与 SPECT、CT 与 PET、CT 与 SPECT）使获得空间分辨率高、时间分辨率好的三维（以至四维）显像成为可能，而核医学治疗则从栓塞、内介入治疗向分子特异性靶向治疗方向发展，如^{99m}Tc（锝-99m）、^{123}I（碘-123）等受体配体显像和^{188}Re（铼-188）受体配体治疗等。

核医疗器械和装置在发达国家中不断完善和更新，在发展中国家不断普及。目前，全世界约有 2 000 台^{60}Co 装置和 6 000 台加速器用于治疗处于人体内部深部位的癌组织。CT、SPECT、PET、MRI 等先进诊断设备的普及或多个诊断设备的融合应用，以及^{60}Co、^{192}Ir（铱-192）、^{137}Cs（铯-137）放射源和加速器等放射性治疗设备的推广普及，配合诊断设备的新型放射性诊断和治疗药物的不断研发，为核医学的发展提供了强劲的动力。

发展显像诊断和治疗用的特异性放射性受体药物已成为当今最有活力的研究方向之一，是体内放射性药物研究与应用水平的标志。PET 显像药物是核医学在今后相当长的时间内发展的主要方向，研究的重点是以^{18}F（氟-18）为主要对象，包括^{11}C（碳-11）、^{13}N（氮-13）、^{15}O（氧-15）等药物的自动化快速合成新方法、新技术；以^{99m}Tc、^{186,188}Re 为重点的诊断和治疗用放射性药物，仍然是放射性药物化学中的热点研究方向，内转换电子（或俄歇电子）核素及其放射性药物研究将出现新的曙光，新型放射性药物，如纳米放射性药物（radio-nanomedicine）、磁导向药，以及新的治疗方法，如硼中子俘获治疗（Boron neutron capture Therapy，BNCT）、质子治疗、重离子治疗在不久的将来将会出现在临床应用中。

1.3.5 核技术在环境领域中的应用

核技术在环境领域中的应用主要涉及三废治理，包括利用加速器电子辐照的方法净化燃煤烟气，利用 γ 射线和电子射线等处理废水和难降解有机废物等方面。利用辐射处理废水和其他生物废弃物的方法与传统的填埋、投海、焚烧等处理方法相比有显著的优点，其最显著的特点是不会对环境造成二次污染。利用加速器电子辐照法净化燃煤烟气，使燃煤电厂排放的可对大气造成严重污染的 SO_2 和 NO_x 在电子束辐照下同烟中的 H_2O、O_2 等发生氧化反应生成 H_2SO_4 和 HNO_3，进一步与注入反应器中的 NH_3 反应生成可以直接用作化肥的硫酸铵和硝酸铵副产物。该方法的优点在于高效率的同时脱除 SO_2 和 NO_x、无二次污染、无须废水处理、副产物可回收利用等，是目前唯一能同时处理硫、氮两种污染物的技术。目前，日本、美国、德国、俄罗斯、波兰等国已有 20 余座不同规模的烟气脱硫脱硝装置在运行。利用具有很强穿透力或电离作用的 γ 射线和电子射线照射大气、废水、污泥，可使其发生一系列物理、化学、生物反应，破坏微生物的核酸酶或蛋白质，达到消毒灭菌的目的。辐射技术在处理城市污水、污泥方面具有处理费用低、周期短、效果好的特点。利用辐射技术处理工业有机废水，通过辐照作用使水中产生活性物质（如 · OH 基等），这些活性物质可氧化和分解水中的一些有机污染物，降低甚至可彻底解决工业废水的污染。采用辐射技术处理后的污泥仍保持其原来的养分，可作为肥料直接施用于农田，或者制成堆肥，应用前景广阔。目前，美国已拥有辐射处理废水厂 40 多座,出水各项指标几乎都优于常规处理法。

21 世纪核技术在环境科学、环境监测和环境保护方面获得了新的应用和发展机遇。在环境监测方面,可以充分应用现有核分析技术所具有的高灵敏度、高精准度和恶劣条件的适应性,对环境进行实时、远距离监测,对环境污染物化学终态及其效应进行分析和评估,对新型污染物进行鉴别和溯源分析,应该说核分析技术已成为环境监测分析质量保证体系中的重要组成部分。利用辐射处理污染、废水和其他生物废弃物的方法将更加广泛地用于治理环境污染。等离子体技术处理三废具有独特的技术优势,可用于有害物质分解、城市垃圾的高温焚烧、废水废气等处理。另外,在化学工业中乙炔有“有机合成工业之母”的称号,由于氢等离子体技术的发展为煤转化为乙炔工艺创造了条件,煤在 3 700 K 左右的温度与氢离子相互作用生成乙炔,传统煤-乙炔化工逐步被石油-乙烯化工所取代,这不仅可以减少污染,还可以实现资源的综合利用。

此外,核技术作为强有力的工具广泛用于科学研究中,包括在基础科学、生命科学以及其他学科中,用放射性核素和电离辐射提供多种分析和实验研究手段,将人们的视野从宏观推向微观,从而有可能从分子、原子、原子核水平动态地观察自然现象。其中,利用放射性核素探测灵敏度极高这一常规化学分析方法无法比拟的优势,放射性核素示踪技术在提高科学研究技术水平方面发挥了不可替代的作用。放射性核素示踪技术是目前从细胞水平进入分子水平对活体显示人体结构和病理变化的唯一方法,其研究已经深入到基因、核酸、蛋白质等领域,研究循环代谢、疾病发生、发展、转归与演变的过程,达到探索发病机制与正确诊断疾病、预防疾病发生的目的。利用半衰期较短的微量放射性核素动态示踪技术,可用于肥料与农药的效用和机理、有害物质的分解与残留探测、生物固氮、畜牧兽医研究,并将在检查测定堤坝、水库的泄漏等水利方面得到有效应用。

经过几十年的发展,核技术应用对国民经济建设做出了巨大贡献。据报道,在发达国家同辐技术取得的经济效益约占国民经济总收入的 2% ~ 5%,投入与产出比高达 1 : 5 至 1 : 10。在 Wiley 出版社 2011 年出版的 *Radiation Processing of Polymer Materials and its Industrials Applications* 一书中介绍,1991 年美国放射性核素与放射性材料的非动力应用对美国经济的贡献达到 2 570 亿美元,是核电(730 亿美元)的 3.5 倍,占美国 GDP 的 3.9%,并创造了约 370 万个就业岗位。1997 年发布的结果为:1995 年美国同辐技术对美国经济的贡献又有了较大的增长,达到 3 310 亿美元,为其核电(902 亿美元)的 3.67 倍,占美国 GDP 的 4.7%,并提供了 395 万个就业岗位。

日本 2005 年的核技术应用产业的净收入为 373 亿美元。而据日本同位素协会于 2000 年公布的数据,日本同辐技术的经济规模为 714 亿美元,是其核电(606 亿美元)的 1.18 倍,占日本 GDP 的 1.7%。因此,核技术作为一个朝阳产业,将随着世界经济的快速增长和科技日新月异的发展而得到更加广泛的应用。

我国核技术研究及其应用真正起步于 1958 年建成的“一堆一器”,之后才进入快速发展阶段。60 多年来,我国核科学技术以聚焦于国防建设为肇始,逐渐发展壮大,为增强国防、科研和经济实力创造了辉煌的业绩,形成了射线应用仪器设备、辐照育种、辐照加工、同位素及其制品等优势领域。其中,自主生产的强流质子回旋加速器性能和技术指标达到国际领先水平,已利用核技术培育了 400 余种新型农作物,占到了世界总量的 25%,此外,在工业辐照用钴源、放射性诊断和治疗药物的生产以及大型集装箱检测系列产品的研发等方面,都处于世界领先地位。据中国同位素与辐射行业学会统计,2018 年我国核技术应用的产值约为 3 000

亿元，年均增长率约为15%，发展速度远超我国GDP的增速。在核医学领域，美国2009年末PET/CT装机约2 000台，我国到2015年末拥有PET/CT为239台，且超过95%来自进口，在总体数量和人均占有率方面与美国还存在较大差距。但从发展趋势来看，我国科技人才储备充足，经济总量位列世界第二，随着我国社会经济的快速发展和科研水平的不断提升，我国核技术研究及其应用产业将拥有巨大的发展空间和广阔的前景。

我国先后建成并投入使用的核设施有中国绵阳研究堆（CMRR，中国工程物理研究院核物理与化学研究所）、中国先进研究堆（CARR，中国原子能科学研究院）、中国散裂中子源（CSNS，中国科学院高能物理研究所）、上海光源（中国科学院上海应用物理研究所）、合肥光源（中国科学院合肥分院）等重大核科学装置及其配套设施。同时，建设了大亚湾中微子探测实验装置，在四川省锦屏的二滩电站，清华大学建设有暗物质探测设施，这些大型核科学研究装置及配套设施为我国核科学及其应用研究奠定了雄厚的物质基础。

从国家自然科学基金资助项目来看我国核科学技术创新研究，其中的离子束与物质相互作用和辐照损伤是近十几年最热门的研究领域，资助占比超过20%。离子束与物质相互作用是核技术及其应用研究的理论基础，涉及核物理、固体物理、材料科学、半导体技术、大规模集成电路、光电子集成、生物技术等各个领域，该领域引起了学者的广泛兴趣。目前，用于研究的射线和离子束已由早期单一的自发辐射产生的α粒子、β射线等，发展到利用各种核素、各种能量的离子束以至团簇离子束等。通过研究既可获得核结构信息，也可为研发各类核探测器、辐射防护装置以及开展各种核技术应用工作提供科学基础。辐照损伤研究是另一个重点研究领域，尤其是了解电子元器件和探测器的辐射损伤机理对天体物理研究和深空探测具有重要意义。核辐射效应、离子注入材料改性、成像技术、同步辐射、中子技术及其应用、核技术生物效应、典型环境污染物毒理、肿瘤治疗与抑制和辐照损伤等成为持续研究的重点或热点方向。近十几年核技术及应用领域最热门的研究内容有材料辐照效应的基本理论和规律，材料中辐照缺陷的产生过程和机理，微观结构缺陷的演化及其与结构稳定性、力学性能、物理性能之间的关系，材料辐照效应的各种理论模型等。材料种类、结构类型多样，辐照效应机理不同，应用前景较好等都是该研究方向受资助较多的重要原因。随着纳米陶瓷、纳米纤维等纳米材料研究的兴起和半导体材料应用的推广，离子注入制备纳米材料、半导体及材料改性的研究受到了研究者的青睐。随着环境污染加重及人们环保意识的增强，对PM2.5等环境颗粒污染物的毒理研究、防治和监测等新兴课题越来越受到研究者的关注。欧洲核子研究组织（CERN）研发的紧凑型可移动式粒子加速器（MACHINA），产生高频射频四极子（HF-RFQ）射线束用于文物研究和考古研究，对于不可移动的、老化易碎（脆）的文物开展研究，用于确定年代和制造工艺等，在欧洲的博物馆得到广泛应用。

习　题

1-1　核科学技术的基本内涵是什么？

1-2　核技术涉及的主要学科有哪些？

1-3　简述核技术的主要应用领域及在各领域中的主要方向。

1-4　如何认识“同位素与辐射技术”是“核工业中的轻工业”？

第2章　放射性核素的制备

核技术应用的基础是射线与物质的相互作用。这些射线可由反应堆、加速器直接提供，也可由放射性核素衰变获得。放射性核素由于其使用方便、费用低廉，并可制成所需各种形状、结构紧凑的放射性制品的特点，已广泛应用于工业、农业、医学、环保、军事、资源勘探等诸多领域，并产生了显著的经济效益和社会效益。放射性核素包括天然放射性核素和人工放射性核素两种。人工放射性核素因具有射线强度容易控制、可制成各种所需形状的放射源、半衰期较短(放射性废物易处理)等特点而得到广泛应用。人工放射性核素主要利用反应堆和加速器生产，还可利用上述两者生产的放射性核素制成发生器，获取短寿命核素。通过反应堆可以大批量地生产各种放射性核素，并且生产成本相对较低；利用加速器生产的放射性核素尽管产能低，但无载体、比活度高，核素品种也较多。在生产放射性核素的过程中，通常会产生大量放射性废物。优化生产工艺以减少放射性废物产生、控制并妥善处理放射性废物以避免对环境产生较大的危害是放射性核素生产全流程中需要解决的重要技术问题。因此，先进的放射性核素生产技术、完善的放射性核素生产工艺和高效的三废处理技术等是目前放射性核素研究、生产、应用等领域关注的重点。

本章主要介绍人工放射性核素的制备方法。

2.1　放射性核素的来源

放射性核素的来源有以下两种：一种是从自然界存在的矿石中提取，通常称为天然放射性核素；另一种是通过人工干预的核反应制备，通常称为人造放射性核素，亦称为人工放射性核素。人工放射性核素主要通过核反应堆生产、加速器生产和核素发生器三种途径获得。

2.1.1　天然放射性核素

天然放射性核素分为原生放射性核素和宇生放射性核素两种。原生放射性核素是指原始存在于自然界中的放射性核素。宇生放射性核素是指宇宙射线与大气和地表中的物质相互作用生成的放射性核素。

原生放射性核素包括以^{232}Th、^{235}U和^{238}U为起始核素的三个衰变系列，即钍系(4n系，从^{232}Th开始)、铀系或称铀-镭系(4n+1系，从^{238}U开始)和锕系(4n+3系，从^{235}U开始)。三个衰变系列分别见图2-1、图2-2和图2-3。这些系列的最终衰变产物分别是稳定核素^{208}Pb、^{206}Pb和^{207}Pb。在这三个衰变系列中产生了91号元素镤(Pa)、89号元素锕(Ac)、88号元素镭(Ra)、87号元素钫(Fr)、86号元素氡(Rn)、85号元素砹(At)和84号元素钋(Po)的同位素。这些元素的最长寿命放射性核素在半衰期上有很大差别，导致这些核素在自然界中的存量相差也较大。如镤和镭均有寿命相对较长的同位素(^{231}Pa，$T_{1/2}=3.25\times10^7$ a；^{226}Ra，

$T_{1/2}$ = 1 622 a)，而钫的同位素中最长寿命的放射性核素的寿命只有几十分钟，砹的同位素中最长寿命的放射性核素只有几十秒，如^{223}Fr($T_{1/2}$ = 22 min)，^{219}At($T_{1/2}$ = 0.9 min)，所以它们在自然界中的存量极低。作为三个衰变系的中间产物，它们均可从铀矿或钍矿中分离出来，故不把它们列为人造放射性核素。第四个衰变系镎系（图 2-4）的起始核素^{237}Np（镎）是人工合成的，镎系中所有核素（从^{237}Np 开始到^{209}Bi 终结）的半衰期都比地球的年龄短得多，因此在自然界中找不到，但可通过人工方法获得。

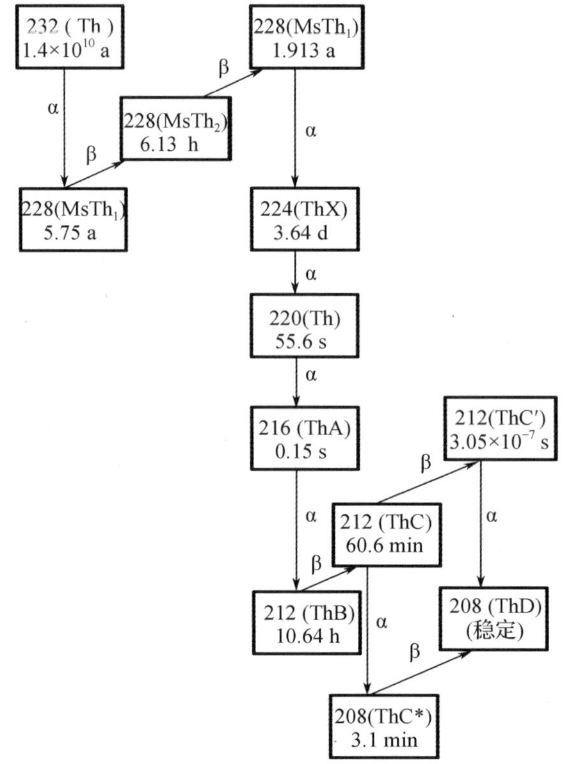

图 2-1　钍系示意图

此外，自然界中至少还存在 22 个天然的、单一或非系列的原始放射性核素。这些核素大多数具有半衰期长、同位素丰度小等特点，因此它们的环境辐射剂量很低。这些核素中最重要的是^{40}K，钾元素具有 3 个天然同位素^{39}K、^{40}K 和^{41}K，其中只有^{40}K 具有放射性，半衰期为 1.28×10^9 a。

除上述原生放射性核素外，自然界中还存在一些放射性核素，如^{3}H、^{7}Be、^{14}C 和^{22}Na，它们是宇宙射线与空气中的 N、O、Li 等作用，在大气层中生成（表 2-1），而后逐渐沉降到地球表面的；或由于俘获宇宙射线、铀自发裂变产生的中子（每克^{238}U 每小时放出 60 个中子）、α 粒子与轻核（如 Be、B）发生（α，n）反应产生的中子等引发核反应产生的，如铀矿中存在的痕量^{239}Pu。

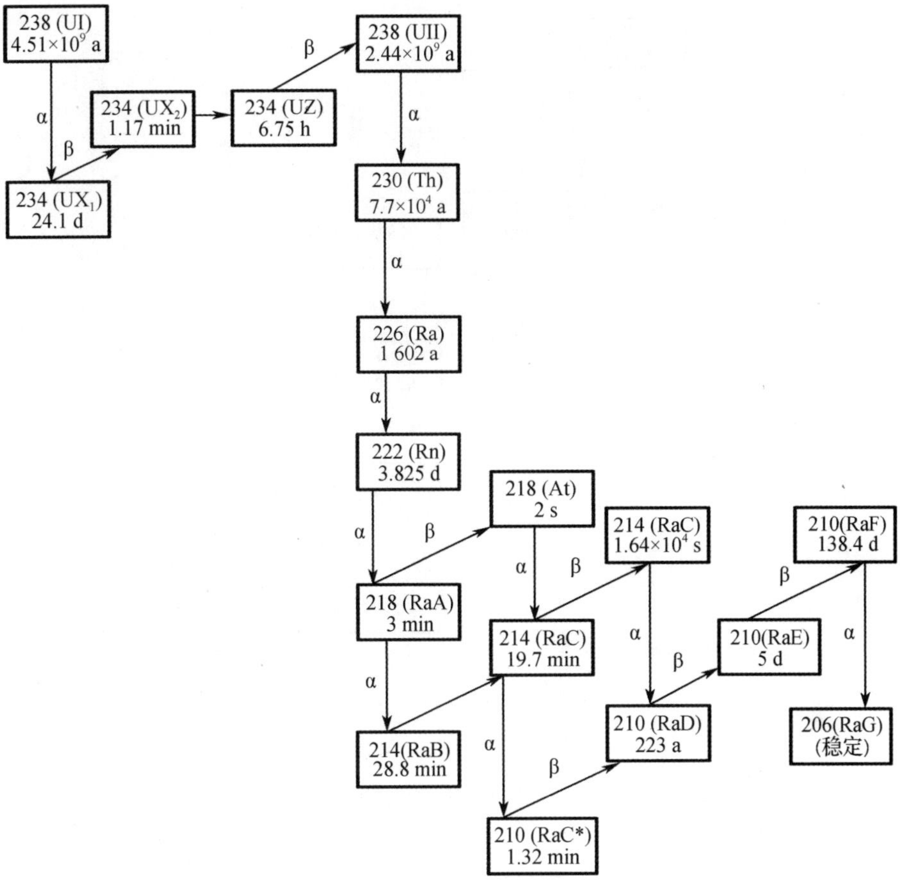

图 2-2 铀系示意图

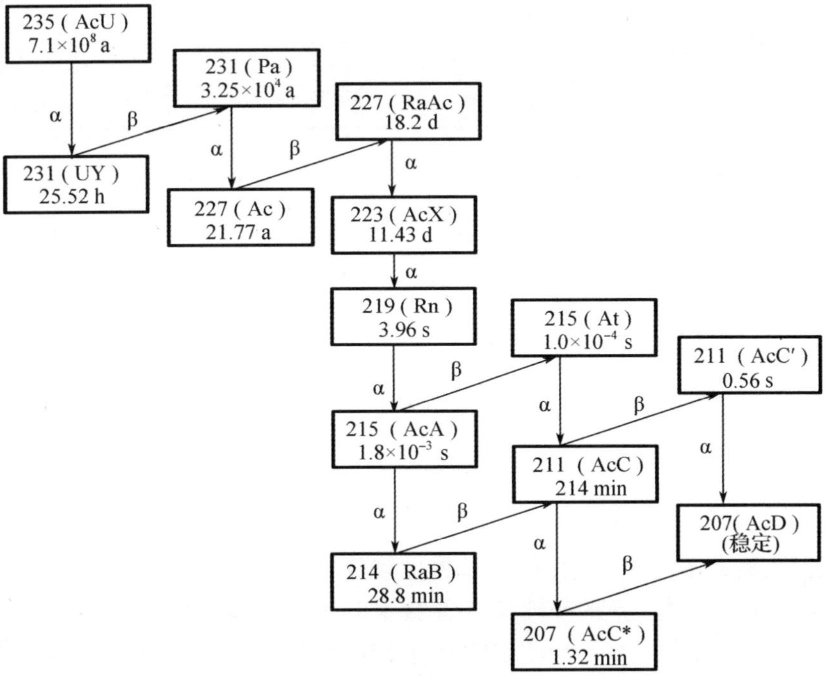

图 2-3 锕系示意图

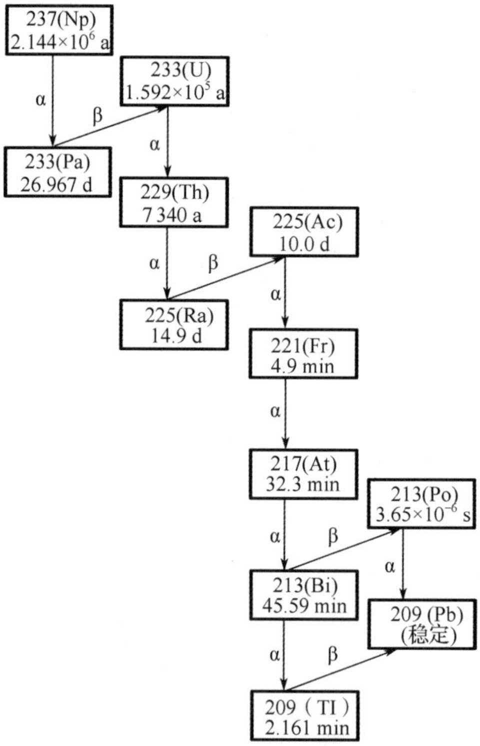

图 2-4　镎系示意图

表 2-1　宇生核素示例

核素	半衰期	起源	天然活度
^{14}C	5 730 a	宇宙射线作用，$^{14}N(n,p)^{14}C$	~15 $Bq\cdot g^{-1}$
^{3}H	12.3 a	宇宙射线与 N 和 O 相互作用；宇宙线散裂；$^{6}Li(n,p)^{3}H$	~1.2×10^{-3} $Bq\cdot kg^{-1}$
^{7}Be	53.28 d	宇宙射线与 N 和 O 相互作用	~0.01 $Bq\cdot kg^{-1}$

在这些天然放射性核素中，存在一些重要核素，如^{235}U、^{238}U 和^{232}Th 等。^{235}U 和^{239}Pu（^{238}U 经中子俘获生成）在热中子作用下易裂变，而且释放出巨大的能量（一个^{235}U 原子裂变可产生约 200 MeV 的能量，并产生 2~3 个中子），已经广泛用于放射性核素生产、核能利用等方面。由于^{232}Th 经过快中子轰击可生成^{233}U，因此它将是^{235}U 资源匮乏时潜在的替代核燃料之一。其他一些核素也广泛应用于科学研究中，如通过测古代遗物中^{14}C 的含量可以推断该遗物所处年代。该方法自问世以来就被考古学家、古人类学家和地质学家所重视，并得到了广泛的应用。

2.1.2　人工放射性核素

天然放射性核素多为重元素，种类和数量较少。天然放射性核素中某些重要核素如^{235}U、^{238}U 的生产是原子能工业的基础，其冶炼技术十分成熟，可参见相关书籍。

在工业、农业、医学等领域广泛使用的放射性核素主要是人工放射性核素。自法国科学家约里奥·居里夫妇（1934 年）用 α 粒子轰击铝引发核反应获得第一个人工放射性核素以来，人们通过反应堆、加速器等制备了大量的人工放射性核素。在目前已发现的 2 000 多种放射性核素中,人工放射性核素就超过 1 600 种。

人工放射性核素主要是通过中子或带电粒子如质子、氘核等轰击天然稳定同位素或^{235}U等易裂变材料,使其产生核反应来制备。核反应的分类方法很多,其中常用的分类方法有两种,即按入射粒子的种类和入射粒子的能量划分。

根据入射粒子种类不同,可将核反应分为四类:中子核反应、带电粒子核反应、光核反应、重粒子核反应。

按入射粒子的能量可分为三类:低能核反应($E\leqslant 50$ MeV)、中能核反应(50 MeV$<E<$1 000 MeV)、高能核反应($E\geqslant 1$ 000 MeV)。

由于裂变反应堆和粒子加速器能提供核反应所需的各种能量的中子和带电粒子,因此它们成为生产人工放射性核素的重要设施。

反应堆可提供不同能谱的中子和较大的辐照空间,因此反应堆辐照生产放射性核素具有可同时辐照多种样品、辐照的样品量大、靶材制备容易、辐照操作简便、成本低廉等优点。此外,从反应堆运行过程中核燃料因发生裂变核反应生成的产物中也可提取大量的放射性核素。经证实,经慢中子诱发^{235}U 裂变的产物约有 400 种。原子序数分布在 30 至 65 范围内、质量数位于 95 和 139 左右的裂变产物具有较大的产额,这些核素可被大量生产。核反应堆生产放射性核素已成为放射性核素的主要来源。

用加速带电粒子轰击各种靶材,能引起不同的核反应,生成多种反应堆所不能提供的放射性核素,如^{18}F、^{201}Tl 等,这也是人工放射性核素的重要来源之一。加速器能生产的放射性核素品种较多,约占目前已知放射性核素总数的 60%以上。它们多以轨道电子俘获或 β^+ 衰变方式衰变,发射单纯的低能 γ 射线、X 射线或 β^+ 射线。靶材经加速器辐照后,通过分离,可以得到无载体的放射性核素,但它的产能远低于反应堆。由于加速器生产的放射性核素在工业、农业,尤其是生物医学方面具有特殊的用途,其需求量不断增加,加速器生产现已成为放射性核素生产不可缺少的方式。

此外,将反应堆和加速器生产的某些放射性核素制成放射性核素发生器,可为远离反应堆和加速器的地方提供短寿命放射性核素,如^{99m}Tc、^{68}Ga 等。所谓放射性核素发生器是指可从较长半衰期的母体核素中不断分离出短半衰期子体核素的一种装置。由于放射性子体核素伴随母体核素的衰变而不断累积,可每隔一定时间从母体核素中方便地分离出来并加以收集,这种生产放射性核素的过程又被形象地称为“挤奶”,因而放射性核素发生器又称为“母牛”。

2.2 反应堆生产放射性核素

反应堆生产放射性核素,主要是利用了中子与靶原子核的核反应。由于核反应堆能持续提供中、低能量的中子(0.025 eV~15 MeV),已经成为放射性核素生产的重要方式。通常核反应堆能提供的中子注量率一般都在 $10^{12}\sim10^{14}$ $cm^{-2}\cdot s^{-1}$ 的范围内,部分高功率反应堆的中子注量率甚至可达 5.0×10^{15} $cm^{-2}\cdot s^{-1}$。

在核反应堆上制备放射性核素的方法主要有以下两种:

(1)通过反应堆产生的中子流照射靶材,直接生产或通过简单处理生产放射性核素,即(n,γ)法;

(2)^{235}U 等易裂变材料从辐照后产生的裂变产物中分离,即(n,f)法。

前者具有生产能力大、品种多、放射性废物量小、生产成本低廉等特点；后者可以提取^{95}Zr、^{137}Cs、^{144}Ce等裂片元素以应用于国防和工业领域，还可大规模生产无载体的^{99}Mo、^{131}I等医用放射性核素。

核反应堆生产放射性核素是基于中子与靶原子的核反应，因此我们首先需要了解中子核反应及其特点。

2.2.1 中子核反应及其特点

中子不带电，当它与原子核作用时，由于不存在库仑势垒，不同能量的中子均能引发核反应。能量很低的慢中子和中能中子主要引发(n,γ)反应，慢中子还能引发(n,p)反应、(n,α)反应和(n,f)反应等；对于快中子，主要是弹性散射的(n,n)反应和非弹性散射的(n,n')反应，其次是(n,α)反应、(n,p)反应和(n,γ)反应；高能中子能引起(n,n)反应、(n,n')反应、(n,p)反应、(n,α)反应、$(n,2n)$反应、$(n,3n)$反应等。中子核反应生成的核素通常是丰中子放射性核素，多以β^-形式衰变。

利用反应堆生产放射性核素的核反应类型很多，最主要的核反应有(n,γ)、(n,p)、(n,α)、(n,f)，以及多次中子俘获。

1. (n,γ)反应

(n,γ)反应是生产放射性核素最重要、最常用的核反应。利用(n,γ)反应可生产多种放射性核素。(n,γ)反应生产放射性核素的方式有以下几种。

(1)通过(n,γ)反应直接生成所需要的放射性核素，例如$^{59}Co(n,\gamma)^{60}Co$、$^{191}Ir(n,\gamma)^{192}Ir$、$^{31}P(n,\gamma)^{32}P$等。由于$(n,\gamma)$反应直接生成的放射性核素均为靶元素的同位素，不能通过化学方法将目标核素与其靶材元素进行分离，因此所制备的放射性核素一般都是有载体的。同时，由于靶材元素可能存在多种同位素，在反应堆内辐照时，这些同位素均有可能发生(n,γ)反应，成为放射性杂质。

(2)通过(n,γ)反应，再经核衰变生成所需要的放射性核素。例如：

$$^{98}Mo \xrightarrow{(n,\gamma)} {}^{99}Mo \xrightarrow[65.94\ h]{\beta^-} {}^{99m}Tc$$

$$^{130}Te \xrightarrow{(n,\gamma)} {}^{131}Te \xrightarrow[15\ min]{\beta^-} {}^{131}I$$

$$^{176}Yb \xrightarrow{(n,\gamma)} {}^{177}Yb \xrightarrow[1.9\ h]{\beta^-} {}^{177}Lu$$

$$^{226}Ra \xrightarrow{(n,\gamma)} {}^{227}Ra \xrightarrow[42.2\ min]{\beta^-} {}^{227}Ac$$

由于靶材元素与目标核素不是同一种元素，因此可通过物理或化学方法将靶材元素与目标核素进行分离，以获得比活度、放射化学纯度及放射性核素纯度都很高的无载体目标核素。这种方法已经用在堆照型^{99}Mo-^{99m}Tc发生器、^{131}I的干法生产等生产工艺中。

(3)通过两次或两次以上的(n,γ)反应直接生成所需要的放射性核素，或再经过核衰变生成所需要的放射性核素。例如，在高通量堆上辐照富集的^{186}W，^{186}W通过两次中子俘获生成^{188}W；^{188}W再经β^-衰变，生成^{188}Re。采用该核反应方式可以制备^{188}W-^{188}Re发生器：

$$^{186}_{74}W \xrightarrow{(n,\gamma)} {}^{187}_{74}W \xrightarrow{(n,\gamma)} {}^{188}_{74}W \xrightarrow[69\ d]{\beta^-} {}^{188}_{75}Re$$

$$^{187}_{74}W \xrightarrow[23.7\ h]{\beta^-} {}^{187}_{75}Re$$

(4)通过(n,γ)反应过程中的热原子效应生产放射性核素。此方式可以得到较高比活度的放射性核素，如^{51}Cr、^{65}Zn等。

2. (n,f)反应

^{235}U等易裂变核素俘获中子发生(n,f)反应，生成数百种裂变核素(产物)，因此裂变产物的组成相当复杂。以^{235}U为例，它与热中子发生核反应后产生的裂变产物包括36种元素的160多种核素。通过化学分离的办法可从这些裂变产物中提取在国防工业和国民经济中有重要应用价值的放射性核素，如^{90}Sr、^{95}Zr、^{99}Mo、^{131}I、^{137}Cs、^{144}Ce等。

3. (n,p)反应

(n,p)反应要求中子有较高能量，一般由快中子诱发。核内势垒随原子序数的增大而增高，因此(n,p)反应适于制备原子序数较低的放射性核素，如^{14}C、^{32}P、^{58}Co等。并且由于(n,p)反应制备的核素与靶元素的原子序数不同，一般可以通过化学分离获得无载体、高比活度的放射性核素。但由于该类型核反应阈值较高而且靶材核素的反应截面较小，(n,p)反应较难实现大规模生产。

4. (n,α)反应

与(n,γ)反应加β^-衰变以及(n,p)反应一样，利用(n,α)反应也可以生产无载体放射性核素。例如，用富集的^{6}Li生产氚就是采用了该种核反应方式，即$^{6}Li(n,\alpha)^{3}H$。

2.2.2　反应堆辐照生产放射性核素

反应堆辐照生产放射性核素，其产量与产品质量不仅受辐照条件影响，而且与核反应的选择、靶材的选择制备、提取工艺等因素有关。此外，还必须考虑靶件在堆内辐照时的安全性。

1. 放射性核素生产要求反应堆提供的条件

(1)高中子注量率

大多数放射性核素是通过(n,γ)反应来制备的，因此需要较高的热中子比例。在反应堆内，核燃料^{235}U裂变产生的多为快中子，需要经过水、重水(D_2O)、石墨等材料慢化为热中子，并通过包镉(Cd)、铍(Be)反射层等方法提高辐照孔道中中子的注量率。一般批量生产放射性核素时要求中子注量率在$5.0\times10^{13}\ cm^{-2}\cdot s^{-1}$以上。对于某些核反应截面较小，特别是要经过多次中子俘获才能得到的核素，中子注量率要求更高，如生产高比活度的^{192}Ir及^{188}W(由^{186}W经过两次中子俘获获得)时要求中子注量率在$1.0\times10^{15}\ cm^{-2}\cdot s^{-1}$以上。

(2)足够的辐照空间

在中子注量率相同的情况下，放射性核素的产量与投入堆内辐照的靶料数量成正比，因此需要在确保辐照安全的前提下辐照尽可能多的靶料。一般反应堆拥有多达数十个的辐照孔道，不同孔道的尺寸及其中的中子能谱各不相同，因此可同时利用不同的孔道批量生产多种放射性核素。

(3)反应堆运行方式

反应堆运行方式对放射性核素产额的影响较大，反应堆持续运行时间的长短与停堆时间(或停堆频率)也是影响批量生产放射性核素的重要因素。对于长半衰期放射性核素的生产，其产额受到辐照时间、反应堆功率(或中子注量率)的影响较大，停堆频率对其影响较小；而对于短半衰期放射性核素的生产，其产额不仅受到辐照时间、反应堆功率(或中子注量率)的影响较大，而且受反应堆停堆频率的影响也十分显著。因此，必须根据所生产的放射性核素的核性质(如半衰期、靶材核素的核反应靶截面等)确定不同的反应堆运行方式。

(4)反应堆安全保障

反应堆用于样品辐照的孔道按照冷却方式主要分为干孔道和湿孔道两种。干孔道采用空气冷却靶件，湿孔道采用去离子水冷却靶件。对于中子辐照发热量大的同位素靶件，一般采用水作为冷却剂，以保证靶件和反应堆运行安全。对于某些特殊靶件，如装量较大的^{235}U靶，必要时还需要在反应堆上建立循环水冷却系统，为靶件提供强制冷却条件。

2. 靶件的制备

(1)靶材的选择与处理

靶材的选择应注意以下几点。

①合适的靶材化学形态。选择靶材化学形态时，应要求靶材元素的化学纯度及含量尽可能高、靶材辐照后易于处理并转化为所需的化学形态、堆内辐照时靶件的稳定性(化学稳定性、热稳定性、辐照稳定性)好。

不同化学形态的靶材中靶材元素的含量不同，从而影响目标核素的产量。应尽量选择高靶材元素含量的化学形态，如直接用单质靶材作靶材。在选择靶材的化学形态时，必须考虑靶材辐照后处理和转化为所需化学形态的难易。如某些靶材的金属丝或氧化物辐照后溶解或转化为所需化学形态比较困难，可以选用其碳靶盐等化学形态。此外，在选择靶材化学形态时，还应该考虑靶件辐照时的安全性。如有些化学形态的靶材元素在辐照及高温下不稳定，会分解放出气体，有可能使靶件肿胀，甚至破裂，导致堆照时发生卡靶或有放射性气体逸出，从而影响靶件及反应堆的安全。选择高纯、高丰度的靶材，可以有效降低放射性杂质的引入量。

②靶核素丰度。在考虑成本及满足需要的前提下，尽可能采用高丰度的靶核素做靶材。对于某些核反应截面较小、需要发生两次中子俘获才能生产或目标核素比活度要求高的核反应，采用天然或低丰度的靶核素做靶材，很难满足上述要求，可采用高丰度的靶核素做靶材。例如，放射性核素^{113}Sn的生产，靶材核素^{112}Sn天然丰度为0.96%，热中子截面为0.71 b，如果使用天然丰度的元素Sn做靶材料，经(n，γ)反应得到的^{113}Sn比活度较低；只有在照射高富集度的^{112}Sn时，才能获得高比活度的^{113}Sn。

靶材在装入辐照靶筒前，一般需要进行预处理，以保证最终产品的纯度和辐照安全。预处理包括加热除水除气(结晶水、结合水、挥发性气体)、化学提纯、清洗除油等。有时为了加大靶材的装量，还需要对粉末料进行压块及烧结。

(2)靶件的结构设计及制备

靶件的结构设计包括靶筒结构设计、靶芯的结构(靶材的形态)及其在靶筒内的分布方式设计。靶材需要根据反应堆所能提供的辐照孔道的参数(孔道尺寸、中子类型及中子注量率分布)、靶件装量及发热量、靶件辐照管道冷却方式以及靶件出入堆的抓取工具等条件设计,以保证辐照时靶件及反应堆的安全。同时,靶件结构设计还应考虑靶件出入堆以及开靶操作的方便性。

对于靶筒材料:要求有足够高的机械强度、良好的机械加工性能、不引入放射性杂质、中子俘获截面小或不产生长寿命核素,以避免造成靶件出堆和开靶过程过大的辐射剂量。目前,多采用高纯铝作为外包壳材料。对于一些高压气体靶(如^{124}Xe)或在辐照过程中可能产生(释放)气体的靶件(如^{235}U),可采用不锈钢作为内筒材料以增加靶件抗变形的能力。靶筒制作完成后应对其进行清洗,以除去加工过程中引入的油污和其他物质的沾污。

对于某些需要在反应堆内长时间照射的靶件,往往需要对其外表面进行防腐处理,如铝制靶件表面的氧化钝化处理。

对于某些长时间辐照或发热量较大的靶,需要考虑改善靶件内部的导热性,以保证在反应堆内辐照时靶件及反应堆的安全。必要时还需采取强制对流的办法以加快热量散失。

制备辐照靶件时还要考虑靶材装载量、内外包装形式等。靶材的装载量由其在一定辐照条件下的发热量及堆所提供的冷却条件来确定。靶材一般直接封装在高纯度的铝筒中。如果靶材能与铝发生化学反应,则应将靶材密封在石英安瓿瓶中,然后再封装在铝筒中。

(3)辐照靶件的焊封

为了保证靶材在反应堆辐照过程中不发生放射性物质泄漏,一般采用焊接的方式将靶材密封在靶筒内。通常采用的焊接方式有氩弧焊、激光焊、冷焊等。氩弧焊是制备同位素生产靶件中使用最多的一种焊接方式。

(4)辐照靶件的质量控制

靶件需要经过靶件密封性、表面污染等检测,质量合格后才能入堆辐照。常用的靶件密封性检测办法有氦质谱检漏法、水煮检漏法等。水煮检漏法是早期使用的检漏方法,目前已被氦质谱检漏法所替代。有些靶件在制备过程中表面会沾上易活化物质(如靶材),因此在入堆辐照前必须对靶件表面进行清洗并测量表面污染情况,经检验合格后才能入堆辐照。

对某些靶件(如高浓铀靶),还需要进行焊接质量及靶件内靶材元素分布均匀性的无损检测。目前可选用的方法有工业CT、中子成像技术、γ谱仪测量等。对于需要长途运输的靶件还需要进行靶件抗压、抗摔强度测试。

3. 靶件的辐照

在反应堆辐照生产放射性核素时,选择合适的辐照条件和保证辐照过程的安全至关重要。靶件的辐照应注意以下几点。

(1)选择适合的核反应及中子能谱

某一放射性核素可能通过多种核反应来获得,而核反应的类型及其反应截面大小又与中子能量有关,因此选择适合的中子能谱对目标核素的质量及生产的经济性影响非常大。核反应类型及中子能谱的选择应保证反应产物具有高比活度、高放射性纯度、高产额,并且化学分离容易,生产工艺简便、经济等。

适合在反应堆上生产的放射性核素,其原子序数一般要求在20以上。对于原子序数位于20和35之间的放射性核素的生产,可以选用能量高的快中子;当原子序数大于36时,通常选用(n,γ)反应生产。

(2)选择尽可能高的中子注量率

反应堆生产放射性核素的产额与中子注量率成正比。因此,应选取尽可能高的中子注量率，以提高目标核素的产额，特别是对那些核反应截面小或需经过多次中子俘获才能得到的核素，如^{113}Sn、^{188}W等，选取高中子注量率尤为重要。

(3)选择适合的辐照时间

生产某种放射性同位素时，可以根据核素的辐照产额公式来确定靶件的最佳辐照时间。

①辐照产额的计算

对于同一靶核素，不同能量中子引起的核反应其反应截面也不同。由于反应堆裂变中子经慢化后能量不是单一的，并且慢中子随着射入靶材深度的增加能量逐渐减少，因此核反应截面值很难准确地确定。此外，靶材的核反应产物可再次俘获中子继续进行核反应，并通过β衰变生成新的物质。基于上述原因，某一核反应的理论计算产额与实际情况会有一定的偏离，但以中子平均能量预先对产额进行估算，有助于选择比较合理的照射条件。

假设稳定核素S被入射粒子轰击生成放射性核素A，核素A仅以衰变方式减少并且生成稳定核素B。以下式表示：

$$\mathrm{S}\xrightarrow[\sigma_s]{(\mathrm{n},\gamma)}\mathrm{A}\xrightarrow[\lambda_A]{}\mathrm{B}(\text{稳定})$$

例如：

$$^{23}\mathrm{Na}\xrightarrow[0.53\ \mathrm{b}]{(\mathrm{n},\gamma)}{}^{24}\mathrm{Na}\xrightarrow[T_{1/2}=14.66\ \mathrm{h}]{}{}^{24}\mathrm{Mg}(\text{稳定})$$

在照射时间内，核素A的产率与入射粒子注量率$\phi(\mathrm{cm^{-2}\cdot s^{-1}})$、热中子俘获截面$\sigma_s$(b，$1\ \mathrm{b}=10^{-24}\ \mathrm{cm^2}$)和靶核的原子数$N_s$成正比，即核素A的生产率为$\phi\sigma_s N_s$，同时它又随着$\lambda_A N_A$的衰变率而减少。因此，核素A的净增长率为

$$\frac{\mathrm{d}N_A}{\mathrm{d}t}=\phi\sigma_s N_s-\lambda_A N_A \tag{2-1}$$

式中，N_A为照射时间t后核素A的原子数。

若入射粒子通量和热中子俘获截面为常数，在大多数情况下，靶核的原子数N_s在照射过程中几乎不变，初始条件为$t=0$，$N_A=0$，则上述微分方程的解为

$$N_A(t)=\frac{\phi\sigma_s N_s}{\lambda_A}(1-\mathrm{e}^{-\lambda_A t}) \tag{2-2}$$

其放射性活度为

$$A_A(t)=\lambda_A N_A=\phi\sigma_s N_s(1-\mathrm{e}^{-\lambda_A t}) \tag{2-3}$$

式(2-2)和式(2-3)即为产额公式。显然，随照射时间t的增加，核素A的放射性活度逐渐增加，当照射时间$t\gg T_{1/2}$时，$\mathrm{e}^{-\lambda_A t}\to 0$，则$A_A$达最大值，因此$(1-\mathrm{e}^{-\lambda_A t})$称为饱和因子。在停止照射$t'$时间后，核素A的放射性活度为

$$A_A(t')=A_A(t)\mathrm{e}^{-\lambda_A t'}=\phi\sigma_s N_s(1-\mathrm{e}^{-\lambda_A t})\mathrm{e}^{-\lambda_A t'} \tag{2-4}$$

以上仅是最简单的核反应的产额计算。

通过式(2-2)、式(2-3)和式(2-4)可计算目标放射性核素的产额。但由于产额与反应堆中子能谱、堆照产额与入射中子的能量、中子注量率、核反应截面、靶原子数目、辐照时间，以及生成核素的半衰期等诸多因素有关，同时辐照过程中中子注量率与能谱的改变、靶材的自屏蔽效应以及靶原子不断消耗(特别是靶核反应截面大、辐照时间长的条件下)等情况对产额也有影响，因此要准确计算出生成的放射性核素产额是不现实的。在设计靶件和设计辐照工艺条件时，一般可通过查手册或软件计算方式来获得放射性核素的产额。根据计算或查得

的产额反推出需要的靶原料量,供制靶用。

②辐照时间的确定

最佳的照射时间可以根据上述产额公式来确定,也可以通过查阅放射性核素生产手册后经换算得到。在实际生产过程中还需要考虑到反应堆运行的经济性、操作方便以及放射性杂质含量的控制等。

4. 辐照靶件的处理

辐照后的靶件处理包括物理处理、化学处理及其进一步加工等。辐照后的靶件一般需要经过化学处理(目标核素的分离与纯化)后才能制成满足用户需要的放射性核素制品。采用的化学处理方法有溶剂萃取法、沉淀法、离子交换法、蒸(干)馏法、电化学法、热原子反冲法等。以反应堆辐照 MoO_3 制备 $^{99}Mo-^{99m}Tc$ 发生器和辐照二氧化碲(TeO_2)生产 ^{131}I 为例:辐照后的 MoO_3 用氨水溶解后,加入 $ZrOCl_2$ 溶液与之反应生成钼酸锆酰凝胶,钼酸锆酰凝胶经过滤、烘干、制粒后装柱,制成凝胶型 $^{99}Mo-^{99m}Tc$ 发生器;辐照后的 TeO_2 可以通过湿法蒸馏,即采用 NaOH 溶解、H_2SO_4 酸化、加入 H_2O_2 加热蒸馏,或直接将靶料放在干馏炉中加热将 ^{131}I 蒸馏出来,制备 $Na^{131}I$ 口服液。

有一些样品辐照后无须进行化学处理,只进行简单的物理处理就可使用,如 ^{60}Co、^{192}Ir 等,在入堆之前,将样品制成最终使用的形状,辐照后进行物理焊接、密封成为放射源。

进行放射性化学处理过程中,由于涉及放射性操作,需要一系列的放射性化学加工设施、放射性废物处理与监测系统等,包括热室、工作箱、手套箱、靶件转运与切割装置、化学分离与纯化装置、剂量测量与辐射监测设备、产品分装装置、产品质量检测设备等,以及与放射性废物相关的设施,如放射性废物暂存、处理、分拣设施等。

5. 放射性核素的产品质量

放射性核素的产品质量是通过物理检验、化学检验以及生物检验等质量检验方法予以保证的,其产品质量指标包括放射性活度、放射性纯度、放射化学纯度、化学纯度、载体含量及医用制剂的无菌、无热源检测等。近几年来,对于医用放射性制剂要求越来越严格,所有医用放射性核素及其制品的生产必须满足《药品生产质量管理规范》(Good Manufacture Practice for Drugs, GMP)的相关要求。

6. 某些有重要应用价值的放射性核素生产

反应堆辐照是生产放射性核素的主要途径之一。表 2-2 列出了反应堆辐照法生产的一些重要放射性核素。本节仅简单介绍 ^{131}I 干法生产工艺和 ^{125}I 循环回路间歇式生产工艺。

表 2-2 反应堆生产的一些重要放射性核素

核素	半衰期	核反应	靶材	生产方法
^{3}H	12.33 a	$^{6}Li(n,\alpha)^{3}H$	Li-Mg, Li-Al	辐照后将靶材在真空中加热至 500~600 ℃以分离
^{14}C	5 730 a	$^{14}N(n,p)^{14}C$	Be_3N_2, 硝酸钡	辐照后的靶材用 65% 的硫酸溶解,加入 H_2O_2,生成的 $^{14}CO_2$、^{14}CO、$^{14}CH_4$ 等用 N_2 气流带出,通过 750 ℃的 CuO 后,生成的 $^{14}CO_2$ 用 NaOH 吸收,再沉淀成 $Ba^{14}CO_3$

表 2-2(续)

核素	半衰期	核反应	靶材	生产方法
^{32}P	14.282 d	$^{32}S(n,p)^{32}P$	蒸馏纯化的硫	辐照后靶材于 180 ℃下减压蒸馏除硫,加入 0.1 mol·L^{-1} HCl 和 H_2O_2,加热纯化 2 h 得到 $H_3^{32}PO_4$
^{60}Co	5.271 a	$^{59}Co(n,\gamma)^{60}Co$	纯度>98% 的 Co 丝	直接可制成各种形式和各种放射性活度的钴源
$^{99}Mo-^{99m}Tc$	^{99}Mo:2.747 7 d ^{99m}Tc:6.006 h	$^{98}Mo(n,\gamma)^{99}Mo$ $\xrightarrow{\beta^-,\gamma}{}^{99m}Tc\rightarrow{}^{99}Tc$	MoO_3 粉末	的靶材溶于 10 mol·L^{-1} 氨水中,除去过量氨,用 0.05 mol·L^{-1}HCl 溶解并调节溶液 pH 值为 3~4,吸附在氧化铝柱上,最后用生理盐水洗脱^{99m}Tc
$^{113}Sn-^{113m}In$	^{112}Sn: 115.09 d ^{113m}In:1.658 h	$^{112}Sn(n,\gamma)^{113}Sn$ $Ec\rightarrow{}^{113m}In$ $IT\rightarrow{}^{113m}In$	锡丝, ^{112}Sn 富集靶	高中子通量照射一年后的靶材,用 6 mol·L^{-1}HCl 加热溶解,蒸干,加 Br_2 水氧化成 Sn^{4+},然后将它吸附在氧化锆吸附柱上,用 0.05 mol·L^{-1}HCl 洗脱^{113m}In
^{125}I	59.407 d	$^{124}Xe(n,\gamma)^{125}Xe$ $\xrightarrow{\beta^-}{}^{125}I$	^{124}Xe 气体	辐照后^{124}Xe 气体靶入堆辐照后,取出、冷却衰变 1 个星期,然后用 NaOH 吸收^{125}I
^{131}I	8.040 d	$^{130}Te(n,\gamma)^{131}Te$ $\xrightarrow{\beta^-}{}^{131}I$	TeO_2	辐照后的 TeO_2 置于马弗炉内,于 750~800 ℃下蒸馏,用 NaOH 溶液吸收蒸出的^{131}I

(1)^{131}I 干法生产工艺

①^{131}I 性质及生产方式

由于^{131}I 具有优良的核性质,已成为核医学中诊断和治疗多种疾病的重要核素之一,广泛用于甲状腺癌、甲亢、甲状腺机能衰退以及肾脏疾病的诊断和治疗。

^{131}I 主要有两种生产方式:一种是(n,f)法,即$^{235}U(n,f)^{131}I$,从辐照后的^{235}U 靶件中分离出裂变产物^{131}I。由于^{235}U 的裂变产物中含有^{131}I 的多种同位素,在提取^{131}I 前需要放置 1~2 个星期。该方式多采用在酸性溶液蒸发并收集挥发出来的^{131}I(其效率仅为 60%左右),提取率较低,并且从大量的裂变产物中提取裂变^{131}I 会产生大量的放射性废物。另一种是(n,γ)法,即以单质碲或碲的各种化合物为原料,入堆辐照后,碲经过$^{130}Te(n,\gamma)^{131}Te$ 和 β^- 衰变生成^{131}I,再将^{131}I 从靶材中分离出来。目前,从辐照后的 Te 及其化合物中分离^{131}I 的方法主要有湿法蒸馏、电解蒸馏、干法蒸馏等。湿法蒸馏由于使用了浓硫酸及过氧化氢,操作过程复杂,危险性大,并且操作周期长(>24 h),产生的强放射性废液量大,因此现在很少选用。采用干法蒸馏方式生产^{131}I,其主要优点是分离时间短、产品回收率高、产品比活度高、杂质量低、不产生液体废物等。目前,世界上分离^{131}I 的主要方法是干法蒸馏。

②干法生产系统

^{131}I 干法生产系统主要包括加热蒸馏、碱液吸收、废气处理等三部分,其他附件有真空泵、真空计、空气流量计等。典型的^{131}I 干法生产系统示意图如图 2-5 所示。

a. 加热蒸馏装置　由管式加热电炉(带温度控制仪)、纯化加热炉、石英舟皿、石英加热管组成。

管式加热电炉:用于控制石英加热管大径温度,最高操作温度 1 200 ℃,控制精度±2 ℃。

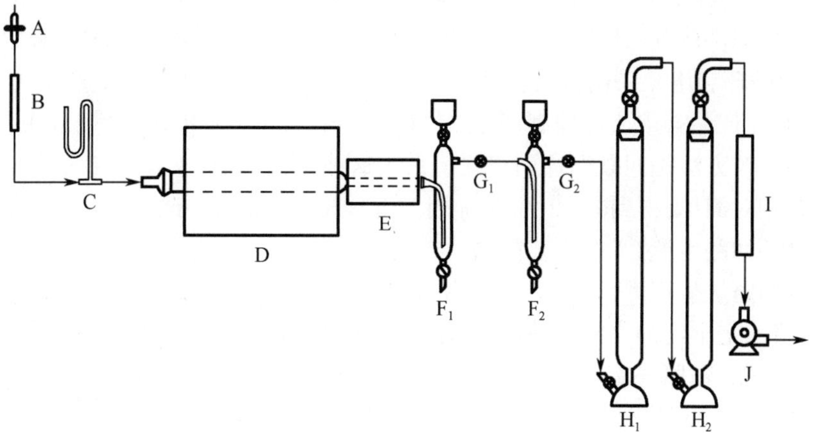

A—过滤器;B—流量计;C—压力计;D—蒸发炉;E—纯化炉;F—吸收柱;G—阀;
H—活性炭柱;I—活性炭测量柱;J——真空泵。

图 2-5 典型的^{131}I 干法生产系统示意图

纯化加热炉:控制石英加热管小径温度,最高操作温度 500 ℃,控制精度±2 ℃。

石英舟皿:用于盛放经过辐照的 TeO_2 样品,石英舟最大装载量为每舟 300 g。

b. 碱液吸收装置　由两级碱液吸收柱组成。第一级吸收柱容积 50 mL,第二级吸收柱容积 250 mL。

c. 废气处理装置　废气处理装置由三级强碱液洗涤塔组成,每级洗涤塔容积 1 000 mL,碱液浓度为 5.0 $mol \cdot L^{-1}$ NaOH。除此之外,操作的工作箱或热室需配置除碘过滤器。

③干法生产流程

将辐照后 TeO_2 装入石英舟,并置于蒸馏炉内,连接好系统。将系统加热到 700~900 ℃,蒸馏出来的^{131}I 被载气载带至纯化炉(200~400 ℃)内,随载气出来的 TeO_2 在此温度下冷却并沉积在纯化炉中,实现 TeO_2 与^{131}I 分离。除去 TeO_2 后的含有^{131}I 的放射性气体通过碱液洗涤,被吸收在碱液中。未被吸收的^{131}I 主要通过多级碱液洗涤塔(5.0 $mol \cdot L^{-1}$ NaOH 溶液)进一步除去尾气中的^{131}I,以降低^{131}I 的排放。

④产品质量控制

产品质量要求:产品为无色透明液体;pH=7~9;由 γ 谱仪检测^{131}I 核素的纯度,无其他杂质核素;放化纯度大于 95%。

上述指标均须满足《中华人民共和国药典》对 Na^{131}I 口服液的质量要求。

(2)^{125}I 循环回路间歇式生产工艺

①^{125}I 性质及生产方式

^{125}I 是一种医学上常用的放射性核素,其衰变方式为轨道电子俘获,半衰期为 59.407 d,主要释放的 27 keV 的 X 射线能有效杀伤肿瘤细胞,易于屏蔽,对患者周围人群辐射较小,对环境无污染。对前列腺癌、乳腺癌等用^{125}I 种子源(Seeds)治疗可以改变以往传统的治疗方法,降低患者承受的风险,有效率达 95%以上。随着用于肿瘤近距离植入治疗的^{125}I 种子源的开发应用,国内对于^{125}I 的需求量有了很大的增长,市场前景十分可观。

生产^{125}I 的主要核反应为^{124}Xe(n,γ)^{125}Xe→^{125}I,目前有两种方法。

一种是将^{124}Xe封装在不锈钢筒内制成内靶，然后置于高纯铝筒内，经焊封和检漏后入堆辐照。辐照后的靶件放置一段时间冷却，让^{125}Xe充分衰变为^{125}I，再用NaOH吸收^{125}I，未活化的^{124}Xe回收后循环利用。采用该方法生产^{125}I，需要制备^{124}Xe气体靶，生产能力较低。且这种方法生产的^{125}I产品必须严格控制产品中^{126}I的含量，否则将不能用于^{125}I医用种子源。

另外一种生产方法是间歇循环回路法。采用这种方法生产^{125}I，不需要制备^{124}Xe气体靶，并且生产工艺相对简单，得到的^{125}I纯度高，生产能力也较前一种方法高。

②间歇循环回路生产^{125}I的工艺简述

间歇循环回路法生产^{125}I的工艺流程如图2-6所示。生产流程描述：将一定丰度的^{124}Xe气体通过循环回路打入位于反应堆内的辐照瓶，辐照一定时间（通常为^{125}Xe的1.5~2个半衰期的时间）后，冷却堆外的衰变瓶将辐照后的^{124}Xe气体通过循环回路吸入衰变瓶，放置3~5 d，待大部分^{125}Xe衰变生成^{125}I。未被利用的^{124}Xe再引回循环回路反复使用。衰变生成的^{125}I用NaOH溶液溶解，经核纯和活度等测量后分装成产品。为了更好地利用反应堆的辐照条件，在循环回路上可接多个衰变瓶，循环利用。

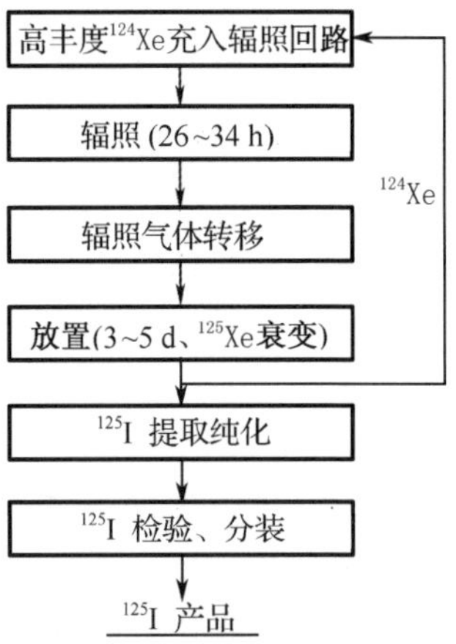

图2-6 间歇循环回路法生产^{125}I的工艺流程图

③生产实例

中国原子能科学研究院利用自己开发的^{125}I循环回路法进行了^{125}I的生产。利用富集的^{124}Xe进行6 d连续辐照循环，生产出4.81×10^{11} Bq（13 Ci）的^{125}I产品。获得的^{125}I的浓度达到1.85×10^{10} $Bq\cdot mL^{-1}$（500 $Ci\cdot L^{-1}$），放化纯度大于98%，杂质^{126}I的相对含量小于10^{-8}，^{137}Cs在测量中未被探测到。

2.2.3 从裂变产物中提取放射性核素

反应堆生产放射性核素的第二种方法是从^{235}U等易裂变材料在辐照后产生的裂变元素及超铀元素中提取。裂变产物包括原子序数范围很大的放射性核素，通过分离可以获得多种比活度很高的裂变放射性核素。

1. 裂变核反应

^{235}U等重原子核与中子相互作用时，原子核吸收一个中子生成一个复合核。复合核处于激发态，很不稳定，或以放出γ光子的形式退激，形成（n，γ）的反应，或分裂成两个或多个中等质量的碎片，这就是核裂变反应，也叫作（n，f）反应。

多数情况下复合核分裂为两个碎核，个别也可能分裂为三个或四个碎核，但发生的概率极小。图2-7为中子引发的铀核裂变示意图。

下式表示慢中子轰击^{235}U的情况：

$$^{235}U+n\rightarrow{}^{236}U\rightarrow X+Y$$

X和Y代表裂开的两个碎核，往往质量不相等，分布在一个宽的范围内。裂变碎核含中子过多，是不稳定的，即刻放出2~3个中子（还有γ射线）。伴随裂变产生的瞬发中子一般在10^{-14} s以内发射，占裂变中子的99%以上。裂变中子被附近的铀核吸收，又发生裂变，产生第二代中子；中子又被吸收，再发生裂变，产生第三代中子；如果中子没有损失，或者损失少，这样的链式反应将连续地进行下去，裂变反应逐渐增强。

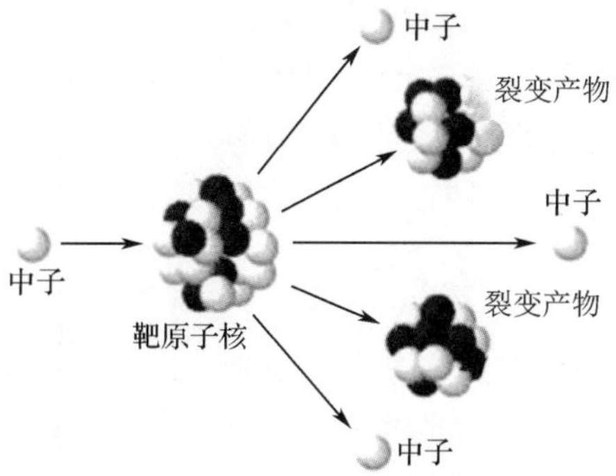

图 2-7 中子引发的铀核裂变示意图

裂变反应堆利用的是可裂变的重元素(如铀-235、铀-233 和钚-239)。在中子的作用下,重核裂变的产物组成较复杂,以^{235}U为例:

$$^{235}_{92}U+^{1}_{0}n\rightarrow\begin{cases}\rightarrow^{144}_{56}Ba+^{89}_{36}Kr+3^{1}_{0}n\\ \rightarrow^{140}_{54}Xe+^{94}_{38}Sr+2^{1}_{0}n\\ \rightarrow^{133}_{51}Sb+^{99}_{41}Nb+4^{1}_{0}n\end{cases}$$

2. 裂变产物的组成及其质量分布

中子引发重核裂变时,生成的裂变产物组成极其复杂。目前发现的核素超过 400 多种,其中有稳定的核素,也有半衰期不足 1 s 的短寿命核素,这些核素的质量数分布很广(从 66 至 172)。从元素周期表来看,包括了从锌到镥的所有元素。质量数小于 66 和大于 172 的裂变产物也是可能存在的,只不过是由于它们的产额极低,分离和鉴定比较困难。随着分离技术和测量手段的不断改进,有可能发现半衰期更短、产额更低的新的裂变产物。

裂变产物的组成随时间变化。当一个可裂变物质的靶在反应堆内辐照了 T 时间并冷却 t 时间后,裂片核素 i 的放射性活度 A_i 可用下式来表示,即

$$A_i=NI\sigma Y_i(1-e^{-\lambda_i T})e^{-\lambda_i t} \tag{2-5}$$

式中 N——可裂变物质的原子核数;

I——中子能量;

σ——裂变截面;

Y_i——核素 i 的裂变产额;

λ_i——核素 i 的衰变常数。

从式(2-5)可以看出,在 N、I、σ 不变的情况下,裂变产物的放射性与裂变产额 Y_i 有关,并随着 T、t 而变化。当照射时间与冷却时间越长时,长寿命核素的相对含量越高;反之,短寿命核素的相对含量就增高。利用这个特点可分别生产长寿命核素和短寿命核素。

裂变产额是指裂变产物的某一种核素或某一质量链在重核裂变过程中产生的概率。它通常用每 100 次核裂变产生的裂变产物原子数来表示(%)。因为重核基本上为二分裂(三分裂及四分裂的概率很小),所以对所有质量链的衰变产额总和是 200%。如果以对数形式表示裂变产额,则其与质量数之间的关系呈现“双驼峰”曲线(图 2-8)。

3. 裂变产物分离

裂变产物包括了元素周期表中从锌到镥的所有元素共 400 多种核素,而且由于不稳定核

素的不断衰变，裂变产物体系的组成也在不断变化，再加上裂片核素间的裂变产额相差好几个数量级，所以裂片元素的分离对象是极其复杂的化学体系，并且具有较强的放射性。

(1)裂片元素的分离方法

裂片元素的分离通常有离子交换法、溶剂萃取法、萃取色层法和沉淀法等。近年来，一些新型分离技术在核废物处理方面也逐渐显示出良好的应用前景，如超临界流体萃取技术和离子液体萃取技术。

由于裂变产物体系复杂，单独采用一种分离方法有时很难达到分离要求，因此常把多种技术结合起来，充分利用被分离核素的特性，获得更好的分离效果。本节中仅对上述几种分离方法的原理及优缺点作简单介绍。如需详细了解可参阅相关文献。

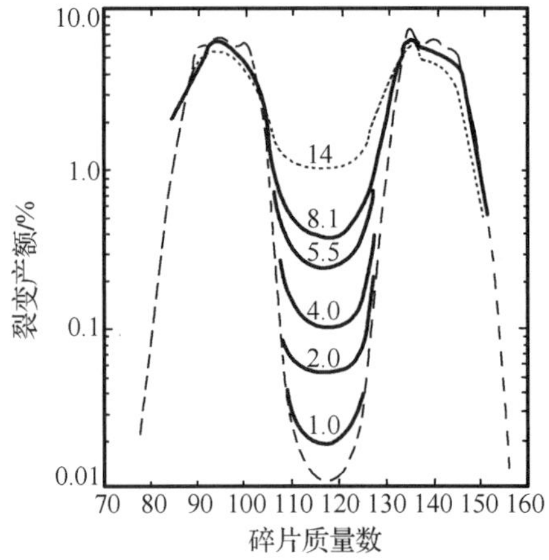

图 2-8　不同能量的中子诱发^{235}U裂变的质量-产额图

①离子交换法

离子交换法是利用具有选择性的离子交换剂将待分离的裂变核素吸附，然后用各种不同的淋洗剂(无机酸、羧酸及各种螯合剂)对其进行选择性淋洗，从而达到分离的目的。

离子交换法分离时具有选择性好、回收率高、易于实现自动化操作、易于放射性屏蔽等特点，是裂片元素分离中采用最多的分离方法。对性质很相似、相互分离较困难的某些元素，如稀土、锕系、碱金属、碱土金属等同族元素之间的分离，离子交换法行之有效。但离子交换法也有其不足之处，如分离速度慢、费时、废离子交换树脂处理困难等。

用离子交换法进行裂片元素的分离时，可根据分离的体系和待分离元素的性质，选择适当的离子交换剂树脂和淋洗剂来实现分离的目的。

离子交换剂有无机离子交换剂和有机离子交换树脂两大类。用于裂片元素系统分离的主要是有机离子交换树脂。离子交换树脂按其官能团的性质不同，可分成阳离子交换树脂、阴离子交换树脂和特殊离子交换树脂。应用离子交换法进行分离时，可以根据具体的分离对象和体系加以选择并组合。

②溶剂萃取法

溶剂萃取法是利用选择性萃取剂将目标核素从溶液中分离出来，并经洗涤、反萃实现目标核素的分离。

溶剂萃取法简便、快速、选择性高、易于连续操作和远距离控制，但对于一些性质相近的元素，其分离效果差。一般用于裂变产物的粗分离，如将冷却三个月以上的裂变溶液分为三个或四个组：Ru-Sr-Rb-Ba-Cs、稀土元素(除 Ce 外)、Ce 和 Zr-Nb。常用的萃取剂有磷酸三丁酯(TBP)、二(2-乙基己基)磷酸酯(D2EHPA)等。

③萃取色层法

萃取色层法是一种将有机萃取剂固定在惰性支持体上作为固定相，水溶液作为流动相的色层分离方法。它把溶剂萃取的选择性和离子交换色层的高效性结合起来，成为一种有效的分离技术。萃取色层又分纸色层、薄层色层和柱色层等。

可用作萃取色层法固定相的萃取剂有液体阴离子交换剂(如长碳链脂肪胺-伯胺、仲胺、叔胺、季胺等)、液体阳离子交换剂(如 HDEHP 等)、中性络合萃取剂(如磷酸三丁酯、三正辛基氧磷等)、中性酮类萃取剂(如甲基异丁甲酮等)和螯合萃取剂(如噻吩甲酰三氟丙酮、N-苯甲酰-N-苯基羧胺等)。用作柱色层的支持体目前已有二三十种,包括含硅的无机物质(如硅胶、硅烷化硅胶、硅藻土)和各种聚乙烯等高分子物质。

萃取色层法在萃取机理上与溶剂萃取相似,但它相当于一个多级萃取过程,所以其分离效果较溶剂萃取法好。对一些性质相似的元素,如锕系元素、镧系元素之间的分离更能显示其优越性。在实验技术上,它与离子交换法相似,因而具有离子交换法的一些优点,而且比离子交换法选择性更高。萃取色层法由于需要的有机萃取剂量少,因此可节省大量的萃取剂。

萃取色层柱上的有机萃取剂量有限,因此萃取容量较小,而且处理速度慢。

④沉淀法

沉淀法分离一般需要加入待分离裂片元素的稳定同位素或其他载体元素,分离多种元素时需要经过多步沉淀,各步之间的衔接需要做相应的处理,因此沉淀法操作繁杂、程序冗长、回收率和去污率较低。此外,裂变核素分离过程往往涉及强放操作,沉淀分离操作不便,因此,一般不单纯采用沉淀法作为分离手段,只是在分离程序的个别步骤,特别是最终步骤时才采用沉淀法。

⑤其他方法

其他较为新颖的方法有超临界流体萃取法和采用离子液体为萃取介质的方法。

超临界流体萃取法是以处于超临界状态的 CO_2 取代普雷克斯流程(PUREX process)中的煤油等有机溶剂进行核素分离,由于超临界 CO_2 流体中溶解了 TBP 和 HNO_3,它可直接浸取乏燃料,减少了常规处理中靶件溶解等过程,萃取后的流体通过降压就可实现 CO_2 与被萃物的分离。该技术具有工艺流程简单、萃取率高、二次废物量显著降低等特点。近年来,超临界流体萃取技术处理乏燃料的研究开展起来并取得了巨大的进步。2004 年日本开展了为期两年的超临界萃取技术处理乏燃料的中试计划,并建立了中试厂,以验证该技术用于乏燃料处理的可行性。结果表明,该技术投入仅为以普雷克斯流程后处理的 2/3,放射性废物量仅为普雷克斯流程后处理的 5%。在解决设备的可靠性后,该技术非常有希望用于乏燃料的后处理。不过,该技术去污能力不强,仅适合作为乏燃料物中 U、Pu 及超铀元素与裂片元素的初分离。

离子液体是一类在常规环境温度下呈液体状态的全盐类物质,由结构较大的有机阳离子和阴离子两部分组成,具有液态温度范围广(可达几百摄氏度)、稳定性高、蒸气压低(几乎不挥发),以及可溶解许多有机、无机材料等特殊的性能,而且其主要的物理化学性能可通过调整阴阳离子的结构来控制。由于离子液体具有上述独有的特点,它可以替代常规易燃、易爆、易挥发的有机溶剂,成为一种“绿色”溶剂。新型离子液体的合成及其应用性研究已经成为一个新的热点。为了实现离子液体在核燃料循环中的应用,人们从各个角度开展了大量的基础性研究工作。例如,Giridhar 等将常规铀萃取剂 TBP 溶于室温离子液体(1-丁基-3-甲基咪唑六氟磷酸盐)中,对硝酸铀酰进行了萃取。研究表明:与 TBP-n-dodecane 体系相比,离子液体体系萃取效果更好,并且更适合在高酸度铀酰体系的萃取。

(2)长寿命裂片元素及超铀元素的分离

由式(2-5)可知,只有将核燃料长时间在堆内辐照,才能产生大量的长寿命裂片元素及超铀元素。同时,由于乏燃料的放射性主要由中短寿命核素及 ^{90}Sr、^{137}Cs 长寿命裂片元素所贡献,因此需要将长时间辐照后的核燃料再经长时间的冷却,使中短寿命核素衰变,从而显著降低放射性操作剂量。

目前,长寿命裂片核素及超铀核素主要从生产堆卸出的乏燃料中提取。乏燃料后处理的主要目的是回收^{235}U,并提取核素^{239}Pu。在^{235}U、^{239}Pu提取回收后,其他的裂变产物和超铀元素全部转入废液中。在废液中含有几种裂变产额高、半衰期较长的核素,如^{90}Sr、^{137}Cs、^{147}Pm及^{99}Tc等裂片核素和^{237}Np、^{241}Am、^{242}Cm等超铀元素,这些核素在国民经济以及国防工业中均有着重要的用途。

关于裂变产物的分离和分析有一些专著,如美国曼哈顿计划中有关裂变产物分离分析的*Radiochemical Studies:The Fission Products*、美国原子能委员会编制的 NAS-NS-3XXX 系列报告(如 NAS-NS-3029)等。这些专著大多针对中长寿命核素,可供参阅,本书不做详细介绍。

(3)中短寿命裂片元素的分离

^{235}U等易裂变材料经短时间辐照后,会产生大量的中短寿命核素,如^{99}Mo、^{95}Zr、^{103}Ru、^{131}I、^{133}Xe、^{140}Ba、^{147}Nd等。上述核素在医学等领域都有重要的应用价值,其中裂变^{99}Mo、^{131}I等核素在临床诊断和治疗中应用最广,并且需求量较大,下文主要介绍裂变^{99}Mo、^{131}I的提取工艺。

①裂变^{99}Mo的提取

^{99}Mo的热中子诱发裂变产额为6.06%,因此可以从^{235}U的裂变产物中大量提取^{99}Mo。

裂变^{99}Mo的生产包括高丰度^{235}U靶件的制备与辐照、靶件的切割与溶解、裂变^{99}Mo提取与分装等工序。目前,生产裂变^{99}Mo所用的靶件主要有铀铝合金靶、铀镁弥散靶和熔盐电镀靶。根据靶件的不同,靶件的溶解方法可分为碱性溶靶和酸性溶靶。对于铀铝合金靶一般采用碱性溶靶,在溶解时,除^{99}Mo等少数核素外,大部分裂变产物与铀均以沉淀形式分离出来。对于铀镁弥散靶一般采用6~12 $mol\cdot L^{-1}$的硝酸在加热下溶解,^{235}U及大部分裂变产物均溶解在硝酸中。

裂变^{99}Mo的提取一般采用Al_2O_3色层分离、HDEHP溶剂萃取或萃取色层分离、α-安息香肟沉淀分离法等。

下面以日本的裂变^{99}Mo生产工艺为例介绍裂变^{99}Mo的生产技术。

a. ^{235}U靶件的制备

^{235}U靶件结构如图2-9所示。将24 g UO_2压制成圆片状(ϕ14.5 mm×14 mm),烧结处理后作为^{235}U靶件的源芯。将5个圆片状的UO_2靶芯装入不锈钢包壳内,焊封制成辐照用^{235}U靶件。

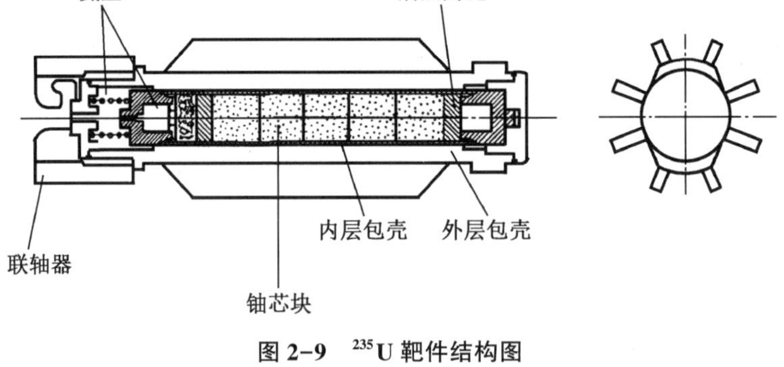

图2-9　^{235}U靶件结构图

b. ^{235}U靶件的辐照及冷却

辐照条件:中子注率量2.0×10^{13}~3.0×10^{13} $cm^{-2}\cdot s^{-1}$,辐照4~7 d。

冷却时间:2 d。

冷却 2 d 后，一个靶件将产生 2.81×10^{12} Bq ^{99}Mo、4.1×10^{12} Bq ^{131}I、2.59×10^{12} Bq ^{133}Xe 等裂片元素。

c. 辐照后^{235}U 靶件的处理

辐照后^{235}U 靶件在切割时，放射性^{131}I 和稀有气体（如^{133}Xe）等会释放出来，释放出的放射性气体经真空容器收集并储存。

靶料用 10 mol·L^{-1} 的硝酸溶解。在靶料溶解时释放出的^{131}I 和^{133}Xe 等放射性气体经碱液吸收塔吸收^{131}I 后，再经液氮冷却的分子筛，以捕集^{133}Xe。

完全溶解后，加入碘的载体以进一步除去放射性^{131}I。除去^{131}I 后的溶解液用 D2EHPA 萃取^{99}Mo，^{99}Mo、^{235}U 和少量的裂片元素萃入有机相，而大部分裂片元素留在水相中成为放射性废液。用含 H_2O_2、浓度为 0.5 mol·L^{-1} 的稀硝酸从有机相中将^{99}Mo 反萃下来，而^{235}U 和少量的裂片元素仍留在有机相中。

向反萃液加入 $NaNO_2$ 以除去溶液中的 H_2O_2，并通过蒸馏减小反萃液体积。经处理后的反萃液加入氧化铝色谱柱，^{99}Mo 被氧化铝所吸附，然后用 0.1 mol·L^{-1} 的稀硝酸和水洗涤色谱柱，再用 0.1 mol·L^{-1} 的氨水将^{99}Mo 洗提出来，即为产品。

裂变^{99}Mo 提取工艺设备布置及流程如图 2-10、图 2-11 所示。裂变^{99}Mo 中放射性杂质含量见表 2-3。

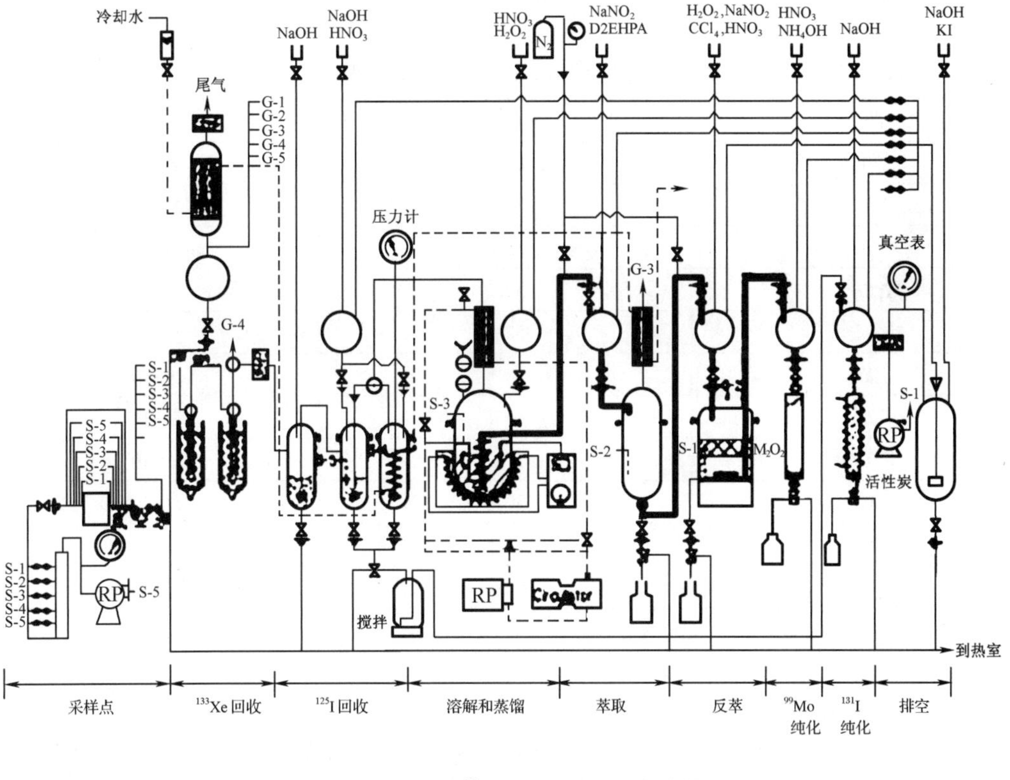

图 2-10　裂变^{99}Mo 提取工艺设备布置图

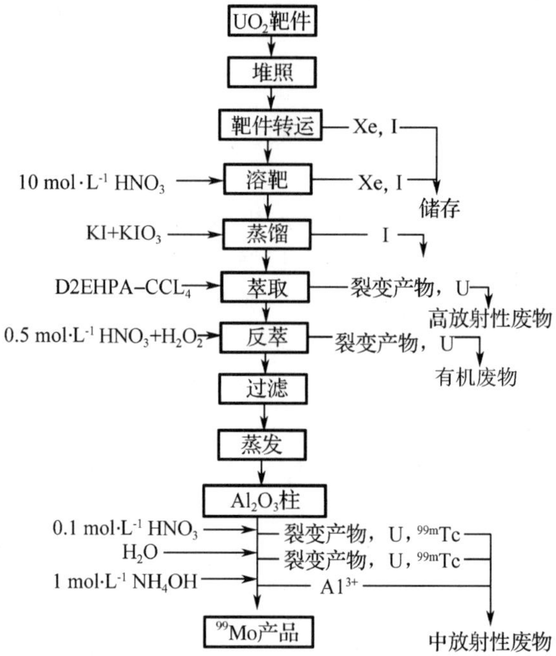

图 2-11　裂变^{99}Mo 提取流程图

表 2-3　裂变^{99}Mo 中放射性杂质含量*

放射性杂质	半衰期/d	比活度(与^{99}Mo 之比)
^{131}I	8.05	1×10^{-5}
^{103}Ru	39.5	5×10^{-7}
^{95}Nb	35.0	2×10^{-6}
^{141}Ce	32.5	1×10^{-7}
^{89}Sr	52.7	$<6\times10^{-6}$
^{91}Y	58.8	$<9\times10^{-8}$
^{95}Zr	65.5	$<5\times10^{-9}$
^{132}Te	77.7	$<1\times10^{-4}$
^{137}Cs	30.0	$<3\times10^{-9}$
^{140}Ba	12.8	$<2\times10^{-7}$
^{239}Np	2.346	$<2\times10^{-3}$

注：* 表示辐照时间 7 d，测量时间为辐照之后 7 d。

②裂变^{131}I 的提取

裂变^{131}I 是裂变法生产^{99}Mo 时的副产物之一。由于裂变^{131}I 的产额为 3.1%，可以从裂变产物中大规模提取^{131}I。目前，从裂变产物中提取^{131}I 研究及生产比较成熟的国家主要有俄罗斯、比利时、美国等。作为^{131}I 生产的另一种有发展前景的生产方法，利用水溶液核反应堆生产^{131}I 正在世界各国展开研究并应用，美国和俄罗斯在这方面处于领先地位。

裂变同位素生产过程中，在靶件切割和靶料酸性溶解时都有^{131}I 逸出，可通过负压方式将其收集。不管采用何种方式溶解靶料,留在溶液中的^{131}I一般都采用先酸化、后蒸馏或热气载带等措施使其分离出来。由于分离出的^{131}I中含有^{103}Ru等放射性核素,还需要进一步纯化。^{131}I的纯化方法有活性炭-Pt吸附法、热气载带、离子交换法和蒸馏法等,其中最常用的是蒸馏法。为了提高产品^{131}I的化学纯度和放化纯度,一般使用价格较高的铂的化合物作为吸附材料。若从降低生产成本的角度出发,也可使用价格较便宜的活性炭-5%铂。

下面简要介绍比利时、伊朗等国从碱性溶靶的溶液中分离纯化^{131}I的工艺流程。

比利时国家放射性元素研究所(IRE)曾提出以3 $mol \cdot L^{-1}$的NaOH和4 $mol \cdot L^{-1}$的$NaNO_3$的碱性混合液溶解辐照靶料,并分离提纯^{99}Mo、^{133}Xe和^{131}I的工艺。IRE的同位素分离与纯化流程如图2-12所示。在溶解过程中,加入合适的氧化剂,保证铝完全溶解。铀和大部分裂片元素以氢氧化物沉淀形式存在,有利于以后废物的回收。^{133}Xe则以气态形式释放出来,而主要产物^{99}Mo和^{131}I则以MoO_4^-和I^-的形式溶解在碱液中。

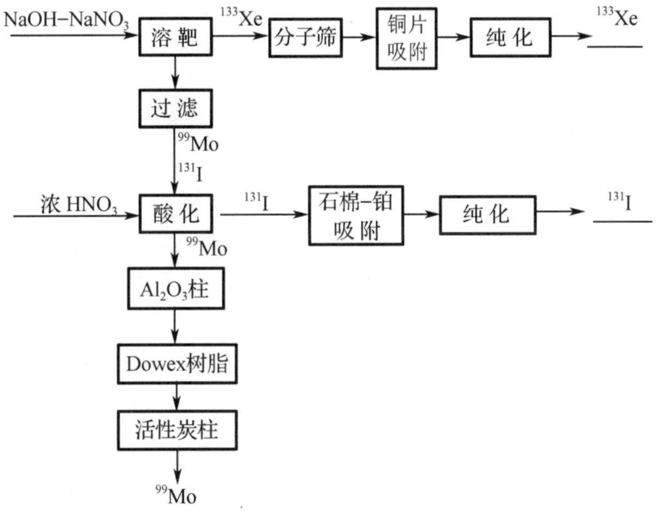

图2-12 IRE裂变同位素^{99}Mo、^{133}Xe、^{131}I分离与纯化流程图

与酸性溶靶不同的是,在碱性溶靶时,大部分裂变产物以固态形式存在,只有少量的裂变元素与铝一起溶解。溶解出的放射性杂质较酸性溶靶少,可以减少废物产生量,降低工艺及废物处理难度。

经过滤除去铀和大部分裂变元素后,用浓硝酸酸化碱性溶解液,再通过蒸馏方式可以将80%~90%的^{131}I分离出来,然后用石棉-铂作为吸附材料,吸附分离出来的^{131}I。粗分离出的^{131}I通过蒸馏方法进一步纯化得到^{131}I产品。吸附在铂表面的^{131}I采用电化学吸附或直接从碱性溶液中电解解吸等方式进行^{131}I的纯化。

伊朗人W Van Zyl de Villlers按照南非原子能公司提取裂变^{99}Mo的流程,以NaOH浓碱溶液溶解辐照后的靶料,研究了^{131}I的生产工艺,工艺流程如图2-13所示。

碱溶后,控制溶解液流经阴离子交换树脂的速度,使^{99}Mo和^{131}I尽量被吸附在阴离子树脂上,将^{99}Mo淋洗后,吸附有^{131}I的树脂放置至少10 d,再进行^{131}I的淋洗和纯化。^{131}I纯化采用蒸馏方式,控制蒸馏速度,使^{131}I从淋洗液中挥发出来,然后用0.05 $mol \cdot L^{-1}$的NaOH碱液性溶液吸收,形成产品。

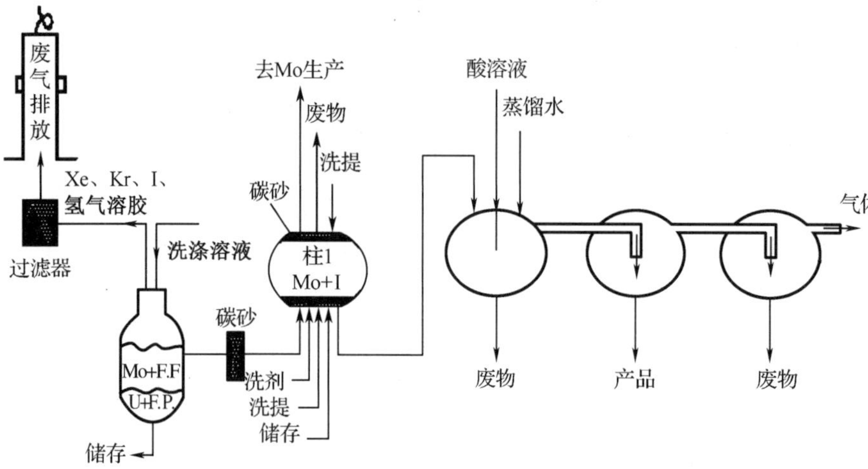

图 2-13 ^{131}I 生产工艺流程图

通过该工艺所获得产品核纯>99.9%，^{133}I、^{135}I 等其他放射性杂质<0.01%（表 2-4），产品放化纯>95%（I^-），放射性比活度≥3.7×10^{10} Bq·cm^{-3}。

表 2-4 伊朗生产的^{131}I 产品中其他放射性杂质核素含量

核素	含量/%
^{95}Nb	$<1.0\times10^{-3}$
^{95}Zr	$<1.0\times10^{-3}$
^{132}I	$<1.0\times10^{-3}$
^{133}I	$<1.0\times10^{-3}$

该工艺中没有提及^{131}I 的回收率，但考虑到^{99}Mo 和^{131}I 分离后，^{131}I 在树脂上放置了至少 10 d，以及后续的蒸馏纯化效率一般在 85%左右，该工艺的^{131}I 回收率应该<40%。

4. 利用溶液堆生产放射性核素

溶液堆（solution reactor）是 20 世纪 40 年代提出的一种堆型，它使用的核燃料不是通常的固体燃料棒形式，而是易裂变物质如^{235}U 的均相水溶液，所以又称为均匀水溶液堆（aqueous homogeneous solution reactor）。溶液堆先后用于动力堆发电、增殖堆，并作为中子源用于核分析、核物理实验、中子照相、核临界安全、裂变产物提取等方面的研究工作。八十多年的运行表明溶液堆的建设和运行具有较高的安全性能。在铀溶液堆的研究过程中曾使用硝酸铀酰、硫酸铀酰、氟化铀酰、磷酸铀酰等^{235}U 溶液作为核燃料，其中使用较多的是硫酸铀酰和硝酸铀酰体系。使用这两种体系，对溶液堆的铀酰溶液的化学后处理非常有利。

1944 年，Richard Feynman 首次提出了一种新的核反应堆型，即该反应堆中所用的核材料不是通常使用的固体燃料，而是溶解在普通轻水中的高丰度铀盐（如硝酸铀酰或硫酸铀酰）的溶液。同年，美国洛斯阿拉莫斯国家实验室（Los Alamos National Laboratory，LANL）建成世界上第一座功率为 0.01 kW 的均匀性溶液堆（LOPO），此后科研工作者对溶液堆进行了大量研究开发工作，到目前为止世界上已建成了 70 多座研究型水溶液堆，如在美国，有 LANL 的

HYPO、SUPO、LAPRE-1、LAPRE-2 溶液堆，ORNL 的 HRE-1、HRE-2、HRE-3 均相堆，HAZEI 溶液堆；俄罗斯的 ARGUS 型溶液堆等。这些堆用于医用同位素生产、核物理实验、中子照相、中子活化分析、裂变产物提取等方面的研究。

20 世纪 90 年代，由于^{99}Mo、^{89}Sr、^{131}I 等医用同位素的使用量大幅增加，常规的生产方法已无法满足人们的需求。基于溶液堆生产裂变元素具有生产周期短、产量大、操作简便(无靶件制备、运输、切割、溶解等工序)、铀利用率高、废物产生量小等特点，人们开始利用溶液堆进行医用同位素生产的探索。1992 年，美国 Babcok & Wicox(B&W)公司的 CHOPELA 和 BALL 提出了医用同位素生产溶液堆(MIPR)的概念，并于 1997 年给出了在运行功率为 100~300 kW 的水溶液堆中，以弱酸性硝酸铀酰溶液为核燃料生产^{99}Mo 等医用同位素反应堆的设计方案，并申请了专利。美国提出了连续气管分离法提取^{89}Sr 的方法；美国能源部和俄罗斯 Kurchatov Institute 合作，利用俄罗斯 20 kW 的 ARGUS 型溶液堆开展了^{99}Mo、^{89}Sr、^{131}I 等同位素的提取研究并应用于这些裂变核素的生产。近年来，很多国家对生产^{99}Mo、^{89}Sr 和^{131}I 的水溶液堆产生了浓厚兴趣，加紧了这方面的研究工作。

俄罗斯 20 kW 的 ARGUS 型溶液堆可以以不同富集度的^{235}U 为燃料，如 20 L 93%的高富集度^{235}U 或 100 L 20%的低富集度^{235}U。MIPR 中使用过的铀溶液在提取出^{99}Mo 等裂变产物及威胁溶液堆安全的物质后，调节铀溶液的酸度，再返回溶液堆继续作为溶液堆的燃料使用。

(1) MIPR 的特点

与一般的放射性同位素相比，MIPR 具有以下特点。

①负温度系数大，具有反应自调节性，固有安全性好。

②建堆成本较低。目前，与^{99}Mo 生产能力相同的常规放射性同位素生产堆的建设相比，MIPR 的厂房以及运行系统的造价约为常规堆的 1/3，加上纯化的热室装置、设备维修、废料处理和反应堆退役费用等，总成本不足常规堆的 1/2。

③生产能力大。据理论计算，以 200 kW 运行的 MIPR，全年可生产^{99}Mo 3.33×10^{15} Bq、^{131}I 7.4×10^{14} Bq、^{89}Sr 1.48×10^{15} Bq。

④^{235}U 的需要量少，利用率高。对于 200 kW 的 MIPR，如果以满功率运行 1 d 仅消耗 0.12 g ^{235}U，按生成相同量的^{99}Mo 计算，铀的消耗仅为常规反应堆辐照靶件中铀用量的 0.36%，剩余的未燃烧的^{235}U 不需要复杂的处理就可循环使用，这使得 MIPR 的^{235}U 利用率接近 100%。

⑤放射性核素提取工艺简单、放射性废物量少。由于从 MIPR 中提取裂变同位素的工艺中少了堆照法的靶件制备、运输、切割、溶解等步骤，因此可以大大减少工艺操作量和放射性废物的产生，放射性废物量为常规靶件辐照法的 1/100。

综上所述，采用 MIPR 生产医用同位素具有成本低、产量高、铀消耗少、固有安全性好、产生废物少等优点，是医用同位素生产的一种理想堆型。

(2) MIPR 的结构

到目前为止，世界上开发了多种类型的 MIPR，其中以俄罗斯 Kurchatov Institute 和美国 B&M 公司设计的 MIPR 最具代表性。MIPR 主要由堆芯容器、核燃料溶液转运系统、热交换系统、气体回路系统及提纯体系构成。

图 2-14 为 B&W 公司设计的 MIPR 结构示意图，该反应堆以 20%的低浓度铀为燃料，铀浓度为 117 $g\cdot L^{-1}$。MIPR 运行时燃料溶液中的^{235}U 经裂变生成^{99}Mo、^{131}I、^{89}Sr 等放射性核素，其中^{99}Mo 和^{131}I 可以在停堆后让燃料溶液通过产品提取柱提取，而挥发出的^{131}I、^{89}Sr 等医用放

射性核素可从 MIPR 气回路中提取。

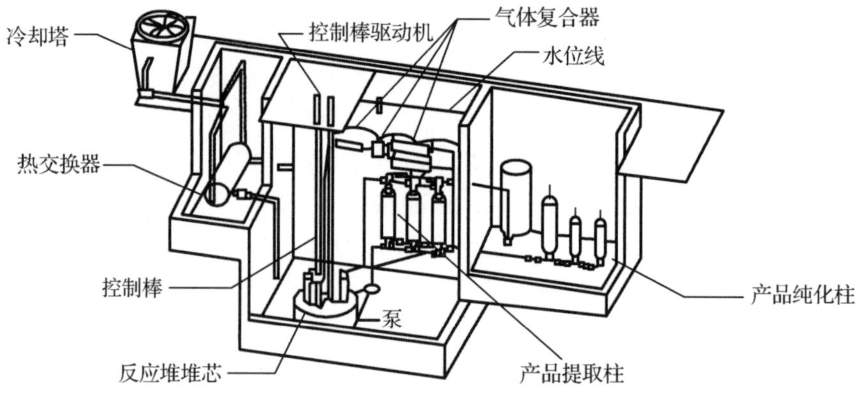

图 2-14　B&W 公司设计的 MIPR 结构示意图

图 2-15 是俄罗斯 ARGUS 型溶液堆的结构示意图。其结构与功能如下。

①堆芯容器。核燃料容器及发生核反应部位，圆柱形，材料为 304 L 不锈钢。堆芯顶上有控制棒导管及上盖。

②热交换系统。水或其他冷却介质流过冷却管道时将堆芯的热量带出，以预防因堆芯燃料沸腾而带来的安全事故。

③气体回路系统。主要用于将堆运行时产生的水蒸气冷凝成水，同时利用氢氧复合器将溶液堆中水因辐照分解而产生的 H_2 和 O_2 复合为水并返回堆内。

④^{99}Mo 提取系统。由水泵、提取柱和冷却器组成，主要用于将堆芯中的燃料溶液打入冷却器，冷却后再通过提取柱分离^{99}Mo。

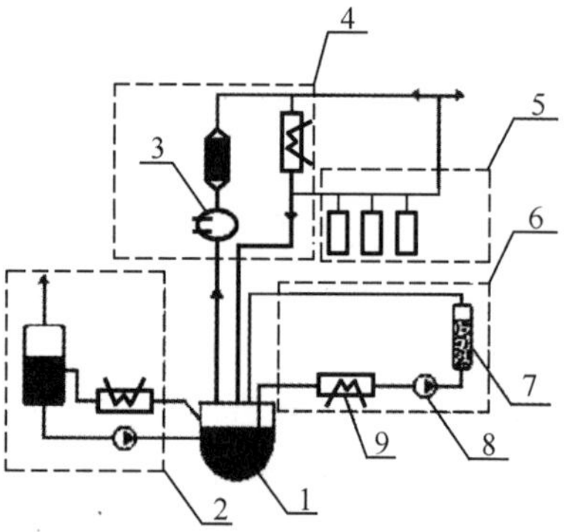

1—堆芯；2—热交换器；3—氢氧复合器；4—气体回路；5—^{131}I、^{89}Sr 提取回路；6—^{99}Mo 提取回路；7—^{99}Mo 提取柱；8—水泵；9—冷却器。

图 2-15　俄罗斯 ARGUS 型溶液堆的结构示意图

⑤^{131}I、^{89}Sr 提取系统。用于溶液堆运行时气相中产生的^{131}I 和^{89}Sr 的提取。

(3) MIPR 的发展趋势

据统计，2000 年全世界对^{99}Mo 的需求量在 1.3×10^{16} Bq 以上，并以每年 10%以上的速率递增。但目前世界上许多可用于医用放射性核素生产的反应堆陆续停运，而新建的放射性同位素生产堆又较少，使得世界范围内医用放射性核素的来源急剧减少，医用放射性同位素供求关系日趋紧张。目前，国内除中国核动力研究设计院采用堆照^{98}Mo 生产少量的^{99}Mo 外，目前还不具备裂变^{99}Mo 生产条件，其他需求基本是从国外进口裂变^{99}Mo（约占全国^{99}Mo 用量的 75%左右）。国内外这种需求与生产能力的严重脱节，促进了医用放射性核素生产堆向多堆芯、高功率的方向发展。

①开发多堆芯水溶液堆

目前，美国和俄罗斯联合提出了采用多堆芯水溶液堆生产医用放射性核素的方式。多堆芯水溶液堆是由 2、4 或 8 个低功率溶液堆的堆芯组合而成，尽管每个堆芯的运行功率较低，但整个堆的总功率却成倍提高，并且所需的技术成熟，建堆成本低，还不会影响堆的固有安全性。

采用多堆芯水溶液堆生产医用放射性核素，可以数倍地提高其产量，因此有很好的发展前景。图 2-16 为二堆芯 ARGUS 水溶液堆结构示意图。

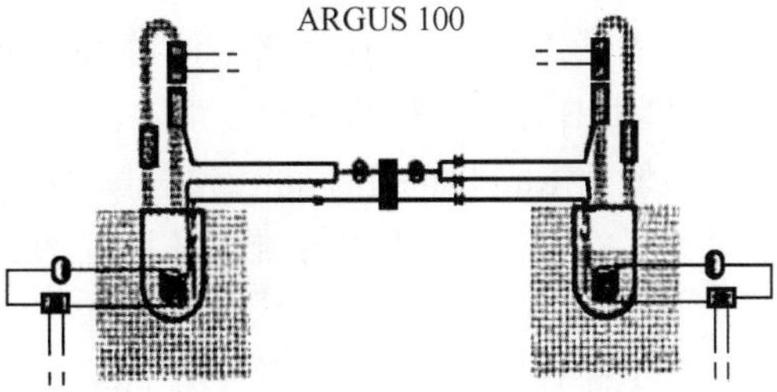

图 2-16 二堆芯 ARGUS 水溶液堆结构示意图

以俄罗斯 50 kW 的 ARGUS 堆为例，当以多堆芯运行时，^{99}Mo 产量预计为：

2×50 kW	1.85×10^{13} Bq/周
4×50 kW	3.7×10^{13} Bq/周
8×50 kW	7.4×10^{13} Bq/周

②建造高功率水溶液堆

根据文献报道，50 kW 的 ARGUS 水溶液堆，每年可生产 3.7×10^{14} Bq(1.0×10^{4} Ci) ^{99}Mo、4.6×10^{12} Bq(125 Ci) ^{89}Sr；200 kW 的水溶液堆年生产能力可达 3.7×10^{15} Bq(1.0×10^{5} Ci) ^{99}Mo、1.48×10^{13} Bq(400 Ci) ^{89}Sr。可见，提高水溶液堆的功率是提高医用放射性核素生产能力最直接、有效的方法。由于高功率水溶液堆能极大提高医用放射性核素的生产能力，因此这种堆型具有很好的发展前景。

尽管建造高功率水溶液堆在理论上可行，但在实际工程化中还有许多技术问题需要解决，如高功率运行时 UO_2^{2+} 离子的沉淀、氢氧复合效率的提高，预防可能发生的燃烧和爆炸、堆功率的波动控制、堆的散热等。

(4) MIPR 生产医用放射性核素 ^{89}Sr

①生产原理

MIPR 运行过程中，^{235}U 裂变将产生 Kr、Xe 等气体放射性同位素。这些裂变产生的放射性气体很快(约 2 s)逸出溶液进入气体回路。这些放射性惰性气体衰变后生成的子体核素包括 Sr 的各种同位素，以及 ^{137}Cs、$^{138}Cs/^{138}Ba$、^{139}Cs、$^{140}Ba/^{140}La$、^{141}Ce 等核素，其中 Cs、Ba 和 Ce 可以采用化学方法与 Sr 的同位素分离；而 ^{89}Sr 与 ^{90}Sr 难以采用化学方法分离，因此要从 MIPR 的气回路得到 ^{89}Sr 产品，关键在于 ^{89}Sr 与 ^{90}Sr 的分离。^{90}Sr 属于极毒放射性核素，其半衰期长达 29 a，如果进入人体，会对人体组织造成长期的辐射损伤，因此要求严格控制医用 ^{89}Sr 产品中 ^{90}Sr 与 ^{89}Sr 的放射性活度比(低于 10^{-6})。

^{89}Kr($T_{1/2}$=197.7 s)在铀裂变中的产额为 4.88%。^{89}Kr 衰变成 ^{89}Rb($T_{1/2}$=15.4 min)后再次衰变成 ^{89}Sr($T_{1/2}$=52.5 d)。^{90}Kr($T_{1/2}$=33 s)在铀裂变中的产额为 5.93%，^{90}Kr 衰变成 ^{90}Rb($T_{1/2}$ = 2.91 min)后再次衰变成 ^{90}Sr($T_{1/2}$=29 a)，^{89}Kr 和 ^{90}Kr 的衰变链如图 2-17 所示。由图 2-17 可知，利用 ^{89}Kr 和 ^{90}Kr 这两种放射性惰性气体的半衰期的差异，可以实现它们的衰变产物

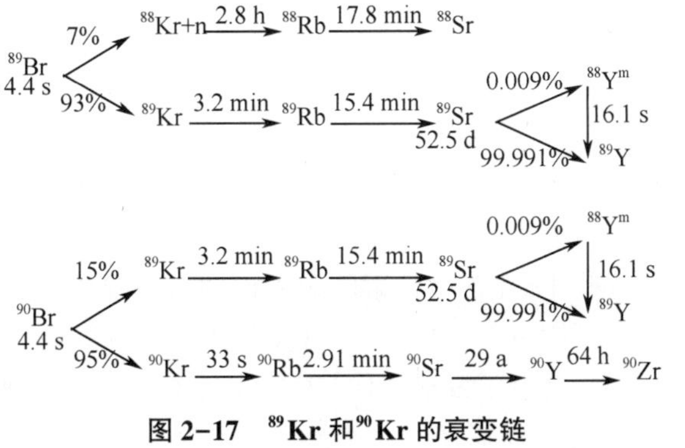

图 2-17 ^{89}Kr 和 ^{90}Kr 的衰变链

^{89}Sr 和^{90}Sr 的分离。通常利用 MIPR 气体回路中设置的气体旁路，将从反应堆芯产生的裂变气体引入气体旁路，并在旁路中通过^{89}Kr 和^{90}Kr 的分离而实现^{89}Sr 的提取。

②MIPR 生产^{89}Sr 的过程

俄罗斯 Kurchator Institute 和美国 Technology Commericalization International（TCI）联合开发设计了在俄罗斯 ARGUS 堆气体回路旁路中提取^{89}Sr 的工艺，该工艺装置示意图如图 2-18 所示。

这里简述在 ARGUS 运行 20 min 后利用图 2-18 中的气体回路旁路生产^{89}Sr 的工艺过程。打开阀门 3 和阀门 9，并打开泵 5 将堆芯内产生的气体输入到^{90}Sr 沉降段（管）4。在^{90}Sr 沉降段气体中的^{90}Kr 充分衰变为^{90}Sr，并沉降在管壁上或通过过滤器 6 时被过滤。余下的气体经过过滤器 6 进入^{89}Sr 提取段（管）7，其中的大部分^{89}Kr 在此段最终衰变成^{89}Sr，并沉降在管壁上，未沉降下来的固体通过过滤器 8 去除。在^{89}Sr 沉降段气体的流速和气体通过所需要的时间（^{90}Kr 完全衰变时间，保证尽可能多的^{89}Kr 在^{89}Sr 提取段衰变，以获得尽可能多的^{89}Sr）控制非常重要，这两个条件决定了产品中^{90}Sr杂质的含量以及^{89}Sr 的产量。通过气体流速和气体通过所需时间可以确定^{90}Sr 沉降管的尺寸。例如，当气流的速度为 $2\ L\cdot min^{-1}$，气体通过时间为 10 min，管径为 10 mm 时，管长度为 255 m；当管径为 20 mm 时，沉降管长度减少为 64 m。气体中的^{90}Kr 在^{90}Sr 沉降段经过 10 min 衰变后，在^{89}Sr 提取段得到的^{89}Sr 产品中^{90}Sr 与^{89}Sr 的放射性活度比可以达到 10^{-8}。^{89}Sr 沉降段的设计原理与^{89}Sr 沉降段的设计原理相同，也是根据^{89}Kr 衰变需要的时间和流速来决定。^{89}Sr 提取结束后，阀门 3 和阀门 9 以及泵 5 关闭。沉降在^{89}Sr 提取段中的固体经酸溶解后用化学方法分离其中的杂质，如 Cs、Ba、Ce、La 等，最后可得到符合医用标准的^{89}Sr 产品。

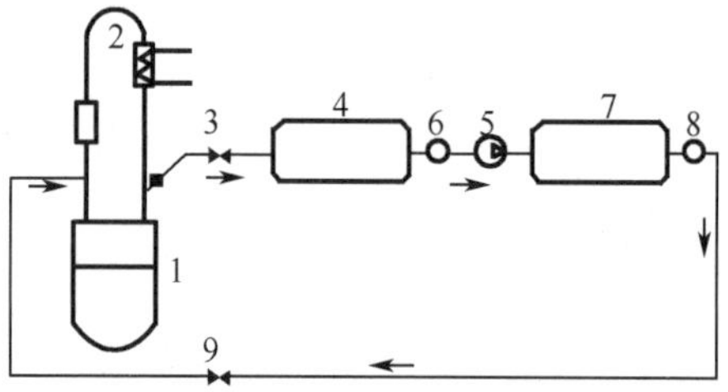

1—堆芯；2—加热器；3，9—阀门；4—^{90}Sr 沉降管；5—泵；6—过滤器；7—^{89}Sr 提取管；8—过滤器。

图 2-18　MIPR 气体回路旁路提取^{89}Sr 的工艺装置示意图

2.3　加速器生产放射性核素

核反应堆虽然可大量生产放射性核素，然而其品种和核素性质并不能完全满足应用上的需要。加速器作为一种生产途径在很大程度上弥补了这一不足。用加速器产生的高速带电粒子轰击含有选定的稳定核素的靶料，可制备所需的放射性核素。加速器生产的放射性核素大多数属于缺中子核素，其衰变方式为正电子或低能 γ 射线形式衰变，半衰期一般较短，比活度高，可以得到无载体放射性核素，尽管生产能力较低，但由于所生产的核素在工业、农业，尤其是生物医学方面具有特殊的用途，其用量不断增加，现已成为放射性核素生产不可缺少的手段。目前，通过加速器生产的放射性核素种类约占已知放射性核素总数的 60%以上。

近些年，放射性核素的应用得到了明显增长，一个主要的原因就是大量回旋加速器可用来生产医用放射性核素。IAEA 最近的统计表明，其成员国中回旋加速器超过 350 台，其中大部分用于正电子发射显像（PET）核素的生产，典型代表是生产^{18}F，以获得临床上广泛应用的氟-18-脱氧葡萄糖（^{18}F-FDG）。

2.3.1 加速器生产放射性核素的发展简史

自1934年人工放射性核素发现后,回旋加速器就用于放射性核素的制备。在短短三年内人工放射性核素就从3个增加到197个,并且少数放射性核素如^{131}I、^{32}P、^{14}C具备一定的生产能力,可供示踪研究用。1945年后,反应堆开始大量生产并供应廉价的放射性核素,一度使产量低、价格昂贵的加速器生产放射性核素受到影响。20世纪60年代中期,人们逐渐发现贫中子核素许多特殊的、具有重要意义的用途。如^{57}Co、^{22}Na、^{109}Cd等在穆斯堡尔谱、正电子湮没技术和X射线荧光光谱分析中的应用,^{67}Ga、^{201}Tl、^{123}I等在核医学诊断中的应用,^{11}C、^{13}N、^{15}O等短寿命核素在生命过程动态研究中的应用等,这些都是反应堆生产的放射性核素所不能取代的。特别是随着正电子发射计算机断层显像技术和单光子发射型计算机断层扫描仪(SPECT)的出现,对相应放射性核素的需求使得加速器放射性核素的研制、生产开始复兴。从20世纪60年代初到现在,世界上用于生产放射性核素的加速器从不到5台猛增到数百台;并且新增加的核医学诊断用核素中80%是用加速器生产的。近年来,医学诊断用贫中子放射性核素的消费量逐渐增大,加速器生产放射性核素逐渐取代部分反应堆生产的放射性核素。

2.3.2 加速器的组成及分类

加速器主要由以下三个部分组成:

①离子源 用于提供所需加速的粒子,包括电子、正电子、质子、反质子以及重离子等。

②真空加速系统 该系统中有一定形态的加速电场,使粒子在不受空气分子散射的条件下加速,整个系统置于真空度极高的真空室内。

③导引、聚焦系统 用一定形态的电磁场来引导并约束被加速的粒子束,使之沿预定轨道接受电场的加速。

衡量一个加速器性能的指标有两个:一是粒子所能达到的能量;二是粒子流的强度(流强)。加速器按其作用原理不同可分为静电加速器、直线加速器、回旋加速器、电子感应加速器、同步回旋加速器、对撞机等。本节仅简单介绍几类常用的加速器。

1. 高压倍加加速器

这是最早使用的用来加速带电粒子的高压装置。它利用对中、低频电压经倍压整流,产生直流高电压对粒子进行加速的原理制成。虽然加速后粒子的能量不高,一般低于1 MeV,但用它得到的高速粒子数量大、束流强,因此至今仍有实验室使用它来加速粒子。

2. 静电加速器

静电加速器是一种直流高压加速器。它采用机械方式把电荷传送并积累在一个对地绝缘的金属电极上,从而获得直流高电压,并加速带电粒子。静电加速器属于低能加速器,可用以加速电子或质子,于1931年由范德格拉夫(R. J. Van de Graaff)首先研制成功,又称范德格拉夫静电加速器(图2-19)。

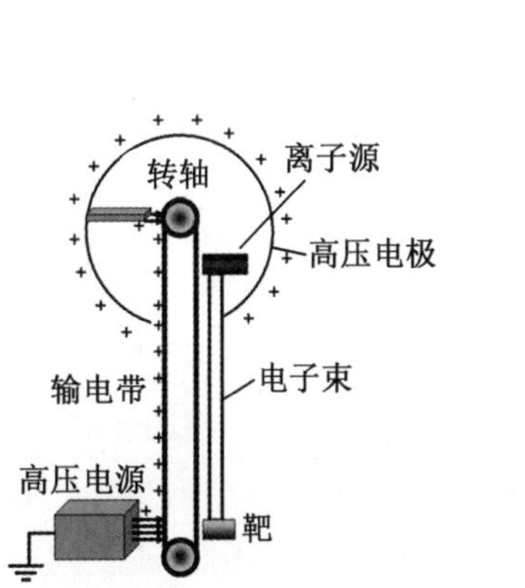

图2-19 范德格拉夫静电加速器示意图

被加速的带电粒子能量受到所使用绝缘材料击穿电压的限制。为了提高静电加速器的工作电压和束流强度，近代静电加速器都放置在钢筒内，钢筒内充有绝缘性能良好的高压气体，以提高静电高压发生器的耐压强度，被加速粒子的能量可达 14 MeV。

3. 回旋加速器

回旋加速器是利用磁场使带电粒子做回旋运动，在运动中经高频电场反复加速的装置，如图 2-20 所示。它的主要结构是在磁极间的真空室内有两个半圆形的金属扁盒（D 形盒）隔开相对放置，D 形盒上加交变电压，其间隙处产生交变电场。置于中心的粒子源产生带电粒子并发射出来，受到电场加速，在 D 形盒内仅受磁极间磁场的洛伦兹力，在垂直磁场平面内做圆周运动。绕行半圈的时间为 $\pi m \cdot qB^{-1}$，其中 q 是粒子电荷，m 是粒子的质量，B 是磁场的磁感应强度。如果 D 形盒上所加的交变电压的频率恰好等于粒子在磁场中做圆周运动的频率，则粒子绕行半圈后正赶上 D 形盒上极性变号，粒子仍处于加速状态。由于上述粒子绕行半圈的时间与粒子的速度无关，因此粒子每绕行半圈受到一次加速，绕行半径增大。经过多次加速，粒子沿螺旋形轨道从 D 形盒边缘引出，能量可达几十兆电子伏特（MeV）。回旋加速器的能量受制于随粒子速度增大的相对论效应，粒子的质量增大，粒子绕行周期变长，从而逐渐偏离交变电场的加速状态。该加速器的进一步改进型有同步回旋加速器。

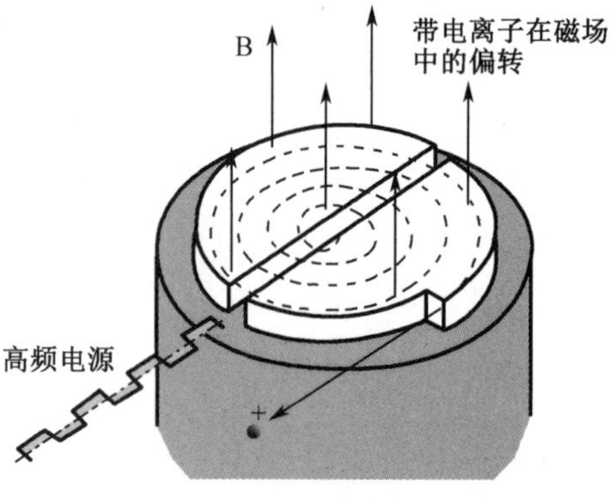

图 2-20　回旋加速器示意图

4. 直线加速器

直线加速器是利用沿直线轨道分布的高频电场加速电子、质子和重离子的装置。在柱形金属空管（波导）内输入微波，可激励各种模式的电磁波，其中一种模式沿轴线方向的电场有较大分量，可用来加速带电粒子。为了使沿轴线运行的带电粒子始终处于加速状态，要求电磁波在波导中的相速降低到与被加速粒子运动同步，这可以通过在波导中按一定间隔安置带圆孔的膜片或漂移管来实现。电子的质量很小，几兆电子伏的能量就可以使电子的速度接近光速。带圆孔的膜片装置适用于加速电子；质子或离子的质量较大，其速度较低，常采用带漂移管的装置。图 2-21 为粒子加速器实物图。

图 2-21　粒子加速器实物图

在上述几种加速器中，可用于生产放射性核素的加速器有静电加速器、回旋加速器和直线加速器等，但生产放射性核素使用最多的还是回旋加速器。回旋加速器大多采用等时性方位变化场设计，并有不同的类型。紧凑型回旋加速器结构紧凑，设施简便，加速 p、d、α、^{3}He 的能量达 15~52 MeV，流强为 50~200 μA，适于生产^{67}Ga、^{111}In、^{201}Tl、^{123}I 等中、短寿命的核素。微型回旋加速器的体积很小，操作容易，建造费用低，质子的加速能量达 15~20 MeV，氘核 8~10 MeV，^{3}He、α 粒子能量达 15~30 MeV，流强可达 30~100 μA，适于建在医院内，就地制备^{11}C、^{13}N、^{15}O、^{18}F 等短寿命核素。

少数大型的加速器(如美国 LANL 的介子工厂)产生的质子能量达 200~800 MeV,流强达 0.2~1 mA,可利用它产生介子后剩余的较强束流引起的散裂核反应,来制备较长寿命的核素或一般情况下难以制备的核素,例如^{82}Sr、^{52}Fe 等。

2.3.3 加速器生产放射性核素的特点

加速器生产放射性核素的特点如下:

(1)带电粒子核反应的库仑势垒高,适于制备轻元素的放射性核素,如^{11}C、^{13}N、^{15}O 和^{18}F 等。为了适用临床诊断,这些高品质的放射性核素,基于反应堆的(n,γ)反应难以获得,但可利用加速器的(p,xn)或(α,xn)等反应获得。

(2)加速器生产核素时,入射粒子是带电粒子,所生成的放射性核素几乎都是贫中子核素,大多以电子俘获(EC)或发射正电子(β^+)方式衰变,发射的光子能量低(50~300 keV),且较单一,通常不伴随其他带电粒子的发射,特别适合于核医学诊断。

(3)加速器生产的放射性核素,一般与靶核不是同一元素,故易于用化学分离,可获得高比活度或无载体的放射性核素。

加速器生产放射性核素也有一些缺点,如大部分核素的生产能力要比反应堆生产小得多,生产成本高;制备靶及靶材冷却技术难度大;较短的半衰期使其使用范围(时间、空间)受到限制。

2.3.4 加速器生产放射性核素的核反应类型

加速器生产放射性核素的主要核反应有:α 粒子引发的核反应、氘核引发的核反应、质子引发的核反应、^{3}He 引发的核反应等。

(1)α 粒子引发的核反应

α 粒子引发的核反应有(α,n)、(α,p)、(α,2n)等,如^{79}Br(α,n)^{82}Rb。该类核反应广泛用于制备超铀元素,如^{253}Es(α,n)^{256}Md。

(2)氘核引发的核反应

用于放射性核素生产的重要氘核反应有(d,n)、(d,2n)、(d,α)反应。(d,n)反应通常是放能反应,所以该类反应在氘核能量较低时就能发生。(d,2n)是吸能反应,只有当氘核能量为 10~15 MeV 时才能发生。这类反应生产的放射性核素有^{11}C、^{131}I、^{18}F 和^{51}Cr 等。由于(d,α)反应的库仑势垒较高,只能用于制备轻的放射性核素,如^{24}Mg(d,α)^{22}Na。

(3)质子引发核反应

加速器能提供束流强、能量高的质子束。质子引发的(p,n)反应是加速器生产放射性核素的主要途径,能生产^{22}Na、^{32}Si、^{51}Cr、^{52}Mn、^{57}Fe、^{67}Ga、^{69}Ge、^{82}Sr、^{88}Y、^{97m}Tc、^{111}In、^{123}I、^{127}Xe、^{208}Pb 等多种核素。

(4)^{3}He 引发的核反应

^{3}He 引发的核反应有(^{3}He,n)、(^{3}He,2n)、(^{3}He,p)等,如^{18}O(^{3}He,p)^{18}F、^{50}Cr(^{3}He,p)^{52}Fe。

2.3.5 加速器生产放射性核素

加速器生产放射性核素涉及加速器、核反应、靶材的制备和产物的分离纯化等,需根据所生产的放射性核素及采用的加速器类型来选择生产方法。

1. 核反应的选择

一种放射性核素可以通过多种核反应生成。最合适的核反应应考虑加速器的实际参数(所提供的粒子种类和能量)、反应产额、放射性杂质、比活度、生产工艺、分离时间、富集靶的回收等。

核反应的选择主要依据以下几个方面。

(1)加速器参数

加速器生产放射性核素的两个条件：

①带电粒子束必须具有足够的能量以引发核反应。

②带电粒子束必须具有足够的粒子流量以获得有实际生产价值的产率。因此，核反应的选择主要受加速器加速的带电粒子种类和能量范围等参数的制约。

例如^{57}Co的生产，采用核反应$^{58}Ni(p,2p)^{57}Co$和$^{58}Ni(p,2n)^{57}Cu \rightarrow ^{57}Co$可获得较高产额，而且纯度高，是目前$^{57}Co$生产最广泛采用的核反应。但这两个核反应要求质子能量大于15 MeV，如果质子能量低于该值，就只能采用$^{56}Fe(d,n)^{57}Co$反应。

(2)核反应产额

由于荷电粒子(p,d,α 等)在靶中引起能量损失，因而入射靶核的不同深度处核反应截面也就不同；其次，荷电粒子在靶中的射程也因靶材料而不同，这些都将影响目标放射性核素的产额。对于不同原子序数(Z)靶核、不同能量的入射粒子(p、d、α 等)的核反应厚靶产额理论计算结果表明，入射粒子静止质量越小，能量越大；靶核原子序数越小，产额越大。因此，同样能量下(p,n)反应比(d,n)反应和(α,n)反应的产额高。

(3)产品核纯度

选择核反应及入射粒子的能量时，在尽可能提高目标核素产额的同时也要保证产品纯度满足要求。由于在发生核反应时，通常会发生竞争反应，从而影响目标核素纯度。如通过$^{56}Fe(d,n)^{57}Co$核反应制备^{57}Co，虽然氘能量大于 8 MeV 后^{57}Co产额较高，但同时竞争反应$^{56}Fe(d,2n)^{56}Co$也逐渐加强，^{56}Co杂质会影响^{57}Co产品使用，因此需要把氘束能量限制在7.5~8 MeV 范围内。

2. 加速器用靶件的制备

加速器上使用的辐照靶件依靶材料的物理状态，可分为固体靶、液体靶和气体靶。

(1)固体靶

固体靶有两种辐照方式，即内靶方式和外靶方式。内靶方式是将靶件放在加速器的真空室内照射。这种方式生产效率高，但操作复杂。外靶方式是将粒子束引出真空室，在真空室外面照射靶件。由于存在粒子束引出效率问题，一般外靶束流比内靶小。但对加速负氢离子的加速器来说，不存在这个问题。

加速器用固体靶，除了应满足辐照稳定性、化学稳定性、易于获得、易于处理等要求外，由于靶件在辐射过程中还需经受能量高、流强大的带电粒子的轰击，应满足以下特殊要求。

①靶材

a. 靶材的厚度　由于靶材对带电粒子有较高的阻止本领，带电粒子射入靶材后，随着进入靶材的深度增加而使带电粒子的流强和能量迅速减弱，核反应的截面也随之减小，甚至可能改变核反应的类型。因此，选择适当的厚度是很重要的。如果靶厚小于轰击粒子在靶中的射程，则带电粒子束穿过靶材后，其能量和反应截面变化很小，通常称该靶为薄靶。反之，靶厚大于粒子在靶中射程，能使粒子束的能量和反应截面发生明显变化的称为厚靶。为了充分利用带电粒子，一般采用 50~100 μm 的厚靶。

b. 耐高温　为了实现核反应，需用能量为几十甚至几百 MeV 的带电粒子轰击靶材。因此在靶材照射时，高能量的粒子流打在面积很小的靶上，产生的热功率密度很大（通常大于 1 kW·cm^{-2}），温度梯度可高达每毫米几千摄氏度。在这样高的温度下即使难熔的金属、化合物也会熔融与挥发。当被加速的粒子轰击靶面时，还会引起靶材的溅射。解决靶材的散热问题通常采取的方法是：减小靶面与束流方向的夹角，以增加粒子束轰击靶材的面积，降低靶面的热功率密度；采用旋转式的活动靶，使靶面受间歇照射；靶材用水冷却。

②靶件其他材料

为了使靶材能经受强带电粒子流的照射，应尽可能选择导热性能好、热稳定性好、熔点高的金属与合金作靶材。

固体靶的制备方法有焊接、电镀、烧结等，既要使靶牢固、导热好、装卸方便，又不影响产物的纯度。

制备加速器靶通常用导热性能良好的铜作靶托，用真空喷镀、电镀、精密机械加工等方式，将金属靶材均匀地沉积（涂布）在铜托上。采用合金或化合物作靶时，可在铜托上制成一排浅槽，然后用烧结、熔融、真空喷镀等方法将靶材与铜托结合在一起，也可以采用非水介质中电镀-分子电镀法将某些化合物镀在铜托上，这种制靶过程又可以使靶材进一步纯化。

（2）液体靶和气体靶

液体靶和气体靶系统由于有专门的靶材料液体/气体进出管道，因此这两种靶一旦建立，将不像固体靶那样，需制备数量众多的靶件。特别是液体靶，可以非常方便地向靶容器中自动加注靶液，并且辐照后的液体可通过管道非常方便地直接转移到热室或工作箱。

3. 辐照产额计算

带电粒子核反应的一个重要特征在于，带电粒子只有克服靶核的库仑势垒才能引起核反应，也就是有一个能量阈值。库仑势垒的高度与靶核的原子序数和带电粒子的电荷有关。此外，带电粒子引起核反应的反应截面，强烈地依赖于轰击粒子的能量。轰击粒子进入靶材之后，能量逐渐减少，因此靶中不同深度处的靶核的反应截面也相应发生变化。这种核反应截面随入射粒子通量变化的函数关系，称为激发函数。

当知道激发函数后，“厚靶”辐照时所期望获得的放射性核素放射性总量 A 可表示如下：

$$A = \frac{1 - e^{-\lambda t}}{3.7 \times 10^4} \cdot \frac{nJ}{Z} \times 6.25 \times 10^{12} \int_0^{E_m} 10^{24} \sigma(E) S(E) \mathrm{d}E \tag{2-6}$$

式中　A——放射性总量，3.7×10^4 Bq；

λ——放射性衰变常数，h^{-1}；

t——辐照时间，h；

n——靶材料中适合活化的靶核数密度（原子数 · cm^{-3}）；

J——轰击粒子束流强度，μA；

Z——轰击粒子正电荷数；

$\sigma(E)$——轰击粒子和靶核的反应截面，与能量有关，b；

$S(E)$——在 E、E+dE 能量间隔内轰击粒子在靶中穿过的距离，cm；

E_m——轰击粒子在靶表面的能量，MeV。

“厚靶”的定义是：靶厚稍大于荷电粒子在靶中的射程。如果靶材厚度超过粒子的射程过大，不仅浪费靶材料，而且也增加了化学分离的工作量。

当辐照时间大大低于（至少 5 倍）目标核素的半衰期时，式（2-6）可近似表示如下：

$$A = 7 \times 10^7 \cdot \frac{Jt}{ZT}\int_0^{E_m} \sigma(E)S(E)\mathrm{d}E \qquad (2-7)$$

4. 辐照靶件的处理

粒子束轰击后的靶件经各种物理、化学方法处理后，可得到无载体的放射性核素。对于固体靶，当产物为^{123}I、^{75}Br等易挥发物质时，可通过干法蒸馏技术进行分离提取，固体靶还可反复使用；当产物为难挥发物质时，必须将靶材料进行溶解、萃取、层析或共沉淀等操作，过程烦琐，靶件只能一次性使用。液体靶件和气体靶件的处理相对要简单些。但不管何种靶件，要求选用的流程纯化效率高、不引入载体、分离周期短。对寿命很短的放射性核素还要求能在线直接合成标记化合物。

2.3.6 加速器生产放射性核素的应用

加速器生产的核素应用领域很广。在工业和科学研究中，^{57}Co、^{22}Na、^{109}Cd可作为穆斯堡尔效应、正电子湮没技术、X射线荧光分析用的放射源。在农业和环境保护中，^{47}K、^{74}As、^{203}Pb可用作示踪原子。在医学上的应用更为广泛，柠檬酸^{67}Ga用于肿瘤诊断，能显示其部位，也能用于淋巴结、肺、骨骼等显像；^{111}In标记的二亚乙基三胺五乙酸可用于脑显像；^{123}I标记的碘化钠用于诊断甲状腺疾病时，对病人产生的辐射剂量只有^{131}I的百分之一，用^{123}I标记的脂肪酸、邻碘马尿酸可分别用于心肌、肾脏疾病的诊断；^{201}Tl标记的氯化铊可用于诊断心肌梗死；半衰期很短的^{81m}Kr可用于肺的阻塞、肺气肿、支气管炎等疾病诊断；^{11}C、^{13}N、^{15}O、^{18}F标记的生物分子能以完全与天然物质一样的生化行为显示活体内代谢动态的图像，并能在正电子计算机断层仪上比较精确地给出三维空间的位置。

2.3.7 加速器生产放射性核素^{123}I

加速器生产的放射性核素如^{11}C、^{13}N、^{15}O、^{18}F、^{68}Ga、^{123}I已经在核医学上得到了广泛的应用。关于它们制备方法的报道也很多。下面以^{123}I为例简单介绍它的制备技术。

^{123}I由于其优良的核性质($T_{1/2}=13.2$ h，$E_C\approx100\%$，$E_r=159$ keV)和化学性质，已经成为当前临床使用中仅次于^{99m}Tc的放射性核素。碘能与蛋白质等各种生物分子的类似物形成稳定的化合物，因此^{123}I标记的放射性药物已经成为最重要的心脑血管、肿瘤和受体显像药物。这些药物具有低损伤、高灵敏、选择性强等特点。

已知的^{123}I的制备途径有二十多种，按加速器生产^{123}I所采用的核反应，可分为直接法和间接法。直接法如$^{121}Sb(\alpha,2n)^{123}I$、$^{124}Te(p,2n)^{123}I$、$^{123}Te(p,n)^{123}I$；间接法是利用$^{123}Xe\rightarrow{}^{123}I$发生器来制备$^{123}I$，其核反应如$^{123}Te(^3He,3n)^{123}Xe\rightarrow{}^{123}I$、$^{127}I(\alpha,5n)^{123}Xe\rightarrow{}^{123}I$。

由于受产额、杂质水平、费用等因素的限制，具有实际意义的核反应主要有6种：$^{124}Te(p,2n)^{123}I$、$^{123}Te(p,n)^{123}I$、$^{122}Te(d,n)^{123}I$、$^{127}I(p,5n)^{123}Xe\rightarrow{}^{123}I$、$^{124}Xe(p,x)^{123}I$和$^{124}Xe(\gamma,n)^{123}Xe\rightarrow{}^{123}I$。

1. 直接法制备

直接法制备^{123}I需要中、低能加速器，用质子或氘在富集Te同位素上引发核反应。制备Te靶使用高丰度的Te同位素如^{124}Te、^{123}Te和^{122}Te的氧化物，通过加热将这些氧化物熔融在Pt盘内形成辐照靶。辐照时，盘下面用一薄层水流冷却，盘背面用大水流冷却。

照射后的靶需要经过化学处理,从靶材料中分离出^{123}I。^{123}I 的化学分离方法有干法蒸馏法和湿化学分离法。干法蒸馏法与前面介绍的^{131}I 的干法生产工艺相同;而湿化学分离法中又包括湿法蒸馏、吸附、过滤等方法。采用湿化学分离法处理靶件(片)时操作复杂、时间较长、^{123}I 的总回收率低、放射性废物多。相对于湿化学法,干法蒸馏法具有操作简单、蒸馏时间短(几分钟)、回收率高(接近 100%)、放射性废物量小等优点,因此直接法制备^{123}I 的生产中,主要采用干法蒸馏法分离^{123}I。

2. 间接法制备^{123}I

目前,国际上制备^{123}I 主要发展的间接法有:$^{127}I(p,5n)^{123}Xe \rightarrow ^{123}I$、$^{124}Xe(p,x)^{123}I$ 和$^{124}Xe(\gamma,n)^{123}Xe \rightarrow ^{123}I$。间接法生产$^{123}I$ 需要使用中、高能回旋加速器或电子加速器,产品中的主要杂质为半衰期 60 d 的$^{125}I(p,5n)$,反应的产额是所有制备^{123}I 的核反应中最高的,但它需要高能加速器(>60 MeV),因此目前只有少数具备高能加速器的国家才采用该核反应生产^{123}I。

20 世纪 80 年代出现了采用高富集度的^{124}Xe 通过$^{124}Xe(p,x)^{123}I$ 反应生产^{123}I 的方法。由于该方法只需中能回旋加速器,因此发展迅速。该方法可采用与^{124}Xe 生产^{125}I 相类似的分离技术。尽管采用高富集度的^{124}Xe 可以提高^{123}I 产量,并能有效降低^{125}I 的含量,但高富集度^{124}Xe 价格昂贵。

采用高富集度^{124}Xe、电子加速器,通过$^{124}Xe(\gamma,n)^{123}Xe$ 反应也可制备^{123}I。该方法制备的^{123}I 纯度是所有^{123}I 生产方法中最高的。

2.4 放射性核素发生器

放射性核素发生器是获得人工放射性核素的另一种方式。它通过简单的操作,能定期从长寿命的母体核素中分离出短寿命子体核素,属于短寿命子体核素的应用,为它们在那些远离反应堆和无加速器的地方的应用提供了有利条件。目前,放射性核素发生器应用最多的是核医学。它所使用的母体核素是通过反应堆或加速器生产的。一般来讲,放射性核素发生器以其母子体核素或直接以子体核素来命名,例如,母体为^{99}Mo、子体为^{99m}Tc 的装置就叫$^{99}Mo-^{99m}Tc$ 发生器或^{99m}Tc 发生器。放射性核素发生器在其有效期内,每隔一段合适的时间间隔就可从中分离一次子体核素,好像从母牛身上挤奶一样,所以放射性核素发生器又称为"母牛"。放射性核素发生器最早始于医学应用。1920 年,Failla 从^{226}Ra 中分离出^{222}Rn,从而提出发生器的概念。1951 年美国的 M. W. 格林等利用从^{226}Ra 分离出^{222}Rn 的原理,研制出世界上第一个人工放射性核素$^{132}Te-^{132}I$ 发生器。之后,$^{99}Mo-^{99m}Tc$、$^{113}Sn-^{113}In$ 等发生器相继研制成功。从理论上讲,能构成放射性核素发生器的这种母子体核素体系很多。为此,美国的布鲁斯进行了大量的工作,并于 1965 年发表文章,列出了 118 个可能有用的发生器体系。目前,文献报道的放射性核素发生器已经超过 150 种,但真正得到实际应用的只有 20 多种(如$^{28}Mg-^{28}Al$、$^{38}S-^{38}Cl$、$^{42}Ar-^{42}K$、$^{44}Ti-^{44}Sc$、$^{47}Ca-^{47}Sc$、$^{68}Ge-^{68}Ga$、$^{72}Se-^{72}As$、$^{81}Rb-^{81m}Kr$、$^{83}Rb-^{83m}Kr$、$^{87}Y-^{87m}Sr$、$^{90}Sr-^{90}Y$、$^{99}Mo-^{99m}Tc$、$^{103}Pd-^{103m}Rh$、$^{103}Ru-^{103m}Rh$、$^{111}Ag-^{111m}Cd$、$^{113}Sn-^{113m}In$、$^{125}Sb-^{125m}Te$、$^{131}Ba-^{131}Cs$、$^{132}Te-^{132}I$、$^{137}Cs-^{137m}Ba$、$^{188}W-^{188}Re$、$^{189}Ir-^{189m}Os$、$^{194}Hg-^{194}Au$ 等)。在这些母子体核素中,由于^{99}Mo 易大量生产以及^{99m}Tc 优良的核性质,使得$^{99}Mo-^{99m}Tc$ 成为使用最广泛的放射性核素发生器。目前,$^{99}Mo-^{99m}Tc$ 发生器及其配套药品已经成为核医学显像用放射性药品的主要来源，而^{99m}Tc的用量占医学诊断用放射性核素总用量的80%以上。

近年来，我国先后研制了$^{99}Mo-^{99m}Tc$、$^{113}Sn-^{113m}In$、$^{132}Te-^{132}I$、$^{90}Sr-^{90}Y$、$^{140}Ba-^{140}La$、$^{188}W-^{188}Re$和$^{68}Ge-^{68}Ge$等放射性核素发生器，对推动我国的核医学及相关领域的发展做出了积极的贡献。

2.4.1 基本原理

放射性核素发生器是利用母体与子体核素的半衰期和它们的物理、化学性质上的差异，采用物理或化学手段将不断生成的子体核素从母体核素中分离出来。在实用的放射性核素发生器中，子体核素的半衰期短，而母体核素的半衰期相对较长。

1. 放射性母体-子体的相互关系

假设：$t=0$时，只有母体核素($N_{1,0}$)，在t时刻，剩下的母体核素为

$$N_{1,t}=N_{1,0}e^{-\lambda_1 t} \tag{2-8}$$

母体核素衰变只产生单一子体放射性核素时，对于子体核素有

$$\frac{dN_2}{dt}=\lambda_1 N_1-\lambda_2 N_2=\lambda_1 N_{1,0}e^{-\lambda_1 t}-\lambda_2 N_2 \tag{2-9}$$

从式(2-9)可得

$$N_2=\frac{\lambda_1}{\lambda_2-\lambda_1}N_{1,0}(e^{-\lambda_1 t}-e^{-\lambda_2 t}) \tag{2-10}$$

则任何时刻t，子体核素的活度为

$$\lambda_2 N_2=\lambda_1 N_{1,0}\frac{\lambda_2}{\lambda_2-\lambda_1}(e^{-\lambda_1 t}-e^{-\lambda_2 t}) \tag{2-11}$$

$$\frac{\lambda_2 N_2}{\lambda_1 N_1}=\frac{\lambda_2}{\lambda_2-\lambda_1}(1-e^{\lambda_1 t-\lambda_2 t}) \tag{2-12}$$

对于母体核素A衰变时产生多子体核素的情况，由于母体核素衰变成某一子体核素B的衰变分支比是一定的，因此子体核素的活度为

$$\lambda_2 N_2=F\lambda_1 N_{1,0}\frac{\lambda_2}{\lambda_2-\lambda_1}(e^{-\lambda_1 t}-e^{-\lambda_2 t}) \tag{2-13}$$

其中，F为母体核素A衰变成子体核素B的衰变分支比。

根据式(2-8)和式(2-11)，可绘制母子体核素活度-时间关系曲线，如图2-22所示。

由式(2-11)可见，由初始物为纯母体核素产生的子体核素在$t=0$和$t\to\infty$时均为零。在中间某一时间t_m，子体核素的活度将达到最大值，这时

$$\frac{d(\lambda_2 N_2)}{dt}=0=-\lambda_1 e^{-\lambda_1 t_m}+\lambda_2 e^{-\lambda_2 t_m} \tag{2-14}$$

因此有

$$\lambda_1 e^{-\lambda_1 t_m}=\lambda_2 e^{-\lambda_2 t_m} \tag{2-15}$$

于是有

$$\frac{\lambda_2}{\lambda_1}=e^{(\lambda_2-\lambda_1)t_m} \tag{2-16}$$

$$t_m=\frac{\ln(\lambda_2/\lambda_1)}{\lambda_2-\lambda_1} \tag{2-17}$$

根据式(2-17),可以确定放射性核素发生器的淋洗时间间隔。

2. 瞬时平衡与长期平衡

由于发生器中母体核素的寿命一般都比子体核素的寿命长,即 $\lambda_2>\lambda_1$,根据式(2-12),当 $t \gg t_m$ 时,有

$$\frac{\lambda_2 N_2}{\lambda_1 N_1} \approx \frac{\lambda_2}{\lambda_2 - \lambda_1} = \text{const} \tag{2-18}$$

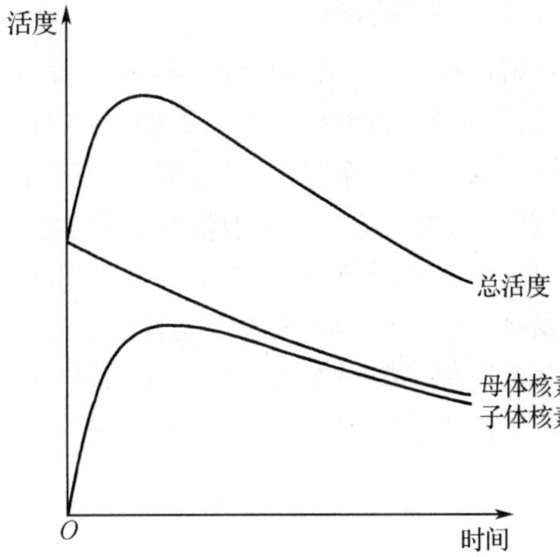

图 2-22 母子体核素活度-时间关系曲线

像式(2-18)中存在这样一个恒定的活度比值的情况称之为瞬时平衡(transient equilibrium)。在瞬时平衡情况下,子体活度减少的速率与母体活度减少的速率相同。

当 $\lambda_1 \ll \lambda_2$ 且 t 足够大时,有

$$\lambda_1 N_1 \approx \lambda_2 N_2 \quad 或 \quad A_1 \approx A_2 \tag{2-19}$$

此时,母体、子体核素活度几乎相等,这种平衡称为长期平衡。

2.4.2 放射性核素发生器的类型

根据母子体核素的分离方式,放射性核素发生器的类型主要有色谱型发生器、升华型发生器、萃取型发生器。由于色谱型发生器具有结构紧凑、淋洗操作简单、易防护等优点,是目前最常用的一种放射性核素发生器。

2.4.3 制备放射性核素发生器的要求

在制备放射性核素发生器时,需要考虑母体核素的选择、发生器结构等,而设计发生器结构时又需要考虑母子体核素的分离方法、发生器规格以及辐射防护等。

1. 母体核素的选择

在选择母体核素时,通常需要考虑子体核素的用途及核性质(射线类型、能量、半衰期等)、母体核素的半衰期、母子体核素的分离、母体核素的生产能力等几个方面。例如,医学上要求有半衰期为几小时、主要 γ 射线能量在 100~250 keV 的短半衰期核素来作脏器显像、医学诊断。^{99m}Tc 在生物化学、药物学性质上适合医用,又具有十分理想的核性质(^{99m}Tc 发射 141 keV 的单能 γ 射线,半衰期为 6.0 h,几乎无 β^- 射线,它的子体^{99m}Tc 的半衰期长达 2.1×10^5 a,几乎可视为稳定核素),并且其母体核素^{99}Mo 不仅半衰期为 66.0 h,有利于远程运输,又能在反应堆中通过^{98}Mo 的(n,γ)核反应或^{235}U 的(n,f)核反应大量生产,价格便宜。母子体核素的这些特点,使得^{99}Mo-^{99m}Tc 发生器成为应用最多的一种发生器。

通常,母体核素主要通过三种途径获得:核反应堆辐照、回旋加速器辐照、从核裂变产物中提取。

2. 发生器结构设计

放射性核素发生器的结构，随母体和子体核素分离方法、发生器规格的不同而不同。分离方法是根据有利于母子体核素的分离和对子体核素纯度等的要求来选择的。通常要求分离效果好、效率高、速度快、操作简便，在多次重复的条件下分离得到的子体核素仍然具有较高的核纯度、放化纯度和放射性比活度，以及适用的化学状态和稳定的化学组成。通常采用的分离方法有离子色谱法、溶剂萃取法和升华法等，其中最常用的是离子色谱法。辐射防护能力及运输的方便与安全性也是发生器在设计时必须考虑的。不同的射线类型、不同的放射性装载量等都需要对发生器防护层的材料及厚度进行适当的调整，以保证发生器生产及使用过程中工作人员的安全。此外，供医用的发生器还需另外附加无菌过滤器。

2.4.4 医用放射性核素发生器应具备的条件

一般认为，一个令人满意的医用放射性核素发生器应具备以下几个条件。

(1)子体核素有适当长短的半衰期、合适的辐射类型和能量。过去，多采用半衰期为几个小时至几十个小时的短寿命核素。近年来，由于探测器的改进及操作自动化程度的提高，使一些分、秒级半衰期的所谓超短寿命核素在临床中的应用成为可能。

(2)子体核素应具有良好的药物学性质，并适用于生理功能的研究，这是评价放射性核素发生器是否具有医用价值的重要条件。

(3)放射性核素发生器的母体核素容易大量生产，最好能在反应堆中生产，以降低成本。另外，要求母体核素的半衰期应尽可能长，使发生器具有较长的使用期。

(4)母子体核素容易分离。放射性核素发生器中的母子体核素一般是不同的化学元素。从母体中分离子体的方法，必须简便、快速和产额高。同时，必须在反复分离的情况下，确保分离出来的子体核素具有较高的放射性纯度、放射性化学纯度和放射性浓度，产品的化学组成稳定，最好能符合直接应用(口服或注射)的要求。

2.4.5 主要放射性核素发生器的制备

1. ^{99}Mo-^{99m}Tc 发生器

自从 1957 年^{99m}Tc 问世以来，^{99}Mo-^{99m}Tc 发生器(^{99}Mo-^{99m}Tc Generator)的临床应用极大地促进了核医学影像的发展。^{99m}Tc 是纯 γ 光子发射体，能量为 141 keV，$T_{1/2}$ 为 6.02 h，并且^{99m}Tc 有多种价态，可以制成各种药物，选择性地分布在人体的许多脏器中。锝的还原态性质不稳定，在一定 pH 条件下可以和许多含氧、氮、硫等的有机或无机化合物作用，形成络合物。这些锝标记络合物无论在体内或体外均比较稳定，且无毒性。因此用^{99m}Tc 可制备成多种放射性药物，用于脑、心脏、肝、肾、骨骼、甲状腺等脏器显像。现如今，用^{99m}Tc 标记的放射性药物达百余种，且多可制成药盒供应，标记简单，使用方便，临床上应用广泛，几乎占全部临床所用放射性核素的 80%以上，故有“万能核素”之称。正由于^{99m}Tc 的半衰期短和放射 γ 射线能量低，故当使用量较大($7.4\times10^8 \sim 3.7\times10^9$ Bq)时，病人所受的辐射剂量仍较小。因此，^{99m}Tc 使用非常安全，深受医患双方的欢迎。^{99m}Tc 也因此成为目前最理想和最常用的放射性核素。

^{99}Mo-^{99m}Tc 发生器中母体核素^{99}Mo 主要有两种获得方式：^{235}U(n,f)^{99}Mo 和^{98}Mo(n,γ)^{99}Mo 法。裂变^{99}Mo 的提取具有工艺复杂、强放废物多等缺点，但通过这种方法，可获得高比活度的

无载体^{99}Mo，以制备高品质的色谱型$^{99}Mo-^{99m}Tc$发生器。(n,γ)法具有操作简单、强放废物少等优点，但所产生的^{99}Mo比活度较低，并且有大量^{98}Mo存在。从(n,γ)法产生的^{99}Mo中分离出^{99m}Tc的方法有离子色谱法（凝胶法）、升华法和溶剂萃取法，其对应的发生器又称为凝胶发生器、升华发生器和溶剂萃取发生器。

由于采用裂变^{99}Mo生产的色谱发生器具有制作简单、淋洗方便、易防护、容易达到无菌、无热源的要求等优点，非常适于临床应用，已经成为目前最主要的一种发生器类型。世界各国基本上都采用裂变^{99}Mo来制备色谱型$^{99}Mo-^{99m}Tc$发生器。国内使用的$^{99}Mo-^{99m}Tc$发生器也主要为裂变型$^{99}Mo-^{99m}Tc$发生器。因此，本节主要介绍由裂变^{99}Mo制备的色谱型$^{99}Mo-^{99m}Tc$发生器（裂变型$^{99}Mo-^{99m}Tc$发生器）。

（1）裂变型$^{99}Mo-^{99m}Tc$发生器

酸性Al_2O_3能吸附母体核素^{99}Mo，但对高价（+7）的^{99m}Tc吸附能力较差。裂变型$^{99}Mo-^{99m}Tc$发生器正是利用了母子体核素这点化学性质上的差异，实现了母子体核素的分离。母体核素^{99}Mo以$^{99}MoO_4^{2-}$的形式吸附在Al_2O_3柱上，然后用0.9% NaCl等洗脱液将高价（+7）的^{99m}Tc以$^{99m}TcO_4^-$的形式洗脱下来，而母体仍留在发生器内。子体核素随母体衰变而增长，同时又因它自身的衰变而减少，因而可用连续衰变的公式计算。图2-23为目前广泛使用的裂变型$^{99}Mo-^{99m}Tc$发生器的结构示意及外观实物图。

①裂变型$^{99}Mo-^{99m}Tc$发生器制备工艺流程及环境区域划分

裂变型$^{99}Mo-^{99m}Tc$发生器制备包括以下工序：柱填料预处理、柱填料装柱、冷柱消毒、冷柱洗涤、冷发生器装配、上柱料液pH调制、料液定量上柱、预淋洗、真空瓶制备、生理盐水制备及分装、产品检验和包装发货等。由于^{99m}Tc主要用于标记体内注射药物，必须满足无菌、无热源的条件，因此$^{99}Mo-^{99m}Tc$发生器的制备要求在不同的洁净区域内完成，并对发生器的核心部件及主要零件进行灭菌处理。由于柱子消毒等工作可采用不同的方式（冷柱消毒或热柱消毒），因此裂变型$^{99}Mo-^{99m}Tc$发生器的制备工艺流程会有一些调整。图2-24为裂变型$^{99}Mo-^{99m}Tc$发生器制备工艺流程及环境区域划分示意图。

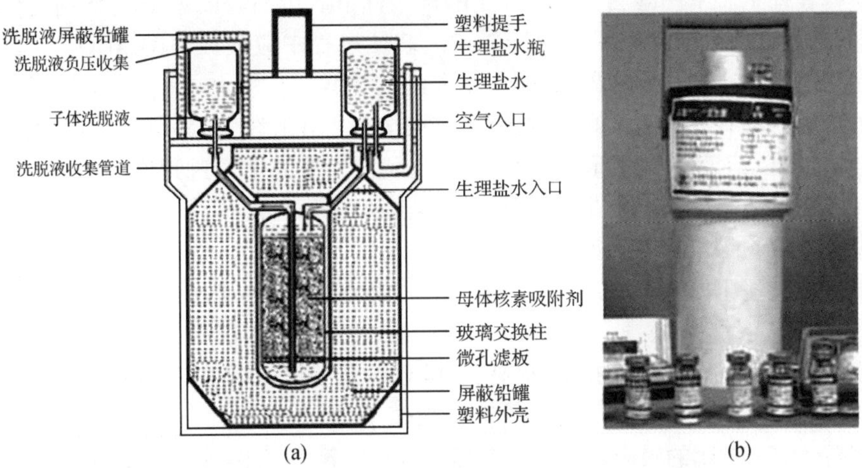

图2-23 裂变型$^{99}Mo-^{99m}Tc$发生器的结构示意及外观实物图

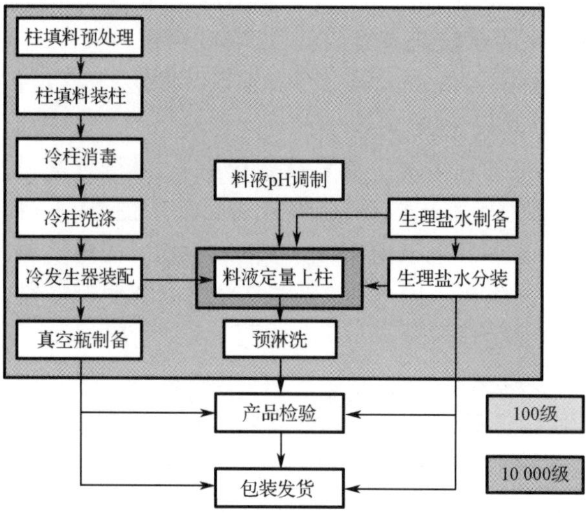

图 2-24 裂变型 $^{99}Mo-^{99m}Tc$ 发生器制备工艺流程及环境区域划分示意图

②裂变型 $^{99}Mo-^{99m}Tc$ 发生器的主要制备工序

a. 柱填料预处理

裂变型发生器使用的柱填料主要为 Al_2O_3。柱填料的预处理对发生器的性能影响极大。预处理包括：Al_2O_3 型号选择、热处理和酸碱浸泡（表面活化）、筛分、漂洗、烘干等。其中装柱的 Al_2O_3 粒度是影响发生器性能的一个重要因素。粒度较大时，由于比表面积减小，显著降低了吸附容量。粒度较小时，又会造成发生器淋洗困难。因此，装柱用的氧化铝粒度一般选择在 100~200 目。装柱后，采用低酸度的 HCl 溶液对柱填料进行洗涤，以尽可能除去非常细小的 Al_2O_3。

b. 柱填料装柱

柱填料装柱主要采用湿法装柱。由于酸性条件下氧化铝表面带正电荷，它能吸附呈负电的钼酸根，所以装柱时酸度控制在 pH = 2 ~ 3。装柱过程中应使柱内的 Al_2O_3 尽量装实，以免母液上柱和淋洗时产生沟流现象，影响发生器的性能。

发生器的消毒有冷柱消毒和热柱消毒两种方式。由于裂变 ^{99}Mo 提取时一般放射性剂量都较大，能对 ^{99}Mo 溶液自身进行辐射消毒，因此在发生器的生产过程中一般采用冷柱消毒的方式。对冷柱的消毒可采用辐照消毒和高压蒸汽消毒两种办法。

c. 裂变 ^{99}Mo 料液上柱及预淋洗

采用加压或负压方式将一定量的裂变 ^{99}Mo 加入色谱柱内，然后用 0.9%的生理盐水预淋洗，检验发生器管路是否通畅。

在酸性溶液中，随着溶液的酸度提高，钼酸根离子的聚合度也随之提高，并且在酸性条件下带正电荷的 Al_2O_3 才能吸附呈负电的钼酸根离子，因此在酸性条件下进行钼溶液的上柱，以有效提高 Al_2O_3 对钼的吸附容量。但钼溶液在较强酸性上柱后，在采用较大体积生理盐水进行洗涤时，可能会降低钼酸的聚合度，从而造成钼的穿漏。因此，上柱时钼溶液一般控制在弱酸条件下，通常控制 pH 在 2 ~ 3 的范围内。

由于水的辐射分解，一部分+7 价的锝可能受水辐射分解所产生的自由基的影响而转变为+4 价的锝，而低价的锝易被氧化铝所吸附，从而降低了发生器的淋洗效率。加入适当的添加剂或每次淋洗后排干柱内的水分,均可有效防止发生器淋洗效率的降低。

③发生器质量控制条件

a. 淋洗液性状　无色透明液体。

b. 淋洗效率　计算公式如下:

$$A^{i}_{^{99m}Tc} = 1.1003A^{0}_{^{99}Mo}(e^{-0.0204968t} - e^{-0.115116t}) \tag{2-20}$$

$$\eta = \frac{A^{2}_{^{99m}Tc}}{A^{i}_{^{99m}Tc}} \times 100 \tag{2-21}$$

式中 $A^{i}_{^{99m}Tc}$——^{99m}Tc 理论淋洗量,Bq;

$A^{0}_{^{99}Mo}$——^{99}Mo 装柱量,Bq;

$A^{2}_{^{99m}Tc}$——^{99m}Tc 实际淋洗量,Bq;

η——淋洗效率,%。

c. 淋洗曲线　用 10 mL 0.9%生理盐水作为淋洗液,每 1 mL 取样,用 γ 计数器分析 1 mL 淋洗液中^{99m}Tc 的放射量,从而绘制淋洗曲线,通过淋洗曲线可以确定淋洗体积。

d. 核纯　用 γ 谱仪测量淋洗液中杂质核素含量,要求$^{99}Mo<0.1\%$,$^{131}I<0.005\%$,$^{90}Sr<6.0\times10^{-6}\%$,$^{103}Ru<0.005\%$,$^{89}Sr<6.0\times10^{-5}\%$,α 放射性核素$<1.0\times10^{-7}\%$,其他 β、γ 射线杂质<0.01%。

e. 放化纯　采用纸色谱法,丙酮-水展开体系,室温下展开 10~15 cm,$^{99m}TcO_4^->98\%$,R_f 值为 0.9~1.0。

f. 发生器放射性活度　测量一定体积的原料液中^{99}Mo 的放射性量,通过计算装柱体积,获得发生器放射性装柱量。

g. 淋出液酸度　要求淋洗液 pH=4.0~7.0。

h. 铝含量　要求铝含量<10 μg · mL^{-1}。

i. 细菌内毒素①等生物指标　内毒素含量<2.0 EU · mL^{-1}。

(2)凝胶型$^{99}Mo-^{99m}Tc$ 发生器

对于核技术水平较高的国家,由于具备裂变^{99}Mo 生产所使用的^{235}U 靶件制备、裂变^{99}Mo 提取及生产设备加工、放射性废物处理等技术,可大量生产裂变^{99}Mo。但对那些核技术水平较低的国家和地区来说,由于^{235}U 靶件制备及裂变^{99}Mo 提取工艺复杂,设备投入巨大,并需要处理大量强放射性废物,特别是放射性废气控制不力所带来的环境污染等因素,无法进行裂变^{99}Mo 的生产。此外,由于^{99}Mo 半衰期较短(64 h),不适于长距离运输,因此进口裂变^{99}Mo 原料或$^{99}Mo-^{99m}Tc$ 发生器的成本较高。上述这些因素,限制了$^{99}Mo-^{99m}Tc$ 发生器在这些国家和地区的使用。因此,许多发展中国家开展了$^{99}Mo-^{99m}Tc$ 发生器的其他生产方法研究。通过将堆照的低比活度的^{99}Mo 制成凝胶装柱,制备凝胶型$^{99}Mo-^{99m}Tc$ 发生器为发展中国家使用相对便宜的^{99m}Tc 提供了条件。中国核动力研究设计院 20 世纪 80 年代就采用该方法进行$^{99}Mo-^{99m}Tc$ 发生器的研制与生产。

①凝胶型$^{99}Mo-^{99m}Tc$ 发生器的基本原理

凝胶型$^{99}Mo-^{99m}Tc$ 发生器也是一种色层发生器。它是将堆照后的 MoO_3 溶解后,与 $ZrOCl_2$ 溶液反应,生成化学性质稳定的钼酸锆酰沉淀($ZrOMoO_4$),然后经过滤、低温干燥、粉碎、筛分等过程制成凝胶型$^{99}Mo-^{99m}Tc$ 发生器柱填料。在用生理盐水洗涤时,^{99m}Tc 被洗涤下

① 内毒素含量的常用计量单位为 EU/mL,其中 EU 是内毒素的效价单位,是英文 Endotoxin Unit 的缩写。

来，而^{99}Mo仍以钼酸锆酰形式保留在发生器柱内。

②凝胶型^{99}Mo-^{99m}Tc发生器制备流程

凝胶型^{99}Mo-^{99m}Tc发生器的制备流程示意图如图2-25所示。

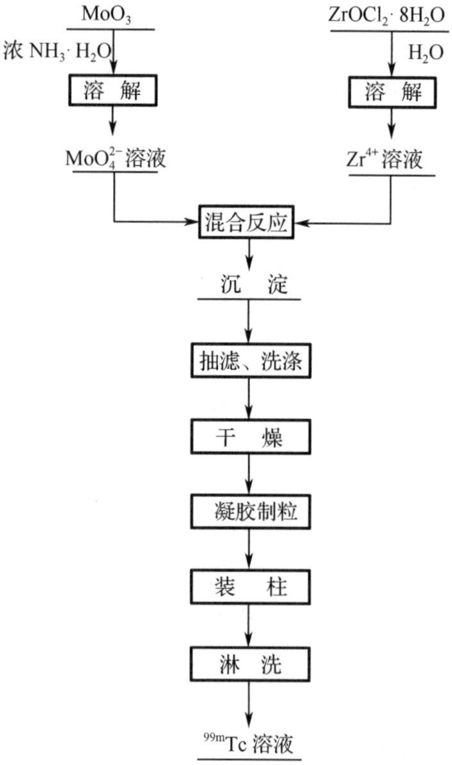

图2-25 凝胶型^{99}Mo-^{99m}Tc发生器的制备流程示意图

③凝胶型^{99}Mo-^{99m}Tc发生器生产控制点

在凝胶型^{99}Mo-^{99m}Tc发生器柱填料的生产中，对凝胶型发生器淋洗性能影响最大的是凝胶的干燥条件与装柱凝胶的粒度。干燥后的凝胶必须保持一定的含水量并为无定形，否则其淋洗效率极低。同时，凝胶粒度严重影响发生器的淋洗效率。装柱的凝胶粒度越小，发生器的淋洗效率越高，但粒度太小，发生器淋洗困难，容易发生堵塞情况。因此，选择适合的凝胶粒度也是保证发生器淋洗效率的一个重要因素。凝胶的干燥与制粒方法仍需进一步详细研究。

④凝胶型^{99}Mo-^{99m}Tc发生器存在的问题

尽管不少研究报道凝胶型^{99}Mo-^{99m}Tc发生器的淋洗效率可达80%以上，但由于实际生产中钼酸锆酰凝胶的处理条件(如干燥后凝胶中含水量、上柱凝胶的平均粒度、凝胶的利用率等)难以控制，很难获得性能稳定的钼酸锆酰柱填料，同时由于^{99m}Tc均匀分布在钼酸锆酰凝胶内，^{99m}Tc的淋洗较为困难，因此其淋洗效率普遍较低，淋洗峰比较宽，淋洗液体积较大，洗脱液中^{99m}Tc比活度低。由于凝胶型^{99}Mo-^{99m}Tc发生器淋洗效率低，为了提供用户所需活度的凝胶型^{99}Mo-^{99m}Tc发生器，必须装入数倍放射性活度的钼酸锆酰凝胶填料。尽管发生器内柱子体积与裂变型的柱子体积相比差别不大，但因其所装入的放射性量较大，为了满足运输时的防护要求，必须增加其防护层厚度，从而使发生器总质量增加。

凝胶型^{99}Mo-^{99m}Tc发生器的洗脱液中含有Zr、Mo等化学杂质，并且由于^{99m}Tc的洗脱率低，致使^{99}Tc累积量增加。Zr、Mo及^{99}Tc的存在，可能影响^{99m}Tc的标记率，以及后续的显像及治疗效果。

2. ^{188}W-^{188}Re发生器

^{188}Re可由半衰期长达69.4 d的母体^{188}W衰变得到。它的半衰期为17.9 h，是一个核性质十分适宜于治疗肿瘤的放射性核素，通过β^-衰变为稳定的^{188}Os，分别以79%和20%的概率发射最大能量为2.12 MeV和1.97 MeV的β射线，同时伴随有十分适于显像的155 keV的γ射线，可以方便地进行该核素标记的药物的生物体内分布、辐射剂量估算等药物动力学研究。^{188}Re由于其上述优点而成为一种极具发展潜力的医用放射性核素。^{188}Re标记的放射化合物可用于骨肿瘤的治疗、头颈部软组织肿瘤的治疗、风湿性关节炎的放射滑膜切除和肿瘤的放射性免疫治疗。

^{188}Re可以很方便地从^{188}W-^{188}Re发生器获得。^{188}W-^{188}Re发生器于1998年开始发展，并不断得到改进与完善。尽管其价格较昂贵，但由于^{188}W-^{188}Re发生器的使用寿命可长达一年，

每三天就可进行一次淋洗，因此 3.7×10^{7} Bq(1 毫居) ^{188}Re 的价格低于其他任何治疗用的放射性核素的价格。今后，在解决了 ^{188}W 的来源后，$^{188}W-^{188}Re$ 发生器在核医学治疗领域将会像 $^{99}Mo-^{99m}Tc$ 发生器在显像领域中那样得到广泛应用。

从 ^{186}W 得到 ^{188}W 需要发生两次(n,γ)反应，这就对反应堆提出了较高的要求(中子注量率约 $10^{15}\ cm^{-2}\cdot s^{-1}$)。在低功率的反应堆上无法进行色谱型 $^{188}W-^{188}Re$ 发生器的生产。国内目前使用的 $^{188}W-^{188}Re$ 发生器基本上是从国外进口的 ^{188}W 原料，然后制成色谱型 $^{188}W-^{188}Re$ 发生器。

由于 W/Mo、Re/Tc 具有相似的化学性质，因此 $^{188}W-^{188}Re$ 发生器的制备方法与 $^{99}Mo-^{99m}Tc$ 发生器的制备方法相似，目前主要有两种制备方法：

- 对于高比活度的 ^{188}W 原料，采用类似于裂变型 $^{99}Mo-^{99m}Tc$ 发生器的制备方法，将 ^{188}W 用氧化铝吸附在色谱柱上，以生理盐水或生理盐水加抗坏血酸作为淋洗液，将 ^{188}Re 从色谱柱上洗涤下来。这种制备方法工艺简单、发生器淋洗性能较好。
- 对于低比活度的 ^{188}W 原料，可采用类似于凝胶型 $^{99}Mo-^{99m}Tc$ 发生器的制备工艺来生产 $^{188}W-^{188}Re$ 发生器，即将 ^{188}W 合成钨酸锆酰凝胶，然后装柱制成凝胶型 $^{188}W-^{188}Re$ 发生器。由于凝胶中钨的含量可达 56%，远远大于三氧化二铝的吸附量，这样就有希望在中子注量率较低的反应堆上实现 $^{188}W-^{188}Re$ 发生器生产。目前，凝胶型 $^{188}W-^{188}Re$ 发生器还处于研究阶段，和凝胶型 $^{99}Mo-^{99m}Tc$ 发生器一样，它仍然存在着凝胶合成条件难以控制、发生器淋洗效率不稳定等问题。

由于从凝胶型 $^{188}W-^{188}Re$ 发生器上洗脱下来的 ^{188}Re 比活度比较低，并且洗脱液中 ^{188}W 的含量也较高，限制了它的应用。为了提高 ^{188}Re 的比活度，通常在凝胶型 $^{188}W-^{188}Re$ 发生器上接一个浓缩装置(阴离子交换柱或串联的阴/阳离子交换柱)，可将 ^{188}Re 的比活度提高一个数量级。中国科学院上海应用物理研究所进行过相关研究，并于 2001 年申请了一个专利《带有浓缩装置的医用放射性核素发生器》。该发生器将氧化铝色谱柱与阳离子交换柱/阴离子交换柱串联起来，阳/阴离子交换柱可除去从氧化铝色谱柱上淋洗下来的 ^{188}W，并对 ^{188}Re 进行浓缩，得到高比度、无载体的 ^{188}Re，可直接用于临床，且整个系统 ^{188}Re 总的回收率为 65%~70%。

3. $^{68}Ge-^{68}Ga$ 发生器

近年来，正电子发射计算机断层扫描(PET)技术发展迅速，使得核医学成像已从靶器官显像(功能显像)进入组织、细胞水平甚至基因显像(分子水平显像)。PET 技术的发展推动了正电子核素的生产与销售。作为 PET 技术所使用的能发射正电子的核素之一，^{68}Ga 可以很方便地从 $^{68}Ge-^{68}Ga$ 发生器获得，其半衰期为 68.3 min。

作为母体核素，^{68}Ge 的半衰期为 288 d，它主要通过 $^{69}Ga(p,2n)^{68}Ge$、$^{67}Zn(^{3}He,2n)^{68}Ge$ 或 $^{66}Zn(\alpha,2n)^{68}Ge$ 等核反应制备。Ge 与 Ga 或 Zn 的分离，一般可采用蒸馏法、溶剂萃取法和色谱法等。

文献报道的最早的 $^{68}Ge-^{68}Ga$ 发生器是溶剂萃取型。第一个色谱型发生器是 Green 和 Tucker 提出的，该发生器采用氧化铝作为吸附材料，母体核素 ^{68}Ge 吸附在氧化铝上，子体核素 ^{68}Ga 用 EDTA 淋洗下来。目前，这种发生器已经广泛使用。然而，放射性标记前需要进行复杂、耗时的操作，将稳定的 Ga-EDTA 络合物分解并完全除去 EDTA，在实际临床应用中非常不方便。因此，开发出从发生器上能直接淋洗出离子形态 ^{68}Ga 的发生器，成为 $^{68}Ge-^{68}Ga$ 发生器研究的一个热点。为此，Ehrhardt 和 Welch 提出一种溶剂萃取型 $^{68}Ge-^{68}Ga$ 发生器。通过该类型发生器可生产出与 Ga 络合作用较低的 8-羟基喹啉络合物。但是该类型发生器的“开放性”操作增加了淋出液污染的可能性，并且由于需要进行强放操作，限制了该类型发生器的应用。Loc'h 等开发了一个发生器系统，该系统使用 SnO_2 为柱填料、淋洗液为 1 mol·L^{-1} 的 HCl；基于氧化铝为柱填料，NaOH 为淋洗剂的发生器系统也被开发出来。上述这两种发生器均能淋洗出离子形态的 ^{68}Ga，并且与其他发生器系统相比，这两种发生器优点明显：更高的 ^{68}Ga 产率、更低的 ^{68}Ge 穿漏。但据报道，使用这两种无机吸附剂的发生器，其淋洗液中 Sn、Al 的最大含量分别可达 2 ppm①、5 ppm 以上，并且 SnO_2/EDTA 发生器体系中，由于 EDTA 与 ^{68}Ga 有较强的络合作用，淋洗下来的 ^{68}Ga 不适合用于制备放射性标记化合物。开展新型柱填料的研发及淋洗剂的选择研究，以期获得 ^{68}Ge 的穿漏低、方便临床应用的发生器成为近几十年来 ^{68}Ge-^{68}Ga 发生器研究的另一个重点。研究发现，α-Fe_2O_3 是一个合适的无机吸附剂。使用该吸附剂作发生器柱填料，可使用 pH = 2 的 HCl 溶液作淋洗液，洗出液中 ^{68}Ge 的穿漏率为 6.0×10^{-6} ~ 2.0×10^{-4}、Fe 的含量低于 3.0×10^{-8}，并且 ^{68}Ga 能以离子形态被淋洗下来，非常适合临床应用。

某些学者还研究了具有选择性的有机聚合物作为柱分离材料，如含有 N-甲基葡糖胺的多孔苯乙烯-二乙烯基苯共聚物（R-MGlu），其分子结构如图 2-26 所示。该聚合物能有效吸附 ^{68}Ge，而 ^{68}Ga 可以用与 Ga 亲和能力较低的络合剂（如柠檬酸或含磷的酸溶液）洗涤下来，且淋洗液中 ^{68}Ge 的穿漏率低于 4.0×10^{-6}，因此方便了后续临床应用，且 ^{68}Ga 的放射性标记率高。研究还发现，R-MGlu 辐照稳定性高，发生器在使用 6 个月后，还没检测出 ^{68}Ge 有明显的穿漏，这表明 R-MGlu 没发生降解。因此，该聚合物非常有希望用于 ^{68}Ge-^{68}Ga 发生器的生产中。国内生产的 ^{68}Ge-^{68}Ga 发生器于 1992 年研制成功，其母体核素 ^{68}Ge 利用镓靶经 $^{68}Ga(p,2n)^{68}Ge$ 核反应产生。辐照后的镓靶件溶于浓硫酸，用硅胶柱色谱进行分离纯化，最后用草酸溶液解吸，可得到高纯的 ^{68}Ge。该发生器以 SnO_2 为吸附剂，1 mol·L^{-1} HCl 为淋洗剂，^{68}Ga 的洗脱效率基本保持在 55%~75%。

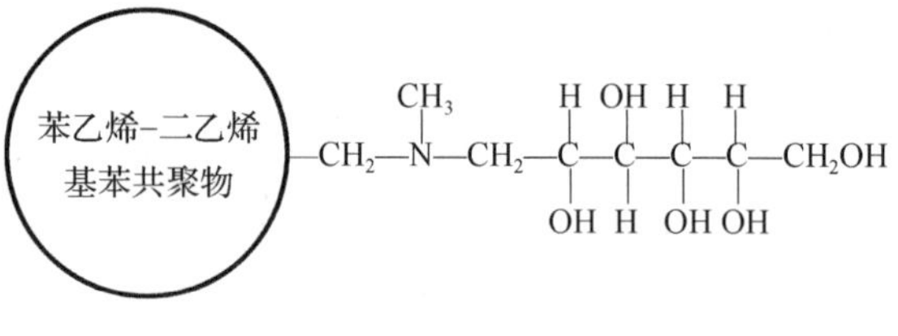

图 2-26　R-MGlu 的分子结构示意图

4. 其他发生器

除了上述常用发生器外，还有许多其他种类发生器，如 ^{133}Sn-^{113m}In 发生器、^{90}Sr-^{90}Y 发生器等。这些发生器基本采用色谱柱进行母子体核素的分离。

(1) ^{133}Sn-^{113m}In 发生器

^{113}Sn 在反应堆内通过 $^{112}Sn(n,\gamma)^{113}Sn$ 反应制备。由于 ^{112}Sn 的热中子反应截面较小，因此一般采用高富集度的 ^{112}Sn 金属丝，并且长时间辐照。辐照后的锡丝用 6 mol·L^{-1} 的 HCl 在加热情况下溶解，并蒸至近干。然后用低酸度的 HCl 溶解残渣，并加入溴水将 Sn(+2) 氧化为 Sn(+4)。然后将溶液转移到装有水合氧化锆的色谱柱中，四价锡吸附在水合氧化锆上，制成发生器，用 0.05 mol·L^{-1} 的 HCl 淋洗即可得到医用 ^{113m}In 溶液。

(2) ^{90}Sr-^{90}Y 发生器

^{90}Sr 的半衰期为 29 a，可以从长时间冷却的裂变产物中提取。由于 ^{90}Sr 是一种毒性很高的长寿命放射性核素，因此对 ^{90}Sr 的穿漏率必须进行严格的控制。子体核素 ^{90}Y 是一种纯 β^-

① 1 ppm = 10^{-6}。

放射体，它的半衰期为 64 h，非常适合做放射性治疗剂。通常是将从裂变产物中提取的^{90}Sr 吸附在阳离子交换树脂上制成发生器，采用 EDTA 做淋洗剂，从色谱柱上将^{90}Y 洗涤下来。

5. 放射性核素发生器的应用及发展趋势

放射性核素发生器能够多次、安全、方便地提供高核纯、无载体、高比活度和高放射性浓度的短半衰期核素，所以它在医学、工业、科研等领域中得到了广泛的应用。特别是在核医学领域，放射性核素发生器极大地推动了核医学的发展。由于短寿命核素的应用是医学检查、诊断的一个方向，所以除了已有的医用放射性核素发生器^{132}Te－^{132}I、^{99}Mo－^{99m}Tc、^{113}Sn－^{113m}In、^{87}Y－^{87m}Sr、^{68}Ge－^{68}Ga 之外，还需要研制一些新的、半衰期更短的放射性核素发生器。

在我国，由于受反应堆、加速器的功率及用途等限制，放射性核素发生器所需的放射性原料的生产能力较低，大部分核素还需要进口。以^{99}Mo－^{99m}Tc 发生器为例，2007 年我国采用进口裂变^{99}Mo 生产的色谱型发生器总量约 2.78×10^{14} Bq，而国内对^{99}Mo－^{99m}Tc 发生器的需求每年增幅达 15%～20%。在今后很长的一段时间内，^{99}Mo－^{99m}Tc 发生器仍将占有主导地位。

近年来，PET 技术、PET/ECT 等技术迅速发展及各种核诊断技术的融合，发展用于 PET 和各种用于诊断、治疗的发生器，以及用于心血管疾病研究的超短寿命核素发生器已经成为放射性核素发生器的研究重点。其中特别令人感兴趣的是通过两次中子俘获产生的放射性核素，如^{166}Dy、^{188}W、^{190}Os 以及通过高能加速器生产的^{82}Sr。

习　题

2-1　简述放射性核素的来源。

2-2　简述^{131}I 干法生产工艺。

2-3　制备加速器用固体靶件时应该注意什么？

2-4　比较几种^{99}Mo－^{99m}Tc 发生器的制备方法。

2-5　假设一种新制的^{99}Mo－^{99m}Tc 发生器，其规格为 7.4×10^{9} Bq，请问：

(1) 它的最佳淋洗时间为多长？

(2) 假定淋洗效率为 85%，出厂 25 h 后色谱柱上总的放射性量多大，此时可获得多少贝可的^{99m}Tc？

第3章　核分析技术与方法

分析技术被比喻为表征物质组成的眼睛，而核分析技术就是加在这个眼睛上的了解原子核特性的显微镜。现代核分析技术是以核物理和核化学为基础，利用各种核效应、核谱学、核电子学、核探测技术等发展起来的一种先进的分析技术。它具有灵敏度高、准确度好、分辨率高、破坏性低，具备多元素分析、核素分析以及微结构分析能力、可实施离线和在线测量等优点和特点，因此常用于一般非核分析技术难以完成、甚至无法完成的分析鉴定工作，如文物鉴定、年代测定、产地确定、制作工艺水平分析以及在线质量监测等。同时，随着生命科学的发展，特别是随着生命科学的研究进入到分子水平，现代核分析技术显现出不可替代的作用。

本章主要介绍核分析方法及原理，并着重对常用的几种核分析方法做系统介绍。读者需要更深入地了解关于核分析技术的知识时，可参阅相关资料或书籍。

3.1　核分析技术与方法概述

3.1.1　核分析技术的种类

当射线或粒子与物质相互作用时，入射的初级射线或粒子和靶核的状态或参数发生变化，有些情况下还会产生次级射线或次级粒子。这些变化和次级发射在很大程度上取决于与其相互作用的物质本身的组成及其结构特性。利用这些次级射线或粒子的特性即可对元素、核素或结构进行定性和定量研究。人们通常将这类技术统称为核分析技术。核分析技术主要包括活化分析技术（activation analysis，AA）、离子束分析技术（ion beam analysis，IBA）和超精细相互作用核分析（hyper fine effect analysis）等。每一种又可以细分，比如活化分析可根据不同的入射粒子分为光子活化分析（g，n），中子活化分析（n，g）、（n，p），带电粒子活化分析（d，p）；离子束分析包括卢瑟福背散射、弹性反冲、沟道效应、带电粒子诱发 X 射线荧光、质谱等；超精细相互作用包括穆斯堡尔效应、扰动角关联效应、核磁共振效应、正电子湮灭效应（PAT）、中子衍射（neutron diffraction）和中子散射等。这些核分析技术涵盖了元素分析、核素分析和微结构分析，并广泛用于物理、化学、生物、地质、考古、材料、环境、生命科学等科学领域。

活化分析是通过探测核能中子束、γ 光子束或带电粒子束轰击试样所产生的瞬发辐射和缓发辐射，来获取被分析对象的组成信息。该技术始于 1934 年，近年来发展到分子活化分析和体内活化分析。活化分析主要包括带电粒子活化、γ 射线活化和中子活化三种。其中，中子活化分析灵敏度高、精度好，并可进行多个元素的同时测定。活化分析的这些特点在环境研究中尤为凸显。例如，对于长距离大气输送问题，极区大气颗粒的化学组成和来源，以及某些特殊情况下的环境背景值测定等，当要求具有更高的灵敏度与准确度时，使用其他传统方法是难以满足要求的。活化分析技术对于固体环境样品（如大气尘埃、气溶胶、植物样品、大气悬浮物等）中的痕量元素分析也具有明显的优越性。

离子束分析是指用一定能量的带电离子轰击靶物质并与之发生相互作用，靶材和离子束状态都发生变化，产生各种次级效应，通过分析和测定这些次级效应来研究被轰击材料的结构和性质。离子束分析技术于 1968 年问世，作为一种重要的表面分析方法，主要包括核反应分析（nuclear reaction analysis，NRA）、卢瑟福背散射（Rutherford backscattering spectrometry，RBS）、质子诱发 X 荧光发射（proton induced X-ray emission，PIXE）、加速器质谱分析（accelerator mass spectrometry，AMS）和沟道效应分析（channeling technology，CT）等方法，这些方法在凝聚态物理和材料科学中已经获得了广泛应用。微束分析方法的建立，进一步将核分析技术应用领域扩展到生命、环境、地学、考古等学科。

超精细相互作用核分析技术是利用原子核的磁矩和电四极矩与周围电磁场之间的相互作用，分析核能级的移动和分裂，获得周围环境的信息，从而探测物质的微观结构。主要的超精细相互作用核分析包括穆斯堡尔效应（Mössbauer effect）、扰动角关联效应、核磁共振效应、正电子湮灭效应（positron-annihilation technique，PAT）和中子衍射（neutron diffraction）等。这类方法既能提供原子核及其近邻原子的信息，又能提供宏观平均信息，所应用的学科领域也更为宽泛，并对许多学科的发展起到了有力的推动作用。

3.1.2 核分析技术的原理及特点

核分析技术是基于被测定的材料或样品在放射线和粒子束的作用下，产生相应的辐射特征（射线、粒子、辐射能量），有的材料或样品本身具有辐射特征，利用相应的探测器测定材料或样品中某核素辐射特征（如特征谱线）确定核素种类，经过计数效率刻度可进一步确定样品中核素的活度、含量等信息。核分析技术既可以定性判断，又可以定量分析。

核分析技术具有绝大多数常规非核技术无可替代的特点，如高灵敏度、高准确度和精密度、高分辨率（包括空间分辨率和能量分辨率）、非破坏性、多元素测定能力、特异性等，为自然科学的深入发展提供了更有力的技术手段。

核分析通常是非破坏性分析（non-destructive analysis，NDA），这一技术在核保障领域是最有效和应用最广的技术。由于铀、钚是核武器的核心材料，是核保障的主要对象，所以发展铀、钚材料的非破坏性辐射探测与分析技术是极为重要的，不仅可以获得铀、钚材料的同位素丰度、化学组分等化学信息，同时还可以获得铀、钚材料的质量、年龄、形状、包装容器材料厚度、核设施内部污染分布状况等物理信息。由铀、钚材料的辐射探测与分析技术发展起来的与铀、钚相关的 NDA 技术对核安全保障、军控核查、核设施退役和核污染物处置等方面起到了积极的支撑作用。n、γ 辐射探测技术广泛应用于核安全保障工作、集成化废物分析系统（integrated waste assay system，IWAS）、层析 γ 扫描技术（tomographic gamma scanning，TGS）等用于废物分析的 NDA 测量系统，在核材料废物处置、核材料衡算、辐射与防护等方面得到广泛的应用。

对于化学分析来说，电感耦合等离子体原子发射光谱测定法（ICP－AES），以及已用于核活化分析的火花源质谱分析法（SSMS）、X 射线荧光分析（X－ray fluorescence，XRF）和 γ 射线光谱分析法的采用，更系统地促进了多元素仪器分析方法的发展。

与单元素分析方法比较，多元素的仪器分析法有很大的优点，即能获得一个样品的更多信息。例如用电感耦合等离子体原子发射光谱测定法，可以在几分钟内就从一份样品中获得多达 50 种甚至更多种元素的数据。利用该方法所花费的时间、人力、物力与采样和样品制备耗费相比，可忽略不计，尤其是在地球化学和宇宙化学、生命化学、信息技术等领域。核分析方法与其他多元素分析法的区别是信号来源不同，它们所分析的对象是同位素而不是原子，信号是基本粒子、γ 射线或 α 粒子辐射。因此，对元素分析而言，一种元素中的同位素比例必须是已知或能被测得的。在元素分析的情况下，元素中的一种或多种待测定的同位素在测量信号之前应借助于核活化反应使其转变为放射性核素。

3.2 X 射线荧光分析

X 射线荧光分析(XRF)技术是利用初级 X 射线光子或其他微观粒子激发待测样品中的原子，使之产生荧光(次级 X 射线)而进行物质成分分析和化学形态研究的方法。

X 射线是一种电磁辐射，按传统的说法，其波长介于紫外线和 γ 射线之间，但随着高能电子加速器的发展，电子韧致辐射所产生的 X 射线的能量可能远大于 γ 射线，故 X 射线的波长范围没有严格的界限，对于 X 射线荧光分析而言，一般是指波长为 0.001～50 nm 的电磁辐射。对化学分析来说，最感兴趣的波段是 0.01～24 nm，0.01 nm 附近是超铀元素的 K 系谱线，24 nm 则是最轻元素 Li 的 K 系谱线。

当原子受到 X 射线光子(初级 X 射线)或其他粒子的激发使原子内层电子电离而出现空位时，原子内层电子便重新配位，较外层的电子跃迁到内层电子空位，同时发射出次级 X 射线光子，即 X 射线荧光。较外层电子跃迁到内层电子空位所释放的能量等于两电子能级的能量差。因此，X 射线荧光的波长对不同元素是不同的。

1923 年，瑞典的赫维西(G von Hevesy)提出了应用 X 射线荧光光谱进行定量分析，但由于受到当时探测技术水平的限制，该法并未得到实际应用，直到 20 世纪 40 年代后期，随着 X 射线管、分光技术和半导体探测器技术的改进，X 射线荧光分析技术才进入快速发展时期，成为一种极为重要的分析手段。

按激发、色散和探测方法的不同，X 射线荧光分析技术可分为 X 射线光谱法(即利用波长色散)和 X 射线能谱法(即利用能量色散)。

3.2.1 X 射线荧光分析的原理及特点

当能量高于原子内层电子结合能的高能 X 射线与原子发生碰撞时，激发出一个内层电子而出现一个空穴，使整个原子体系处于不稳定的激发态，激发态原子寿命极短(10^{-12}～10^{-14} s)，然后自发地由能量高的状态跃迁到能量低的状态，这个过程称为弛豫过程。弛豫过程既可以是非辐射跃迁，也可以是辐射跃迁。

当较外层的电子跃迁到空穴时，所释放的能量可能随即在原子内部被吸收而激发出较外层的另一个次级光电子，此即俄歇效应，亦称次级光电效应或无辐射效应。所激发出的次级光电子即俄歇电子，它的能量是特征的，与入射辐射的能量无关。

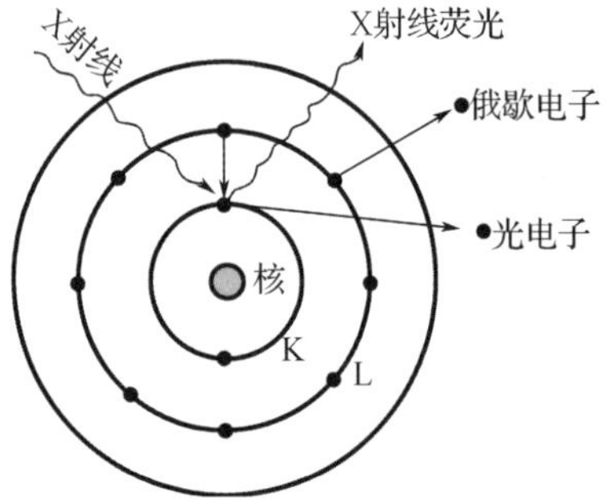

图 3-1　X 射线荧光和俄歇电子产生过程示意图

当较外层的电子跃入内层空穴所释放的能量不在原子内被吸收，而是以辐射形式放出，便产生 X 射线荧光，其能量等于两能级之间的能量差。因此，X 射线荧光的能量或波长是特征性的，与元素有一一对应的关系。X 射线荧光和俄歇电子产生过程示意图如图 3-1 所示。

K 层电子被逐出后，其空穴可以被外层中任一电子所填充，从而可产生一系列的谱线，称为 K 系谱线：由 L 层跃迁到 K 层辐射的 X 射线叫作 K_α 射线，由 M 层跃迁到 K 层辐射的 X 射线叫作 K_β 射线……同理，L 层电子被逐出可以产生 L 系辐射（图 3-2）。

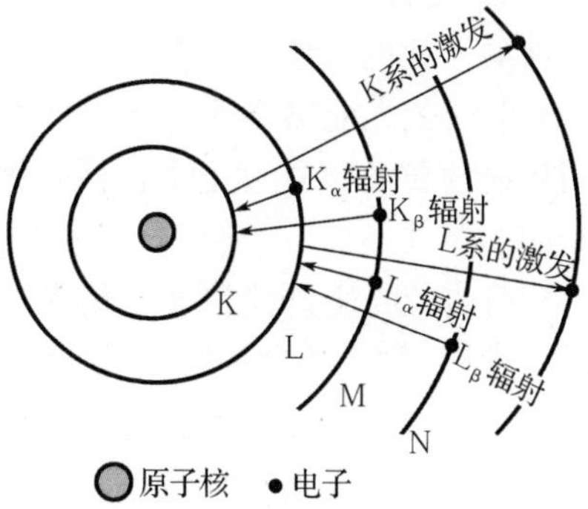

图 3-2 产生 K 系和 L 系辐射示意图

如果入射的 X 射线使某元素的 K 层电子激发成光电子后 L 层电子跃迁到 K 层，此时就有能量 ΔE 释放出来，且 $\Delta E = E_K - E_L$，这个能量是以 X 射线形式释放，产生的就是 K_α 射线，同样还可以产生 K_β 射线、L 系射线等。莫斯莱（H. G. Moseley）发现，荧光 X 射线的波长 λ 与元素的原子序数 Z 满足以下关系，称为莫塞莱定律

$$\lambda = k(Z - s)^{-2} \tag{3-1}$$

式中，k 和 s 对同组谱线来说为常数。

根据量子理论，X 射线可以看成是由一种量子或光子组成的粒子流，遵守能量方程，即

$$E = h\nu = hc/\lambda \tag{3-2}$$

式中 E——光子能量；

h——普朗克常数，$h = 6.63\times10^{-34}$ J·s；

ν——射线频率；

λ——光波长；

c——光速，$c = 3.0\times10^{8}$ m/s。

所以，只要测出荧光 X 射线的波长或者能量，就可以确定元素的种类，这就是荧光 X 射线定性分析的基础。此外，荧光 X 射线的强度与相应元素的含量有一定的关系，据此可以进行元素的定量分析。

X 射线荧光分析一般用于物质成分分析，还可用于原子的基本性质如氧化数、离子电荷、电负性和化学键等的研究。用于物质成分分析时，检出限通常可达 $10^{-5}\sim10^{-6}$ g·g^{-1}，对许多元素还可测到 $10^{-7}\sim10^{-9}$ g·g^{-1}，用质子激发时，检出限甚至可达到 10^{-12} g·g^{-1}。该分析方法应用范围广，能分析原子序数 $Z\geqslant3$ 的所有元素。

X 射线荧光分析有如下特点。

（1）分析的元素范围广，从原子序数为 11 的 Na 到 92 的 U 均可测定。

（2）荧光 X 射线谱线简单，相互干扰少，样品不必分离，分析方法比较简便。

（3）分析浓度范围较宽，从常量到微量都可分析。重元素的检测限可达 1.0×10^{-6}。

（4）可用于样品的无损分析，且快速、准确、自动化程度高。

3.2.2 X 射线荧光光谱仪的基本结构

X 射线荧光光谱仪主要由激发、色散、探测、记录及数据处理等单元组成。激发单元的作用是产生初级 X 射线，它由高压发生器和 X 光管组成。X 光管功率较大，用水和油同时冷却。色散单元的作用是分出想要波长的 X 射线，它由样品室、狭缝、测角仪、分析晶体等部分组成。通过测角器以 1∶2 速度转动分析晶体和探测器，可在不同的布拉格角位置上测得不同波长的 X 射线而作元素的定性分析；探测器的作用是将 X 射线光子能量转化为电信号，常用的探测器有正比计数管、闪烁计数管、半导体探测器等；记录单元由放大器、脉冲幅度分析器、显示

部分组成，定标器或脉冲幅度分析器的脉冲分析信号可以直接输入计算机，进行联机处理而得到被测元素的含量。

X 射线荧光能谱仪无复杂的分光系统，结构简单。X 射线激发源可用 X 射线发生器，也可用放射性核素。能量色散用脉冲幅度分析器的探测器和记录仪等与 X 射线荧光光谱仪相同。

X 射线荧光光谱仪和 X 射线荧光能谱仪各有优缺点。前者分辨率高，对轻、重元素测定的适应性广，对高低含量的元素测定灵敏度均能满足要求；后者的 X 射线探测的几何效率可提高 2~3 个数量级，灵敏度高，可以对能量范围很宽的 X 射线同时进行能量分辨（即定性分析）和定量测定，但对于能量小于 20 keV 左右的能谱分辨率较差。

3.2.3 定性和定量分析

1. 样品制备

X 射线荧光分析是相对分析方法，需通过测试标准样品确定待测样品的含量。X 射线荧光光谱法对所测样品的基本要求是，不能含有水、油和挥发性物质，更不能含有腐蚀性溶剂。样品的形态可以是固态（块状、粉末），也可以是液态。样品的制备情况对测定结果的不确定度影响明显，因此制作样品方法和流程是 X 射线荧光光谱法分析样品的重要环节。

液体样品可以直接放在液体样杯中予以测定，也可以滴在滤纸上、Mylar 膜或聚四氟乙烯基片上，用红外灯烘干溶剂后测定。

固体样品往往需要加工成一定的形状，放在仪器的样品盒中方可用于测试。固体样品的制备方法比较复杂，考虑的因素比较多。比如，对金属样品要注意成分偏析产生的误差；化学组成相同，热处理过程不同的样品，得到的计数率也可能不同；成分不均匀的金属试样要重熔，快速冷却后加工成圆片；对表面不平的样品要打磨抛光；对于粉末样品，要研磨至 300~400 目，然后压制成圆片，也可以放入样品槽中测定；对于固体样品如果不能得到均匀平整的表面，则可以用酸溶解后再沉淀成盐类进行测定；如果不许破坏待测样品，而该待测样品的表面又不平整（如贵金属首饰），利用特殊的修正算法测量，也可以达到令人满意的效果。

2. 定性分析

不同元素的荧光 X 射线具有各自的特定波长或能量，因此根据荧光 X 射线的波长或能量可以确定元素的组成。如果是波长色散型光谱仪，对于一定晶面间距的晶体，由检测器转动的 2θ 角可以求出 X 射线的波长 λ，从而确定元素成分。对于能量色散型光谱仪，可以由通道来判别能量，从而确定是何种元素及成分。实际上，在定性分析时，可以靠自动定性识别算法，自动识别谱线，给出定性结果。如果元素含量过低或存在元素间的谱线干扰时，仍需人工鉴别，寻找证实特征谱线的存在，判断和识别干扰。首先识别出 X 光管靶材的特征 X 射线和强峰的伴随线，然后根据能量标注剩余谱线。在分析未知谱线时，要同时考虑样品的来源、性质等因素，以便综合判断。

3. 定量分析

X 射线荧光光谱定量分析的依据是元素的荧光 X 射线强度 I_i 与试样中该元素的含量 C_i 成正比。将测得的特征 X 射线荧光光谱强度转换为浓度过程中，受到以下四种因素的影响：

$$C_i = K_i I_i M_i S_i \tag{3-3}$$

式中　C_i——待测元素的浓度，下标 i 是待测元素；

K_i———仪器校正因子；

I_i——测得的待测元素的 X 射线荧光强度，经背景、谱重叠和死时间校正后，获得的净强度；

M_i——元素间吸收增强效应校正因素；

S_i——与样品的物理形态有关的因素，如试样的均匀性、厚度、表面结构等。

K、I、M、S 这些因素不能通过数学计算或实验予以消除，通常借助于试样制备尽可能减少这些因素的影响。

除去背景和干扰，获得分析元素的谱线净强度后，即可在分析谱线强度与标样中分析组分的浓度间建立强度-浓度定量分析方程，计算出未知样品的浓度。

可以采用标准曲线法、增量法、内标法等进行定量分析。但是，这些方法都要使标准样品的组成与试样的组成尽可能相同或相似，否则试样的基体效应或共存元素的影响会给测定结果造成很大的偏差。所谓基体效应是指样品的基本化学组成和物理化学状态的变化对 X 射线荧光强度所造成的影响。化学组成的变化，会影响样品对初级 X 射线和 X 射线荧光的吸收，也会改变荧光增强效应。例如，在测定不锈钢中 Fe 和 Ni 等元素时，由于初级 X 射线的激发会产生 NiK_α 荧光 X 射线，NiK_α 在样品中可能被 Fe 吸收，使 Fe 激发产生 FeK_α。测定 Ni 时，因为 Fe 的吸收效应使结果偏低；测定 Fe 时，由于荧光增强效应使结果偏高，因此对于成分和结构复杂的样品基体，需要用各种算法进行修正，以实现样品的准确分析。

X 射线荧光分析的特点是制备样品技术简单，但是需要进行复杂的基体校正，才能获得定量分析的数据。X 射线荧光分析的最大局限性是依赖标样。

4. 厚度定量分析

采用 X 射线荧光分析进行厚度定量分析的依据是厚度为 T 的某种元素的薄膜的荧光 X 射线强度 I_T（一次荧光强度）与无限厚（实际达到饱和厚度即可）薄膜元素的荧光 X 射线强度 I_∞ 有如下关系：

$$I_T/I_\infty = 1 - e^{-\mu_s{}^* \rho T} \tag{3-4}$$

式中 μ_s^*——试样对入射光的质量吸收系数；

ρ——试样的密度。

$\mu_s^* \rho$ 是与薄膜有关的一个常数，根据上述关系，就可由薄膜试样中元素的谱线荧光强度来确定厚度。单层薄膜的厚度分析要考虑一次荧光强度和二次荧光强度，二次荧光的计算公式较复杂。多层薄膜厚度分析还需要考虑外层薄膜对内层薄膜荧光的吸收作用，算法更加复杂，在此不做详细介绍。

3.3 中子活化分析技术

活化分析是核分析技术中重要的分析方法之一。随着各种反应堆、加速器的建造，核物理学的发展及 γ 谱学的建立，特别是高纯锗探测器和计算机技术的发展，活化分析已经成为具有高灵敏度、快速及非破坏性多种元素同时分析的先进痕量分析技术。

3.3.1 活化分析的原理

活化分析作为一种核分析方法，它的基础是核反应。该方法是用一定能量和流强的中子、带电粒子或者高能 γ 光子轰击待测试样，然后测定核反应中生成的放射性核衰变时放出的缓发辐射或者直接测定核反应中放出的瞬发辐射，从而实现元素的定性和定量分析。当使用中子轰击待测样品的原子核时，待测样品的原子核会吸收中子，在大多数情况下会形成不稳定的具有放射性的同位素，这就是所谓的“活化”。“活化”后的核素将按照自身的规律进行衰变，同时放出 γ 射线。由于核素放出的 γ 射线与核素之间存在特定的对应关系，通过测定放射线的能量和强度，便可完成元素的定性和定量分析。这就是“活化分析”的基本过程。

活化分析基于核反应中产生的放射性核素，其放射性活度为

$$A_t = f\sigma N(1 - e^{-0.693t/T_{1/2}}) \tag{3-5}$$

式中 $T_{1/2}$——半衰期；

f——粒子注量率；

σ——核反应截面；

N——靶核数目；

t——照射时间；

A_t——照射 t 时间时生成的放射性核素的放射性活度。

在活化分析中，一般照射后并不立即进行放射性测量，而是让放射性样品“冷却”（即衰变）一段时间，于是在辐射结束后 t'时刻的放射性活度为

$$A_{t'} = A_t e^{-\lambda t'} = f\sigma N(1 - e^{-0.693t/T_{1/2}})e^{-0.693t'/T_{1/2}} \tag{3-6}$$

式中 t'——冷却时间；

N——靶核数目，$N=6.023\times10^{23}\dfrac{\theta W}{M}$，其中 θ 为靶核的天然丰度，W 为靶元素的质量，M 为靶元素相对原子质量，6.023×10^{23} 为阿伏加德罗常数。

将 N 值代入式(3-6)，得

$$A_{t'} = 6.023 \times 10^{23} f\sigma\theta \frac{W}{M}(1 - e^{-0.693t/T_{1/2}})e^{-0.693t'/T_{1/2}} \tag{3-7}$$

式(3-7)是活化分析中最基本的活化方程式。从原理上讲，活化分析是一种绝对分析方法，然而在实际工作中，由于放射性的 $A_{t'}$绝对测量比较麻烦，σ 和 f 值不容易准确测出，所以在活化分析中很少使用绝对法，大都采用相对法。所谓相对法，即配制含有已知量 W_{st} 待测元素的标准，与试样在相同条件下照射和测量，由此可得

$$A_{t'st} = f\sigma N_{st}(1 - e^{-0.693t/T_{1/2}})e^{-0.693t'/T_{1/2}} \tag{3-8}$$

$$A_{t'sp} = f\sigma N_{sp}(1 - e^{-0.693t/T_{1/2}})e^{-0.693t'/T_{1/2}} \tag{3-9}$$

由式(3-8)和式(3-9)，可推出

$$\frac{A_{t'sp}}{A_{t'st}} = \frac{N_{sp}}{N_{st}} = \frac{W_{sp}}{W_{st}} = \frac{n_{t'sp}}{n_{t'st}} \tag{3-10}$$

式中 $n_{t'sp}$——t'时刻测量的试样中待测核素的计数率；

$n_{t'st}$——t'时刻测量的标准中待测核素的计数率。

于是，试样中待测元素的浓度为

$$C = \frac{n_{t'sp} \cdot W_{st}}{n_{t'st} \cdot m} \tag{3-11}$$

式中 m——试样的质量，g。

式(3-11)是活化分析相对法的基本公式。

在放射分析化学领域内,中子活化分析始终是一种受到广泛重视的分析方法。由于其具有灵敏度高和可以同时测定多种元素的特点,在生产和科学研究中得到广泛应用。本节简要介绍活化分析的技术基础。

1. 中子活化分析的优点

(1)灵敏度高。中子活化法对元素周期表中大多数元素的分析灵敏度为10^{-6}~10^{-13} g。取样量范围广(可以少到1 μg,大到10 g以上),对于某些稀少珍贵样品的分析是极为难得的。

(2)准确度高,精密度好。由于中子穿透能力强,反应堆中子注量率变化小,探测器分辨率高,能定量给出分析误差。因此中子活化分析是痕量元素分析方法中准确度相当高的一种方法,可以用作仲裁分析。中子活化分析的准确度一般可以控制在5%以内,其精密度可以控制在1%~2%。

(3)多元素分析能力。在一份试样中通过长照和短照可以同时测定三四十种元素,最高分析能力可达68种。

(4)无试剂空白,不需要样品预处理,在许多应用中可实现"非破坏性"分析。其他元素分析方法往往需要将样品做各种形式的化学处理,而中子活化分析一般在照射前不做任何化学处理,避免了样品制备和样品溶解可能带来的丢失和污染(尤其是超低含量元素),活化分析用过的样品等其放射性衰变到一定程度后,还可以供其他目的所用。即使是放射化学活化分析,也是在样品活化后进行化学处理,添加剂污染对待测元素没有影响。

(5)基体效应小。除基体中主要成分是吸收截面高的元素之外,活化分析适合于各种化学组分复杂的样品,如核材料、环境样品、生物组织、地质样品等。

(6)实现活体分析,这是其他方法难以做到的。

(7)由于反应堆中子活化分析的诸多优点,中子活化分析发展70多年经久不衰,目前世界上仍有90%以上的研究堆配备中子活化分析设施。而且准确度仍然是很多现代分析方法难以超越的。

2. 中子活化分析的缺点

(1)分析的灵敏度因元素而异,其变化很大。

(2)用于中子活化分析的设备比较复杂,且价格较贵,尤其是照射装置不易获得。另外还需要有一定的放射性防护设施。

(3)不能测定元素的化学状态和结构。

由于中子活化分析方法种类繁多,所以上述优缺点随条件而变。例如测定海水或含钠量高的基体中的元素含量时,由于活化后产生极强的^{24}Na放射性,严重影响其他元素的测量,如果要测量短半衰期核素时,就需要对照射后的样品进行放射化学分离,非破坏性分析的优点就不复存在。但是对于长半衰期核素的测量没有影响,通常冷却10 d后,^{24}Na基本上就衰变完了。中子活化分析一般周期较长,但如果只开展短寿命核素的活化分析,则分析速度大大提高,一次分析只需几分钟。

近年来,作为另外一种多元素分析方法,电感耦合等离子体质谱法(ICP-MS)的发展极为迅速,分析灵敏度大大提高,仪器大量普及,使得中子活化分析方法面临严峻的挑战。国内外一些学者通过对这两种方法进行比较,普遍认为中子活化分析和ICP-MS对不同元素的分析各有千秋。对于固体样品(包括大气颗粒物),由于活化分析不需溶样,避免了样品制备和样品溶解可能带来的丢失和污染，与 ICP-MS 相比有明显的优势。

3.3.2 活化分析的分类

活化分析的基础是用中子、光子或其他带电粒子(如质子等)照射试样，使被测元素的某种同位素转变为放射性同位素。根据所生成同位素的半衰期以及释放出的特征射线的性质、能量等，确定待测元素是否存在。通过测量生成放射性同位素的放射性强度或在反应过程中发出的射线，可以计算试样中该元素的含量。按照辐照粒子的不同，活化分析可以分为中子活化分析、带电粒子活化分析、光子活化分析三类，其中以中子活化分析应用最广。

1. 中子活化分析

中子活化分析利用的核反应主要有(n,γ)、(n,p)和(n,α)反应。热中子和超热中子反应几乎都是(n,γ)反应，反应截面一般比较大，而且很少有副反应产生，因此在中子活化分析中一直占有首要地位。(n,p)和(n,α)核反应中的中子为快中子。中子活化分析原则上可以测定原子序数 1~83 中的 77 种元素。

2. 带电粒子活化分析

带电粒子活化分析主要利用的核反应有(p,n)、(d,n)、(d,p)、(α,n)等。带电粒子的射程很短，引起的核反应基本上发生在样品表面，适宜于作表面分析。带电粒子对元素的反应截面比热中子小，活化反应比较复杂，但优点是能测定其他活化分析难以测定的锂、铍等轻元素。

3. 光子活化分析

光子活化分析利用的主要核反应是(γ,n)，对于原子序数小的轻元素，核反应(γ,p)也是重要的。与热中子活化分析相比，它测定碳、氮、氧、氟等轻元素，以及钛、铁、锆、铊、铅等中、重元素，钛、铁、锆、铊和铅的灵敏度较高，与带电粒子活化分析相比，干扰反应较少。

3.3.3 中子活化分析技术的发展历史

1936 年，化学家赫维西(G. Hevesy)和列维(H. Levy)进行了历史上第一次中子活化分析(neutron activation analysis，NAA)。当时他们用 200~300 mL 的 Ra-Be 中子源(中子产额约为 $3.0\times10^{6}\ s^{-1}$)通过 $^{164}Dy(n,\gamma)^{165}Dy$ 反应(活化截面为 3 900 b±300 b，生成核的半衰期为 139.2 min)，测定了氧化钇(Y_2O_3)中的镝，定量分析的结果为 $10^{-3}\ g\cdot g^{-1}$，当时活化分析水平的主要标志是：同位素源和基于气体电离的探测器。

1942 年，费米带领的团队在美国芝加哥大学建成了世界上第一座人工控制的反应堆，可提供的中子注量率比同位素中子源高得多。1948 年又出现 NaI(Tl)闪烁探测器，这两大发明将活化分析推进到了一个新阶段。1951 年，雷第考脱等首次用反应堆进行热中子活化分析，从而使中子活化分析成为一种在当时具有最高灵敏度的分析方法。

20 世纪 60 年代以后，中子活化分析得到了迅猛发展。推动中子活化分析迅猛发展的第一个动力是 60 年代初期出现的半导体探测器。其分辨率比 NaI(Tl)闪烁探测器高几十倍，从而使活化分析的传统工作方式发生了重大的变革。原来烦琐冗长的放化分离操作让位于简单的组分离，并且出现了不破坏样品分析的可能性。此外 Ge(Li)探测器的应用逐渐使活化分析测定多元素的潜力得到了充分的开发，一次照射可同时测定三四十种元素，从而提高了活化分析与其他分析方法的竞争能力。推动活化分析迅猛发展的第二个动力来自计算机的引入。1959 年费特等首次将计算机用于活化分析，解五个组分的混合 γ 谱。同年，魏纳迪和卡本斯设计了与计算机配套的自动活化分析装置,用计算机控制照射时间、冷却时间和计数时间,控制样品传送及谱仪的漂移。随着计算机的发展,工业部门为活化分析配备了小型专用计算机,从而可实现数据的自动获取和处理。

中子活化分析从1936年诞生至今,已有80余年的历史了,反应堆的运行、半导体探测器的出现、计算机的使用以及特效放射化学分离方法的发展,都极大地推动了中子活化分析方法的发展。

进入20世纪70年代后,中子活化分析的国际发展动向清楚地表明,其方法学本身已趋成熟,而在各个学科中的应用却方兴未艾,尤其是在环境学、生物学等学科中的应用。中子活化分析方法以其灵敏度高、准确度好、不破坏样品、多元素同时测定且基体效应小等特点,现已成为常量、次量、微量乃至超微量元素的重要分析方法之一,是现代核分析技术中最重要的方法之一。

3.3.4 中子活化源

在中子活化分析中,用于诱发核反应的中子可来自反应堆、加速器或同位素中子源,因而中子活化源可以分为反应堆中子源、加速器中子源、同位素中子源。

1. 反应堆中子源

反应堆是一种使裂变物质(如^{235}U)发生链式裂变反应的装置。在反应堆中,裂变物质俘获中子而发生裂变,放出大量能量以及大量中子。由反应堆产生的中子能谱很宽(1 keV~15 MeV)。

反应堆中子作为活化源有以下特点:

①热中子注量率高;

②对多数元素活化截面大;

③反应道单纯[多是(n,γ)反应];

④中子注量率有好的空间均匀性和时间恒定性(稳态堆)。前者决定了其高的灵敏度,后者则意味着好的定性选择性和定量准确性。

反应堆中子活化分析占全部中子活化分析的95%以上,所以反应堆中子活化分析一直是活化分析的主流。

2. 加速器中子源

加速器中子源是通过加速器产生的高速带电粒子与某些靶物质相互作用来获得的。用加速器将氘核加速到约150 keV时,轰击氚靶,通过(d,T)反应产生较强的中子束流,因此它能以较好的灵敏度进行活化分析,但有许多因素都能影响加速器产生的中子能量及其产额,例如入射粒子的能量、靶物质的稳定性等。

3. 同位素中子源

同位素中子源是指利用放射性核素放出的射线去轰击靶物质,通过核反应而产生中子的源(如镅-铍中子源)或者自发裂变中子源(^{252}Cf)。同位素中子源与反应堆中子源相比较,它的热中子输出较低,一居里的同位素中子源通常给出样品的中子注量率仅为$10^5\ cm^{-2}\cdot s^{-1}$。但它体积小,可做成便携式,使用方便。此外$^{252}Cf$的自发裂变中子可用于活化分析,这种源自发裂变中子不需要靶物质,且中子产额高,也获得了广泛的应用。

3.3.5 中子活化分析流程

通常利用气动传送“跑兔装置”将样品送入反应堆的照射管道。根据待分析元素的属性，选择不同的中子照射注量率和照射时间。照射结束，又利用“跑兔装置”将样品传送出照射管道。冷却一定时间后利用 γ 谱仪分析活化样品中元素成分的含量。

中子活化分析大体上可分为以下六个步骤。

(1)确定照射条件

根据待测元素的基体、大致含量估算、活化分析参数、辐照位置的中子注量率来确定照射时间和冷却时间。

(2)样品和标准的制备

根据辐照过程的安全要求制备待分析元素的样品和标准以及用于分析质控的有证标准物质。在样品的保存和制备过程中，应注意防止样品被沾污及待测元素的丢失。

(3)中子辐照

将样品和标准封于辐照容器中，通过传输装置送入反应堆、加速器或同位素源等照射位置进行活化。注意应在相同的条件下照射样品和标准；在活化过程中要防止自屏蔽效应、样品的辐射分解以及 γ 释热等问题。

(4)放射化学分离

在特殊情况下，照射过的试样有时需要做放射化学处理，常用的方法有沉淀法、离子交换法、萃取法、蒸馏法等，以除去干扰放射性核素或者提取待测元素。

(5)放射性测量

根据不同的条件采用 G-M 计数管、正比计数器、NaI(Tl)闪烁探测器、Si(Li)和 HPGe 半导体探测器及其相关仪器(如多道分析器等)对样品、标准和质量控制标准物质进行测量。现代中子活化分析主要以 HPGe 伽马谱仪为主，其余探测器使用频率很低。

(6)数据处理

根据探测仪器探测得到的谱数据，计算出峰的能量、面积、误差和相关参数，计算出样品中待测元素的含量。这一过程通常由计算机和相关软件完成。

3.3.6 中子活化分析技术的应用

活化分析是一种具有广泛应用价值的方法。20 世纪 50 年代，活化分析被用来解决原子能工业和超纯材料中的分析问题；进入 70 年代，活化分析更大规模地应用于环境学、生物学、医学、考古学、地质科学等领域。

(1)环境方面

可以分为在水环境、土壤环境、大气环境中应用等，详见本书第 7 章。

(2)地球化学和宇宙化学方面

可以研究地壳岩石和矿样地球化学，以及海洋地球化学等。

(3)生物医学方面

①研究生物组织中痕量元素的正常浓度及其新陈代谢过程；

②利用可活化的稳定同位素示踪剂，研究体内各器官组织对元素的吸收随时间变化的规律；

③体内活化分析；

④研究各种疾病与痕量元素的关系。

下面以同位素示踪技术为例,简单讨论中子活化分析在生物医学中的应用。同位素示踪分为放射性同位素示踪和可活化稳定同位素示踪,放射性示踪剂早已成功地应用于研究元素在活体组织中的行为、药物疗效及营养学研究。然而这种方法的缺点是会引起辐照损伤,因而对某些敏感人群例如婴幼儿处于生长发育期的青少年和孕妇不适用,而这些人群却恰恰是一些疾病(例如缺铁性贫血等)的重点研究对象。为避免使用有危险性的放射性示踪剂带来的弊病,近年来发展了一种"可活化稳定同位素示踪技术"以代替放射性示踪技术。可活化示踪技术将稳定浓缩同位素作为示踪剂引入生物体内,然后用活化分析法测定生物体的血液、头发、指甲、大小便等样品中该同位素的含量,从而了解该元素在体内的吸收和代谢过程。在这种示踪实验中,只引入少量示踪剂即可使生物体内这种核素的含量产生明显变化,同时又不致超过该元素允许的摄入量。因此,用于示踪的稳定核素中,需满足下列要求:

①天然丰度必须较低,最好低于10%;

②价廉而又能得到高含量富集形式,最好比其天然丰度高10倍以上;

③核反应截面要高;

④生成的产物,其射线易于探测。

例如,切瓦利埃(Chevallier)利用^{18}O标记的化合物来研究人体内胆固醇的合成速率。^{18}O的天然丰度为0.02%,但可浓缩至90%以上。用^{18}O标记的化合物进入人体后可用$^{18}O(n,p)^{18}F$反应来测定。

贝沙特(Bethard)等用浓缩度为31%的^{46}Ca研究儿童体内的钙代谢。虽然这种同位素的探测灵敏度不如^{48}Ca的高,但$^{46}Ca(n,\gamma)^{47}Ca$反应后生成半衰期为4.5 d的^{47}Ca,从而简化了化学操作。

中子活化分析技术的应用是极为广泛的,它的应用潜力也很巨大。通过不断完善技术本身,提高分析灵敏度,增加能够同时分析的元素等,可将其运用到更多的行业中。例如在煤的在线分析系统中,利用中子诱发瞬发γ射线技术检测灰分及碳、氢、氧等多种元素成分,利用快速γ中子活化技术(即PGNAA)检测灰分、灰成分及硫分,若与测水仪结合,还可确定水分、热值等指标。

3.4　同位素示踪技术

同位素示踪法(isotopic tracer method)是利用放射性核素作为示踪剂对研究对象进行标记的微量分析方法。1923年,赫维西首先创建了同位素示踪实验,采用天然放射性核素^{201}Pb研究了铅盐在豆科植物内的分布及转移。1934年,约里奥·居里夫妇发现了人工放射性核素,随后的加速器、反应堆等生产设施及设备的建立,为放射性核素示踪法的更快发展和广泛应用提供了物质条件。

3.4.1　同位素示踪的原理及特点

同位素示踪所利用的放射性核素(或稳定性核素)及它们的化合物,与自然界存在的相应同位素及其化合物的化学性质和生物学性质是相同的,只是具有不同的核物理性质,因此可将同位素作为一种标识物,制成含有同位素的标记化合物(如标记食物、药物、代谢物等)代替相应的非标记化合物。利用放射性核素不断地放出特征射线的核物理性质,就可以用核探测器随时跟踪它在体内或体外的位置、数量及其转变等,稳定性同位素虽然不释放射线,但可以利用它与普通相应同位素的质量之差，通过质谱仪、气相色谱仪、核磁共振等分析仪器来测定。放射性核素和稳定性同位素都可作为示踪剂(tracer)，但后者作为示踪剂时，其灵敏度较低、可获得的种类少、价格较昂贵，因此应用范围受到限制。而用放射性核素作为示踪剂不仅灵敏度高，且测量方法简便易行，能准确地定量、定位并符合研究对象的生理条件。

放射性同位素示踪技术具有以下特点：

1. 灵敏度高

放射性示踪法可测到 $10^{-18}\sim10^{-11}$ g 水平，即可以从 10^{15} 个非放射性原子中检出一个放射性原子。它比目前较敏感的质量分析天平要敏感 $10^{7}\sim10^{8}$ 倍，而迄今最准确的化学分析法很难测定到 10^{-12} g 水平。

2. 方法简便

放射性测定不受其他非放射性物质的干扰，可以省略许多复杂的化学分离步骤。体内示踪时，可以利用某些放射性核素释放出穿透力强的 γ 射线，在体外测量而获得结果，这就大大简化了实验过程，做到无损分析。随着液体闪烁计数技术的发展，^{14}C 和 ^{3}H 等发射软 β 射线的放射性核素在医学及生物学实验中得到越来越广泛的应用。

3. 定位定量准确

放射性核素示踪法能准确定量地测定代谢物质的转移和转变，与某些形态学技术(如病理组织切片技术、电子显微镜技术等)相结合，可以确定放射性示踪剂在组织器官中的定量分布，并且对组织器官的定位准确度可达细胞水平、亚细胞水平乃至分子水平。

4. 符合生理条件

在放射性核素示踪实验中，所引用的放射性标记化合物的化学量是极微量的，它对体内原有的相应物质的含量改变是微不足道的，体内生理过程仍保持正常的平衡状态，获得的分析结果不仅符合生理条件，更能反映客观存在的事物本质。

放射性核素示踪法也存在一些缺点，如从事放射性核素工作的人员要接受一定的专门训练，操作应具备相应的安全防护设施和条件，目前个别元素(如氧、氮等)还没有合适的放射性核素等。在做示踪实验时，还必须注意到示踪剂的同位素效应和辐射效应问题。所谓同位素效应是指放射性核素(或是稳定性同位素)与相应的普通元素之间化学性质上的微小差异所引起的个别性质上的明显区别，对于轻元素而言，同位素效应比较严重。因为同位素之间的质量判别是倍增的，如 ^{3}H 质量是 ^{1}H 的三倍，^{2}H 是 ^{1}H 的两倍，当用氚水($^{3}H_2O$)作示踪剂时，它在普通 H_2O 中的含量不能过大，否则会使水的物理常数、对细胞膜的渗透及细胞质黏性等发生改变。但在一般的示踪实验中，由同位素效应引起的误差，常在实验误差内，可忽略不计。放射性核素释放的射线利于跟踪测量，当与生物体作用的射线达到一定剂量时，可能会导致机体的生理状态发生改变，这就是放射性核素的辐射效应，因此放射性核素的用量应小于安全剂量，严格控制在生物机体所能允许的范围之内，以避免因为测量对象受到辐射损伤而得到错误的实验结果。

3.4.2 同位素示踪技术在生命科学中的应用

放射性核素示踪技术在生物化学和分子生物学领域应用极为广泛，它为揭示体内和细胞内理化过程的奥秘、阐明生命活动的物质基础起到了极其重要的作用。近年来，同位素示踪在原有技术基础上又有许多新发展,如双标记乃至多标记技术、稳定性同位素示踪技术、活化分析技术、电子显微镜技术、同位素技术与其他新技术相结合等。这些技术的发展带动生物化学从静态进入动态,从细胞水平进入分子水平,阐明了如遗传密码、细胞膜受体、RNA-DNA逆转录等一系列难题,为人类对生命基本现象的认识开辟了一条新的途径。

在生命科学中,同位素示踪技术主要用于测定生物样品中微量物质的成分,研究物质在生物体内的转移、代谢、转变三个方面。

1. 生物样品中微量物质的测定

核素分析的测量灵敏度远远高于常用的化学分析法。最灵敏的化学分析能够测量出1 μg左右的物质,而能够被核素分析检出的放射性物质有时可以达到10^{-8} μg乃至10^{-11} μg量级。常用的方法有以下几种。

(1)同位素稀释法

同位素稀释法适用于分析微量或测定难于同其他物质定量分离的物质。在生物化学中,使用同位素稀释法可以不做定量分离而对混合物的某一成分进行定量测定,可以解决由化学性质相似的物质所组成的混合物的分离困难问题。例如,如果要测定蛋白质水解液中的酪氨酸,可以把具有放射性的^{14}C-酪氨酸加到该水解液中,充分混合后,分出一部分酪氨酸溶液,加以提纯,测定其放射性。水解液中原有酪氨酸的质量B同加入的^{14}C-酪氨酸的质量A的关系为

$$B = (a_0/a - 1) \cdot A \tag{3-12}$$

式中 a_0——加入的^{14}C-酪氨酸的放射性比活度;

a——分出的酪氨酸的放射性比活度。

用同样的方法,也可以测定水解液中其他氨基酸的含量。

利用同位素稀释法也可用于水肿、脱水、消耗性疾病及外伤后恢复期的诊断时测定人的全身水量。具体方法为:首先向人体注入含氘或氚的水,待体液与之达到平衡后,取出血液样品,测定同位素含量,则全身水量为

$$V_2 = V_1 \cdot c_0/c \tag{3-13}$$

式中 V_1——注入的含氘或含氚水量;

V_2——全身水量;

c_0——同位素浓度;

c——稀释后的同位素浓度。

(2)竞争放射分析法

竞争放射分析法是一种特殊的同位素稀释法,该方法灵敏度高,特异性强,标本及试剂用量少,操作比较简便、快速,应用范围广,可用于常规诊断、疾病普查和医学研究,还可用于体液中极微量生物活性物质的测定。

在进行竞争放射分析时,通常需要三种试剂:

①标准品,即被测物质的纯品;

②标记物,即化学成分及结构与被测物质相同,但具有放射性的物质;

③结合试剂,即能够与被测物质特异性结合的试剂。

结合试剂的种类繁多,这种方法几乎可用于测定所有生物活性物质。所有以血浆中天然存在的蛋白质为结合试剂的竞争放射分析方法,称为竞争蛋白质结合分析法。它不涉及免疫反应,如测定皮质醇时,可用血浆中能同皮质类固醇相结合的一种球蛋白作为结合试剂。

放射免疫分析(radioimmunoassay,RIA)是利用抗原–抗体反应的一种竞争放射分析法。它是一种超微量的分析方法,近年来应用愈来愈广泛,可测定的物质达到300多种,其中激素类居多,包括类固醇激素、多肽类激素、非肽类激素等,此外还包括蛋白质、环核苷酸、酶、与肿瘤相关的抗原/抗体以及病原体、微量药物等其他物质。

如果被测物质为蛋白质或其他抗原,结合试剂可用含有相应抗体的抗血清。血浆胰岛素放射免疫分析的基本原理是:标记抗原和非标记抗原都会同抗体相结合,而且同抗体结合的概率相等;当抗体的含量有限时,加入血浆的标记胰岛素和血浆中的胰岛素互相竞争同抗体结合(图3–3)。

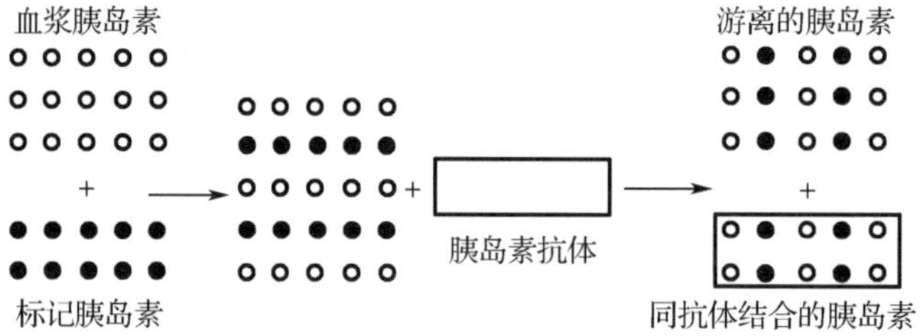

图3–3　用放射免疫分析法测定血浆胰岛素的原理示意图

显然,非标记抗原越多,抗原–抗体复合物中的标记抗原就越少,放射性比活度就越小。通过测定结合部分(或游离部分)的放射性,可求出血浆胰岛素的含量。

(3)全身计数法

全身计数器可快速而灵敏地测定人体内总放射性,它能测出比容许剂量低得多的放射性和人体内存在的^{40}K等天然放射性,即使每千克体重仅含10^2 Bq级的γ放射性,也能被探测出来。体内^{40}K占全身钾总量的比例(0.011 8%)是恒定的,因此测出体内^{40}K的含量,就可算出全身钾总量,如可用于判定肌肉萎缩患者疾病的严重程度。

采用活化分析结合全身计数的方法,可以测出体内铁、钴、钠、钙、镉、氮等多种元素的含量。

2. 物质在生物体内的转移

把待研究的物质加以标记,就有可能跟踪这些物质在机体内的转移及其速度,研究分布、浓集、摄取、吸收、分泌、排泄、通透性、血流速度、肿瘤定位、分子内反应位置、药物作用原理等问题。例如,将^{32}P标记的结核分枝杆菌制成气溶胶令试验小鼠吸入,于不同时间其测定肺、食道、肝、肾等部位的放射性,就可了解这种通过呼吸道感染的细菌在体内分布和滞留的规律性。

放射性核素所产生的射线能使照相胶片感光,利用胶片来检查、测量和记录放射性的技术叫作放射自显影。放射自显影不但可以用来了解放射性物质在某些组织、器官、整体动物或其他标本内分布的情况,而且也是测量细胞水平上生物样品内放射性的唯一方法。它已用于研究细胞结构、细胞生理、细胞病理及细胞理化特性等问题。目前,电子显微镜放射自显影技术的采用,对于开展亚细胞水平的实验研究更有利。

3. 物质在生物体内的代谢、转变

应用适当的同位素及其标记物作示踪剂分析物质中同位素含量的变化,就可知道它们在生物体内不同组织、器官或细胞、分子之间相互转变的关系,分辨出前体物和产物,给出同位素示踪剂在物质分子上的准确位置,可以进一步推断各种物质之间的代谢、转变机制。

在过去的物质转变研究中,一般都采用离体酶学方法,但是离体酶学方法的研究结果,不一定能代表整体情况。应用同位素示踪技术,使研究有关物质转变的实验周期大大缩短,而且在离体、整体、无细胞体系的情况下都可应用,操作简化,测定灵敏度提高,不仅能作定性分析,还可做定量分析。

例如,为了研究胆固醇的生物合成及其代谢,采用标记前体物的方法,揭示了胆固醇的生成途径和步骤。研究表明,凡是能在体内转变为乙酰辅酶 A 的化合物,都可以作为生成胆固醇的原料,从乙酸到胆固醇的全部生物合成过程,至少包括 36 步化学反应,在鲨烯与胆固醇之间,就有 20 个中间产物。胆固醇的生物合成途径可简化为:乙酸→甲基二羟戊酸→胆固醇。又如,在研究肝脏胆固醇的来源时,用放射性核素标记物^{3}H-胆固醇做静脉注射的示踪实验表明,放射性大部分先进入肝脏,再出现在粪便中,且甲状腺素能加速这个过程,从而可说明肝脏是处理血浆胆固醇的主要器官。甲状腺能降低血浆中胆固醇含量的机理是甲状腺素能加速血浆胆固醇向肝脏转移。

在阐明核糖核苷酸向脱氧核糖核苷酸转化的研究中可采用双标记法,通过对双标记产物直接测量或经化学分离后分别测量其放射性。在鸟嘌呤核苷酸(GMP)的碱基和核糖上分别引入^{14}C,在离体系统中将其与脱氧鸟嘌呤核苷酸(dGMP)混合,然后对原标记物和产物(已标记的 GMP 与 dGMP 的混合物)分别进行酸水解和色层分离后,测定它们各自的碱基和戊糖的放射性后发现两部分的放射性比值基本相等,从而证明了产物 dGMP 的戊糖就是原标记物 GMP 的戊糖,而没有别的来源,否则产物 dGMP 的碱基和核糖的比值一定与原标记物 GMP 的两部分比值有明显差别。该研究结果表明,戊糖脱氧是在碱基与戊糖不分解的情况下进行的,从而证明了脱氧核糖核苷酸是由核糖核苷酸直接转化而来,而不是核糖核苷酸先分解成核糖与碱基,碱基再重新接上脱氧核糖。

无细胞的示踪实验可以分析物质在细胞内的转化条件,例如以^{3}H-dTTP 为前体作 DNA 掺入的示踪实验,按一定的实验设计掺入后,测定产物 DNA 的放射性,作为新合成的 DNA 的检出指标。

3.5 中子衍射

中子散射技术是利用低能中子的散射效应获取物质相关信息的一种实验技术,是在原子、分子尺度上研究物质微观结构和运动规律的重要手段,已广泛用于物理、材料、化学、能源、环境和生命科学等众多领域。从中子与物质的作用角度,中子散射可以分为弹性散射和非弹性散射,弹性散射用来测量物质的静态结构,非弹性散射用来研究物质的动力学过程。弹性散射技术包括中子衍射、中子小角散射和中子反射技术,中子衍射技术是其中研究最早、应用最广的一个分支。

3.5.1 中子衍射的原理及特点

中子具有波粒二象性,当中子通过晶体物质时,有序排列的原子对中子波而言相当于一个三维光栅,中子波通过它就会产生衍射现象,散射波会在某些特定的散射角形成干涉加强,即形成衍射峰。峰的位置和强度与晶体中的原子位置、排列方式以及各个位置上原子的种类有关。对于磁性物质,衍射峰的位置还与原子的磁矩大小、取向和排列方式有关。由德布罗意关系可知,热中子波长大致为 0.1~1 nm,与一般物质的原子间距范围相当,使得中子衍射成为研究物质微观结构的理想手段。

中子衍射与 X 射线衍射的区别如下。

(1) X 射线是与电子相互作用，因而它在原子上的散射强度与原子序数 Z 成正比，而中子是与原子核相互作用，它在不同原子核上的散射强度不是随 Z 值单调变化的函数。因此，中子就特别适合于确定点阵中轻元素的位置(X 射线灵敏度不足)和 Z 值邻近元素的位置(X 射线不易分辨)。

(2) 对同一元素，中子能区别不同的同位素，这使得中子衍射在某些方面，特别在利用氢-氘的差别来标记、研究有机分子方面有其特殊的优越性。

(3) 中子具有磁矩，能与原子磁矩相互作用而产生中子特有的磁衍射，通过磁衍射的分析可以确定磁性材料点阵中磁性原子的磁矩大小和取向，因而中子衍射是研究磁结构的重要技术手段。

(4) 通常中子比 X 射线具有更强的穿透性。

中子衍射的主要缺点是需要特殊的强中子源，并且由于源强不足而常需较大的样品和较长的数据收集时间。

中子衍射与 X 射线衍射的性能比较见表 3-1。

表 3-1　中子衍射与 X 射线衍射的性能比较

性质	X 射线	中子
波长	对于长的波长 λ，存在吸收截止 例如铜的 K_α 特征线 0.154 nm	用晶体单色器从麦克斯韦波谱分离出的波束为 (0.11±0.005) nm，$\lambda/2$ 的二级分量强度小于百分之一
原子散射的一般特征	作用对象：电子 形状因子取决于 $\sin\theta/\lambda$ 极化系数和角度有关 散射振幅随原子序数有规律地增加，从已知的电子结构可以计算 同位素之间没有区别 散射时相差 180°	作用对象：核 各向同性，因子和角度无关 随原子序数不规则变化，和核结构有关，只能用实验来确定 对于不同的同位素振幅是不同的，振幅还与核自旋有关，产生同位素和自旋的非相干性 对大多数核相差 180°，但 H、^{7}Li、Ti、V、Mr、^{62}Ni 产生零相差，^{113}Cd 产生反常散射
磁散射	无附加散射	具有磁矩的原子产生附加散射 (1)顺磁物质的漫散射 (2)铁磁和反铁磁材料的相干衍射峰 散射振幅随 $\sin\theta/\lambda$ 下降 由磁矩可以算出振幅，对不同自旋量子数的离子(如 Fe^{2+}、Fe^{3+})振幅是不同的
吸收系数	非常大，真实吸收常常大于散射，$\mu \approx 10^2 \sim 10^3$，随原子序数增加	吸收通道很小并小于散射，$\mu \approx 10^{-1}$ 有明显的例外，如 B、Cd 和稀土元素具有较大的吸收系数 随同位素变化
热效应	相干散射按德拜指数因子减少	
非弹性散射	波长变化可以忽略	波长变化显著；对晶格振动和磁自旋波可以得到频率-波数关系

表 3-1(续)

性质	X 射线	中子
单晶反射	完美晶体反射受初级消光的限制,嵌镶晶体元的积分反射等于 QV	
	厚晶体中次级消光是次要的 R^{θ}(厚晶)$=Q/2\mu$	厚晶体中次级消光是主要的,"薄晶"准则 $R^{\theta}\approx 3\eta$
一般测定方法	照相底片、盖革计数器 困难	BF_3、^3He 计数器
绝对强度测量	取决于是否精确知道原子散射因数曲线	直接,特别是粉末方法

3.5.2 中子衍射装置

中子衍射设备也与 X 射线衍射相似,图 3-4 是二轴中子衍射仪示意图。由核反应堆孔道中引出的热中子束通过准直器射到单色器上,经单晶反射获得的单一波长中子再入射到样品上,然后由绕样品旋转的中子探测器从各个角度测定衍射束的强度,再通过与 X 射线衍射相类似的数据处理方法求得点阵不同位置上的核密度分布。在实验技术上与传统方法稍有差别,还有利用不同波长的中子具有不同速度(能量)建立的飞行时间衍射法(飞行时间法是通过测量中子飞行时间来确定中子的能谱,是当前主要使用的中子能谱测量方法),主要用在加速器等强脉冲中子源上,图 3-5 是飞行时间中子衍射示意图。

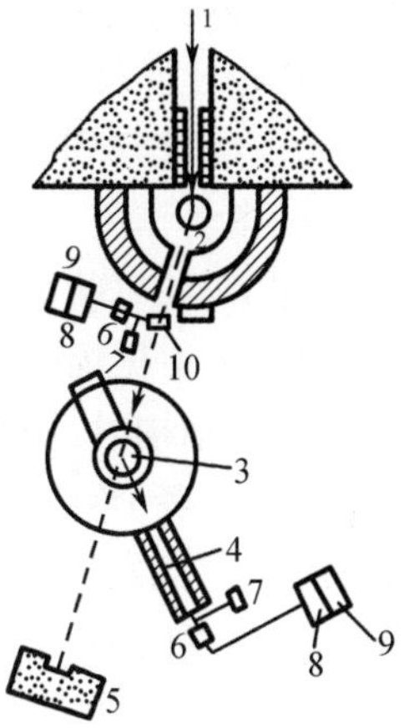

1—中子束;2—单色器;3—样品及样品台;4—中子探测器;5—中子捕捉器;6—前置放大器;7—高压电源;8—放大器;9—定标器;10—监视器。

图 3-4 二轴中子衍射仪示意图

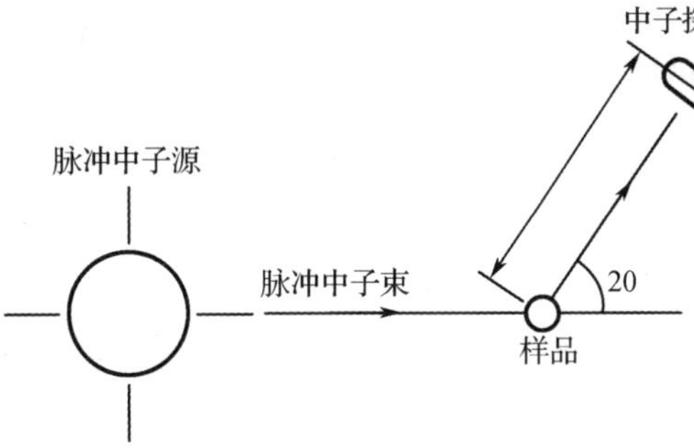

图 3-5 飞行时间中子衍射示意图

3.5.3 中子衍射的应用

中子衍射的应用主要在如下五个方面。

(1) 分子结构研究　分子结构研究的目的在于确定轻原子,尤其是氢原子的位置。例如,各种无机碳、氢、氧化物(如 WC、MoC、ThC、UC、NaH、TiH、ZrH、HfH、PdH、PbO、$BaSO_4$、SnO_2)等结构中轻元素的位置,主要由中子衍射来确定。目前已经扩展到有机分子方面(如氨基酸、维生素 B 以及肌红蛋白等较复杂大分子)的结构研究。

(2)合金材料研究　合金系统经常需要区别原子序数非常接近的那些原子,它们对 X 射线的散射振幅是非常相似的,而用中子衍射就不存在这一问题。

(3)磁性材料研究　对于具有磁矩的原子会发生中子的附加散射。

(4)用非弹性散射研究振动,包括磁振动。

(5)非晶体结构的研究——液体、气体和缺陷。

1. 分子结构研究

用中子衍射法进行的第一项结构研究就是测定轻元素的位置。因为元素的 X 射线散射振幅和原子序数成正比,所以用 X 射线研究含氢物质或者重元素的氧化物、碳化物,不可能得到准确的信息。在这种情况下,面对重组元振幅的绝对优势,需要非常高的强度测量精度才能检测出轻元素的微弱作用,在实际应用中一般是不可能的。然而,对于中子,轻元素通常不是一个突出的问题,例如氧的散射振幅是 5.8×10^{-13} cm,和钨、金或铅在一起时,很容易被检测到,这三种重金属的散射振幅分别是 4.8×10^{-13} cm、7.6×10^{-13} cm 和 9.4×10^{-13} cm。

在研究化合物的结构时,用 X 射线方法确定晶胞和除氢及某些轻元素之外的其他原子的位置时,可得到一个或多个空间群以描述重元素的对称性。只要在中子衍射图上不出现附加的谱,就可以肯定 X 射线发现的单位晶胞确实是包括氢原子的真正单位晶胞。现代 X 射线晶体结构研究包括高精度的强度测量,将能近似地确定氢原子的位置。氢原子的位置和运动的测量精度接近 X 射线或中子对重原子的相应精度。一般来说,这一类工作的标准程序是首先收集单晶的三维强度数据,然后进行最小二乘法和傅里叶分析。

利用中子研究氢原子和分子结构的最好例子是对苯的简单衍生物的研究。人们在 218 K 和 138 K 温度下,研究了固体苯的形态,获得的二维散射密度图(图 3-6)对开库勒(Kekulé)的苯分子基本概念做了严格的实验验证。这是中子衍射的一个经典例子,1958 年,有研究人员在低通量反应堆上进行了这项研究,分子作为整体在它自身的平面内发生振荡,在两种温度下振幅分别为 7.9°和 4.9°。

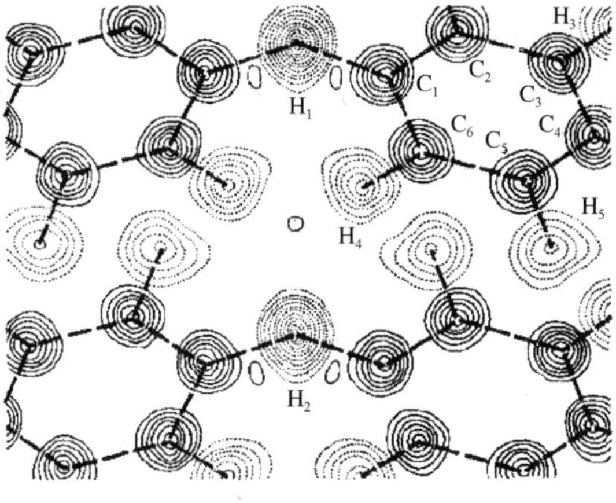

图 3-6　根据中子衍射试验确定固体分子结构的投影

(对应于氢原子的虚线等值线表示它的负散射振幅。在投影图上,相邻分子的氢原子在如 H_1 的那些位置上重叠。)

2. 原子序数相近的原子的结构识别

前面已经提到 X 射线的原子散射振幅随原子序数有规律地增长。所以,仅根据 X 射线衍射的数据,不可能识别同一化合物中原子序数相近的元素(如铁和钴)。然而,这些元素对中子的散射振幅,可能差别很大,这时根据中子强度的数据就可以识别它们。用这种方法可完善 X 射线研究已经给出的结构信息。

对于过渡金属合金(如 Fe-Co、Cu-Zn),两种组元对 X 射线的散射振幅非常接近,以至于探测不到相应的超点阵谱线。对于 A-B 合金中 A、B 原子中散射振幅不同的物质,用中子测定其超结构是非常简单的。表 3-2 给出了某些元素和同位素的 X 射线和中子的散射振幅,所引用的 X 射线振幅值对应于$(\sin\theta)/\lambda=3.0\times10^{7}\ cm^{-1}$。1949 年,Shull 和 Siegel 用中子衍射证明,FeCo 材料从 1 023 K 非常缓慢地冷却时发生有序的变化,图 3-7 是他们的实验结果。对于有序样品,除了出现明显的超点阵线(100)、(111)和(210)之外,本底散射还减少了 20%,与预测一致。

表 3-2 某些元素和同位素的 X 射线和中子散射振幅

原子或同位素	X 射线$(\sin\theta)/(\lambda=0.03\ nm)/\times10^{-12}$ cm	中子$/\times10^{-12}$ cm
Mn	4.2	-0.39
Fe	4.4	0.95
^{54}Fe	4.4	0.42
^{56}Fe	4.4	1.01
^{57}Fe	4.4	0.23
Co	4.6	0.25
Ni	4.8	1.03
^{58}Ni	—	1.44
^{60}Ni	—	0.28
^{52}Ni	—	-0.87
Cu	5.1	0.76
^{65}Cu	—	1.11
Zn	5.3	0.57
Au	16.1	0.76

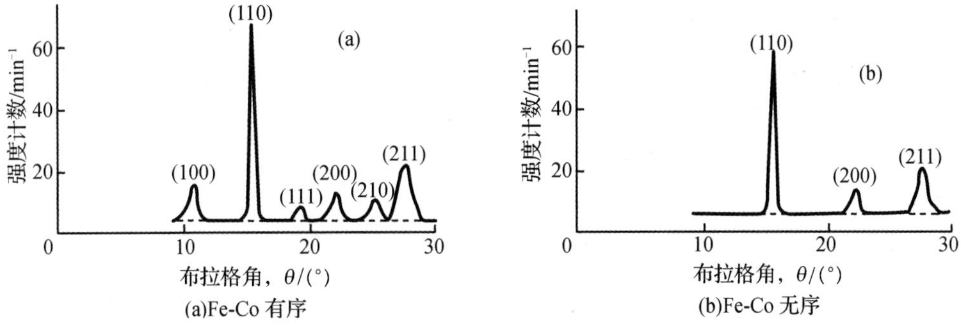

图 3-7 Fe-Co 有序和无序样品的中子衍射图

邻近元素的研究方面,对 3d 过渡族合金(如 Fe-Co-V、Fe-Cr、Ni-Mn、Ni-Cr 等)样品有序度的研究,用 X 射线很难测,但用中子衍射就很容易识别。

3. 磁性材料的研究

中子衍射对固体研究的最大贡献就是在磁性材料研究方面的成果。1949 年，Shull 和 Smart 首先将中子衍射技术用于反铁磁性氧化物的研究，测定了液氮温度下 MnO 反铁磁结构，确定了 Mn 原子在(111)面内近邻的磁矩方向相反。人们在 20 世纪 50 年代曾对许多反铁磁体(如 FeO、NiO、CoO、$\alpha-Fe_2O_3$ 等)进行了中子衍射研究，对尖晶石型铁氧体(如 Fe_3O_4、$MnFe_2O_4$)及石榴石型铁氧体(如 $Y_3Fe_5O_{12}$ 等)也做了测量，证明了奈尔提出的磁结构模型是正确的。20 世纪 50 年代末，研究人员首先在 MnO 中发现螺旋磁结构，继而在稀土及其合金中发现了各种各样的螺旋磁结构。近年来，研究人员还在一些反铁磁体中发现非共线反铁磁结构，此外还用中子衍射方法研究了晶胞中各晶位的磁矩大小、磁电子密度分布、磁畴结构等。当然，中子衍射也被应用于结构相变、择优取向、晶体形貌、位错缺陷及非晶态等其他方面的研究。

从低注量中子首次考察粉末样品开始至今的这些年中，人们研究了许许多多的元素和化合物，除了对过渡元素本身以外，对过渡金属铁族化合物的磁性结构也进行了最广泛的研究，其次是对稀土元素化合物。详细的资料可查阅 G. E. 培根编写的《中子衍射》(科学出版社，1980 年出版)。

4. 非弹性非相干散射的研究

慢中子和 X 射线的非弹性散射有着本质的区别。单色 X 射线的非弹性散射通常是 X 射线漫散射。如果 X 射线和中子有相同波长，X 射线光量子的能量要比中子的能量大 10^5 倍。非弹性散射时，X 射线能量损失与晶体振动的能量相比是可以忽略的，散射出去的量子可认为和入射的量子具有相同能量。另一方面，慢中子能量的变化和入射能量属于同一量级。所以，非弹性散射的中子和 X 射线不同，其波长与入射波长显著不同。1951 年，Egelstaff 用经过铅过滤器的长波中子束，首次实验证明了中子在非弹性散射时的能量增益。这一特性对于研究固体是非常重要的，因为详细地分析中子经过散射之后的能量谱就可能确定晶体能量谱的细节(即晶体中的声振动)。

与一般的红外吸收谱和拉曼谱比较，非弹性非相干散射的结果具有重大的意义。红外测量只能探测那些包含分子偶极矩变化的振动，拉曼光谱仅能观察那些包含分子极化率变化的运动，而中子谱不受这些“选择法则”的限制，主要侧重于显示氢原子参加的那些分子的振动和转动。

5. 非晶体结构的研究

在非晶体材料和液体中，原子排列没有长程有序，只有短程有序，其散射曲线上不会出现明显的 Bragg 峰，只有反映短程有序的少数矮而宽的小峰，这种曲线称为径向分布函数，从径向分布函数可以得到最近邻原子配位数和原子间距离。例如，对非晶材料 $TbFe_2$ 的测量表明，最近邻 Fe-Fe 的原子序数为 60，原子间距离为 0.252 nm；最近邻 Tb-Tb 原子数为 9.2，原子距离为 0.349 nm；最近邻 Tb-Fe 原子序数为 7.6，原子间距离为 0.306 nm。

3.6 中子照相

中子照相(neutron radiography)是一种新的非破坏性观察对象的方法。可见光可观察物体表面;X 射线照相可观察物体内部,提供物体密度信息;中子照相可更深地洞察物体内部结构,提供物体性质的差异。

3.6.1 中子照相的原理及特点

1. 中子照相的原理

中子透过物质时与物质的原子核发生某些相互作用,强度被减弱。从宏观角度看,透射中子强度与入射中子强度之间存在以下的数学关系:

$$I = I_0 e^{-\Sigma t} \tag{3-23}$$

式中 I——透射中子强度;

I_0——入射中子强度;

t——试样在中子束方向上的厚度,cm;

Σ——试样对中子的衰减系数(宏观截面),cm^{-1}。

如果试样不均匀或有缺陷,则透射中子的强度就会发生变化,记录这些变化就能反映试样内部的信息。

2. 中子照相的特点

同 X 射线照相比,中子照相有其独特的优点。X 射线是与核外电子相互作用,中子是与原子核相互作用,物质对 X 射线的衰减能力随物质原子序数的增大而增大,X 射线照相最适合于高原子序数的材料成像;而物质对中子的衰减能力依赖于元素或核素的核性质,中子照相可以对某些低原子序数的材料与高原子序数的材料进行成像。例如 Fe、Pb、Bi 等重金属对 1 MeV 以下能量中子的衰减能力就比 H、Li、B 等轻物质小得多。这样,用中子照相法就可以检查铁外壳内的含氢物体的结构。图 3-8 是用中子照相获得的照片,可以看到子弹内部的火药填充情况。X 射线对同一元素的同位素的衰减系数相等,而中子相差很大。X 射线照相利用物质密度差,中子照相利用核吸收截面差,因此中子照相可用于高低原子序数材料、反应截面小的材料、具有大反应截面元素与同位素含量变化的材料的照相,并且可以选择合适能量以得到最佳中子照相效果。中子照相另一个特殊的用途是对强放射物体照相,而不受样品放射性 γ、X 射线本底的影响。中子照相在材料的非破坏性检验中可作为 X 射线照相的补充,在军事工业、核工业、航天工业、飞机制造工业、农业、医学等领域都得到了广泛的应用。

图 3-8 用中子照相获得的子弹的照片

3.6.2 中子照相的分类

中子照相是利用中子束穿透物体时的衰减情况,显示某些物体的内部结构的技术。按所用的中子的能量,中子照相通常可分为:冷中子照相($E<0.005$ eV)、热中子照相(0.005 eV<E<0.5 eV)、超热中子照相(0.5 eV<E<10 keV)和快中子照相(0.5 eV<E<10 MeV)。

中子照相有两种成像方法：一种是直接曝光法，转换屏与胶片同时在中子束中曝光成像；另一种是间接曝光法，将转换屏置于中子束曝光后，在转换屏上形成有合适寿命的潜在放射像，然后传递到其他地方使胶片曝光成像。

直接曝光法的优点是照相过程短、灵敏度高、像分辨率高；缺点是胶片同时也记录了在中子束内的 γ 射线及其他物体在中子照射时所放出的 γ 射线，形成较大的本底，从而影响了像的清晰度。而间接曝光法避免了 γ 射线的干扰，但照相过程长，适用于有高放射性的物体，如反应堆燃料元件。

3.6.3 中子照相装置

中子照相装置（图 3-9）主要由中子源、准直器、成像探测器三部分组成。这三部分称为中子照相的三要素，对中子照相成像的灵敏度、分辨率、穿透力等都有影响。

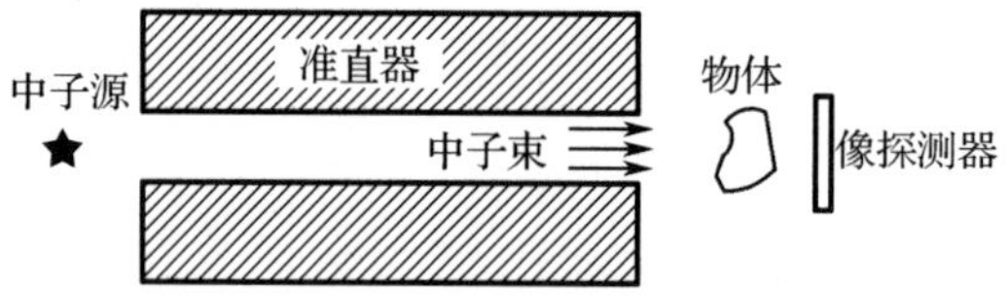

图 3-9 中子照相装置示意图

1. 中子源

中子源由源、慢化体和屏蔽层组成，产生适合中子照相要求的中子辐射束。反应堆中子源是中子照相最合适的中子源，也可采用其他中子源。如果要进行热中子照相，在源四周要围以适当的慢化物质，使快中子慢化为热中子。

2. 准直器

准直器的功能是对中子源产生的中子束进行准直、整形，以提高平行度，并将中子束引到被照物体上。准直器的优劣直接影响成像的分辨率。

3. 成像探测器

常用的成像探测器主要是 X 射线照相胶片。中子直接使胶片曝光的效率太低，故需使用转换屏；中子与转换屏相互作用，放出 α、β 或 γ 射线使胶片感光成像。转换屏分两类：一类是由诸如 Gd、Li、B、Cd 等材料制成的屏，它们吸收热中子后发出瞬发辐射，使胶片曝光，使用这种屏时需采用直接曝光法，即将屏同胶片紧贴，放入暗盒，置于中子束中一起曝光；另一类是由 In、Dy、Ag 等材料制成，这种材料俘获热中子后形成具有一定寿命的放射性核，使用这种屏时需采用间接曝光法，即将转换屏置于中子束中，曝光后在转换屏上就形成了潜在的放射性像，然后将转换屏移置在胶片上，让胶片曝光。

3.6.4 影响中子照相图像质量的因素

衡量中子照相图像质量的一个常规指标就是中子照相的灵敏度。中子照相灵敏度受中子照相图像对比度和分辨率的共同影响，而分辨率与清晰度（黑度转换的突变程度和光洁度）有关。曝光和显影过程中的误操作，也会对成像质量造成不良影响。表 3-3 列出了影响中子照相灵敏度的因素。

表 3-3 影响中子照相灵敏度的因素

中子照相图像对比度		中子照相图像清晰度	
物体对对比度的贡献	胶片对对比度的贡献	几何因素	粒度因素
试样厚度	胶片类型	准直比	胶片类型
线质	显影时间、强度	试样-胶片距离	屏的类型
散射能力	扰动、黑度	试样厚度突变	线质
	显影液活性	屏-胶片接触	显影

3.6.5 中子照相的应用

中子照相是一种无损检测技术,已得到广泛的应用。这里介绍几个主要的应用实例,有利于大家更清晰地了解中子照相的特点和优势。

1. 金属管内气-水两相流的研究

中子动态实时照相可以研究金属管内气-水两相流,而 X 射线照相和光学等方法不能进行这方面的研究。一个典型的例子是高帧率中子照相研究矩形铝合金管内气-水两相流和三层同心铝管间水流。中子照相清晰地记录了团状流、乳状流和环状流等两相流流动模式,测量了空洞的三维分布和空洞间隙度,验证了流体力学理论模型。图 3-10 是一个管中两相流过程的几种流动模式的真实照片。中子照相还可用于检测冰箱制冷过程,研究重金属的单相和双相流等。

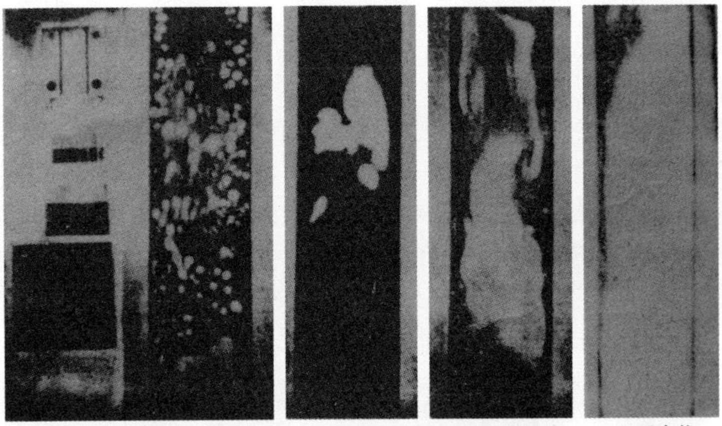

(a) 团流状 (b) 变成泡沫图像 (c) 泡沫状流 (d) 环流状

图 3-10 两相流中子照相照片

2. 多孔材料的研究

中子照相可用于混凝土和砖块等多孔材料的研究。地下油库和海洋石油平台的建立需要考虑混凝土渗水和渗油情况,以往渗透过程的研究需要把试件切割成许多样品,但样品间差异数据很分散;采用中子照相可以连续观测渗透全过程,获得精确、可靠的数据。混凝土受到机械力作用会产生微裂缝,微裂缝慢慢地发展为较大的裂缝。图 3-11 是混凝土微裂缝的数字中子和 X 射线照相图,可以看出中子照相比 X 射线照相分辨率要高得多,中子照相可以探测 0.6 μm 的裂痕,比 X 射线探测限高 25 倍。由此可知,中子照相对混凝土微裂缝的检测在工程上十分重要。

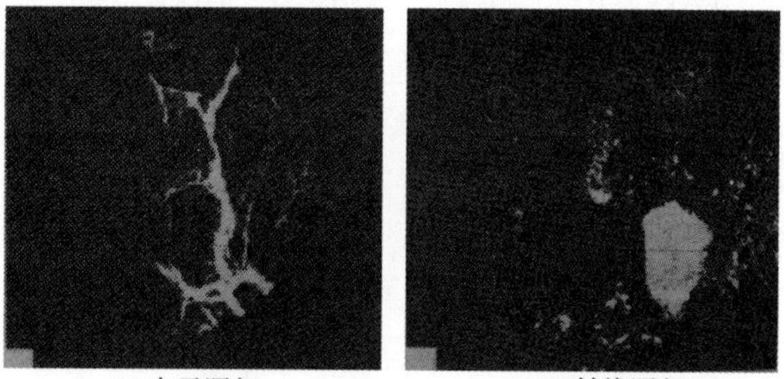

(a)中子照相　　(b)X射线照相

图 3-11　混凝土微裂缝的数字中子和 X 射线照相图

3. 水分及腐蚀的检测

飞机部件截留的水分和铝腐蚀会造成严重的飞行事故，它们的检测和维修对飞行安全和延长飞机寿命有重要的作用。中子照相可以对它们进行早期检测，提供精确的维修信息。飞机机翼本身就是油箱，油中含有水，长期运行铝材会受到腐蚀。铝的内表面生成 $Al(OH)_3$ 斑，而 $Al(OH)_3$ 中含有氢，当机翼油箱排空以后可用移动式中子照相-电成像法检测，由于它的反差灵敏度高，可以很容易检测出腐蚀斑，检测精度可达 0.1 mm。X 射线照相不能进行这种水分和腐蚀的检测，有些方法虽然可行，但是需将部件拆下，既费钱、费时，又费力。可移动式中子照相系统可以对飞机进行无损在线检测，不需拆下部件，检查快速、可靠、灵敏。

4. 含放射性物质结构材料的检测

放射性物质本身能使胶片感光，所以一般的照相方法无法用于放射性物质的照相。采用传递法和对 γ 不灵敏的转换屏(如 In 屏)径迹探测器等，可实现中子对含强放射性物质结构材料的照相。中子照相在核工业中有重要的作用，美国、日本、欧洲许多国家在反应堆上都有中子照相系统检测核燃料，虽然核燃料元件中含有大量的放射性，但是利用中子照相可以检测核燃料元件内部铀芯变形、破裂、熔化等情况。图 3-12 给出了核燃料元件的中子照相照片。对新加工的核燃料中子照相可以给出杂质、空洞、均匀性、密度和结块等数据，对用过的核燃料可以给出裂缝、肿胀、蠕变等信息。日本、德国等用可移动中子照相仪直接在动力堆乏燃料池中照相。中子照相可以检测反应堆控制棒 B_4C 吸收体的丢失等情况。

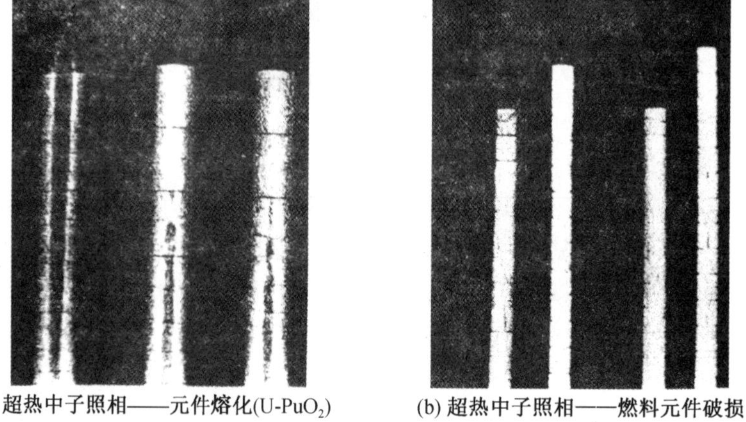

(a) 超热中子照相——元件熔化($U\text{-}PuO_2$)　　(b) 超热中子照相——燃料元件破损

图 3-12　核燃料元件的中子照相

5. 爆炸装置中子照相

爆炸装置的外壳一般是金属,内装炸药物质中含有氢元素。利用中子在氢中质量吸收系数很大、而在重元素中很小的特点,可用于炮弹、子弹、雷管和导火索的检测,透过金属外壳检测内部炸药的均匀性和空隙度等。中子照相已经应用于武器控制和核查方面,如探测可裂变物、检测导弹(即确认其是核武器还是一般导弹)等。

6. 中子照相的其他应用

利用中子照相可以无损检测密封金属容器中物质的特点,可以进行古物和艺术品的鉴定,譬如鉴定油画的真伪和年代。中子照相还可用于电子学元件的检测,进行材料水分及其分布和变化探测,材料宏观截面测量等。在生物和医学方面,中子照相可用于检查人体含氢软组织机能或病变,检测或诊断骨肿瘤。

习　　题

3-1　请描述 X 射线荧光分析的基本原理。

3-2　利用 X 射线荧光分析方法进行样品分析时,对样品有哪些具体要求?

3-3　中子活化分析的原理是什么?

3-4　中子衍射的原理和特点是什么?

第 4 章　核仪器仪表

凡带有放射性核素源或辐射源和核辐射探测器的检测仪表统称为放射性核素仪表（也称核仪器仪表或同位素仪器仪表）。核仪器仪表一般由放射源或辐射源、核辐射探测器、电转换器、二次仪表等几部分构成。

核仪器仪表的分类，一般按照 IEC 60050-395（2014 国际电工词汇-第 395 部分：核仪器物理现象、基本概念、仪表、系统、设备和探测器）的有关内容分为探测核辐射的仪器、发生辐射的设备以及这两种设备的应用。按照仪器特性分为有源核仪器和无源核仪器；按照辐射种类分为 α、β、γ 探测器等以及能谱类仪器仪表；按照国际标准化分为核电站运行、测量、控制与安全保护体系，核安全与辐射防护监测体系，通用核仪器仪表体系（核技术研究、开发、应用等）；按照应用领域分为基本核仪器、工业用核仪器、农业用核仪器、核医学仪器、资源开发核仪器、核电及堆用核仪器、环境保护与辐射防护核仪器等。

核仪器仪表的最大特点是能进行非接触式无损检测，特别适用于其他仪表难于或不能使用的高温、高压、易爆、有毒等具有腐蚀性的对象和环境的测量，因此在特定条件下就成为某些系统中的关键设备，是国民经济建设诸多领域不可缺少的特殊检测手段。国际上一些发达国家已在工业等领域中使用了近百万台（套）核仪器仪表。我国核仪器仪表的应用主要集中在冶金、矿山、能源开发、石油化工、造纸等行业，随着传统产业的技术改造、产品升级换代和企业创新的需要，核仪器仪表已受到各个行业的重视，在具有“世界工厂”之称的我国具有相当大的潜在市场和发展前景。

本章主要介绍核仪器仪表的发展、基本组成、大致分类、几种主要的核仪器仪表及其应用等。

4.1　核仪器仪表概况

4.1.1　核仪器仪表的特点和应用

核仪器仪表利用核辐射与物质的相互作用及产生的吸收、散射或电离、激发等效应，获取有关物质的宏观、微观信息。核仪器仪表具有以下特点：

（1）不直接接触被检测对象，是一种非破坏性的检测工具；

（2）可在各种苛刻条件（如高温、高压、高黏度、高腐蚀性和高毒性等情况）下对非密闭和密闭容器内的物料进行非电参数的控制；

（3）检测灵敏度高、性能稳定可靠、响应速度快、使用寿命长；

（4）可连续输出电信号，实现生产过程闭环自动控制；

（5）体积小、质量轻、便于携带和安装；

（6）射线在物质中的穿透深度视射线种类不同而有所区别，一般为 0.01~1 m。

核仪器仪表的具体应用情况见表 4-1。

表 4-1 核仪器仪表应用情况一览表

应用领域	应用情况
农业和林业	(1)测量植物叶子的面密度,用来研究植物的生长及植物中水分的变化;(2)测量饲料的密集度;(3)测量树干、木材及植物制品的密度;(4)测量泥柱的渗水性;(5)测量干馏过程中木材的密度变化;(6)测量木材、谷物及活树的含水量;(7)测量土壤的密度和湿度,用来研究水土保持问题;(8)测量土壤和肥料的成分;(9)测量土壤的湿度分布,研究灌溉的作用,研究森林、草地、庄稼对土壤水分的蒸发、渗透作用,研究天然水的补充规律
煤炭	在勘探方面:(1)测量煤层位置、厚度、灰分以及夹石和顶底板特性;(2)测定煤心中灰分及其他伴生元素的含量。 在开采方面:利用 γ 散射式密度计分辨出煤炭和岩石,使采煤机自动绕开围岩 在选洗方面:(1)自动拣矸;(2)在重介质选煤中测定重介质的浓度;(3)测定浮选入料矿浆的浓度 在矿井运输和提升方面:(1)控制矿车、煤仓、煤斗、皮带运输机的装载量;(2)利于 γ 投射式继电器实现通过矿车自动计数、自动扳道岔,使提升罐笼准确而自动地停靠 在矿井安全方面:(1)利用电离式气体分析仪测定瓦斯浓度,测定井下空气含尘量;(2)报警
冶金	(1)测量热轧、冷轧板的厚度;(2)测量各种涂层和镀层的厚度;(3)测量各种拉丝的直径;(4)测量异形材料的各部分厚度;(5)测量各种管子的壁厚,测量炉壁、管壁的损耗;(6)测量各种坯料的密度,测量各种粉末、矿浆及烧结料的密度;(7)测量各种液体、固体、固液混合物、粉末材料的料位,测定灰尘捕集器中灰尘高度;测定各种矿车的载重量,控制冲天炉及粉末机料槽的料位;(8)炼焦炉出焦时三车自动定位;(9)测量烧结料或焦炭的水分;(10)用活化分析法测定钢中的含氧量及矿物中氧、硅、铁等的含量,利用 X 荧光分析仪测定各种矿石的成分,分析炉渣的含铁量及碱度
石油、化工、造纸、橡胶	(1)在石油勘探方面,利用中子仪表确定岩性、空隙度,确定气层、油层、水层及其分界面;(2)测量塑料、橡胶、纸张的厚度及各种涂层的厚度;(3)测量各种塑料管、橡胶管的壁厚;(4)测量轮胎中纤维密度;(5)测量轮胎的磨损;(6)测量纸浆、橡浆、乳化剂及各种酸、碱、盐溶液的密度或温度,确定石油管道中两种产品的分界面;(7)测量储槽中的各种溶液、粉末的料位,控制各种半成品及产品的装载量;(8)测定各种浆液及产品的成分及湿度,如原油和石油产品中的硫、铅、氮、氧等的含量,石油产品中的碳氢比和硼化物中硼的含量,氯化物中的氯含量,肥料中的钾含量,纸浆、橡胶浆的成分;(9)测定各种浆液及粉末的流量
玻璃、水泥及其他非金属矿物加工业	(1)测量各种砂纸、砂布、玻璃板、石棉板、水泥板、耐火砖的厚度;(2)测量各种沙石、水泥、黄土以及浆液的密度;(3)测量熔融玻璃的料位,测量料仓、料斗中的沙、黏土、水泥的料位;(4)分析水泥及混凝土中的钙、镁含量,玻璃中的硼、钾、铅、硅的含量
食品	(1)测量面包、点心、香烟等的厚度、密度和水分;(2)测量用鱼、肉、蛋、牛奶等制成的糊状食品的密度;测量以上糊状食品、固态食品及酒、油、醋的料位及装载量;(4)测量以上固态食品的含水量,测量瘦肉含量,分析各种食品中的组成元素及其含量
轻纺	(1)测量并控制毛毯、绒毯、油布、人造革、纱布等的厚度;(2)测量并控制棉纱及其他纤维的线密度和湿度;(3)测量各种反应锅、煮锅中的溶液液位
土木、水文	(1)测量路面、地基的密度和湿度;(2)测量河水的含沙量;(3)测量水库、海港中淤泥密度;(4)测量海底沉积物的密度和成分;(5)测量吸泥船泥管中的泥浆密度;(6)测量海水中的悬浮质浓度;(7)检查坝基的灌溉效果;(8)测量河堤堤身渗水性;(9)测量混凝土的水分
航空、航天	(1)测量飞行器中燃油或燃料的储量;(2)测量大气的密度、压强,并制成密度高度计、压力高度计、空速计、马赫表;(3)测量飞船蒙皮的磨损情况;(4)测量冰点并制成冰点报警器;(5)测量飞行器起飞或降落时的高度、速度及俯仰角;(6)直升机的编队飞行控制;(7)火箭的回收;(8)导弹对于靶机的不命中距离指示

4.1.2 国外核仪器仪表的发展历史

1951 年,美国率先将放射性核素厚度计用于橡胶生产。在此之后,西方国家用了大约 15 年时间,使得核仪器仪表的使用在 20 世纪 60 年代末到 70 年代初就已超过 60 万台(套),产值占国民经济总产值的约 0.5‰,产值利润比超过 2,投资效益比达到 1∶9。其发展大致经历了以下三个阶段。

1. 起始阶段(20 世纪 40 年代末至 60 年代初)

这一阶段是工业核仪器仪表的开创时期。以美国为首的一些发达的工业国家进行了大量的开发研制工作，成果主要反映在 1955 年和 1958 年召开的两次日内瓦和平利用原子能国际会议上。这个阶段总的特点是：核仪器仪表的研制技术还未完全成熟，其质量还难以完全满足工业现场条件的需求，相关技术和产品的开发还带有一定的盲目性，从而导致核仪器仪表的研发水平的进展比较缓慢，其推广面极其有限。

2. 发展成熟阶段(20 世纪 60 年代末至 70 年代中期)

晶体管与大规模集成电路等电子技术的发展，以及新型核辐射探测器件的出现，将核仪器仪表带入了一个新的阶段。这一时期西方国家的经济正在高速发展，各种高新技术不断应用于生产和技术改造，核仪器仪表以其独有的技术优势得到了迅猛发展，仪表的稳定性与可靠性都大大提高，检测分析性能指标得到了明显提升，使用对象逐渐明确，其应用领域也不断拓展，获得了显著的经济效益。

3. 高水平发展阶段(20 世纪 70 年代中期至今)

随着电子计算机技术和集成电路电子的快速发展，核仪器仪表在大量推广、应用的基础上不断更新换代，朝高水平、高技术方向发展。仪表的灵敏度和精度日益提高，可靠性和稳定性也越来越好，功能和应用领域也大大扩展。目前，在一些工业发达国家已经出现一些智能化的大型多功能核仪器仪表，以解决实际工作中遇到的高难度综合性问题。此外，另一些专用的微型核仪器仪表也得到了长足的发展。

核仪器仪表的应用，不仅可以提高产品的质量和产量，而且还能节约原材料，减少能耗，给工业界带来了很大的经济效益。近年来，世界核仪器仪表的数量增长迅速，平均年增长率为 20%~25%。据国际原子能机构的调查报告，1980 年世界各国应用核仪器仪表总数达到 62 万台。例如，美国在 1960 年使用量为 4 650 台，到 1980 年则增长到 21 万台。2000 年后核仪器仪表的使用为社会带来了良好的经济效益，据美国 1978 年的统计，核仪器仪表平均价格为 1. 2 万美元，年维护费在 250 美元左右。企业购买所需的仪器仪表的全部费用一般在 2~3 个月就可以全部收回，个别的需要在 5~6 个月后收回。一种核仪器仪表的新产品从研制到投产周期一般为 1~3 年，工厂使用这类核仪器仪表时，一般不需要对原来的设备和工艺做大的改动，一旦和控制设备相连便可连续生产，具有投资少、效益高、见效快等特点。据国际原子能委员会 1981 年的报道，各种核仪器仪表的经济效益系数分别是：塑料薄膜厚度计 1∶3，纸张厚度、湿度计 1∶9，锌镀层厚度计 1∶30，脱硫车间硫分析仪 1∶10，高炉焦炭湿度仪 1∶20。

就国外的应用范围来看，核仪器仪表几乎涉足各个工业部门，现已广泛应用于烟草、食品、纺织、建材、造纸、印刷、橡胶、采矿、选矿、煤炭、石油、化工、冶金、机械、运输、交通等多个工业领域。世界各国大量普及和使用核仪器仪表，经济效益提高十分显著。当今各工业化国家的核仪器仪表工业均处于高速成长期，其发展势头仍是“方兴未艾”。产品的技术指标能够满足产业界提出的最高要求，其技术进步主要体现在新型核辐射探测器和新技术的采用，结构的更新和功能的强化，并向功能组装化方向发展 。

表 4-2 列出了 20 世纪 60 年代至 80 年代中期美国核仪器仪表的发展概况，从表中给出的数据可以看出，美国核仪器仪表在当时的发展相当迅猛，在产生巨大社会经济效益的同时，也对推动科学技术进步、带动相关产业发展起到了重要的促进作用。

表 4-2 美国核仪器仪表发展概况

年份	1960 年	1965 年	1970 年	1975 年	1980 年	1985 年
核仪器仪表数量/台	4 650	11 000	31 500	103 000	215 000	350 000

4.1.3 我国核仪器仪表的发展历程

我国核仪器仪表的研制始于 1958 年,主要研制和生产用于铀矿勘探和开采的核仪器,主要有地面辐射仪、多道报警仪、万能辐射仪等。大力推广、应用核仪器仪表则是从 20 世纪 80 年代开始,80 年代初期我国共研制和生产了 40 多种 2 000 余台仪表,研制和生产单位主要分布在科研、教学、工业部门及地方厂矿等领域,其中 70%是料位计,此外就是密度计、厚度计和探伤仪、泥沙量计、X 荧光分析仪、多元素分析器、含硫量分析仪等。1988 年我国在各个工业领域使用的核仪器仪表已达到 8 000 多台,其中应用较为广泛的仪表主要有料位计、密度计、湿度计、核子秤、成分分析仪等几种。

我国科研人员长期开展多类型和用途的核仪器仪表研制,到 2003 年底,我国常规核仪器仪表的使用量已超过 2.5 万台,核子秤的年产量接近 3 000 台。核仪器仪表产值估算大约为 35 亿元,与 1999 年相比增长了 190%。研究开发项目主要包括同位素厚度计、密度计、物位计等的通用单元组合化,高精度核子秤,纸张灰分、厚度、定量、水分四个参数的检测系统,油、气、水三相流及多相流检测系统,集装箱辐射成像检测系统,热中子透射计的应用研究,X 射线荧光多元素分析仪的应用研究,工业塔器伽马射线扫描设备及应用等。料位计、水分计、厚度计和成分分析仪在可靠性、稳定性和智能化方面均有所突破。

中国国民经济的起飞带动核仪器仪表进入了迅猛发展时期,我国核仪器仪表的开发和研制正逐步摆脱仿制国外样机的模式,基本上实现了独立设计,且各项指标接近国外水平,其生产也在向通用化、系列化方向发展。然而从客观上来说,我国核仪器仪表的发展水平同国外相比仍然存在相当大的差距,例如我国对技术难度较大的一类料位计(大量程料位指示系统、超大型料仓料位指示系统、多参数料位指示系统和高温环境下应用的料位计等)还没有完全研制成功;厚度计水平仅相当于日本 20 世纪 70 年代末的水平,只有少数型号的产品接近日本 20 世纪 80 年代的水平;我国研制的中子水分计虽然在钢铁工业与冻土研究方面取得了一定成效,然而仪器的稳定性和可靠性较差,技术水平仅相当于国外 20 世纪 80 年代初的水平。目前,经过我国科研人员的不懈努力,部分国产仪器仪表如辐射集装箱辐射成像检测系统、高能加速器驱动的工业 CT、工业塔器伽马射线扫描设备等,技术水平正接近或已经超过国外。其中,加速器驱动的高能工业 CT 具有射线能量高、穿透能力强、剂量率大等优点,能够对高密度材料、大尺寸工件进行无损检测和评估,是发展国防、航空、航天及大型动力设备不可缺少的装置,如火箭、导弹、核武器中关键部件的无损检测,在军事、冶金、机械、石油、地质等部门也发挥重要作用,然而这些高端设备一直遭到发达国家的禁运。由中国工程物理研究院自行研制的高能工业 CT 装置(图 4-1)能获得清晰的断层图像(图 4-2、图 4-3),空间分辨率达到 2.5 线对、密度分辨率达到 0.5%,打破了西方国家长期以来对我国技术的封锁和禁运。

图 4-1 我国第一台基于锥束扫描的高能工业 CT 系统(ICT6000MF)

(a)　　(b)　　(c)

图 4-2　某叶片 DR 图像

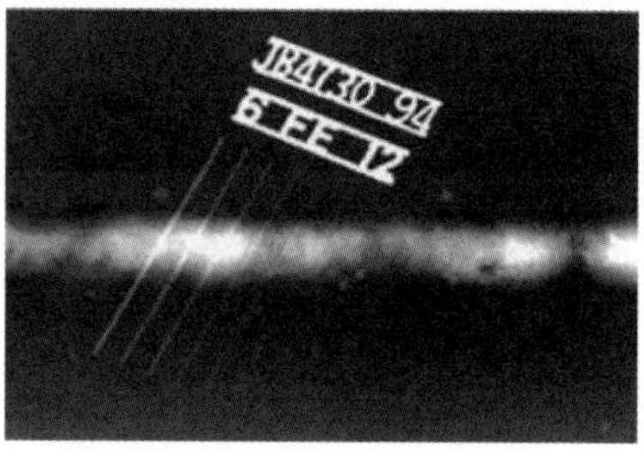

图 4-3　焊缝的 MDR 图像

虽然在新型核仪器仪表的自行设计和研制方面我国同国外相比还存在一定的差距，但是在常规核仪器仪表方面我国发展非常迅猛。目前，我国用于检测与控制的国产常规核仪器仪表达 6 万余台，替代了大部分进口产品，主要用于钢铁、矿山、石油、造纸、建材、资源勘探等领域。取得明显效益的单位和行业有：黄磷生产厂、化纤厂、化肥厂、碱厂、选矿厂、选煤厂、采矿充填、钢铁厂、焦化厂、水泥厂、湿法冶金行业等。

我国核仪器仪表应用今后除了继续向上述行业渗透扩大之外，还应逐步向橡胶、烟草、纺织、建材、食品、机械及印刷出版业等使用量较小的中小企业拓展。其间最迫切需要解决的问题是提升新型核仪器仪表的自行研制能力。

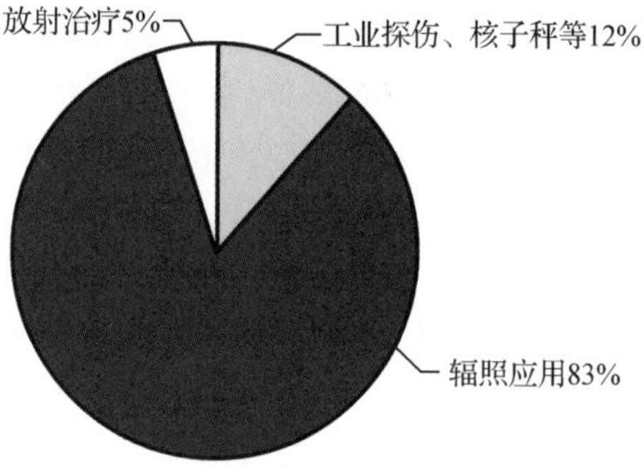

图 4-4　放射源在不同应用领域的应用比例

核仪器仪表的核心组件之一就是放射源，图 4-4 给出了放射源在各个领域的应用情况。从图 4-4 上可以看出放射源在核仪器仪表（工业探伤、核子秤等）领域中的应用比例还不是很高，约为 12%，但是随着多种核分析或核检测技术（如中子测井、中子测水、活化分析、X 射线荧光分析、生产过程控制、辐射加工、无损检测等）在工、农业方面的广泛应用，工业领域中各类放射源的需求呈稳步增长趋势。此外，一些新的应用如环境污染检测、非传统安全威胁的检查（细菌、爆炸物和毒品等）、矿产品在线分析、特种用途核仪器仪表的开发等，都需要适用于不同场合的放射源，从目前我国社会进步的要求及工业发展的水平来看，各类放射源在核仪器仪表领域中的使用比例将进一步扩大。

4.1.4　核仪器仪表在生产中的意义和优势

近年来，核仪器仪表的功能日趋完善，应用领域不断扩大，在工业生产中的独特作用也日益凸显出来，成为工业部门不可缺少的重要检测设备。

1. 核仪器仪表在生产中的意义

（1）满足生产发展与社会需求

以日本为例，20 世纪 60 年代中期到 70 年代初期，随着经济的发展，工业核仪器仪表（主要是厚度计与料位计）的使用量迅速增长，从而推动了相关科学研究的进步和相关产业的迅速发展。

（2）解决工业生产中的某些重大技术难题

核仪器仪表已被频繁用于解决诸如准确、快速、大面积的地质普查，材料或零件的无损检测，生产过程的闭环自动检测控制，高纯度物质的分析测定及环境、健康和营养评价等综合性问题。

（3）强化生产过程，加速工业技术进步

国外的大型成套设备一般都配备核仪器仪表，对生产过程实现自动检测、调整、控制（乃至最优化控制），以确保产品质量，提高劳动生产率，改善劳动条件，降低能耗与原材料消耗，最终降低产品成本。例如苏联在克里沃舍尔特钢厂建成的当时世界最大的高炉（约 5 000 m^3）上配备了 100 多台核仪器仪表，在奇姆肯特磷肥厂则安装了 450 多台核仪器仪表。

（4）具有显著的经济效益

核仪器仪表对于发展中国家基础工业的改造与加速工业现代化进程具有重大意义。核仪器仪表投资小、见效快、经济效益显著，这也是发达国家的工矿企业愿意广泛使用核仪器仪表的动力和出发点。

2. 核仪器仪表的优势

（1）节约原料

在金属板材、木屑板、塑料板（膜）和纸张的生产中，通常采用透射式 β 或 γ 测厚仪。在镀锌、镀锡板以及其他加镀（涂）层制品的生产中，镀（涂）层制品厚度的控制采用 β 反散射仪或同位素 X 射线荧光分析仪。准确控制厚度可节约镀层材料，特别是贵重金属原料。在纺织工业中用放射性静电消除器消除生产过程中产生的静电，减少飞毛以节约原料。

（2）提高产品质量

在生产纸张、塑料膜和各种板材时用 β 透射仪自动控制其厚度，减少次品的产生；用 β 密度仪控制卷烟的烟丝量，可提高卷烟的质量；在水泥生产中用中子活化分析或 X 射线荧光分析技术在线快速分析 Si、Al 等的含量，可控制水泥的标号；γ 探伤仪用于焊缝检查，提高了焊接质量。

（3）减少废品和次品

在纸张、木屑板、塑料膜生产过程中，可利用 β 或 γ 透射式仪表对整幅材料进行连续扫描检查，并把测得的信号及时反馈到投料控制仪上。如果产品薄了，则扩大投料器出口或提高控制料位板以增加进料样；如果产品厚了，则自动控制减少进料。这种方法较常规监测方法快速且准确，降低了次品率和废品率。此外，这种技术还可用于带材生产，对幅宽进行控制，如透明材料的幅宽用普通的透光度比对的方式进行控制比较困难，但用同位素测厚仪却比较容易实现。

（4）提高机器的运转速度和工作效率

核仪器仪表的使用可以提高设备的工作效率，从而创造更高的经济价值。比如，在造纸机上安装测厚仪，可快速改变纸张的规格；在纺织和印刷工业中使用放射性静电消除器，可提高机器的运转速度；利用同位素料位计和厚度计，可有效地控制连续铸轧机工作，减少热能损失、提高工作效率；利用核子秤可对运行中车厢内的物体实现快速现场测量；利用同位素密度仪可快速地测出物质密度，缩短工作时间。

4.2 核仪器仪表的分类及原理

核仪器仪表种类繁多，应用领域十分广泛，其工作原理与作用方式不尽相同，因此很难全面地加以分类，其根据不同的分类原则(方式)可分为不同的类型。

1. 按基本原理和作用方式分类

按照基本原理和作用方式分类，核仪器仪表可以分为强度型、能谱型、数字图像处理型及其他型。

(1)强度型

强度型测量仪表主要利用物质对射线的吸收、散射与(中子)慢化等作用，使射线的强度发生变化，从而反映被测物的某些宏观物理参数。例如同位素料位计、密度计、厚度计、浓度计、泥沙量计、中子水分计和核子秤等。

(2)能谱型

能谱型分析仪表通过测定射线与被测物质相互作用后产生的次级能谱，确定物质的成分、含量。能谱型分析仪表主要用于野外或现场分析，例如X射线荧光分析仪、核测井和在线活化分析等仪器仪表。

(3)数字图像处理型

数字图像处理型仪器仪表主要是利用胶片照相技术、二维或三维阵列探测技术、数字图像重建与处理技术等确定射线的空间或平面分布来反映被测对象的有关信息。数字图像处理仪表主要用于无损检测(即射线探伤)，常用设备主要有X射线探伤、γ射线探伤、中子照相以及工业CT等。

(4)其他

这类仪表多是利用放射性核素发出的辐射所产生的电离效应实现监测，如放射性同位素火灾报警装置、静电消除器、放射性同位素放电装置、放射性避雷针、放射性同位素电离真空计等。

2. 按射线入射到探测器前与物质发生相互作用的类型分类

核仪器仪表按射线入射到探测器前与物质发生相互作用的类型可分为透射式、散射式、电离式以及同位素X荧光式。

放射源不断地放射出人们看不见的射线(α、β、γ、n射线)，这种射线射到被测物上，一部分射线穿过被测物，一部分射线由于和被测物质中的原子碰撞而发生散射。射线和某些物质中的原子相遇时，还可能发生电离作用或激发作用。利用射线穿过被测物的多少与被测物某参数的关系而设计的仪器仪表叫作穿透式仪表，包括穿透式厚度计、穿透式密度计和穿透式液位计等；利用射线的反散射与散射体(即检测体)某参数的关系而设计的仪表叫作散射式仪表，这种仪表有散射式厚度计和散射式密度计等；利用射线对气体的电离作用而设计的仪器仪表叫作电离式仪表，这种仪表有气体压力计、气体流量计、气体成分分析仪等；利用射线对物质的激发作用会产生特征X射线的原理而设计的仪器仪表叫作同位素X荧光式仪表，这种仪表主要有同位素X荧光分析仪和同位素X荧光镀层厚度计；还有利用中子源产生的中子与物质相互作用产生核反应的原理而设计的仪器仪表，这种仪器仪表叫作中子式仪器仪表，用得较多的有中子湿度计。

(1)穿透式仪表

穿透式仪表是利用射线穿过物质后的强度与被测物的厚度或密度的关系而设计的。研究表明,一束平行的射线穿过被测物体后,在物质成分一定的情况下,穿过被测物体的射线强度与物体的厚度和密度都有关系。我们可以在保持物质密度不变的情况下测量其厚度,当密度一定时,穿过物质的射线强度随厚度的增大而减弱。同样,也可以在保持物质厚度不变的情况下测量其密度。例如,在生产塑料薄膜的过程中,塑料薄膜的密度可以保持不变,而其厚度在压延过程中却常常会有所波动;又例如,矿浆在管道中传送时,可以做到将管道充满,保持其厚度不变,而它的密度则随时间而变化。

(2)散射式仪表

散射式仪表是利用射线通过物质时发生的反散射现象而设计的。也就是说,射线射到被测物上时,由于和被测物中的原子进行碰撞,有一部分改变了其原来的方向。在散射的射线中,有些射线将被反散射回来。射线反散射回来的多少与被测物某参数之间有一定的关系。在物质成分一定的情况下,它与物质的厚度和密度有关。当密度一定时,反散射射线的多少和物质厚度有关。利用这样的规律,就可以制成在一定厚度范围内的散射式厚度计。物质厚度超过一定值就不能测出射线的数量变化,我们称这个厚度为饱和厚度。对于其厚度大于饱和厚度而密度在变化的物质,反散射射线的多少和物质厚度有关,利用这一关系,可以测量物质密度。

(3)电离式仪表

电离式仪表是利用射线对物质的电离作用而设计的。发生电离作用时,若束缚电子所获得的能量是从入射粒子处得来的,则叫作直接电离;若是从入射粒子打出的较高能量电子处得来的,则叫作间接电离。根据这种电离作用,可以制成气体压力计、气体成分分析仪和气体流量计等。利用电离作用的仪器仪表有几种类型,它们的测量原理不相同:气体压力计是利用电离室内气体压力的大小与电离电流成正比的原理而设计的;气体成分分析仪是根据在气体压力一定的条件下,若气体成分发生变化,则电离电流也将发生变化的原理而设计的;气体流量计是根据被电离的气体离子随气体一起运动这一特点而设计的,探测离子运动一定距离所需的时间就可测出气体流量。

(4)同位素 X 荧光式仪表

利用射线对物质的激发作用,可以制出同位素 X 荧光式仪表,这种仪表主要有同位素 X 荧光分析仪。当用一个适当的初级射线源去照射样品时,样品的原子会处于激发状态。处于激发态的原子极不稳定,将发射特征 X 射线。所谓特征 X 射线是指这种 X 射线的能量能表征发射 X 射线的元素,这样通过测出样品发出的特征 X 射线的能量我们就可以知道样品中含有哪些元素。同时,样品中某元素的特征 X 射线强度与此样品中该元素的含量是成正比关系的。

图 4-5 和图 4-6 所示为一些常用的核探测器。

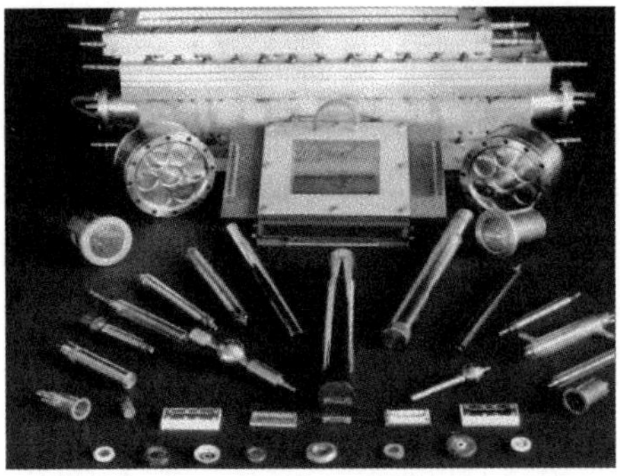

图 4-5　各种核探测器

图 4-6　烟雾探测器

4.3　核仪器仪表核心部件——放射源和探测器

核仪器仪表一般由放射源、核辐射探测器、电转换器和二次仪表等几部分组成，其中放射源和核辐射探测器共同组成参数变换器，属于核仪器仪表的核心部件。

4.3.1　放射源

放射源所发射的 α 粒子、β 粒子、γ 光子及中子与物质相互作用时会产生各种效应，在这个过程中，射线的能量传递给物质，物质则相应地发生物理或化学变化。核仪器仪表就是对放射源发射的射线与物质的相互作用进行测量，进而确定被测物体的位置、厚度、密度、缺陷或组分等。

1. 核仪器仪表所用放射源的基本条件

放射性核素虽然有很多种，但能够用于核仪器仪表的放射源却不多，这是因为核仪器仪表中使用的放射源需要满足以下一些条件。

(1) 半衰期长

仪器仪表的灵敏度、测量误差和响应时间与仪器仪表中所用放射源的强度有极大的关系。当使用短半衰期的放射源时，放射源强度呈快速衰减趋势，导致仪表的测量误差加大，灵敏度下降，响应时间受到影响，需要频繁更换放射源和经常校准仪器。因此，要求所用的放射源具有长半衰期（一般要求半衰期超过一年），这样放射源在较长时期内都有足够的强度，从而保证了仪器仪表具有较好的性能指标，并能延长仪器仪表所用放射源的使用周期。

(2) 能发射具有合适能量和能谱的射线

能量不同的射线与物质相互作用的概率是有所区别的，合适的能量和能谱可以保证用户所希望得到的效应发生的概率增大。另外，合适的射线能量和能谱可使仪表能以最小的源强得到最小的测量误差和最高的灵敏度。

(3) 放射性比活度高

单位质量的放射性物质中所含有的放射性核素的量（即放射性）称为放射性比活度。一般来说，放射性比活度低的强放射源的体积都比较大，因而自吸收效应就较体积小的放射源严重。另外，当用这种体积大的放射源去测量某个量的空间分布时，几何分辨率也会相应降低。因此要想获得较好的测量效果，最好选用放射性比活度高的放射源。

(4)价廉易得

要求放射源的来源方便，价格低廉，因为如果所需的放射源来源不方便，制备困难，价格昂贵，就会导致它的使用成本升高，不利于推广，从而制约它在相关核仪器仪表上的使用。

基于上述几点要求，只有为数不多的一些放射性核素适合用作制备核仪器仪表的放射源。常用的几种放射源的使用比例如图 4-7 所示，可以看到，^{137}Cs（铯-137）所占的份额最大，广泛用于核子秤、厚度计、密度计等常规核仪器仪表，其次是^{60}Co（钴-60），主要用于探伤仪、料位计、探井设备等。

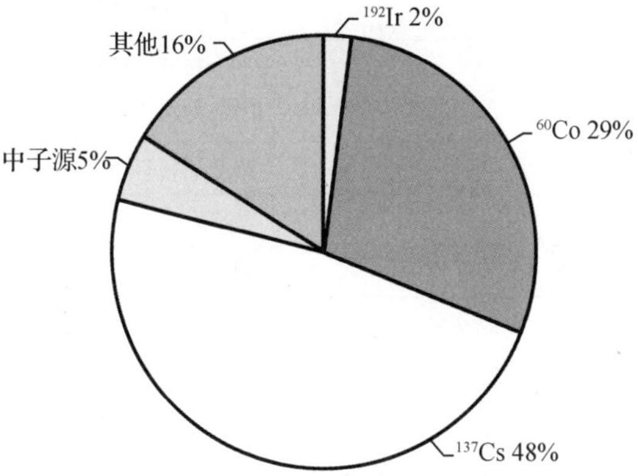

图 4-7 常见放射源的使用比例

2. 放射源的分类

核仪器仪表采用的放射源通常分为五类，即 α 放射源、β 放射源、γ 放射源、中子放射源和复合放射源。

(1) α 放射源

制备 α 放射源的核素主要有^{210}Po（钋-210）、^{226}Ra（镭-226）、^{228}Th（钍-228）、^{239}Pu（钚-239）、^{241}Am（镅-241）、^{242}Cm（锔-242）。这类物质具有很强的毒性，所以制备这类放射源时，既要保证所制备的物质不泄漏，又要保证 α 射线能有效地发射出来。其中最常用的 α 放射源主要是^{210}Po 和^{239}Pu 源，^{210}Po 归属于天然放射系中的铀镭系，在自然界中的含量极少，通常是利用人工的方法获得。^{210}Po 具有自身的优点，那就是它可以被当作是纯的 α 放射体，放射出能量为 5.3 MeV 的 α 粒子而衰变成稳定的^{206}Po，几乎不发射 γ 射线，但遗憾的是它的半衰期较短，仅为 138 d。^{239}Pu 是反应堆中^{238}U 俘获一个中子而生成的，其反应式如下：

$$^{238}_{92}\text{U}+\text{n}\rightarrow {}^{239}_{92}\text{U}\xrightarrow[23.5\ \text{min}]{\beta^-}{}^{239}_{93}\text{Np}\xrightarrow[2.33\ \text{d}]{\beta^-}{}^{239}_{94}\text{Pu}$$

^{239}Pu 可发射三种不同能量（5 156.59 keV、5 144.3 keV、5 105.8 keV）的 α 粒子和两种能量（51.624 keV、38.661 keV）的 γ 射线。^{239}Pu 的优点是半衰期长，可达 2.4×10^4 a。

α 放射源在核仪器仪表中的主要应用见表 4-3。

(2) β 放射源

β 放射性核素的种类较多，但是纯的 β 放射体却不多，因为在绝大多数的情况下，β 放射性核素还会同时放射出 γ 射线，即 β-γ 放射体，这为 β 射线的利用带来了一些不便。

表 4-3　α 放射源在核仪器仪表中的主要应用

原理	应用	特点及用途
电离	静电消除器	不需电源和辅助设施消除物体表面静电
	负离子发生器	不需高频放电产生离子
	放射性避雷针	扩大防雷范围
	电子器件中的放电电离源	增加电子器件工作稳定性，延长使用寿命
	离子烟感探头	火灾报警
	电子捕获鉴定器	分析气体组分
激发	超低能 X 射线发生装置	产生超低电能（几个 keV）量子化 X 射线和对低原子序数材料进行 X 射线荧光分析
吸收	α 透射式厚度计	测薄层材料厚度
	露点测量仪	测露点
	气体压力计、密度计	测气体压力、密度

目前用于 β 源制备的放射性核素有 ^{3}H（氚－3）、^{14}C（碳－14）、^{32}P（磷－32）、^{85}Kr（氪－85）、^{90}Sr（锶－90）、^{90}Y（钇－90）、^{204}Tl（铊－204）、^{147}Pm（钷－147）、^{63}Ni（镍－63）、^{22}Na（钠－22）等，其中 ^{3}H、^{14}C、^{90}Sr 等是几种常用的纯 β 放射体。

^{3}H 的半衰期较长，达 12.35 a，放射的 β 粒子的最大能量为 18.6 keV，平均能量为 5.7 keV，具有能量低、不发射 γ 射线、放射性比活度高等优点，常常被吸附在金属钛或锆上加以利用，但遗憾的是价格比较昂贵。

^{14}C 的半衰期为 5 730 a，所发射的 β 粒子的最大能量为 156.467 keV。由于在空气中的射程与 ^{239}Pu 的 α 粒子在空气中的射程差不多，所以有时会将 ^{14}C 和 ^{239}Pu 制成 α 和 β 的混合源加以使用。

表 4-4 列出了 β 放射源在核仪器仪表中的主要应用情况。

表 4-4　β 放射源在核仪器仪表中的主要应用

原理	应用	放射源	用途
电离	静电消除器	^{3}H、^{147}Pm、^{85}Kr、^{90}Sr	消除物体表面和粉尘中的静电
	电子器件中的放电电离源	^{3}H、^{14}C、^{63}Ni	增加电子器件工作的稳定性，延长使用寿命
	离子烟感探头	^{63}Ni	火灾报警
	电子捕获鉴定器	^{3}H、^{63}Ni	分析气体组分
激发	韧致辐射源	^{3}H、^{147}Pm、^{85}Kr、^{90}Sr	产生次级 X 射线
辐射效应	医用敷贴器	^{90}Sr	治疗皮肤病
	辐照器	^{90}Sr	化工涂料聚合，育种，刺激生长
吸收	同位素透射仪表	^{147}Pm、^{85}Kr、^{90}Sr、^{106}Ru、^{204}Tl	测材料厚度、密度、料位
散射	同位素反散射仪表	^{147}Pm、^{90}Sr、^{106}Ru、^{204}Tl	测涂层厚度、管壁厚度

相比之下,在所有 β 源中^{90}Sr比较容易获得也很便宜,它的优点是 β 粒子的平均能量高,能谱曲线上具有较宽的平坦部分。

在实际工作中,有时为了解决某些问题常需要用到某种特定能谱的 β 放射源,然而又没有刚好能发射这种能谱的 β 放射源,此时,可以采用将几种 β 放射性核素按一定比例混合的方法得到满足需求的混合源。

(3)γ 放射源

大部分同位素都是同时发射几组不同能量的 γ 射线,能发射单一能量 γ 射线的相当少。对于这些发射多组不同能量的 γ 放射源,在使用过程中,它们既可用作高能 γ 放射源,又可以作为低能 γ 放射源使用。当只需要使用它的高能 γ 射线时,可以在源上面加一个吸收片,使低能量部分的射线被吸收而仅仅让高能量的射线通过;相反,当需要使用它的低能 γ 射线时,则可以通过使用单道脉冲高度分析器,剔除掉高能量 γ 射线的计数,在最后不显示出来。当然考虑到使用成本和操作的简便性,在需要使用低能 γ 射线时还是直接选用低能 γ 射线源较好。

常用于制备 γ 源放射核素的有^{60}Co(钴-60)、^{137}Cs(铯-137)、^{192}Ir(铱-192)、^{170}Tm(铥-170)、^{241}Am(镅-241)、^{169}Yb(镱-169)、^{238}Pu(钚-238)、^{55}Fe(铁-55)等。

γ 放射源在核仪器仪表中的主要应用情况见表 4-5。

表 4-5 γ 放射源在核仪器仪表中的主要应用情况

原理	应用	放射源	特点
吸收	核仪器仪表测厚度、密度、料位及称重	^{137}Cs、^{60}Co、^{170}Tm、^{241}Am	非接触测量,快速
	辐射探伤	^{192}Ir、^{137}Cs、^{60}Co、^{170}Tm	简单,准确
散射	测井	^{137}Cs、^{60}Co	简单,快速
	测管壁厚、涂层厚	^{137}Cs、^{60}Co、^{241}Am	简单,非接触测量
辐射效应	辐射育种、辐射保鲜,灭菌、消毒,辐射加工,肿瘤治疗	^{137}Cs、^{60}Co	效果好,操作、维护简单
光电效应,激发次级 X 效应	X 射线荧光分析	低能光子源	非破坏性,快速

(4)中子放射源

能产生中子的放射源或射线装置称为中子源,广义地讲,原子核反应堆是最强中子源,本节所谓的中子源专指同位素中子源。大多数中子源是利用核反应来产生中子,根据轰击靶核的入射粒子进行区分,产生中子的反应类型主要有(α,n)、(p,n)、(d,n)等反应。其中,利用(α,n)反应所制得的中子源的强度较低,不能满足那些需要强源的情况,而利用质子或氘核加速器通过(p,n)反应或(d,n)反应来获得中子,可以获得束流可调的、高强度单一能量的、快中子束,可方便地启动和关闭。

常见中子源在核仪器仪表中的主要应用见表 4-6。

表 4-6　常见中子源在核仪器仪表中的主要应用

常用中子源	检测项目	用途
^{210}Po-Be ^{238}Pu-Be ^{239}Pu-Be ^{241}Am-Be ^{242}Cm-Be ^{252}Cf	厚度,材料的成分、液位、温度、流速等	测量含水量,材料中的元素分析,石油、固体矿勘探

除了上述获得中子的方法外,一些超钚元素具有自发裂变的性质,裂变时发出的中子也可以用于中子源的制备,其中以^{252}Cf最为引人注目。如 1 g ^{252}Cf 每秒钟能发射 2.34×10^{12} 个中子,相当于一个低通量(约 $10^{12}\sim10^{13}$ $cm^{-2}\cdot s^{-1}$)的反应堆,而体积则小于 1 cm^3,比上述的(α,n)反应中子源的尺寸还小一些,特别适合于做成点源。目前,核仪器仪表使用的^{252}Cf源只需要数微克至百微克($10^6\sim10^8$ n/s),自发裂变中子源生产工艺技术已商业化。

(5)“复合”放射源

所谓“复合”放射源是指可以产生不止一种射线或粒子的源。例如国外新开发出的^{252}Cf是中子和 γ 射线的复合源,具有高产额等优点,中子比发射率高,达到 10^6 $\mu g^{-1}\cdot s^{-1}$,在这方面任何其他同位素中子源都无法与之相比。在美国、日本等国,^{252}Cf 已基本取代了(α,n)反应型的中子源,主要用于中子活化分析、中子照相及多参数联合测量的同位素工业仪表中(如中子水分仪、补偿中子测井仪等),但其仪表价格较为昂贵。

3. 放射源的制备

放射源的分类方法有许多种,可以按照放射性核素所发射的射线种类分为 α 源、β 源、γ 源、中子源等;可按其用途划分为仪器仪表源、医用源、标准源、刻度源等;还可按源的制备方法划分为粉末冶金源、搪瓷陶瓷源、电镀源、气体源等。还可分为密封源和非密封源两类,通常情况下应用的放射源是密封源,非密封源只有极少数情况下才有意义,因此一般涉及的放射源都是密封源。

在设计和制备放射源时要考虑源的辐射种类、能量和强度能否满足使用要求,源的辐射效率高及安全性能好,确定这些原则后,才能决定所采用的放射性核素,再根据放射性核素的物理化学性质和使用要求确定制备工艺。

(1)放射源设计的基本原则

放射源设计的基本原则是安全性高、适用性强、辐射发射率高。

放射源的安全性是其适用性的根本保证,取决于制源工艺和正确的使用方法。国际标准化组织为此专门制定了《辐射防护　密封放射源　一般要求和分级》(ISO 2919—2012)推荐标准,对密封放射源质量要求以及安全使用做出了具体的规定,为放射源的安全性设计提供了客观的依据。

放射源的设计和制备过程中,应在保证源可用的条件下尽可能降低放射源的辐射强度,减少放射性物质用量,这也可同时提高源的使用安全性。有些国家制定法规限制高活度放射源的使用,鼓励用低活度放射源。此外,规定放射源的使用期限也是保证安全的一个重要方面。

放射源的适应性包括放射源的辐射种类、能量、辐射强度和规格尺寸。放射源的这些性能主要取决于放射源中放射性核素的种类、含量及其源的制备工艺。在已发现的两千余种放射性核素中，只有一百余种可用于制备放射源，而常用的只有四五十种。这些核素包括α、β、γ和自发裂变放射性核素。制备放射源所选用的核素应具有较长的半衰期，比活度高，辐射种类和能量适用，而且价格便宜，容易得到。

放射源的辐射发射率是源中放射性核素衰变时发射的有效辐射所占的比例。在放射源设计时要求这一比例尽可能高，以提高放射源的使用效率，同时有利于降低生产成本，节约原料，并改善安全性。

(2)放射源的基本参数

就放射源的使用者而言，辐射类型、辐射能量、辐射强度、放射性核素活度、源外形结构的尺寸、源的使用期限、源的成本这些基本参数具有极其重要的意义。

(3)放射源的制备

放射源的制备主要包括放射源芯活性块制备、源芯的密封以及产品源的质量检验等，但放射性核素发射的射线种类、放射性核素的物理化学性质等，都可决定放射源的制备方法。经过多年发展，放射源制备的主要技术有陶瓷、搪瓷、玻璃法，粉末冶金，电化学法，直接活化法，吸附法等，其他不常用的如真空升华法、电溅射法等。

①陶瓷、搪瓷、玻璃法

将放射性核素的氧化物同陶瓷、搪瓷、玻璃料和其他辅料混合在一起，将混好的物料置于模具内，压制成型，利用高温烧结，制成含放射性核素的陶瓷、搪瓷和玻璃体圆片、圆柱等形状，获得放射性活性块。^{137}Cs 源有多种制备方法，其一是用玻璃体制源法；$^{90}Sr-^{90}Y$ 源的制备则采用陶瓷制源法。在制备 γ 放射源和高能 β 源时，多数情况是将放射性核素掺到面釉料中，而不是直接将放射性物质与陶瓷、搪瓷、玻璃料混合，因为这样可尽量减少辐射在活性区的吸收。

例如，^{137}Cs 作为厚度计、料位计、密度计及核子秤等用源，可采用玻璃制源法：将^{137}Cs 加入玻璃原料中，烧结成玻璃体，源芯用氩弧焊密封在双层不锈钢($CrNi_{18}Ti_9$)源壳内，其结构如图 4-8 所示。

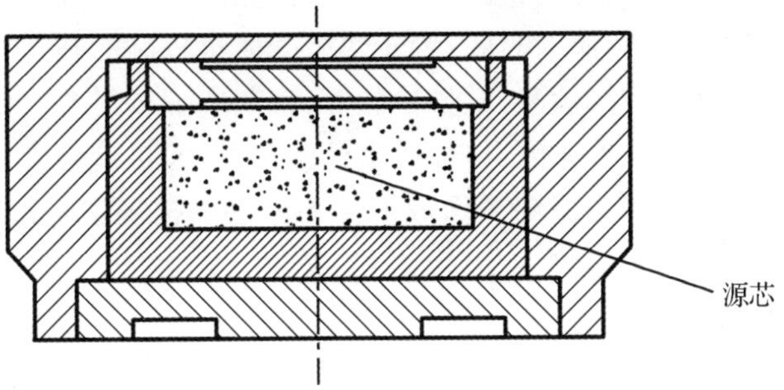

图 4-8 ^{137}Cs γ 源结构示意图

采用陶瓷、搪瓷、玻璃等材料制备的放射源具有耐高温、耐辐射等优点。

②粉末冶金法

^{147}Pm、^{241}Am 可以稳定的氧化物或其他化合物形态制成粉末，如$^{147}Pm_2O_3$、$^{241}Am_2O_3$，或者其他稳定化合物。粉末制备时，在含^{147}Pm 或^{241}Am 的酸性溶液中加入碱液控制溶液的 pH、氢氧化物沉降速度，有利于制备粒径更小、更均匀的颗粒；将制成的颗粒与金粉或银粉混合烧结成坯，将毛坯夹封在金属材料中轧制成箔源。一般箔源为带状，源的厚度为 0.1~0.2 mm，长

度>1 m。对轧制出的箔源带，根据实际需要进行剪切，切口处实施冷焊，有时还需加保护膜，最后将箔源固定在源托中制成放射源产品，图 4-9 是一个典型的^{147}Pm 源的结构示意图。

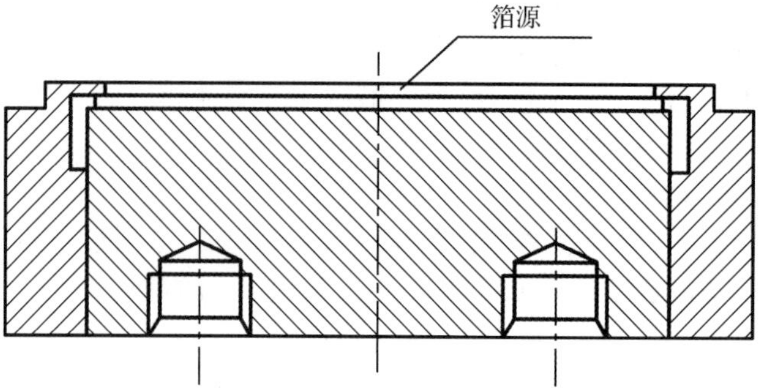

图 4-9　^{147}Pm 放射源结构示意图

③电化学法

电化学法包括电镀（含分子镀）和共电沉积法。电镀法是将放射性物质配制成电镀液，电镀液中含有的放射性金属离子在适当电压下向阴极移动，在阴极表面还原为金属，或以某种化合物形式沉积在阴极（源托）表面，成为放射源。源托一般为不锈钢、铂等化学惰性和高强度的金属。放射源质量取决于电镀液的组成、性质、温度、电流密度和电镀电压等，采用电镀制源的放射性核素主要有^{235}U、^{63}Ni 等。

共电沉积法是在含^{241}Am、^{239}Pu、^{235}U 的水溶液中加入稳定的 Au 或 Ag，使^{241}Am、^{239}Pu、^{235}U 沉积在阴极表面，制备成高比活度的标准源或刻度源。

④直接活化法

^{60}Co、^{192}Ir 等放射源的制备一般采用直接活化法，其方法是直接将金属钴、铱加工成形，如钴、铱的棒或板采用机械加工成源的最终形状，如针、板、圆片、圆柱等，清洗源表面油污和氧化物后，干燥，装入铝筒内，焊接密封，检漏合格后入堆辐照。根据产品源的活度要求，按照理论计算和反应堆的具体参数确定照射时间，置于热中子通量较高的孔道进行照射，出堆冷却、切割、清洗、干燥、装配、焊接密封、检漏、质量检验等，就制成了放射源。鉴于^{60}Co、^{192}Ir 等放射源的射线能量高、放射性活度大等原因，一般质量检验项目，如机械强度、耐冲击、刺穿、振动、密封性等以大量冷实验结果为主，但源表面放射性污染必须按国家标准进行测试，其放射性活度应低于 185 Bq。

⑤化学吸附及交换置换法

此方法制备的放射源比较典型的是医用近距离治疗用 ^{125}I 中子源。它是将^{125}I 吸附在由银丝、铱丝或陶瓷珠等做成的源芯上，然后将源芯密封在钛管中。常见的银丝对^{125}I 的吸附方法有：银丝直接对^{125}I 进行吸附；将银丝经过氧化氢、盐酸体系氧化氯化后对^{125}I 进行吸附，但这两种吸附方法存在吸附时间较长，吸附容量有限等缺点。为克服这些缺点，可对银丝进行特殊处理，以增强对^{125}I 的吸附。目前成熟的结构和几何尺寸为内置全杆标记^{125} I 的银丝，外壳为高密度钛合金管，其结构示意图如图 4-10 所示。

⑥气体放射性核素源的制备

例如^{85}Kr 等以气体状态存在，制备放射源时需要特殊的工艺技术，标准的^{85}Kr 源结构及主要工艺标注如图 4-11 所示。主要工艺为将有源窗的容器抽足够真空度后，充入^{85}Kr 气体，密封，焊接，检测有无放射性^{85}Kr泄漏。还可以将^{85}Kr吸附在活性炭上，制备比活度高、体积小的放射源。

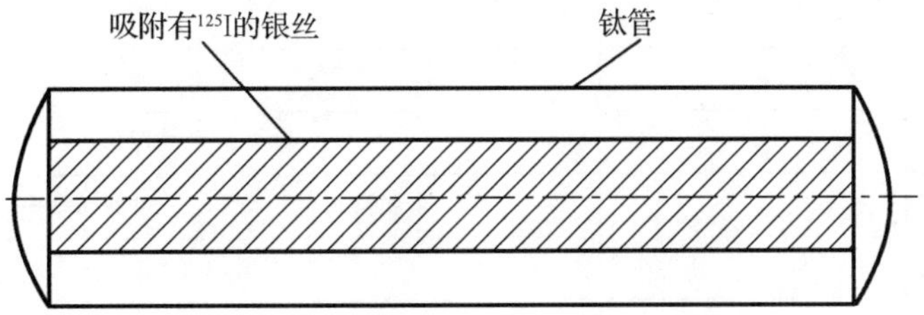

图 4-10　一个标准的^{125}I种子源结构示意图

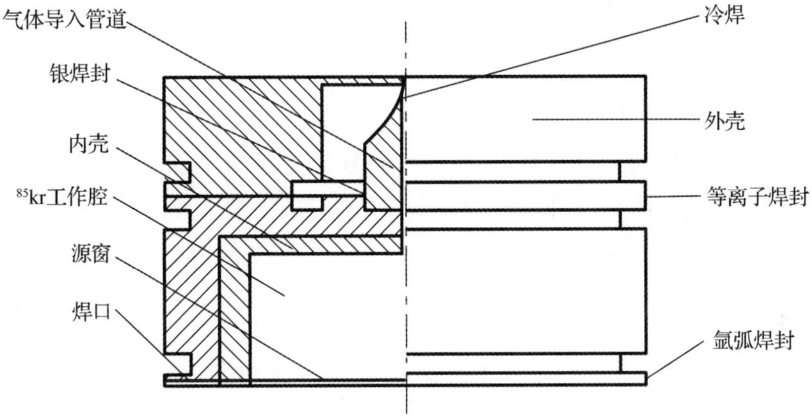

图 4-11　标准的^{85}Kr源结构示意及主要工艺标注图

⑦其他方法

放射源的制备还有其他方法，如有机合成法，如制备^{3}H、^{14}C、^{15}N等放射源就是通过有机合成的方法先制成有机薄膜，然后制备成标准源和辐射源；再如真空蒸发升华法，将放射性核素在真空中加热蒸发，升华到温度较低的基材上，成为放射源。

4. 几类核仪器仪表中的放射源

(1)透射式核仪器仪表

“透射式核仪器仪表”是将源室和探测器分别安放在被测物质两侧(边)，当入射射线穿透物质的时候射线强度减弱，此时探测器可以测量到穿透物质后的辐射计数率(或剂量率)，从而检测到被测物质的宏观非电参数，通过一个指数衰减公式就可以得到射线所穿过物质的密度、厚度等。这类仪器仪表的代表主要有密度仪、厚度仪、料位计等。

透射式核仪器仪表所用β源的活度通常为 40 MBq~40 GBq，而γ源活度通常为 0.4~40 GBq。

透射式仪器仪表中的常用放射源如表 4-7 所示。

表 4-7 透射式仪器仪表中的常用放射源

放射源	射线类型	应用
^{147}Pm	β^-	纸的密度
^{85}Kr	β^-	纸的厚度
$^{90}Sr/^{90}Y$	β^-	金属薄板的厚度；香烟和香烟箱中的烟草含量
^{60}Co	γ	炼焦炉、砖窑等内容物
^{55}Fe	X	20 mm 以下的钢板，罐头中的液面
^{241}Am	γ	10 mm 以下的钢板，瓶中内容物
^{137}Cs	γ	100 mm 以下的钢板，管道和罐中的内容物

(2) 散射式核仪器仪表

所谓“散射式核仪器仪表”是将源室和探测器安放在被测物质同侧，常用的有湿度计、公路核子计、孔隙度核子计。在散射成像中，放射源和探测器在工件的同侧，测量从物体中散射出来的康普顿散射线即可由射线强度的变化获取被检测对象的信息。

散射式核仪器仪表所用 β 源活度通常为 40~200 MBq，γ 源活度可达到 100 GBq。散射式核仪器仪表中常用放射源如表 4-8 所示。

表 4-8 散射式核仪器仪表中的放射源

放射源	射线类型	应用
^{147}Pm	β^-	纸的密度，薄的金属涂层
^{201}Tl	β^-	薄橡胶和纺织品的厚度
$^{90}Sr/^{90}Y$	β^-	塑料、橡胶、玻璃及薄的轻合金厚度
^{241}Am	γ	10 mm 以下的玻璃和 30 mm 以下的塑料
^{137}Cs	γ	20 mm 以上的玻璃，岩石、煤炭的厚度
$^{241}Am-Be$	n	探测岩石中的碳氢化合物类

4.3.2 探测器

探测器也属于核仪器仪表的关键部件，它的作用是将射入其中的并与被测参数有函数关系的核辐射转变为一个电信号，这个电信号仍然与被测参数有着函数关系，并传输给下一级电路。用来衡量辐射探测器的主要性能指标通常有以下四个：

(1) 探测量子效率　探测量子效率是指光子和探测器在作用的初始过程中，产生的光子事件数和入射光子数之比。它描述的是探测器接收和记录信息的能力。入射光子有可能穿透介质或者被介质反射。有时介质要吸收几个光子才能引起一次光子事件，有时候产生的光子事件未被检测，所以一般探测器的量子效率小于 1。

(2) 响应度　响应度也被称为灵敏度，等于探测器输出信号和入射辐射功率之比。辐射功率增加时，输出信号也相应地成正比增加，这样的探测器称为线性的，否则称为非线性的探测器。

(3)分光响应　分光响应又被称为分光灵敏度,是指单色辐射作用时探测器的灵敏度,它用来表征探测器对不同波长辐射的响应特性。分光响应随波长变化的探测器称为选择性的,反之则称为非选择性的。以探测器最敏感波长处的响应为单位的分光响应,称为相对分光响应。

(4)探测率　探测率等于探测器能探测的最小辐射功率的倒数。任何探测器都有噪声,比噪声起伏平均值更小的信号实际上检测不出来。产生如噪声那样大的信号所需的辐射功率,称为探测器能探测的最小辐射功率,或称等效噪声功率。有时用探测率描述探测器的灵敏度。

习惯上将探测器分为闪烁探测器、气体探测器、半导体探测器三类。

①闪烁探测器:碘化钠单晶闪烁计数器、塑料闪烁计数器、液体闪烁计数器。

②气体探测器:电离室、正比计数器、盖革计数器等。

③半导体探测器:HPGe(高纯锗探测器)等。

1. 闪烁探测器

射线与物质相互作用会使阻止介质原子被激发,当这些被激发的原子退激回到其基态时会发射光脉冲,即称为闪烁,基于这种现象来进行核辐射探测的器件称为闪烁探测器。早在20世纪初,卢瑟福就利用这种探测方法完成了观察α粒子被由不同元素组成的箔片的散射实验,成功地建立了原子的核式结构模型。卢瑟福当时使用的古老的闪烁探测器只是一块ZnS粉末屏,只能确定有多少核辐射粒子打到ZnS屏上,不能确定α粒子的能量,也不能确定入射粒子就是α粒子。

尽管与古老的闪烁探测器具有相同的物理过程,由于科学技术的长足进步,现代闪烁探测器在很多方面都发生了根本性的变化。它不仅能用于确定核辐射的存在及强弱,而且能测定入射粒子的能量或能量分布,甚至可鉴别粒子种类。目前,闪烁探测器已成为有效的且最具广泛适用性的核辐射探测器之一,几乎可以用于各种场合下的核辐射及对各种核辐射的探测。

闪烁探测器广泛应用于物位计、密度计、厚度计及X射线仪表中。20世纪70年代末德国的HB公司、LB(L B Bohle Maschinen + Verfahren GmbH)公司,美国的INC公司、海湾公司,日本的富士公司等先后解决了闪烁计数器的稳定性问题,使闪烁探测器型仪表在精度上实现了突破,达到了恒温电离室的技术水平。近年来,塑料闪烁计数器也有了长足发展,经改进的塑料闪烁体,闪烁衰减时间可缩短到1 ns,特别适用于高计数率测量($10^{-10}\cdot s^{-1}$),已广泛用于工业轧材测厚和物位检测。

闪烁计数器由闪烁体和光电倍增管两部分构成。其中,闪烁体是一种能够将射线的能量转变为光能的物质,而光电倍增管起到两个作用,即接收闪烁体发射的光子,并将它转变为电子以及将这些电子倍增放大成为可测量的脉冲;光电倍增管由三部分组成:光阴极、若干个联级、阳极。光阴极与第一个联级之间,各个联级之间以及最后一个联级与阳极之间借助子分压器加有几十伏至一百多伏的电压。

总结一下,闪烁计数器的工作原理是:当射线射入闪烁体时,直接或间接地引起闪烁体的分子或原子激发,这些受激的分子或原子由激发态返回基态时,发射光子。闪烁体产生的这些光子被光电倍增管的光阴极所收集,并从中打出光电子。这些光电子经过光电倍增管光阴极和第一个联级之间的电场而被加速,每个电子在第一个联级上打出几个电子,这些电子又经过第一个联级和第二个联级之间的电场加速,每个电子又在第二个联级上打出几个电子……如此继续，一级一级地倍增下去，最后被光电倍增管的阳极收集。阳极收集大量的电子，从而有一电流脉冲流过负载电阻，产生一个电压脉冲。这个电压脉冲被后面的电子线路记录下来，由测得的脉冲计数率即可得知射线的强度。

性能良好的光电倍增管应该具备以下几项指标：

(1)光阴极具有高的灵敏度；

(2)光阴极的光谱响应与闪烁体的光谱特性之间有好的配合度；

(3)光阴极的线性范围大；

(4)具有小的本底脉冲和暗电流；

(5)电子的飞行时间及其涨落小；

(6)光电倍增管各个参数的稳定性和重现性好；

(7)能够承受较大的光通量，其灵敏度不随负载而改变；

(8)对电磁场及强放射性辐射场的敏感性差。

当然，要完全满足以上八项指标几乎是不可能的，有的指标之间是相互制约的，因此应当根据实际需求进行优化配置，选择合适的光电倍增管。

2. 气体探测器

气体探测器属于老式的探测器，它具有一些其他探测器不能替代的突出优点：探测器的体积大小和形状几乎不受限制，没有核辐射损伤、极易恢复、运行经济可靠等。虽曾一度有过被闪烁探测器、半导体探测器取代的趋势，但在 20 世纪 70 年代以后又有了很大的发展，广泛用于高能物理和中能重离子核物理研究。

气体探测器通常包括三类处于不同工作状态的探测器：电离室、正比计数器和盖革计数器。它们的共同特点是通过收集射线穿过工作气体时产生的电子-正离子对来获得核辐射的信息。在这三类气体探测器中，电离室的发展相对较快，多种型号的电离室已经研制成功，比如用于密度计的多是恒温电离室，轻便、无漂移、探测效率高的新型钛合金恒温电离室，高压电离室和真空电离室等。

电离室实质上是在一个充气的容器内安装一对相互绝缘的电极。电离室的工作状态可以分为两类：一类是一个一个地测量单个的入射粒子，这种电离室称为脉冲电离室；另一类是测量大量入射粒子的平均效应，这种称为电流电离室。脉冲电离室的输出信号通过脉冲放大器和相应的仪器来放大、记录和分析，而电流电离室的输出信号则通过直流放大器来测量。

目前，脉冲电离室主要用来测量中子。测量中子的脉冲电离室的实例是裂变电离室，它的特点在于：将可裂变的物质涂抹于电极的内侧，当中子入射后，中子和可裂变物质的原子核发生裂变反应，所生成的裂变碎片将使其中的气体产生电离，由于裂变碎片存在很大的能量，可以产生大量的正负离子，因此可输出很大的脉冲。

脉冲电离室相比于电流电离室在产生输出信号的机制上并无根本区别，但是在可测量放射性强度的范围、输出回路参数的选择和电离室内部电极的支持结构等方面，二者存在明显的区别。正是这些区别的存在，才使得电流电离室能够测量大量入射粒子的平均效应，而脉冲电离室只能测量单个入射粒子的效应。

电流电离室的用途很广，它可以测量各种核辐射的强度，稳定性极高，使用的寿命也很长。但是它也存在一定的缺点，那就是制造困难，必须依据具体的使用条件制造符合测试环境条件的电离室，并且联用的电子线路也比较复杂。

盖革计数器早期曾用于料位开关等强度仪表中，目前正逐步被淘汰。

3. 半导体探测器

半导体探测器也是基于核辐射在阻止介质中产生的电离效应,工作原理十分类似于一个具有固体介质的电离室。自20世纪50年代末期以来,半导体探测器的应用使核辐射的测量发生了革命性的变化。无论对于带电粒子还是γ射线,相对于气体探测器和闪烁探测器,半导体探测器所能达到的能量分辨率都能改善1~2个量级。其根本原因是像Si和Ge半导体材料中,核辐射产生一对电子-空穴的平均能量损失仅3~5 eV,与之相比,在气体中相应物理量约30 eV,而在闪烁探测器中,损失的平均能量约300 eV。除此之外,半导体探测器具有很好的输出线性响应、体积小、响应快、使用非常方便灵活,而且外界电磁场对它的工作影响不大。半导体探测器几乎在所有涉及核辐射测量的领域都有广泛的应用,多用于γ射线检测、X荧光分析等,可实现对物质成分的快速定性定量分析以及能谱测量。但是由于半导体探测器存在很大的缺点,所以它并不能完全替代气体探测器和闪烁探测器。半导体探测器的主要缺点是:灵敏体积不能太大(10^2 cm^3),限制了它在探测高能核辐射和需要大探测立体角场合的应用。此外,它对辐射造成的灵敏损伤也在很大程度上限制了它的使用寿命。

4.4 核仪器仪表的应用

自20世纪50年代第一次国际原子能会议上推出“老三计”(即γ射线密度计、厚度计、料位计)后,核仪器仪表队伍中迅速增添了中子水分计和核子秤,这五种仪器均属于强度型核仪器仪表,它们在工业、农业和水利工程中得到了广泛的应用。随后发展的还有图像型的工业CT和辐射成像仪表,以及能谱型的核分析仪器(如X射线荧光分析仪和活化分析仪器仪表),主要用于核测井和材料的活化分析等。以活化分析为例,自20世纪50年代以来,活化分析就被用来解决原子能工业和超纯材料中的分析问题;进入70年代,活化分析更是大规模地应用于军事、环境学、生物学、医学、考古学等领域。有关X射线荧光分析和活化分析的原理及应用等的介绍见本书第7章。

近年来,核仪器仪表作为一种获取信息的先进手段与能进行高效信息处理的电子计算机相结合,大大提高了其性能水平,为促进世界传统产业的技术改造和技术进步,实现工业过程的现场实时控制与生产自动化做出了巨大贡献,取得了显著的社会、经济和环境效益。

本节将详细介绍几种常见的核仪器仪表的工作原理及使用情况。

4.4.1 强度型核仪器仪表

强度型核仪器仪表主要是指采用γ射线进行测量的料位计、核子秤、厚度计、密度计、浓度计等。其原理是:利用放射源产生的γ射线穿过被测物质时,射线被不同高度、厚度、密度、浓度等介质所吸收时,射线强度会因被吸收而发生衰减(厚度越厚、密度越大、浓度越大,γ射线被衰减的程度越大),穿过待测物体的γ射线被探测器接收,探头将接收到的射线转换成与物料高度、厚度、密度、浓度成正比的电脉冲信号,送到主机。这样,通过测量电脉冲信号,就可以准确地得到容器内相应的料位、厚度、密度、浓度等信息。

强度型核仪器仪表都服从下面这个指数衰减规律,即

$$I = I_0 e^{-\mu\rho d} \tag{4-1}$$

式中 I——穿过物料后射线的强度;

I_0——穿过物料前射线的强度；

ρ——物料的密度；

d——射线穿过物料的厚度；

μ——物料的质量吸收系数。

其中,物料的质量吸收系数 μ 不但依赖于放射源的类型,还依赖于物质的性质(原子序数或有效原子序数),即 μ 依赖于射线能量 E 和穿透物的有效原子序数 $Z(Z_{\mathrm{eff}})$。为了简化计算,对于给定的放射源,μ 可以认为是常数。如果放射源及射线吸收的路径不变,那么测量值仅和单位物料内的密度、厚度有关,所有其他物理性质如压力、温度、黏度、颜色等均不影响测量值,因此辐射测量方法是十分可靠的。

1. 料位计

料位计主要是利用放射源产生的 γ 射线与物质相互作用的康普顿散射效应。在康普顿散射效应中,γ 光子与原子的核外电子发生非弹性碰撞,一部分能量转移给电子,使其脱离原子成为反冲电子,而散射光子的能量和运动方向发生变化。康普顿效应总是发生在束缚得最松的外层电子上,外层电子的结合能与入射 γ 能量相比完全可以忽略,所以可以把外层电子看作是“自由电子”,这样根据相对论的能量和动量守恒理论可以得出散射光子的能量为

$$E'_\gamma = \frac{E_\gamma}{1 + \frac{E_\gamma}{m_0c^2}(1 - \cos\theta)} \tag{4-2}$$

式中 E'_γ——散射光子的能量；

E_γ——入射光子的能量；

θ——散射光子与入射光子方向间的夹角,称为散射角；

m_0——电子的静止质量；

c——光速。

当 $\theta=0°$时, $E'_\gamma = E_\gamma$ ；当 $\theta=180°$时, $E'_\gamma = \dfrac{E_\gamma}{1 + \dfrac{2E_\gamma}{m_0c^2}}$ 。

料位计的测量原理如图 4-12 所示。当液面下降到放射源和探测器组成的水平面那一刻时,探测器的计数会突然发生变化(一般情况下增大),表示液体下降到规定的高度。当然在实际应用中,可以使放射源和探测器组成的系统上下水平移动,也可以让容器上下水平移动来达到测量料位的目的。

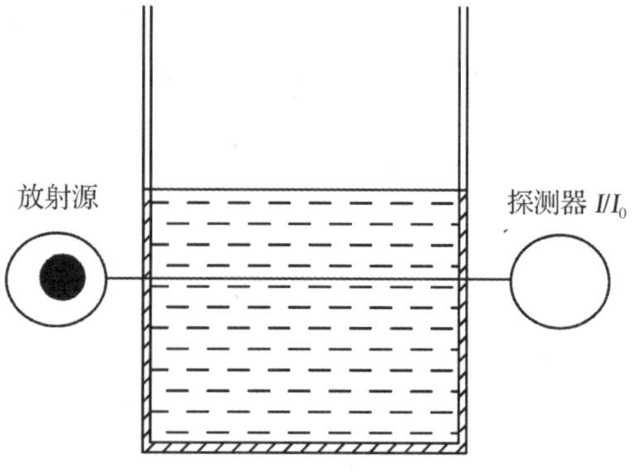

图 4-12 料位计的测量原理

该仪表可实现非接触在线测量密封罐、料仓、反应釜等容器内液位的高度,与容器内被测物料物理、化学性质无关,特别适用于高温、高压、强腐蚀、高黏度、结晶、高粉尘等环境。

实际使用的放射性料位测量系统如图 4-13,该系统主要由放射源、探测器、容器及主机几部分组成。其中放射源是该系统的重要组成部分,放射源通常采用以下两种：

①^{60}Co 源 ^{60}Co 具有相对高的 γ 射线能量，主要用于设备壁较厚的情况；

②^{137}Cs 源 ^{137}Cs 具有较低的 γ 射线能量（具有比^{60}Co 更好的测量效果，并且屏蔽容易），其能量为 0.661 MeV，常用于设备壁较薄的情形。

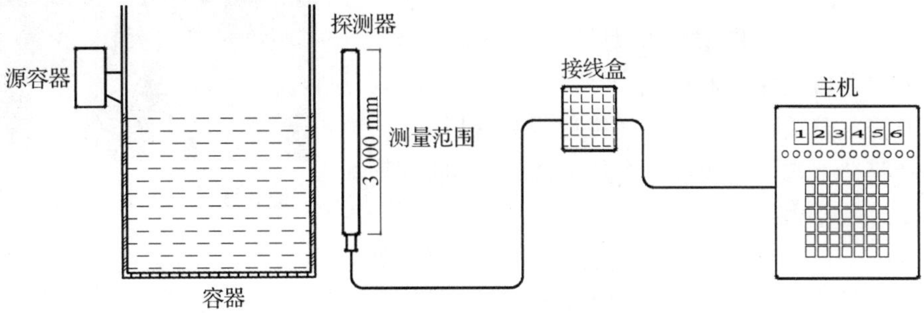

图 4-13 放射性料位计测量系统图

另外，探测器也是该系统不可缺少的组成部分。常用的探测器有电离室、闪烁探测器两种。

①电离室 电离室具有较高的牢固性和可靠性，测量范围较宽；

②闪烁探测器 闪烁探测器灵敏度较高，辐射源剂量较小。“柔性”探测器是闪烁探测器的一种，除具有闪烁探测器所具有的特点之外，还具有“柔性”、量程更长和安装方便的特点，尤其适用于不规则容器及测量范围较大的环境。

此外，微处理机作为放射性料位计的主机，也是其重要特点。微处理机具有较强的计算功能、连续的自诊断功能、数据保护功能和高精度、操作简便等特点。

2. 厚度计

对物质厚度的检测主要有接触式和非接触式两种方法。接触式检测方法易划伤被测物质表面；电容或红外线等非接触式检测方法又容易受到物质灰分、水分、密度等因素的影响，精度不高；放射性厚度计利用对射线的吸收或反射而测量物质厚度，可采用非接触方式在线测控木材、钢板、玻璃、布匹等介质的厚度变化，与被测物料物理、化学性质无关。被测物料可以是液体、粉末、颗粒、板料等，检测精度可达 0.5%。

放射性厚度计根据原理差别可分为透射式厚度计、反射式厚度计。透射式厚度计原理如式（4-1）与图 4-14 所示。反射式厚度计的原理比较复杂，需要预先根据实验得出反散射和被测厚度的关系曲线。其基本原理是：随被测厚度的增加反散射强度也增加，以后逐渐达到饱和，在饱和之前，只要测得反散射强度就可以知道被测厚度。

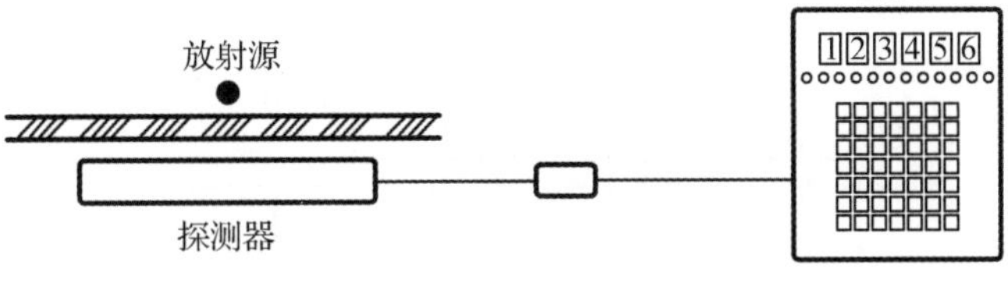

图 4-14 透射式厚度计原理示意图

放射性厚度计（图 4-15）包括 α 厚度计、β 厚度计、γ 厚度计、X 射线荧光厚度计等。由于射线易被空气吸收与散射、干扰大，因此具有干扰少、量程宽、精度高等优点的 X 射线荧光方法较射线测厚法使用更广泛。

X 射线荧光方法测厚可以采用三种方法。

①发射法　放射源可以激发表层的 X 射线荧光，该 X 射线直接被探测器记录。

②吸收法　源激发底层的 X 射线荧光，该 X 射线荧光被表层吸收后再被探测器记录。

③反射法　直接记录放射源初级射线的散射射线。

下面介绍一下常用的吸收法和反射法的测量原理。

图 4-15　放射性厚度计实物图

(1)特征荧光吸收法

轻元素(C、H、O、Si、Al 等)的特征 X 射线不易被激发和探测，同时它们不会对中高能 X 射线产生特征吸收作用，因而可利用 X 射线穿过薄层的吸收情况来测定轻物质薄层(如纸张)的厚度。这时辐射体可选择含 Fe 或 Zn 的合金。特征荧光吸收法测量原理如图 4-16 所示，放射源的源初级射线被薄层吸收后，激发辐射体中元素，产生特征荧光。辐射体所产生的特征 X 荧光再穿过物质被探测器记录。其基本公式为

$$I_A = \frac{KI_0C_A}{\frac{\mu_{02}}{\sin\alpha}+\frac{\mu_{22}}{\sin\beta}} \cdot e^{-\left(\frac{\mu_{01}}{\sin\alpha}+\frac{\mu_{21}}{\sin\beta}\right)d} \tag{4-3}$$

式中　I_A——探测器记录到的特征荧光计数率；

K——比例常数；

I_0——源初级射线在薄层样品表面的计数率；

C_A——特征 X 荧光的目标元素含量；

μ_{01}——薄层对入射辐射的线吸收系数；

μ_{02}——辐射体对入射辐射的线吸收系数；

μ_{21}——薄层对辐射体中目标元素的特征荧光的线吸收系数；

μ_{22}——辐射体对辐射体中目标元素的特征荧光的线吸收系数；

d——所测量物质的厚度；

α——源初级射线的入射角；

β——特征荧光出射角。

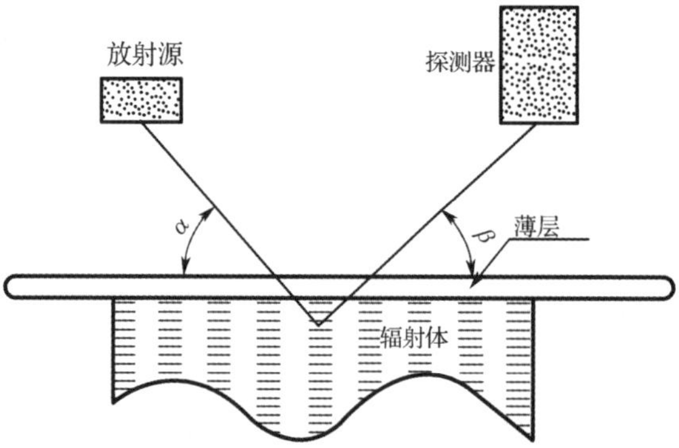

图 4-16　特征荧光吸收法原理图

(2)反散射法

测量原理如图 4-17 所示,散射射线计数率的基本公式为

$$I_s = \frac{K_s I_0 \sigma}{\frac{\mu_0}{\sin\alpha} + \frac{\mu_s}{\sin\beta}} \cdot \left[1 - e^{-\left(\frac{\mu_0}{\sin\alpha} + \frac{\mu_s}{\sin\beta}\right) d}\right] \tag{4-4}$$

式中 I_s——探测器记录到的散射射线计数率;

K_s——比例常数;

σ——源初级射线在被测样品中产生散射射线的散射总截面($\sigma_{相干}$和$\sigma_{非相干}$);

μ_0——薄层对入射辐射的线吸收系数;

μ_s——散射射线的线衰减系数;

α——源初级射线的入射角;

β——散射射线的出射角。

其他参数同式(4-3)。

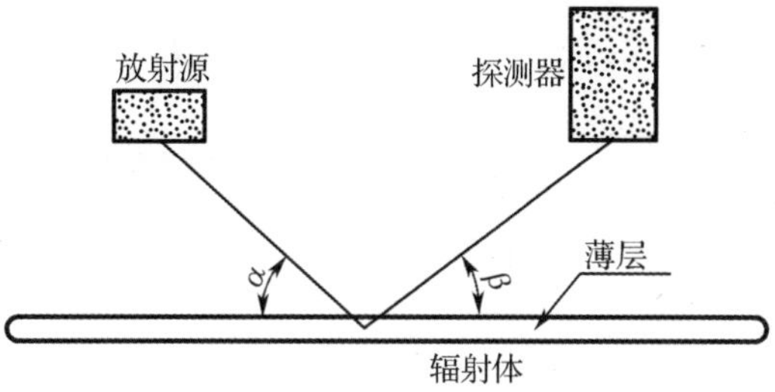

图 4-17 反散射法测厚原理

3. 核子秤

我国核子秤的应用始于 20 世纪 80 年代初,它是一种新型的散装物料在线计量装置,是现代核技术与计算机技术相结合而成的高新技术产品。核子秤用途十分广泛,特别适用于环境条件恶劣的各种工业现场。核子秤称量各物料的最大特点是“非接触性”,它是理想的非接触式连续称重计量控制设备,测控精度高,长期稳定性好,克服了其他称重设备因机械变异(皮带跑偏、磨损、张力变化、物料冲击)等因素引起的测量误差。

核子秤与电子秤相比有其独特的优点。

①核子秤不受物料温度、腐蚀性等的影响,不受输送机振动、跑偏、张力变化、惯性力、大块物料冲击等因素的影响;

②动态测量精度高,长期稳定性好;

③结构简单,操作维修方便,安装与维修时可以不拆改原有的输送装置,也可不停产;

④环境适应性强,可在高温、高粉尘、强振动的恶劣环境中工作;

⑤适用范围广,除皮带传送机外,还可用于螺旋、链板、斗式及双管绞刀等多种输送机的在线计量;

⑥电子秤的精度虽然可以达到很高的水平,但其传感器比较“娇气”,机械结构复杂,对操作维护人员的技术水平要求高。此外,电子秤主要用于皮带输送机,在其他输送机上很难应用。因而,核子秤得以补充其不足。

世界上技术领先的核子秤,应首推美国 Kayray 公司和德国 Berthold 公司的产品。Kayray

公司采用点状放射源发射，高压充气长电离室接收；Berthold 公司采用线状放射源发射，由闪烁探测器接收。

(1)核子秤的基本原理

核子秤的工作原理是基于 γ 射线穿过被测介质时，其强度的衰减服从指数规律，即当 γ 射线能量一定时，其强度的衰减与介质的组分、密度和射线方向上的厚度呈指数关系。通过对载有物料时的射线强度进行连续测量，并与空皮带(或其他传送设备)时的射线强度测量比较，同时对皮带的运行速度加以测量，然后通过计算机系统计算，直接在线显示单位载荷、瞬时流量、累积量等工艺参数。

(2)核子秤的组成

核子秤一般由放射源(γ 射线源及防护铅罐)、支架、电离型 γ 射线探测器、前置放大器、测速传感器、核子秤主机系统等组成，其结构如图 4-18 所示，其原理如图 4-19 所示。

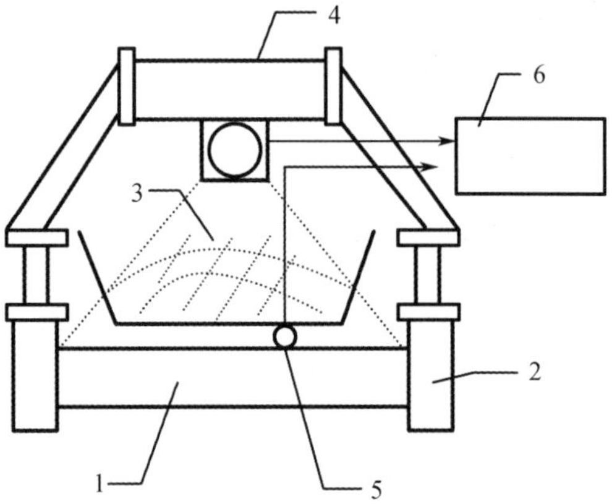

1—放射源及源室；2—支架；3—皮带及物料流；
4—探测器；5—皮带速度传感器；6—微处理机。

图 4-18　核子秤的结构示意图

①放射源　一般采用 ^{137}Cs，其特点是半衰期较长(30 a)，射线能量适中(0.661 MeV)。放射源强度一般在 3.7×10^9 Bq 左右，封装在铅罐内的放射源安装在支架上。

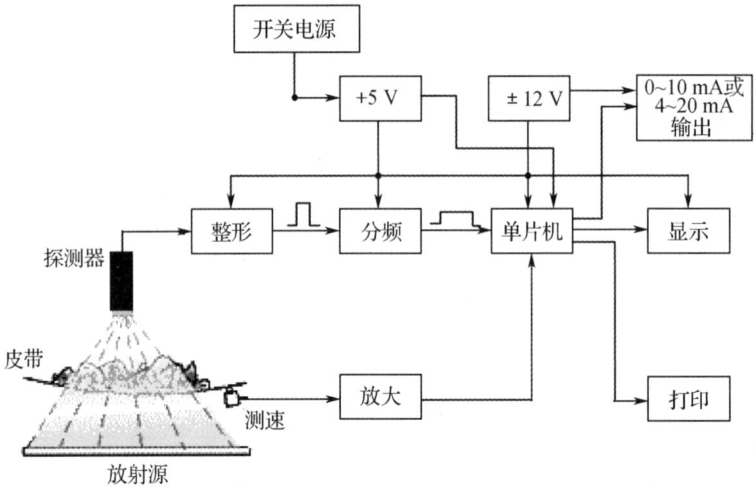

图 4-19　核子秤的原理示意图

②支架　支架的作用主要是将 γ 放射源与秤体牢固地连在一起，以保证放射源与秤体不出现相对位移，支架一般采用 A 型架，其具体尺寸依据电离室的长短以及现场条件而定。

③电离室　电离室的作用是把 γ 射线强度转换成与之成正比的电信号。电离室是一个充满惰性气体的圆柱形容器，内有两个绝缘电极，两电极上有直流 500 V 的电压。当有 γ 射线照射在电离室上，从其壁中和惰性气体上释放出高能量的二次电子，二次电子对气体产生电离作用，在电极上形成与射线强度成正比的电离电流。该电流非常弱，一般为 $10^{-9}\sim10^{-11}$ A

数量级,经前置放大器变换成电压信号。电离室是核子秤的核心部件,其性能是否可靠直接影响整机的测量精度。

④速度传感器　速度传感器的作用是把皮带的运转速度转换成电压信号送入主机。常用的速度传感器有磁电感应脉冲式测速电机、光电速度传感器和恒速装置等。

⑤主机　早期的主机一般采用以 CPU 为核心的数据处理及操作控制装置,近年来越来越多的生产厂商直接采用先进的工业计算机为主机,其特点是运算速度快,抗干扰性好,便于联网,集中控制,其功能不仅有采集来自电离室和速度传感器的信号进行运算处理,并显示、打印皮带负荷瞬时流量,流量数字显示,上限、下限、定值报警、自动空带识别、自动标定当前源强 I_0 及有关参数,输出模拟、数字信号,还可带 PID 定值和比例控制功能、故障自诊,键盘操作,主机可一机一秤,也可一机多秤。

(3)核子秤的应用举例

图 4-20 是 SY-5500 型核子秤实物照片。

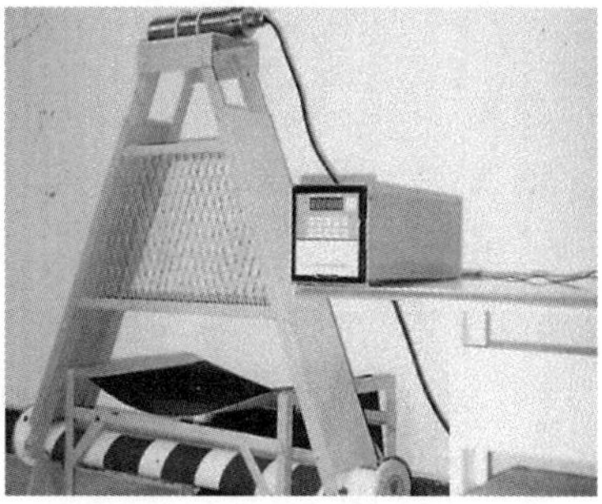

图 4-20　SY-5500 型核子秤

不同的物料对 γ 射线的吸收系数不同,因此理论上核子秤只适用于对同一种物料进行计量,但在实际生产中,核子秤也有其特殊应用,比如可以用核子秤进行混合物料配比的自动控制。以水泥厂水泥磨配料需要控制熟料、矿渣、石膏的比例为例,其配料设备简图如图 4-21 所示。通过 $1^{\#}$秤的是物料 A,通过 $2^{\#}$秤的是物料 A 和物料 B,物料 A 和物料 B 是两种不同的物料,且两种物料的流量和比例是变化的。在这种情况下,通过 $1^{\#}$秤和 $2^{\#}$秤实现对两种物料的瞬时负荷计量。

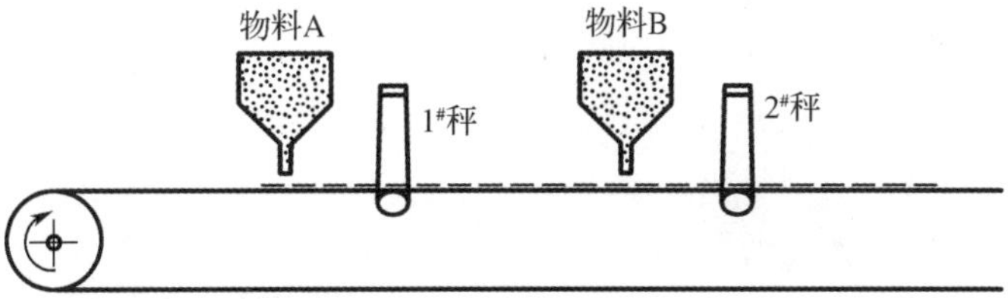

图 4-21　配料设备简图

对于 F_A(物料 A 的瞬时负荷)的计量由 $1^{\#}$秤完成,即

$$F_A = K_{A1} \ln \frac{U_{A1}}{U_{o1}} \tag{4-5}$$

式中　K_{A1}——$1^{\#}$秤物料 A 的负载常数;

U_{A1}——加物料 A 后 $1^{\#}$秤的信号电压;

U_{o1}——$1^{\#}$秤的空载电压。

对 F_B(物料 B 的瞬时负荷)的计量由 $1^{\#}$秤和 $2^{\#}$秤共同完成,即

$$F_B = K_{B2} \cdot \left(\ln \frac{U_2}{U_{o2}} - \frac{K_{A1}}{K_{A2}} \ln \frac{U_{A1\Delta t}}{U_{o2}} \right) \tag{4-6}$$

式中　K_{B2}——$2^{\#}$秤对物料 B 的负载常数;

U_2——加物料 A 和物料 B 后 $2^{\#}$秤信号电压;

U_{o2}——$2^{\#}$秤空带电压；

K_{A2}——$2^{\#}$秤物料 A 的负载常数；

$U_{A1\Delta t}$——Δt 之前 $1^{\#}$秤信号电压；

Δt——物料从 $1^{\#}$秤到 $2^{\#}$秤所用时间，如果物料流量比较均匀，也可用 U_{A1} 代替 $U_{A1\Delta t}$。

(4)核子秤的其他用途

核子秤除了能计重之外，还有很多用途。

采矿和选矿：矿石总开采量、粉碎机给料量、精矿计量等。

化工：原料、干渣等的计量。

水泥：窑中各种原料的计量及配比控制。

造纸：木屑计量，连续、批量蒸煮器给料计量。

食品：粮食输送机给料计量。

煤炭：开采、选煤给料、码头港口输煤计量，发电配煤及原煤、精煤计量。

钢铁：输配煤、选矿给料、焦炭计量等。

适用输送机型：皮带输送机、刮板机、链式给料机、振动式给料机等。

4. 密(浓)度计

密(浓)度计采用 γ 射线透射原理，非接触在线测控密封罐、槽管道内液体的密度、浓度、界面变化等，测量流程示意图如图 4-22 所示。其广泛用于制药、采油、炼油、化工、煤炭、冶金、水利、食品等工业部门，尤其可用于高温、高压、有害气体、易燃易爆、高粉尘等环境，比常规仪表有明显优势。

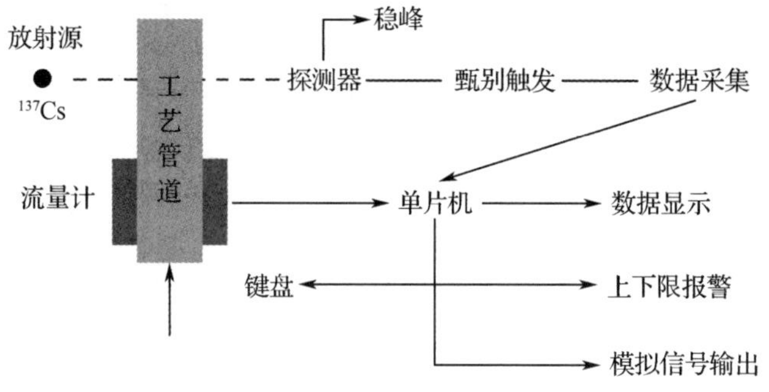

图 4-22　密(浓)度计测量流程示意图

密度计可测定各种流体、半流体或混合物的密度，如水泥浆、砂浆、矿浆、纸浆以及化工制品、药制品过程中的随机密度。

浓度计可测定溶液或混合物的浓度(或配比)，如各种溶液、矿浆、泥浆、砂浆、饮料浮选剂等的浓度。配合流量计即可方便计算出干矿物质瞬时质量流量及累计量。

5. 单光子骨矿物质密度测定仪

单光子骨矿物质密度测定仪主要用于测量人体及动物活体的骨矿物质含量，可用于因肾功能不全、代谢性疾病、血液病、光照不足、缺乏运动、营养不良、药物应用等所引起的骨质疏松症的早期诊断、临床诊断及疗效观察，也可用于骨代谢的基础理论研究。

单光子骨矿物质密度测定仪的特点是：仪器直线扫描系统采用丝杠传动，误差小，噪声低，运行平稳可靠；采用^{241}Am γ 源，半衰期为 432.6 a，长期使用无须更换；扫描器设计有放射源自动屏幕装置,扫描完毕自动复位屏蔽射线发射窗口,用户不必担心因操作疏漏造成射线泄漏;仪器的数据处理和扫描控制采用微机控制,实时显示骨吸收曲线。微机自动确定软组织平均值及骨宽界定,排除了人为界定的主观不确定因素。

6. 原油水分分析仪

原油水分分析仪(图 4-23)可广泛用于石油开采、炼油、化工等领域。由于是非接触式在线测量,因此特别适用于高温、高压、高黏度、剧毒、深冷、易燃、易爆的密闭系统中工艺参数的在线测量(如原油的混合密度、原油中纯油的含量、原油中水分的含量、瞬时质量流量以及原油中含蜡量的高低等)。

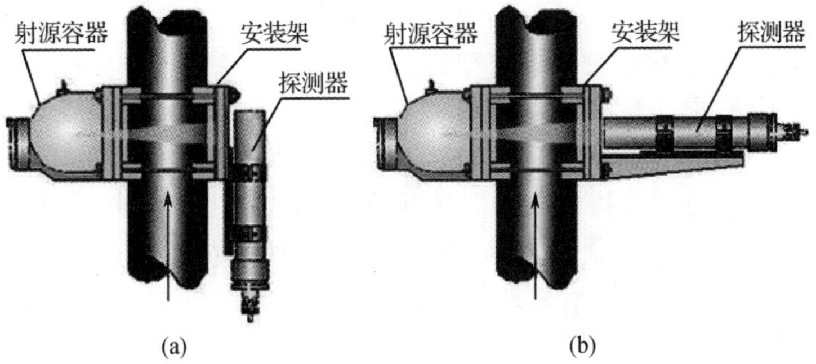

图 4-23 原油水分分析仪示意图

4.4.2 数字图像处理型仪器仪表

辐射成像技术是采用平移扫描方式和图像处理技术相结合来获得被检测物体的辐射投影图像的。由于它能实时、直观地反映被测物体,对缺陷的判断与识别比较容易,因此在核技术、航空与航天、冶金和机械制造等工业中得到越来越广泛的应用和推广,并成为当前国内外无损检测研究的热点。

辐射成像技术有透射和反散射两种方式。透射方式采取放射源和探测器在工件两侧的布置方式,得到的是在射线行进路线上的物质密度的信息。在反散射成像中,放射源和探测器在工件的同侧,测量从物体中散射出来的康普顿散射线,得到物体内部物质的电子分布的图像。

透射和反散射在不同的应用条件下有各自的特点:通过测量康普顿散射线,可以获得物体中三维空间某一点的电子密度信息;而透射射线提供的是在投影方向的二维密度信息;由于轻物质对康普顿散射的加强作用,使得反散射方式更加适合于检测重物质物体后的轻物质物体。同时由于散射射线能量较低,反散射成像只能获得物体表层的信息,而透射方式则可获得物体深层的信息。

数字图像处理型仪器仪表主要是无损检验(射线探伤)装置,如 X 射线探伤仪、加速器探伤装置、中子照相、工业 CT 等。工业 CT 是工业计算机断层成像技术(industrial computerized tomography)的简称,是一项集辐射、光学、电子、计算机等多种技术于一体综合性强的高新技术。工业 CT 和医用 CT 的基本原理相同,因应用领域不同而构成了 CT 技术中相对独立的另一重要分支,主要用于工业产品无损检测(DNT)和无损评价(NDE),被测评产品小到几毫米,大到数米,是当代公认的最佳无损检测技术。工业 CT 技术由于其作用的重要性、技术的先进性以及具有较高的经济效益，首先被应用于航天、航空、国防等重要部门。在火箭整体测试，航天飞机、武器和弹药的无损检测，各种管道和桩柱的定期检查，工业生产在线测试等方面得到广泛应用。

1979 年美国创建了科学测量系统公司 SMS 专门从事工业 CT 的研制与技术服务。1987 年又创建了专门从事“钢管全长检查系统”（IPIS）研制生产的国际数字模式公司 IDM 公司。1988 年美国投资 240 万美元研制出了（IPIS）工业 CT。

近年来，随着商品生产的国际化，集装箱运输已成为国际货运的主要方式。然而，它在带来快捷、方便的同时，也被一些不法之徒用来走私货物、贩卖毒品、偷运武器和爆炸物、进行商业诈骗和恐怖主义活动，严重威胁着世界各国的经济秩序和社会安全，已成为国际社会一大公害，利用^{60}Co 集装箱检查系统可有效打击这些犯罪活动。

2002 年我国清华大学核能技术设计研究院研制的^{60}Co 集装箱 CT 检测系统，由射线源、探测器、图像处理系统、拖动系统、控制系统和辐射防护与安全系统六部分组成。当集装箱通过时，快门自动打开，^{60}Co 发出的 γ 射线被准直器约束成扇形片状窄束，穿过集装箱到达探测器。探测器将接收到的 γ 射线转换成电信号，送到计算机进行图像处理，可在屏幕上显示集装箱内隐藏的走私品、毒品、武器和炸药。过去人们要开箱检查，费时费力，现在不开箱只需 4 min 即可将一个箱内物品查清，有效地打击了走私犯罪，创造了可观的经济效益。

射线检测按照不同特征（如使用的射线种类、记录的器材、工艺和技术特点等），可将射线检测分为多种不同的方法。其中射线照相法是最基本、应用最广泛的一种射线检测方法，它是指用 X 射线或 γ 射线穿透试件，以胶片作为记录信息的器材的无损检测方法。

1. X 射线探伤仪

射线的种类很多，其中易于穿透物质的有 X 射线、γ 射线、中子射线三种。这三种射线都可用于无损检测，其中 X 射线和 γ 射线广泛用于锅炉压力容器焊缝和其他工业产品、结构材料的缺陷检测，而中子射线仅用于一些特殊场合。射线照相设备可分为 X 射线探伤仪、高能射线探伤设备（高能直线加速器、电子回旋加速器为辐射源）、γ 射线探伤仪三大类。X 射线探伤仪管电压在 450 kV 以下。高能加速器的光子辐射能量一般在 2～24 MeV，而 γ 射线探伤仪的射线能量取决于放射性核素的种类。

（1）射线照相法的原理

X 射线是从 X 射线管中产生的，X 射线管是一种两极电子管。将阴极灯丝通电使之白炽，电子就在真空中逸出，如果两极之间加几十千伏以至几百千伏的电压（即管电压）时，逸出电子从阴极向阳极方向加速飞行，获得很大的动能。当这些高速电子撞击阳极时，与阳极金属原子核外库仑场作用，放出 X 射线。电子的动能部分转变为 X 射线能，部分转变为热能。电子是从阴极移向阳极的，而电流则从阳极流向阴极，这个电流为管电流。要调节管电流，只需调节灯丝加热电流即可。管电压的调节是靠调整 X 射线装置主变压器的初始电压来实现的。

射线照相法是利用射线透过物体时会发生吸收和散射这一特性，通过测量材料中因缺陷存在而影响射线的吸收来探测缺陷。X 射线和 γ 射线与物质相互作用时，其强度逐渐减弱。射线还有个重要性质，就是能使胶片感光，当 X 射线或 γ 射线照射胶片时，与普通光线一样，能使胶片乳剂层中的卤化银产生潜像中心，经过显影和定影后黑化，接收射线越多的部位黑化程度越高，这个作用叫作射线的照相作用。因为 X 射线或 γ 射线使卤化银感光作用比普通光线小得多，所以必须使用特殊的 X 射线胶片，这种胶片的两面都涂敷了较厚的乳胶，此外还需使用一种能加强感光作用的增感屏，增感屏通常用铅箔做成。把这种曝过光的胶片在暗室中显影、定影、水洗和干燥，再将干燥的底片放在观片灯上观察，根据底片上有缺陷部位与无缺陷部位的黑度图像不一样，就可判断出缺陷的种类、数量、大小等，这就是射线照相探伤的原理。

(2) X 射线探伤仪的组成

X 射线探伤仪主要由机头、高压发生装置、供电及控制系统、冷却防护设施四部分组成，可分为携带式、移动式两类。移动式 X 射线探伤仪用在透照室内的射线探伤，它具有较高的管电压和管电流，管电压可达 450 kV，管电流可达 20 mA，最大透射厚度约 100 mm。其高压发生装置、冷却装置与 X 射线探伤仪机头都分别独立安装，X 射线探伤仪机头通过高压电缆与高压发生装置连接。机头可通过带有轮子的支架在小范围内移动，也可固定在支架上。便携式 X 射线探伤仪主要用于现场射线照相，管电压一般小于 320 kV，最大穿透厚度约 50 mm。其高压发生装置和射线管在一起组成机头，通过低压电缆与控制箱连接，如图 4-24 所示。

图 4-24　某种型号的便携式超薄 X 射线探伤仪

便携式超薄 X 射线检查仪采用恒流 X 射线管，能提供 80 keV、100 keV、120 keV 等多种能量的 X 射线。由于毒品、炸药等低密度有机物对低能 X 光敏感，金属、陶瓷等高密度材料对高能 X 光敏感，因此利用多能 X 射线成像技术可以有效地区分有机物和金属等物质，常用于安检、排爆、反恐、缉毒、缉私等检查。

便携式超薄 X 射线探伤仪具有如下卓越性能：

①探测箱超薄便携，厚度不到 8 cm；

②成像面积大，可达 30 cm×40 cm，只需 X 射线透视一次就可检测完一个较大箱包的每个角落；

③探测效率强，可以大大降低辐射剂量；

④穿透能力强，能进行人体透视；

⑤探测箱可根据被检测物的形状位置任意调整，正放、侧放、翻转、仰放、俯放都可以使用；

⑥配备大功率高性能锂离子电池，充电一次，可检测百余件嫌疑箱包或嫌疑人；

⑦采用高品质 X 光管，使用寿命长，能提供多种能量的 X 射线，有利于毒品、炸药等有机物检测；

⑧16 位图像灰度级，图像对比度可达到 65 535 ∶ 1，比普通 X 射线透视图像对比度高 200 倍。

2. γ 射线探伤仪

(1) γ 射线探伤仪的原理

γ 射线探伤是利用 γ 射线极强的穿透性和直线性来探伤的，其工作原理也是基于射线穿过物质后的衰减效应。γ 射线虽然不会像可见光那样凭肉眼就能直接察知，但它可使照相底片感光，也可用特殊的接收器来接收。当 γ 射线穿过(照射)物质时，该物质的密度越大，射线强度减弱得越多，即射线能穿透该物质的强度就越小。此时，若用照相底片接收，则底片的感光量就小；若用仪器来接收，获得的信号就弱。因此，用 γ 射线来照射待探伤的零部件时，若其内部有气孔、夹渣等缺陷，射线穿过有缺陷的路径比没有缺陷的路径所透过的物质密度要小得多，其强度就减弱得少些，即透过的强度就大些，若用底片接收，则感光量就大些，就可以从底片上反映出缺陷垂直于射线方向的平面投影；若用其他接收器也同样可以用仪表来反映缺陷垂直于射线方向的平面投影和射线的透过量。一般情况下，γ 射线探伤是不易发现裂纹的，或者说，γ 射线探伤对裂纹是不敏感的。因此，γ 射线探伤对气孔、夹渣、未焊透等体积型缺陷最敏感，即 γ 射线探伤适用于体积型缺陷探伤，而不适用于面积型缺陷探伤。

通过测定工件的投射射线强度来判定缺陷的方法有照相法、荧光屏直接观察法、电视观察法以及射线强度测量法等几种。其中照相法的灵敏度较高，但需要暗室处理等工序，检验周期较长；荧光屏法成本较低，可连续检测并迅速得到结果，但是灵敏度比较低，能检测的厚度有限，一般适用于检测 50 mm 以下的轻金属（如铝、镁及其合金）或者 20 mm 以下的钢铁工件；电视观察法是在荧光屏直接观察法的基础上发展起来的，可以满足自动化无损检测的快速、直接、连续等需求。同时，由于可以在远离辐射场的地方进行操作和观察，可以完全避免工作人员的辐射损伤。其缺点及适用范围与荧光屏直接观察法相同；射线强度测量法的优点是可以对被测物进行快速、连续的检测，可用于自动生产线。

（2）几种类型的 γ 射线探伤仪（图 4-25）

^{192}Ir型　　^{60}Co型　　^{75}Se型

图 4-25　几种类型的 γ 射线探伤仪

①^{192}Ir γ 射线探伤仪

γX-3M 型和 γX-3M-1 型 γ 射线探伤仪都是应用^{192}Ir 放射源（半衰期为 74.3 d，能量为 0.3~0.6 MeV）的 γ 射线探伤仪，也可采用^{137}Cs 放射源，稍加改装后还可采用^{75}Se（硒-75）放射源。

②^{75}Se γ 射线探伤仪

图 4-26 为 γX-3M-B 型 γ 射线探伤仪，是一种应用^{75}Se 放射源的 γ 射线探伤仪，该机结构更为紧凑、体积小、安全可靠，由于^{75}Se 源的平均能量均为 0.206 MeV，低于^{192}Ir，可以获得高质量的图像，是在役管线及压力容器和长输管线探伤的最佳选择，目前小径管射线检测中通常使用^{75}Se 放射源代替传统的^{192}Ir 放射源。

图 4-26　RDEES 系统在威青输气管线工程现场测试

从表 4-9 可以看出，^{75}Se 射线源具有较低的能量范围，适合透照铁基材料厚度 40 mm 以下的工件。^{75}Se 射线源的半衰期为 120.4 d，同样一颗活度为 3.7×10^{12} Bq 的放射源，衰变到活度为 3.7×10^{11} Bq 的废源，^{75}Se 射源的衰变期约为

396 d,而^{192}Ir 射源的衰变期只有 245 d。另外,^{75}Se 射线源在空气中 1 m 处的照射剂量率系数约为 0.20 $C·kg^{-1}·s^{-1}$,^{192}Ir 射源在空气中 1 m 处的照射剂量率系数为 0.47 $C·kg^{-1}·s^{-1}$。一方面减少了周围环境的散射线,另一方面减少了射线作业人员辐射吸收剂量。

表 4-9　^{75}Se、^{192}Ir、X 射线特性比较

射源种类	平均能量/kV	半衰期/d	照射剂量率/($C·kg^{-1}·s^{-1}$)	射线的性质
^{75}Se	206	120.4	0.20	较硬
^{192}Ir	355	74	0.47	很硬
X 射线	130~280	—	与方向有关	软

③^{60}Co γ 射线探伤仪

TK-100 型 γ 射线探伤仪是一种应用^{60}Co 放射源的伽马射线探伤仪,一般配备小车搬运,性能优良,安全可靠。

3. 中子照相

对于中子照相,参阅本书第 3 章第 3.6 节。

4. 集装箱 CT 检测系统

美国 Los Alamos 国家实验室研制成世界上第一套可移动式工业 CT 系统,是世界上最先进的三维 CT 系统。集装箱 CT 检测系统是我国“十五”科技攻关计划重点组织实施的项目,是针对我国目前的工业无损检测、反恐形势和反走私的实际需求而提出的。我国清华大学核能技术设计研究院研究员安继刚院士带领科技人员在研发^{60}Co 集装箱检测系统(相当于 X 射线检查)之后,于 2002 年研制出^{60}Co 集装箱(大型客体)CT 检测系统,其工作原理如图 4-27 所示,创下了小型加速器体积与美国产品相同,辐射泄漏防护性能却高出一个数量级的奇迹。该 CT 检测系统具有优良的检测性能,如藏在集装箱里由黄油包裹的肥皂,匿藏在大米包中的汽油和水,混藏于香烟堆中的聚四氟乙烯(与炸药密度大致相同)都能被毫无遗漏地检测出来。

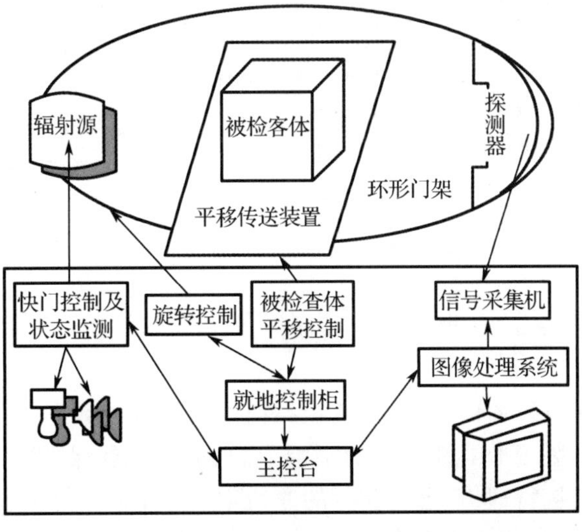

图 4-27　^{60}Co 集装箱 CT 检测装置的工作原理框图

^{60}Co集装箱CT检测系统采用特殊结构设计,可使检测设备围绕集装箱做旋转运动,可在任一角度对箱内物品进行扫描,显著地提高了检测能力。它的研制成功,为查找毒品、炸药及易燃危险品等提供了切实有效的手段,解决了目前各国安检部门与海关迫切需要而尚未解决的难题。该系统对于军用及工业无损探伤也具有良好的应用前景。

(1)集装箱CT检测系统简介

集装箱CT检测系统是采用断层扫描成像的方法对集装箱等大型被检客体进行无损检测的一种装置。^{60}Co集装箱CT检测系统主要由放射源(^{60}Co工业探伤仪)、阵列探测器、数据采集系统、机械系统、控制系统、数据传输系统、图像重建系统和图像显示分析系统等子系统组成。其中的控制子系统是^{60}Co集装箱CT检测系统中的重要组成部分,对保证整个检测系统的稳定、可靠运行有着重要意义。

^{60}Co集装箱CT检测系统安装了放射源和阵列探测器的CT环形门架可以在竖直平面范围内以任意角度旋转,因此^{60}Co集装箱CT检测系统不仅可以对被检物体的可疑区域做CT扫描,还可以对大型被检客体作任意角度的DR投影扫描。该检测系统通过计算机图像重建技术获取集装箱选定部位的断层数字图像,提高了对被检物体形状识别的能力,而且具有根据CT图像的灰度值(CT值)与物质密度相关这一特性来判别被检物体的功能,可以把食糖与食盐、水和油(或酒精)等按密度的差别区分开。

(2)控制子系统功能

^{60}Co集装箱CT检测系统的功能结构示意图如图4-28所示。其中,控制子系统包括安全监控系统、扫描控制系统和主控系统。安全监控系统的主要功能是安全联锁,实现对射线源的管理和射线辐射的控制,保证^{60}Co集装箱CT检测系统运行时的设备和人身安全。扫描控制系统的主要功能是控制机械系统的运动,实现CT环形门架的随机旋转、固定位置旋转和连续旋转功能以及平移机构的前进、后退和定位功能,保障对集装箱进行DR扫描和CT扫描的顺利完成。

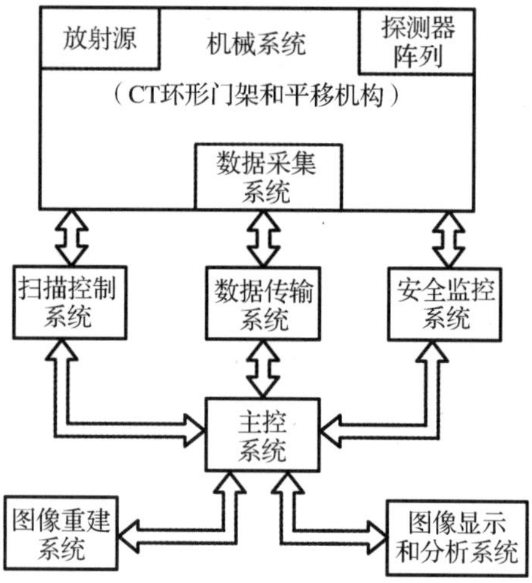

图4-28 ^{60}Co集装箱CT检测系统功能结构示意图

^{60}Co集装箱CT检测系统中控制子系统的主控系统是其控制枢纽。主控系统的主要功能包括:

①完成对集装箱的DR扫描和CT扫描的流程控制,本检测系统的扫描模式有正视投影、俯视投影、双投影、CT扫描和常规扫描(双投影加CT扫描);

②与扫描控制系统和安全监控系统进行通信,发送流程控制命令并接收检测系统反馈的状态信息;

③与数据传输系统进行通信,发送集装箱扫描模式命令和数据采集控制命令,接收数据采集系统获取的原始集装箱DR图像和CT图像,并实时显示和保存原始集装箱图像;

④与图像重建系统进行通信,把所获得的原始集装箱DR图像和CT图像分配给图像重建系统,分别进行刻度校正和图像重建;

⑤与图像显示和分析系统进行通信,把经过图像重建系统处理后的集装箱DR图像和CT

图像分配给图像显示和分析系统,以对集装箱图像进行检查,确定所检测的集装箱中是否有可疑的违禁物品。

^{60}Co 集装箱 CT 检测系统的检测 CT 图像如图 4-29 所示。

^{60}Co 集装箱 CT 检测装置样机已于 2002 年底研制成功。图 4-30 为该装置对某款轿车做的正视和俯视 DR 透视图像。前轮和后轮部位图像灰度值较高,对这两个部分也做了 CT 扫描。图 4-31 是前轮和后轮部分的截面 CT 扫描图像,从中可以清晰地看出前轮部位减震器弹簧、轮胎等的结构截面,后轮部位的备胎、车厢等截面也很清晰。

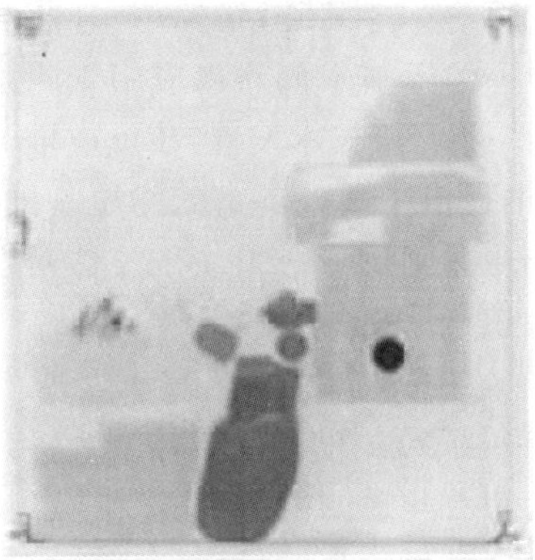

图 4-29 航空集装箱的检测 CT 图像

图 4-30 某款轿车透视图

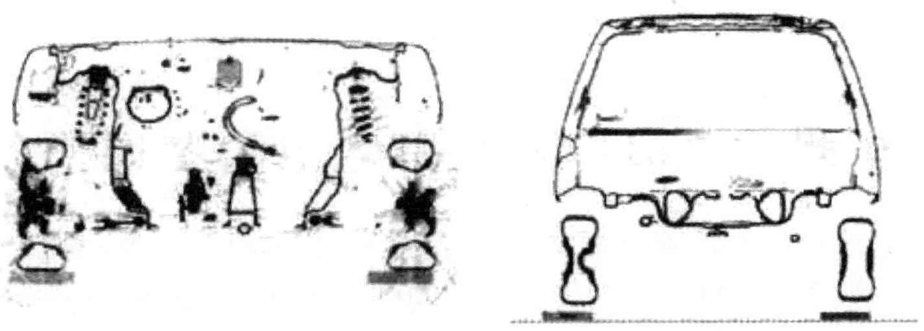

(a) 前轮部位　　(b) 后轮部位

图 4-31 某款轿车 CT 截面扫描图

4.4.3 能谱型的核分析仪器

物质在射线的作用下产生的激发、电离、散射、核反应等物理效应,可诱发物质发射次级射线。根据物质次级射线的能谱强度可进行物质元素的鉴别并实现微量物质成分的分析。近年来研制成功的高分辨率的辐射探测器和多道脉冲幅度分析器等核电子学仪器,使分析测量的灵敏度与准确度大为提高。电子计算机的广泛应用进一步改善了数据处理的速度和规模,使开发出来的能谱分析型仪表结构更趋小型化、轻便化,特别是为仪表的现场应用和野外操作提供了方便。这类核仪表可以分为三种类型:荧光类(如放射性核素 X 射线荧光分析仪)、活化类(主要指中子活化)、核测井类(如石油、煤田、金属测井用核仪器)。

X 射线荧光分析仪和中子活化分析仪在第 3 章已有介绍,此处仅介绍核测井仪。

核测井即是将核技术应用于井中测量,利用辐射与物质相互作用的各种效应或岩石本身的放射性，研究井的地质剖面，勘探石油、天然气、煤以及金属、非金属矿藏，研究石油地质、油井工程和油田开发的核地球物理方法，又称放射性测井。

核测井技术是随着当代核技术的发展和石油、煤炭、地质矿产等对核测井技术发展的需要而迅速发展起来的尖端测井技术之一。随着人工射线源技术、传感器技术、测量技术、信息处理技术与计算机技术的发展，核测井技术目前仍处在飞速发展之中，核测井仪器的应用越来越广泛。

(1)射线源型核测井仪

核测井技术的大多数方法依赖于射线源性能，少部分方法利用井下地层的天然放射性进行测量。现有的测井用射线源主要是 γ 射线源和中子源。受井眼尺寸(偏小、弯曲、不规则等)、井下环境(高温、高压等)制约，地面实验用加速器 γ 源等技术尚难以应用于测井领域，测井常用的 γ 源多是放射性核素源，主要用于示踪测井。随着核技术发展，核反应堆、加速器的不断建造，核燃料循环体系的建立，为放射性核素应用提供了日益丰富的物质基础。放射性核素的广泛应用研究为更好地利用现有设备资源开辟了新途径。测井中的流体密度计、流体识别仪、γ 射线探伤仪、厚度检测仪等均利用了放射性核素信息源技术。

(2)传感器型核测井仪

传感器是能感受规定的被测量并按照一定的规律转换成可用信号的器件或装置，通常由敏感元件和转换元件组成。它是一种检测装置，能感受到被测量的信息，并能将检测感受到的信息按一定规律变换成电信号或其他所需形式的输出，满足信息的传输、存储、显示、记录和控制要求。传感器属高新技术的瓶颈工业，它的地位非常重要。我国测井用的传感器技术较为先进，基本上与国际水平接近，但创新不够，大多是引进、模仿和仿制，这与我国对测井的需求不相适应。

测井用传感器的核心部件是探测器。不同的核辐射需要用不同的探测器测量。所有核探测器均基于射线与物质的相互作用原理，在物质中具有不同的空间分布、能量分布、时间分布和特征作用而制作。

核测井探测器要求高效率、高计数通过率、高能量分辨率、高耐温、耐压、高抗震、小体积、价格适中等。测井常用的 γ 和 X 射线探测器为闪烁探测器，主要由闪烁体、光电倍增管和电子仪器组成。

4.5 核仪器仪表发展趋势

目前，核仪器仪表正不断更新结构、完善功能、提高精度、改善仪表的稳定性、可靠性，实现仪表标准化、系列化、通用性、小型化、自动化与智能化，以适应现代化工业的连续化、高速化、精密化的要求。核仪器仪表是实现生产自动化、产品无损检测及资源勘探的一类重要仪表，随着计算机与其他科学技术的进步和发展，核仪器仪表的稳定性和可靠性大大提高，实现了数据的自动采集、处理和生产过程的闭环控制，核仪器仪表技术发展已达到了一个崭新的高度。核仪器仪表将不断拓展在工业、农业、国防、资源开发、医学、环保及科学研究等领域的应用，并将取得显著的经济和社会效益，全面推动社会生产力的发展。

1. 技术方面的发展

核仪器仪表属于一种应用技术，并且会随着放射源、核电子学和探测器的发展而发展。

(1)便携式中子发生器的产额、寿命和稳定性有所突破之后，可使中子测井和中子活化在线元素分析的应用快速发展。活化后的稳定性同位素示踪技术将进一步应用在科研、测井学、医学、农学和水利等方面。尤其是自动控制产额、稳定性好和寿命长的中子发生器将比同位素中子源更有利于推广。

(2)X 光机(X 射线发生器)在很多方面将替代同位素 γ(X)射线源,并且在微区分析方面优于同位素辐射源。

(3)小型高探测效率的常温半导体 γ 射线探测源的出现,将克服过去利用气体探测器和低温下工作的半导体探测器存在的缺点。利用这种常温半导体探测器可组成高灵敏度的成像系统,利用点源和点探测器构成的小型探头,可解决边界条件下小范围两相流参数的测量问题。

(4)成分分析类仪表,多参量、高精密度的检测与控制系统是机械、钢铁和有色金属工业质量检验的重要手段,随着生产要求的进一步提高,成分分析类仪表将向数字化和自动化方向发展,尤其是以人工智能为核心的核仪器仪表,以算法为核心对探测的辐射信号进行处理和重现,具有更优秀的图像品质,应用于更多的领域。

(5)工业 CT 将进一步提高技术性能,并扩大应用。

2. 发展方向

今后工业核仪器仪表可能朝以下几个方向发展。

(1)就整体结构而言,整个仪表从单元组合式向功能组装式发展。

(2)就测量方法而言,从简易的检测手段向高效率、高分辨率的复杂测量装置过渡。

(3)就智能化方面而言,整个仪器仪表将向数据处理和管理的网络化、信息的共享、故障诊断的远程化方向发展。结合无人机、遥控的无人智能核仪器仪表,对核应急具有重要意义。

(4)就仪表功能而言,正从单点、单参数检测向多点多参数自动检测方向发展。如放射性核素密度计与流量计配以微型计算机组成的双参数测量的质量流量计。又如纸张质量厚度、湿度、灰分等多参数测量。^{252}Cf 中子水分计可以同时测量物料的水分和密度。再如采用 X 射线厚度计,可以同时检测钢丝夹层橡胶制品中的钢丝和橡胶总厚度,钢丝层厚度以及上下橡胶层的厚度。此外,工业核仪器仪表与其他非核技术综合应用,有助于扩大核仪器仪表的应用范围,提高其应用功能。

(5)就仪表的通用性和安全性而言,工业核仪器仪表将进一步实现仪表的系列化、标准化。

(6)随着各种支持性技术的发展,特别是电子计算机技术的广泛使用,核仪器仪表的技术水平达到了一个新的高度。核仪器仪表采用电子计算机后,结构紧凑,体积缩小,测量由模拟向数字化方向发展,实现输入信息的自动补偿,系统启动、调节和操作程序化,并对采集的数据进行运算、判断、分析与处理,从而扩大了仪器仪表的信息功能,提高了仪器仪表的检测精度,为多参数测量和生产过程闭环控制奠定了基础;仪器仪表由硬件和软件相组合,体现出设计的合理性和操作的简便性;仪器仪表具有故障自我诊断功能,大大减轻了设备维护的工作量,从而提高了其可靠性;通过图像视频彩色显示,达到了更好的人机结合,以满足现代化工业生产连续化、自动化与高速化的要求,实现检测非接触化、非破坏性、超差传感,以保证产品100%的检验,并在出现超差之前加以校正;通过数字和图像信息显示,达到更好的人机结合,以满足现代核测井生产连续化、自动化、智能化、高速化与集成化的要求。

习　　题

4-1　具体描述衡量辐射探测器的主要性能指标。

4-2　描述能谱型核仪器仪表的工作原理。

4-3　强度型核仪器仪表的工作原理是什么？

4-4　什么叫核测井？

第5章 辐射加工

辐射化学是研究射线与物质相互作用引起物质分子发生电离、激发等效应导致物质结构(电离效应)或状态(激发)发生变化的科学。为了量化这些效应,人们引入 G 值的概念,其定义为1 g被辐照的物质每吸收100 eV能量后在物质中所引起变化的分子数、离子数、自由基数或电子数等。射线与物质作用形成的离子对、自由基、电子或处于激发态的长链分子等活泼基团或粒子会发生一系列反应,如形成新的化学键,使高分子链间产生交联反应,由二维结构转化为三维立体网络结构,称之为辐射交联(radiation crosslinking);也有一些高分子的分子链在高能辐射作用下发生断裂,降解成小分子,即产生辐射降解(radiation decomposition);还有断裂的小分子与主链再反应,形成接枝物,称为辐射接枝(radiation grafting)。实际上,物质受到辐照后的整个过程是一个混合反应,即在辐射过程中既有交联,又有降解,还有接枝,只要其中某个反应宏观上占优势,表现出该反应的特性,就定义为该反应,如聚乙烯在适宜的辐射剂量作用下,交联反应占优势,所以聚乙烯的辐射效应为交联。

辐射加工是利用辐射化学的基本原理进行工业生产和材料制备的高新技术,如辐照可实现材料改性,还能利用辐射将有机小分子聚合成高分子,比传统聚合反应条件的高温高压要温和得多,在常温常压下就可进行,甚至在零下一百多度的低温下也能实现单体的聚合;无须引发剂、催化剂等,这对生物功能材料的合成具有重要意义,常规化学聚合反应所使用的引发剂、催化剂的残基及残留物常常引起人体细胞的过敏反应,限制了生物相容性材料(biocompatible materials)的应用。辐射聚合制备的生物功能材料不含引起人体过敏的化学残基,因此是制备医学和生物材料最具发展前途的技术之一,其还可进行辐射固化、辐射育种、消毒灭菌等,应用领域广泛。辐射加工(radiation processing)被誉为"绿色"技术,辐照过程中几乎不放出对环境和人体有毒有害的气体,加工参数能得到严格控制,可实现"精确"加工,在许多领域逐步取代传统的加工方法,可达到节能、环保、高效费比的目的。

辐射加工涉及辐射技术在材料制备及产品开发中所涉及的基本理论、方法、过程和评价,尤其是有机分子或齐聚物的辐射聚合和辐射固化,聚合物或其复合物的辐射交联,有机分子和聚合物的辐射降解。医用品的辐射消毒灭菌等研究和产业化,根据具体产品,研究辐照工艺和剂量,执行《医疗保健产品灭菌 辐射》(GB 18280.1~18280.3)等标准,达到灭菌标准要求即可,不涉及复杂的科学和技术,不用详细介绍。辐射育种、辐射保鲜等内容在第八章"核技术在农业领域的应用"做详细介绍。

本章力求做到对辐射加工技术研发和工艺过程描述准确和规范。

5.1 辐射加工的基本知识

5.1.1 辐射加工的范畴

广义的辐射加工包括一切利用粒子、光波和射线来从事辐射化学及技术研究、开发和生产的技术，如采用 α 粒子的蚀刻、(α,n)反应、(α,β)反应、(α,γ)反应等；采用同位素中子源、加速器中子源或反应堆产生的各种能量的中子用于核素生产、单晶硅热中子辐照嬗变掺杂等；重粒子注入加工，电子束和 γ 射线用于高分子合成、高分子材料改性、医疗器械辐射灭菌、卫生材料和药品的消毒、食品保鲜、环境保护尤其是燃煤电厂排放废气的脱硫脱硝和污泥污水辐照处理；紫外光固化涂料、印刷油墨和包装材料表面装饰处理等；正电子源(e^+或 β^+)、X 射线及 μ 子(μ^+,μ^-)辐射作为研究工具和手段在其他领域的应用等。

以上辐射源均可用于特定材料和物质的辐射效应、机理研究及辐射加工，但从事核技术研究及应用的专业研究者约定俗成的辐射加工范畴是以电子束、钴源和紫外光为辐射源的工业化加工，更主要的是 γ 射线和电子束的工业化加工。本章主要介绍依托电子束和 γ 源等辐射源，进行材料配方和性能研究及辐照效应研究，提高材料性能和适用性，从而研发新材料、开发新产品和探索新工艺。

5.1.2 辐照装置

辐射化学研究和工业辐射加工依赖于辐射装置(辐射源)，辐射装置一般指 γ 辐照装置(γ 射线波长 1.0×10^{-3} nm，能量 keV 量级~MeV 量级)、电子束加速器(电子束简称 EB，束流 μA 量级~mA 量级，能量 keV 量级~MeV 量级)、X 射线装置(波长 4.1×10^{-3} nm，能量可至 300 keV)、离子束装置、重离子束加速器(装置)等。

在如前所限定的辐射加工范畴，辐射装置一般指 γ 辐照装置、电子束加速器(Electron beam accelerator)以及与之配套的辅助系统等，电子束加速器的介绍可参阅文献，此处主要介绍 γ 射线装置及其与电子束的性能和辐射加工的比较。

与电子加速器相比，^{60}Co 源存在生产、加工、运输、使用、源衰变校正、运行监管法规和退役等成本高的缺点。与^{60}Co 源相比，EB 能量低时穿透能力不足，不适合辐射加工大体积(厚度较厚)材料与物品，EB 能量高于 10 MeV，穿透能力强，但易导致被辐照物活化产生放射性的缺点。近年来，将高能电子束转换为 X 射线进行辐射加工，既保留了 γ 射线和电子束的优点、又克服其缺点，成为工业辐射加工研发的趋势。国际原子能机构 2011 年发表了“Industrial Radiation Processing With Electron Beams and X-rays(电子束和 X 射线的工业辐射加工)”，列出了利用 X 射线进行辐射加工的优点，如更深的穿透厚度，用于大包装的医疗品和食品消毒灭菌保鲜，剂量率可调、无热加工保持材料的性能等。将 EB 转换为 X 射线，取决于 EB 的能量和靶材料的原子序数(Z)，例如 5 MeV 和 7 MeV 的 EB 转换 X 射线的效率仅为 8%和 12%，能量利用效率太低，这成为发展 X 射线工业辐射加工的瓶颈问题，目前，X 射线工业辐射加工研发的重点是提高能量转换效率，所以，EB 和^{60}Co 辐射加工在一定时间内仍然占据主要地位。

利用^{59}Co(n,γ)^{60}Co 核反应，将^{59}Co 在反应堆中辐照 18~24 个月，获得比活度≤120Ci/g(4×10^{12}Bq/g)的^{60}Co 源。^{60}Co 的衰变链为$^{60}\text{Co}\xrightarrow{\beta^-}{}^{60m}\text{Ni}\xrightarrow{\gamma}{}^{60}\text{Ni}$，^{60}Co 发射 0.313 MeV 的 β^-粒子衰变为^{60m}Ni，再发生 γ 衰变为稳定的^{60}Ni。利用 γ 衰变产生的高能射线进行辐射加工，常用的

辐射加工^{60}Co源见图5-1。钴源产品质量必须遵守国家相关标准的要求,《密封放射源 一般要求和分级》(GB 4075—2009)规定了γ辐射源在温度、压力、冲击、振动、穿刺检验中应该达到的等级,国标规定Ⅰ类钴源应该为43 323等级。^{137}Cs也可以用于辐射加工,但^{137}Cs是^{235}U的裂变产物,分离提取工艺复杂,在实际的工业应用中用量极少。

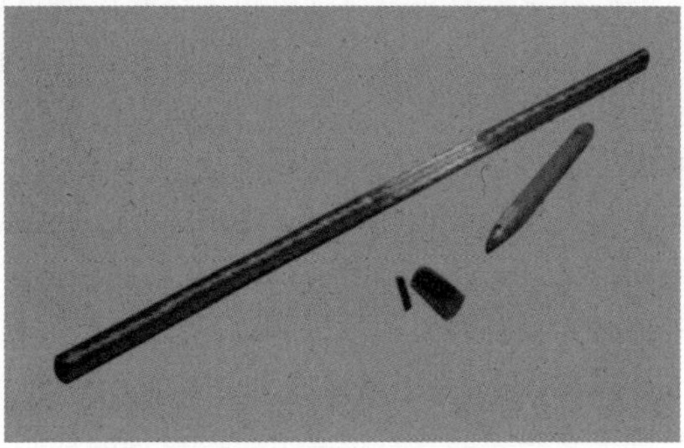

图5-1 加拿大MDS Nordion生产的^{60}Co源芯及其组装的用于辐射加工的柱状源

γ辐照装置使用的放射源应具备功率大、射线穿透能力强、半衰期长、适用于工业化生产等特性;^{60}Co、^{137}Cs放射源满足上述特性,是辐射技术研究及应用的主要放射源,其基本特性见表5-1。

表5-1 ^{60}Co、^{137}Cs放射源的基本特性

放射性核素	^{60}Co γ射线辐射源	^{137}Cs γ射线辐射源
元素符号	$^{60}_{27}Co$	$^{137}_{55}Cs$
γ射线能量	1.17 MeV、1.33 MeV;平均1.25 MeV	$\bar{E}_\gamma=0.661$ MeV
存在形态	金属Co	CsCl
制备方法	^{59}Co在反应堆中照射得到	反应堆元件后处理得到
半衰期($T_{1/2}$)	5.27 a	29.99 a
每瓦功率活度	2.5×10^{12} Bq	1.11×10^{13} Bq

从表5-1可看出,尽管^{137}Cs的寿命长,但是它是核电站退役乏燃料(Spent fuels)后处理提取的产物,生产量少、发射的γ射线能量低、源的制备方法较复杂、比功率活度低(单位功率需要的源活度高)、不能重复利用、源退役处理复杂且费用高等因素导致其用量减少,主要用于医疗用品的辐射灭菌消毒、核仪器仪表和科学研究。绝大多数的γ辐照装置都用^{60}Co源,其制备技术相对简单,且能大规模生产,超过使用期的^{60}Co源,还可再活化投入使用。

^{60}Co γ源辐照装置主要由以下几部分组成:

①辐照源室 用混凝土建筑的房间,是辐照源辐照产品的场所。混凝土墙和屋顶足够厚,并带有迷道,足以屏蔽γ射线,保证辐照室以外人员的安全。辐照室内安装辐射源,设有源井,以储存不使用的放射源。

②辐射源 包括单板源、双板源、柱状源等。单板源灵活,能量利用率高。双板源均匀性

好,能量利用率低。

③水井和水　水井用于储存辐射源,一般深度在 7 m 左右。水井中的水最好用去离子水,去离子水的电导率要达到 10^{-10} μs · cm^{-1},pH 值 5.5~8.5,以保护源的不锈钢外壳不被水腐蚀,一般采用自循环过滤系统处理污染的水。

④升降源设备　先进的升降源装置是液压油缸带动滑轮组通过钢丝绳拖动源架,比起卷扬机升降源系统,它有升降平稳、位置重复精度高、断电可自动降源等优点。

⑤安全联锁系统　γ 辐照装置必须设有功能齐全、性能可靠的安全联锁系统,特别对出入口、源操作系统、传输系统等进行有效的监控和联锁。

⑥传输系统　传输系统是实现自动传送辐照产品的设备,一般使用悬挂输送机实现,用电机链条拖动或用气缸拖动,有的用气缸加地辊传输。在辐照室内源板两侧,安排多路通过,以增加能量利用率。这样就必须要有换面和倒层装置,以减小吸收剂量的不均匀度。

⑦通风系统　有进风和排风设备,排风量略大于进风量,保证每小时至少换气 20 次。

⑧控制系统　控制系统主要是完成各种工况下生产过程的控制,以确保人员的安全。先进的控制系统大多采用可编程控制器(PLC)自动控制。

⑨控制室　为了实现升降源和产品传输的自动遥控操作,在控制室内安置控制台,各种操作在控制台上进行,多数装置带有就地控制台。

⑩剂量监测系统　剂量监测系统用于辐射工作场所和人员的剂量监测,以保证安全。多路 γ 射线监测仪将探头安放在辐照室、排风口等处,监测 γ 源状况;佩戴式可积累剂量计用于操作人员个人剂量定期监测;配置的手提剂量仪用于进入辐照室实时(Real time)的剂量监测。此外,辐照产品的吸收剂量监测至关重要,辐照装置的运行必须至少有一套常规剂量监测系统,包括剂量计及测试设备。

⑪操作间　操作间是进行将被辐照产品装到辐照箱内,将辐照好的产品从辐照箱内取出等操作的场地。有的装置在操作间内完成辐照产品的倒层工艺过程。

⑫原料库、成品库　按规程规定,两个仓库必须分开,原料和成品必须按位置分开堆放。

有机分子或聚合物分子在辐照时发生电离所需的能量在 10 eV(1 eV = 1.602×10^{-19} J)量级。高能电子加速器的剂量率为 100 kGy·s^{-1}(3.6×10^{5} kGy·h^{-1}),大约高于钴源剂量率 2.8×10^{-3} kGy·s^{-1}(10 kGy·h^{-1})5 个量级,显然,EB 辐射加工的效率更高,^{60}Co γ 辐射与电子束的比较见表 5-2。主要产品辐射加工所需的电子束能量范围及其穿透厚度见表 5-3,电子束能量超过 10 MeV 会导致核反应发生,被辐照物活化,产生放射性,所以用于辐射加工的电子束能量一般不超过 10 MeV。

表 5-2　两类辐射源性能比较

特征	γ 辐射源	电子束
能量	1.17~1.33 MeV	0.2~10 MeV
功率	1.48 kW/3.7×10^{15} Bq	1.5~400 kW
剂量率	低(约 10 kGy · h^{-1})	高(10 kGy · s^{-1})
穿透性	高(水中 43 cm)	低(约 0.35 cm · MeV^{-1})
能量利用率	低(约 40%)	10%~90%
产率	低	高
保养	需更换(钴源每年衰变 12.3%)	需技术人员管理

表 5-3　辐射加工不同产品所需的电子束能量范围及其穿透厚度

辐照产品	电子束能量	穿透的最大厚度/mm
表面固化	80 keV～300 keV	0.4
热收缩膜	80 keV～300 keV	2
电线电缆与热缩制品	0.4 MeV～3 MeV	10
医疗品、食品等灭菌	3 MeV～10 MeV	40

因此，γ 射线与电子束的辐射加工各有优缺点，具体采用哪一种辐射进行工业化的辐射加工，还需根据具体的情况来决定。

5.1.3　辐射加工技术的特点

辐射加工专业性强，涉及的知识范围广泛，理解和掌握其术语和概念需要一定的核物理和放射化学知识。此外，还涉及辐射防护、辐射化学、高分子化学及材料、生物化学、细菌学、材料力学、高分子复合材料及配方学、聚合物成型工艺、机械加工、模具设计和产品性能测试等知识。

以辐射技术为支撑的辐射加工作为一种先进工艺技术，应用于新材料研究、新产品开发和新工艺探索，具有独特优势。首先，工艺参数稳定可调，辐射源一旦确定，则射线的种类和能量随之确定，射线能量一般在 keV 至 MeV 范围内，如钴源的 γ 射线平均能量为 1.25 MeV，根据产品加工的需要调整所辐照的剂量和加工速度；第二，辐射加工过程相对简便、快速、安全、节能；第三，与化学法相比，无须高温高压，基本属于“冷加工”，产品质量和性能稳定可靠；第四，人员劳动强度低，操作人员只需在控制台遵照规定按控制键即可；第五，工作环境优良，除被辐照物放出小分子和电子加速器工作时排出臭氧外(通常被辐照场的通风系统排出工作场所)，几乎不会产生有害物质，被称为“绿色加工”。

5.2　辐射交联

要理解和进行高分子材料辐射交联技术研究就必须具有高分子化学和高分子物理等学科的基础知识，高分子化学和材料是 20 世纪的重大发现之一，石油工业和合成化学工业为高分子新材料的出现提供了物质基础。通过对石油粗加工产品的催化氢化裂解，可得到一系列的高分子原材料如烷烃、烯烃和芳香化合物，通过合成可制备一系列具有不同功能和用途的高分子材料，从而推动了高分子材料科学的发展。在高分子化学和高分子材料学的专业书籍中，对高分子材料的分子结构、组成、性能、加工等内容都有详细叙述，本节主要介绍高分子及其复合物辐射交联的基本知识，让读者具备从事辐射化学及辐射加工研究的基础知识。

5.2.1　聚合物的辐射交联机理

交联是指线性高分子在引发剂或射线作用下，产生自由基，引发分子链间的化学反应，形成三维网状结构，交联后的材料由可熔可溶变为不熔不溶，在溶剂中可发生溶胀，在温度升高时会软化，不能形成高分子熔体，不能进行正常的注塑、吹塑、挤出和层压等加工成型。

图 5-2 中(a)为柔性线性结构，(b)为辐射后形成的刚性三维立体结构，也称 T 型结构，

结构的变化，带来材料性质的显著变化，如力学性能、电学性能和耐温度交变性能等的提高，满足了材料在严酷条件下的使用要求。

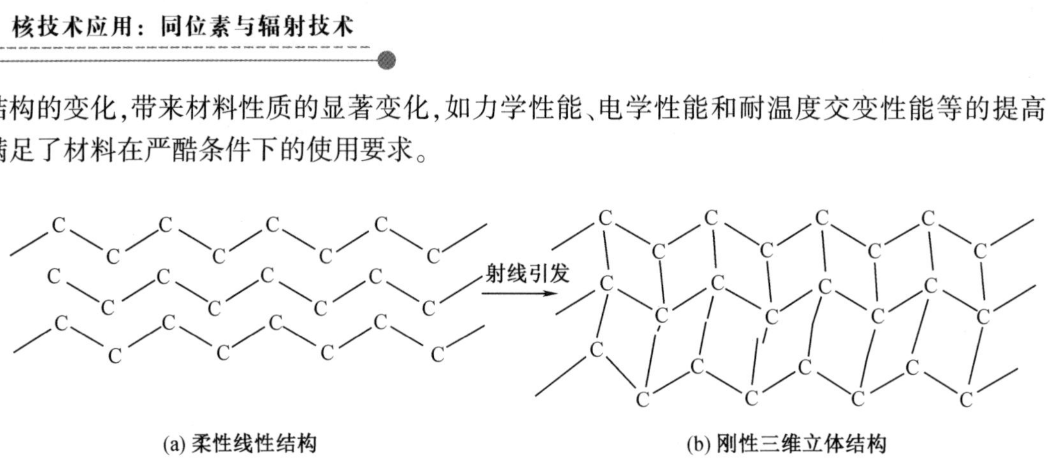

图 5-2　高分子链辐射交联示意图

从分子水平来看，高能电子束或 γ 射线入射后，高分子链受到激发，氢等活泼原子极易从主链脱落，形成自由基，或者电离形成正负离子对。以典型的可辐射交联的高分子-聚乙烯为例来说明，高分子链在受到辐射后，产生自由基，自由基具有高活性，分子链会发生自由基的链转移，自由基的湮灭，高分子链的断裂、重排、断裂小分子接枝于长链分子上等化学过程。

图 5-3 中（1）为聚乙烯分子链各个化学键的平均键能，单位为每摩尔千焦，其中，C_2—C_3、C_5—C_6、C_6—C_7 键的键能最小，在受到辐射时容易断裂或者原子脱落，形成自由基，或激发态的大分子，激发态大分子电离也会产生反应活性很高的基团，参与交联、接枝和降解反应，还会脱氢，产生双键，导致高分子链具有更高的反应活性，从而加速交联等反应，使材料的宏观性能得到改善。

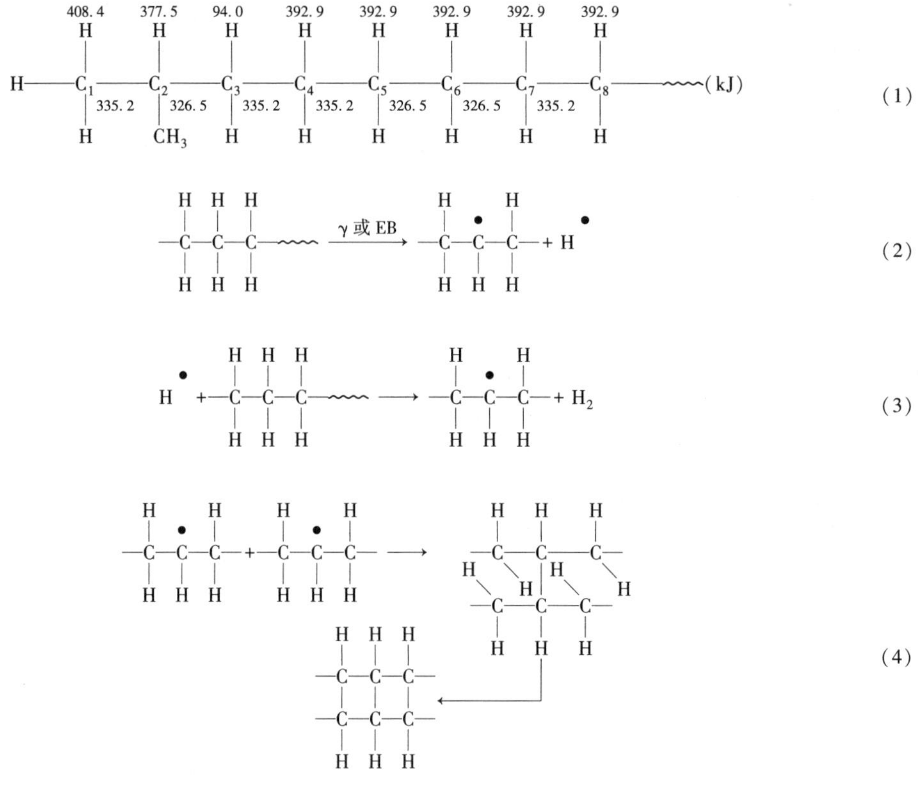

图 5-3　高分子的辐射交联形成三维网状立体结构

从以上反应步骤来看,第二步是决定交联反应效率的关键一步,即自由基的产生决定反应的速度和产率,交联反应与高分子合成的自由基机理类似,经历以下几个步骤,第一步为链引发,即分子链在高能射线作用下产生自由基;第二步为链增长,产生的作用给予分子链、自由基与自由基之间以及自由基本身的重排等反应,这些反应的结果就是导致分子链的增长,形成更大的分子或超级大分子;第三步为链转移,向大分子转移,引起大分子的支化或交联,最后一步是链终止。

图 5-3 中(4)是两个自由基湮灭形成交联键,也可以是图 5-4 所示的反应,即自由基大分子非常活跃,自由电子在链上转移和传递,有时会发生湮灭、歧化、重排和接枝;有时遇到薄弱位置的碳氢键时,脱去氢,在主链上形成双键,双键与饱和碳链高分子在多种因素作用下可发生加成反应,同样可产生交联产物。

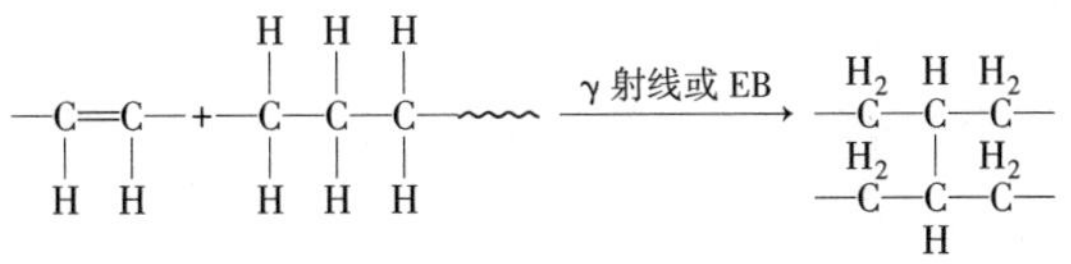

图 5-4 辐射作用下的不饱和分子与饱和分子间的交联

根据辐射化学的基本理论,自由基、次级电子、正负离子对等有利于辐射交联的因子随辐照剂量的增加而增加,但过高的剂量反而对交联有害,其作用的结果是大的高分子链在过量辐照剂量的作用下发生降解,形成小分子,达不到通过辐照提高材料综合性能的目的。Charsby-Pinner 在早期提出著名的经典公式,公式的建立需要几个最基本的假定:第一,在高分子链中,辐射所导致的交联和大分子链的降解是无规发生的,在两个可交联的相邻点间的链长服从最概然分布;第二,辐射所导致的交联和降解是各自独立发生的;第三,在低交联密度和降解密度时,它们只与吸收剂量有关,并且成正比。

当高分子材料吸收了 D(Dose)辐射剂量时,高分子主链上每一个链节单元发生交联的概率定义为交联密度,用 q 表示,如果一个高分子链具有 A_1 个重复链节,则参与交联的链节数为 qA_1,但交联发生在两个链节之间,所以交联键的数目为$\frac{1}{2}qA_1$。随辐照剂量的增加,高分子链的交联密度逐步增大,在理想状态下,高分子链高度交联,交联键相对于高分子链的末端来说是无穷大的,因此可忽略分子链末端,忽略末端就可将整个体系看成网状结构,成为一个闭合体系。即分子的链端也是可以交联的,将交联基团划分成一个一个交联单元时,就认为每一个链节就是一个交联单元,这样交联密度就容易计算,即一个高分子链有 A_1 个链节,则发生交联的单元为 qA_1,平均交联链段为$\frac{A_1}{A_1 q}=\frac{1}{q}$个单元。对于高分子来说,每个链节的分子量一般就是单体的分子质量,假设为 w,这样就可求出发生交联的单元质量,专业上用 M_C 表示,有

$$M_C = \frac{w}{q} \tag{5-1}$$

M_C 对辐射化学来说,非常重要,M_C 愈小,表示交联程度愈高,辐照后的高分子材料耐溶剂性能愈强。三维网状结构的高分子材料在溶剂中具有较低的溶胀性,材料的弹性降低,拉伸强度和剪切强度(shear strength)增加,断裂伸长率(elongation at break)下降。

辐射交联实验证实，交联密度 q 正比于高分子材料所吸收的交联剂量 D，与辐照剂量率关系不大，因此

$$q = q_0 D \tag{5-2}$$

式中，q_0 是高分子材料对辐照敏感度的常数，由高分子材料的性质、结构、分子量、组成等参数决定，它正比于交联 G 值，D 的单位早期为拉德(rad)，现在用国际单位 Gy 或 kGy 表示，且有

$$1\ \text{rad} = 10^{-2}\ \text{Gy} = 10^{-5}\ \text{kGy} = 0.624 \times 10^{20}\ \text{eV} \cdot \text{g}^{-1} = 9.996\ \text{J} \cdot \text{g}^{-1} \tag{5-3}$$

每一个摩尔(mol)重复单元吸收 $0.624\times10^{20}\ \text{eV}\cdot\text{g}^{-1}$ 能量后，换算成每一个高分子链节所吸收的能量为

$$\frac{0.624 \times 10^{20} w}{6.023 \times 10^{23}} = 1.04 \times 10^{-4} w\ \text{eV} \tag{5-4}$$

所吸收的这些能量可产生 q_0 个交联单元，那么高分子材料每吸收 1 eV 的能量就产生 $\frac{q_0}{1.04\times10^{-4}w}$ 个交联单元，则根据交联单元数就可推导出交联键数，即

$$G(\text{交联单元数}) = \frac{q_0}{1.04 \times 10^{-4} w} \times 100 = \frac{0.96 \times 10^4 q_0}{w} \times 100 \tag{5-5}$$

所以

$$G(\text{交联单元数}) = \frac{0.96 \times 10^6 q_0}{w} \tag{5-6}$$

$$G(\text{交联键}) = \frac{q}{2} = \frac{G(\text{交联单元数})}{2} = \frac{0.96 \times 10^6 q_0}{2w} = \frac{0.48 \times 10^6 q_0}{w} \tag{5-7}$$

由此可推出 M_C 的计算公式为

$$M_C = \frac{w}{q} = \frac{w}{q_0 D} = \frac{0.48 \times 10^6}{GD} \tag{5-8}$$

式(5-8)给出了交联密度的计算公式，式中 q_0 和 G 值由高聚物的化学结构和组成决定，在结构和组成确定的情况下，M_C 基本上只与辐照剂量有关，温度有时候也会产生一定的影响，但不起决定性的作用。

射线辐照高分子除了交联外，还存在降解，一般将 p 定义为每个单元发生辐射裂解的概率，也称为降解密度。对于需要通过辐射交联来达到提高材料性能的要求来说，辐射降解是需要极力避免的，同样辐射裂解也与辐照剂量成正比：

$$p = p_0 D$$

$$G(\text{裂解}) = \frac{0.96 \times 10^6 p_0}{w} \tag{5-9}$$

在辐射交联的理论中，还有一个参数是非常重要的，即凝胶点，在凝胶点之前，热塑性高分子是完全可溶的，辐射的作用仅仅只是增加体系的平均分子量和分子链的支化度，但随着辐照剂量的增加，高分子链不断交联，每形成一个交联键就减少两个独立的分子，这样体系的分子量分布随辐射交联的增加不断变化，分子量的变化导致高聚物的各种性能发生变化，在文献中详细推导了凝胶含量与体系中分子量变化及辐照剂量的关系：

$$\frac{1}{M_w} = \frac{1}{(M_w)_0} + \frac{[(1/2)p_0 - q_0]D}{w} \tag{5-10}$$

式中 M_w——辐照任一时刻的重均分子量；

$(M_w)_0$——体系起始时的重均分子量；

p_0、q_0——分别为辐射降解密度和辐射交联密度。

凝胶含量用 δ 表示，当 $\delta=1$ 时，体系开始出现凝胶；当 $\delta>1$ 时，体系中的组成有两部分，一部分为可溶于溶剂的线性高分子或者轻度交联的凝胶，这部分称为溶胶，另一部分为完全不溶于任何溶剂的 T 形结构的大分子，在溶剂和热的作用下可溶胀，即小分子的溶剂渗透入交联网状结构内，体系膨胀，这部分称为凝胶(Gel)。

Charlesby-Pinner 根据无规交联的假设得到的著名公式为

$$s + s^{1/2} = \frac{p_0}{q_0} + \frac{1}{q_0 u_1 D} \tag{5-11}$$

式中 s——溶胶分数；

u_1——数均或重均分子量，或分子数。

要用式(5-11)来计算辐照后体系的溶胶分数，则必须满足以下假设：

①辐射交联是无规交联，分子量分布属于无规分布；

②聚合物分子内交联可忽略不计；

③辐射裂解亦是无规裂解；

④辐射交联和裂解反应是独立进行的；

⑤裂解度和交联度都比较小；

⑥裂解度和交联度都与吸收剂量成正比。

以上六个假设为式(5-11)的应用提供了良好的边界条件，对辐射交联的实际研究能起到定性的作用，在早期的辐射化学研究中发挥了积极的作用。但随着辐射化学研究的深入，在实际研究工作中，计算的结果与实验测量值之间相差很大，无法解决实际问题。针对理论计算结论与实验测量结果的差距，许多人对式(5-11)进行了修正，如 A Keller 认为高分子常常不是无规的，有一定的结晶度，在晶体中辐射产生的自由基或多或少地无规分布于晶体中，晶格能限制了自由基的运动，降低了交联发生的概率，因此高分子结晶的存在对辐射效应的影响是不可忽视的，但要如何量化这种影响目前还不清楚。许多人在 Charlesby-Pinner 公式的基础上，结合高分子本身的性质和特点做出一定修改，以期对辐射化学研究的具体实际做出指导，比较有名的公式有陈欣方-刘克唐-唐敖庆公式，即

$$(s + s^{1/2})D = p'_0 D^{1/2}/q_0 + 1/(q_0 u_1) \tag{5-12}$$

张万喜-孙家珍-钱保功公式，即

$$D(s + s^{1/2}) = \frac{1}{q_0 u_1} + \frac{p'_0 D\beta}{q_0} \tag{5-13}$$

以上两个公式考虑到了交联网络形成后，高聚物的裂解不与辐射剂量成正比，同时一些分子结构参数对凝胶的形成具有相当的影响，如高分子的柔顺性、结晶度、内聚能密度、横截面积和内旋转因子等。通过各种因素的考虑和修正，得到满足实际需要的、具有指导意义的经验公式。

高分子在电子束或者 γ 射线辐照之后，形成自由基，引发高分子链之间的交联反应和降解反应，反应动力学研究与高分子合成的机理有一致的地方，也有不同的一面，不能简单地根据某一个因素或条件就得到交联度、凝胶含量、降解率等影响最终材料性能的参数。有关详细的理论见文献等，即可对辐射化学的基本原理和理论有深入的了解，本书在这里不做深入

论述。

在考虑材料配方设计和材料应用时，综合各种影响因素，充分利用辐射的优点，尽量降低辐照剂量，以减少高剂量的辐射所造成的不必要的材料损伤（如高分子链的降解、接枝、重排等），实现材料改性所必需的交联。实际上，在辐射交联高分子材料的整个配方中，不单单只有高分子，常常是为了满足不同应用的目的而添加了许多助剂如抗氧化剂、防霉剂、抗静电剂、紫外光稳定剂，为了提高力学强度还要加入各种无机填料等。这些助剂的加入，严重影响辐射效应，阻止自由基的生成，或吸收掉自由基，或分解有自由基的高分子链，大大降低了辐射交联的效率，同时高分子在合成时，未能洗净的催化剂也对辐射交联效率产生影响，所以以上公式是在理论条件下的推导，在实际的应用和研究中，需要针对每一个配方测试辐射剂量与复合材料凝胶含量、力学强度、电学强度、断裂伸长率等参数之间的关系曲线，确定合适的辐照剂量是研制出新材料的关键，通过试验才能制备高性能的、适用的产品。

5.2.2　高分子辐射交联复合材料的配方原理

热塑性高分子一般具有明显的熔程或熔点，典型的热塑性高分子有聚乙烯（polyethylene，PE）、聚丙烯（polypropylene，PP）、乙烯-醋酸乙烯酯（ethylene vinyl acetate，EVA）共聚物等，它们具有良好的塑性（mouldability）、可挤出性（extrudability）、可纺织性（spinnability）和可压延性（stretchability），利用热塑性高分子不同的性能和熔点范围，可挤出（extruding）、层压（layering）、吹塑（blowing）、模塑（molding）、注塑（injection molding）等，根据产品的最终用途和形状，采用不同的成型加工方法。

对于设定的用途，单纯的高分子树脂不可能具备使用所要求的性能，必须在材料配方中予以考虑。加工成型的产品按照最终用途可分为结构件、绝缘保护、隔热材料等。结构件一般为机器设备的外壳、支持件等；绝缘保护包括电线电缆的绝缘层、保护层，电线电缆接头保护等；隔热材料如聚氨酯等是良好的保温材料，广泛用于空调、冰箱、输气输油管道和城市供热管道。

因此，针对不同的用途，在配方设计时需要考虑的因素有以下几方面。

1. 主基材（polymer matrix）

主基材是整个辐射交联体系中起决定作用的材料，它的性能决定最终产品的使用性能和使用寿命，要求主基材具有合适的分子量，表征分子量的方式有黏均分子量、重均分子量 $\overline{M}_w$、数均分子量。黏均分子量通常指用黏度法测得的平均分子量；重均分子量是指分子量按照分子质量分布函数的统计平均，可用光散射法测量；数均分子量是指分子量按照分子数分布函数的统计平均，可用渗透压法、沸点升高法、冰点下降法或端基分析法测量。三个分子量之间的关系为：重均分子量>黏均分子量>数均分子量，但高分子聚合物生产厂家一般只给出重均分子量，黏均分子量和数均分子量在实际应用时仅供参考。

经典的 Flory 经验公式给出聚合物的黏度与重均分子量之间的关系为

$$\log \eta = A + B\overline{M}_w^{1/2} \tag{5-14}$$

式中，A 和 B 为常数，取决于聚合物的特性和温度，因此聚合物的黏度与重均分子量有密切的关系。选取高分子聚合物后，重均分子量就确定了，引入阿伦尼乌斯公式（Arrhenius equation），就可求得高分子的黏度随温度的变化关系式，有这个关系式，计算出的黏度可作为成型加工的决定性参数。

要达到良好的加工性能及机械性能，选择的聚合物必须具有最佳的分子量分布，通常高分子量聚合物的存在会增加韧性，但也大大提高熔融黏度，而使加工困难，即高分子量的聚合物具有较高的熔融温度，必须提高加工温度才有利于成型，这样势必导致聚合物降解的概率增加，并显著提高聚合物的分解速率；另一方面，还会增加加工时间，在高温、高成型压力存在的情况下，聚合物经受更大的氧化和力化学反应，高分子聚合物链的降解加速，导致力学性能、电学性能和抗应力开裂性能显著下降，影响产品的使用寿命。所以应选择合适的高分子聚合物分子量分布，既要满足产品性能的需要，又要符合加工工艺的要求。

主基材的熔融指数(melting index，MI)是衡量一个高分子聚合物可加工性的主要参数，是反映高分子聚合物熔体流动性特性及分子量大小的指标。测试温度一般为196 ℃，热塑性树脂在负载为2 160 g，时间为10 min，通过直径为0.2 cm的毛细管的树脂质量，就定义为MI。不同的加工方法、产品形状及用途，选取适宜的熔融指数，根据高分子聚合物成型加工的经验，得出表5-4的熔融指数与成型加工的关系。

表5-4　成型加工方法适宜的熔融指数经验值

加工方法	产品	树脂的MI	加工方法	产品	树脂的MI
挤出成型(extruding)	管材	<0.1	注射成型(injection)	瓶(玻璃状物)	1~2
	片材、瓶	0.1~0.5		胶片(流延薄膜)	9~15
	薄壁管			模压制件	1~2
	电线电缆	0.1~1		薄壁制件	3~6
	薄片	0.5~1	涂布(coating)	涂敷纸	9~15
	单丝(绳)		真空成型(blowing)	制件	0.2~0.5
	多股丝或纤维	≈1			

主基材的熔点，针对高分子聚合物一般称为熔程(melting range)，表征高聚物熔程的参数主要有两种，一为环球软化点(ring & ball melting point)，一个为维卡软化点(Vicat melting point)。环球软化点一般用于流动性较好的胶、涂料单体等，其国标为《热熔胶粘剂软化点的测定(环球法)》(GB/T 15332—94)和《环氧树脂软化点测定方法——环球法》(GB/T 12007.6—1989)；维卡软化点一般用于黏度较高的高分子材料，其国标为《热塑性塑料维卡软化点温度的测定》(GB/T 1633—2000)。熔程对产品的最终使用温度有决定性影响，因此在辐射聚合体系中，一定要慎重考虑高聚物的熔点或熔程，有时还需要考虑高聚物的结晶温度(crystallization temperature)。

主基材的结晶度也是需要考虑的，辐射化学的一般理论认为，辐射交联发生在高分子材料的无定形区，射线对晶区造成破坏，不断形成新的无定形区，参与交联反应。

主基材的分子链长度和支化度对辐射交联也有影响，分子链长，辐射所产生的自由基活性低，参与交联的效率低。分子链的支化度有利于辐射交联反应，但分子链的支化度增加，会使分子间距离增大，分子间的作用力减小，因而聚合物材料的拉伸强度降低，但冲击强度增加。在实际进行辐射交联材料配方时，选取合适的参数的材料是取得理想结果的基础。

2. 第二聚合物或辅料(secondary polymer)

在配方体系中，一种聚合物往往不能完全满足性能要求，因此需要加入第二种聚合物对主基材的性能和整个材料体系进行有效补充，目的在于增强复合物的可加工性、提高电学性能、相容性、辐照敏感性等，如在以聚乙烯为主基材的体系中，常常加入 EVA、乙烯-丙烯酸乙酯(ethylene ethyl acrylic，EEA)共聚物、乙烯-丙烯酸(ethylene acrylic acid，EAA)共聚物等，或者加入改性聚合物，如丙烯酸接枝聚乙烯，丙烯酸酯接枝聚乙烯、马来酸酐接枝聚乙烯等，它们一方面与主基材聚合物具有良好的相容性，另一方面又与各种添加剂相容性好，在复合共混后，形成宏观均相，在使用寿命内不发生材料分层、组分迁移出制件表面或银纹等现象。

改性剂方面，杜邦(Du Pont)公司推出了多种产品，例如商品牌号为 Surlun®、Fusabond®等是性能优越的改性剂，Surlun®用于尼龙材料的增韧，并提高尼龙与各种无机填料之间的相容性，其化学组成为离子键型三聚物；Fusabond®是酸酐改性的聚乙烯，典型的是马来酸酐接枝的聚乙烯，或马来酸酐接枝的 EVA。它们具有聚合物的特性，又具有无机物的强极性，在复合配方体系中起着关键作用，要改善材料性能，这些是材料配方必不可少的。

在选择第二聚合物时，一定要考虑与主基材之间的匹配问题，两者之间的熔程应相近或者相差不大，在共混之后，能相互形成宏观均相，改善材料的性能。一般第二聚合物的添加量按主基材 100 质量份(wt)计算的话，不超过 20 质量份为佳，若加入过多，第二聚合物在材料配方中起主导作用，降低了主基材的作用，不能满足最终产品的性能要求。

3. 敏化剂(unsaturated monomer)

在复合体系中，主基材和第二种聚合物在高能射线作用下，极易发生分子链的断裂，不但达不到增强材料性能的目的，反而降低材料的性能，因此必须减少高能射线如电子束、γ 射线等对高分子链的损害，加入敏化剂(或称不饱和单体)是解决问题的有效方法。敏化剂在射线作用下，不饱和键被打开，形成大量自由基，增强辐射交联的效率，因为辐射交联反应的速度依赖于起始自由基的浓度，敏化剂在辐照时产生的大量自由基可大大加速交联反应，从而降低辐照剂量。

敏化剂一般由多官能团的不饱和化合物构成，在实际配方中常常使用的有三烯丙基异氰酸酯(triallylisocyanurate，TAIC)、三烯丙基丙烯酸甲酯(triallyl methyl-acrylate，TAMA)、三烯丙基氰酸酯(triallyl cyanurate)、二烯丙基乌头酸酯(diallyl aconitate)、四烯丙基苯四酸酯(tetraallyl pyromellitate)、N，N^1-二乙烯顺丁烯马来酰亚胺(N，N^1-ethylene-bismaleimide)等。

敏化剂与复合体系的相容性是必须重视的问题，应根据主基材和第二聚合物的结构和性质来选择敏化剂，结构类似，才具有一定的相容性。敏化剂分子量与高分子聚合物相比微不足道，只有几百或上千，因此在室温下一般为液体状，在低温时有的敏化剂会凝结成固体，具体视其分子量和结构而定。敏化剂的熔点和沸点是另一个需要重视的参数，在材料共混和加工成型时，需要加热熔化聚合物，若敏化剂的沸点远低于配方体系的加工温度的话，在加热时则容易气化蒸发，从配方体系中迁移出来，扩散到空气中，降低了敏化剂在配方体系中的有效作用量，达不到促进辐射交联的目的；而敏化剂扩散到空气中，污染环境、危害工作人员健康，甚至引起火灾，因此敏化剂的沸点高于材料的加工温度是敏化剂在配方体系中有效的充分保证。

敏化剂在配方体系中的添加量视具体配方情况来确定，用量一般为 5‰~2%。

4. 增塑剂(plasticizer)

在配方体系中,高分子聚合物、助剂等的存在导致熔体的熔融黏度增大,过大的黏度会给加工设备带来安全隐患,给产品成型带来不利影响,因此向聚合物中加入增塑剂,能降低聚合物体系的黏度和玻璃化温度。随着增塑剂含量的增大,聚合物弹性模量、屈服压力、抗张强度及脆化温度等通常都会降低,而断裂伸长率和冲击强度则随之升高。增塑剂不仅能降低聚合物的玻璃化温度,而且能增加转变区的宽度,是解决加工温度下熔融黏度过高问题的主要手段。

增塑剂的作用是降低聚合物链间的相互作用,非极性增塑剂溶于非极性聚合物时,聚合物链间的距离增大,聚合物链间的作用力减弱,链段间相对运动的摩擦力减小,链段更容易运动,从而使聚合物的玻璃化温度和弹性模量降低,耐冲击性能提高。非极性增塑剂与非极性聚合物做成的混合体系相当于一个聚合物浓溶液,聚合物分子链之间被增塑剂分子隔开一定距离,因而削弱了聚合物分子间的次价交联。增塑剂用量愈多,这种分子链之间的隔离作用就愈大,而且长链形的增塑剂与聚合物分子链的接触机会比环状形增塑剂要多,这种隔离作用也更为显著。增塑剂本身有一个玻璃化温度,根据自由体积理论,假设聚合物与非极性增塑剂两组分的自由体积有加和性,则当加入增塑剂后,混合物的自由体积等于聚合物的自由体积与增塑剂的自由体积之和,故增塑后的聚合物玻璃化温度降低值直接与增塑剂的体积成正比,即

$$\Delta T = kV \tag{5-15}$$

聚合物的自由体积为

$$V_{fp} = [0.025 + a_p(T - T_{GP})]_P \tag{5-16}$$

增塑剂的自由体积为

$$V_{fd} = [0.025 + a_d(T - T_{gds})]V_d \tag{5-17}$$

$$V_{fp} + V_{fd} = V_f = 0.025(V_p + V_d) + a_p(T - T_{gp})V_p + a_d(T - T_{gd})V_d \tag{5-18}$$

当 $T=T_g$ 时,$f=0.025$,则

$$a_p(T_g - T_{gp})V_p + a_d(T_g - T_{gd})V_d = 0 \tag{5-19}$$

$$T_g = \frac{a_p T_{gp} V_p + a_d T_{gp}(1 - V_p)}{a_p V_p + a_d(1 - V_p)} \tag{5-20}$$

增塑剂分子的体积愈大,增塑效果愈好,长链分子比环状分子增塑效果好。非极性增塑剂对非极性聚合物玻璃化温度的影响可以表示为

$$\Delta T = a\Phi \tag{5-21}$$

式中 Φ——增塑剂的体积分数;

a——比例常数;

ΔT——聚合物玻璃化温度降低值。

极性增塑剂对聚合物的增塑作用不是一种分子链之间的隔离作用,而是增塑剂的极性基团与聚合物分子链间极性基团的作用,削弱了聚合物分子链的相互作用,使聚合物分子链相互作用形成的次价交联点数目减少。因此,极性增塑剂使极性聚合物玻璃化温度降低值与增塑剂的摩尔数成正比,即

$$\Delta T_g = \beta n \tag{5-22}$$

式中 β——比例常数;

n——增塑剂的摩尔数。

聚合物的玻璃化温度(glass transition temperature range)是链段开始运动的温度,因此施以外力时,有利于链段运动,使聚合物的玻璃化温度降低,作用力愈大,玻璃化温度降低愈多。

常用的增塑剂如石蜡及液状石蜡、聚乙烯蜡、邻苯二甲酸二乙(丁)酯等,是性质优越的增塑剂,加入配方体系量的多少,应由体系中组分及组成、加工方法和工艺参数来确定。

5. 抗氧剂、稳定剂和阻燃剂(oxidant、heat-stabilizer and fire-retardant)

抗氧剂、热稳定剂一方面用于消除或降低高聚物加工过程中的降解,另一方面用于产品在使用过程中阻止材料的老化和氧化,引起聚合物降解的主要原因是加工过程中生成的过氧化物、高分子聚合物合成的催化剂残渣、加工时带入的金属粒子和交联过程中残留的自由基。在软化点以下,支链和无晶区首先氧化,而在熔融点以上,结晶区、无晶区、支链同时氧化。作为抗氧剂,是一种小分子物质,分散于 PE、PP 以及 PO 中,证明在存放或使用过程中亦不挥发,然而最理想的抗氧剂是与 PE、PP 以及 PO 分子结合在一起,达到良好的自由基转移作用。

因此,选择抗氧剂和稳定剂的一般原则如下:

(1)在加工等工序之后,配方体系经历的热历史对稳定剂体系以后的光氧化性能的影响,必须仔细考虑在加工过程中添加剂的化学变化,这些变化可能会影响聚合物稳定体系的光稳定性;

(2)稳定剂或其转化产物的光稳定性;

(3)在聚合物的使用寿命期内其环境的性质,这个环境可能是单纯光氧化,也可能是光氧化与热老化混合作用;

(4)聚合物的环境对其物理行为的影响,例如稳定剂在使用中不能因挥发或从聚合物制品体系中沥出而损失掉。

当然,一些物理过程也会对聚合物的稳定性能带来影响,聚合物的结晶对其氧化动力学带来影响,决定取向对氧化动力学的影响不仅仅是拉伸比,Rapoport 曾报道自取向 PP 试样退火后,其氧化速率增加,而拉伸速率仍保持不变。还发现无定形相链段的活动性因退火而增加,使不同拉伸速度试样的区别变小了。按照 Yasuda 和 Peterlin 的观点,这可以归因于在低温拉伸引起的单轴塑性形变后的无定形相链段的非平衡状态。在高于该拉伸温度下退火产生更为松弛的无定形组分,除拉伸速度外,拉伸条件以及取向试样的后处理条件也会影响氧化动力学,因为这些变量也决定着聚合物的形态。PP 单丝的 γ-引发和光氧化与取向度无关,却显著依赖于挤出和拉伸条件,还发现在低温下高速拉伸会降低光稳定性,拉伸时的氧化起了重要作用,因为自真空中拉伸到单丝比自空气中拉伸更为稳定,氧化是拉伸聚合物时链断裂而生成的自由基引起的。细颈拉伸后,应力使老化速度减缓。

稳定剂的稳定机理有阻断链给体(chain-breaking donor,CB-D)机理,受阻酚类如丁基化羟基甲苯(BHT)(Ⅰ)和 Irganox1076(Ⅱ)是 PE 适合的熔体稳定剂,对许多目的而言,相当低的浓度($<10^{-2}\cdot 100\ g^{-1}$)就可达到目的。

对于杂原子的聚合物分子链,如聚酰胺的热氧老化稳定剂有两大类,一类为无机稳定剂,它包括金属铜和铜的无机酸及有机酸盐,溴和碘的碱金属盐,磷酸和它的芳基酯。这些稳定剂时常混合使用,例如聚酰胺切片子纺丝时混以 $CuCl_2$、RI 或酞亚胺基甲盐,以提高其耐热性,一般铜盐在其他聚合物中,多数具有加速老化的作用,但对聚酰胺却有稳定作用。看来是形成了络合物和酰胺基-铜螯合物,其结构式如图 5-5 所示。

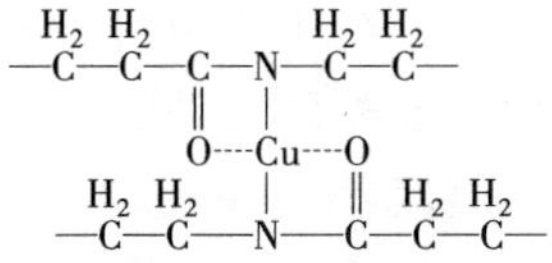

图 5-5 铜稳定剂与聚酰胺形成的稳定络合物

另一类有机抗氧稳定剂用以提高聚酰胺的热稳定性,常用的有以下几种。

(1)芳香胺类(图 5-6、图 5-7、图 5-8、图 5-9)

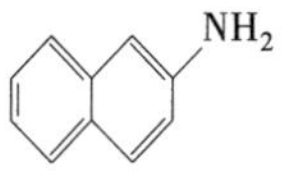

图 5-6 β-萘胺

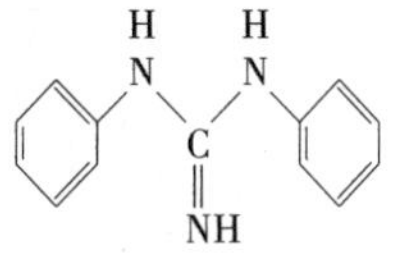

图 5-7 二苯基胍

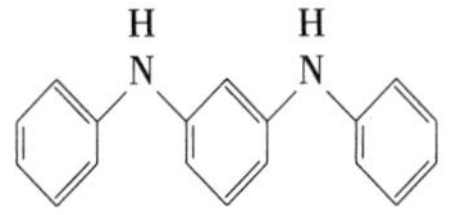

图 5-8 N,N-二苯基-对苯二胺

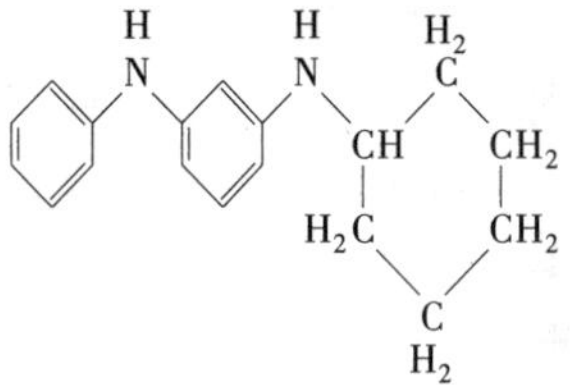

图 5-9 N,N-苯基环己烷基-对苯二胺

(2)酚类化合物(图 5-10、图 5-11)

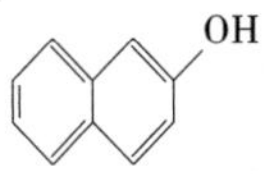

图 5-10 β-萘酚

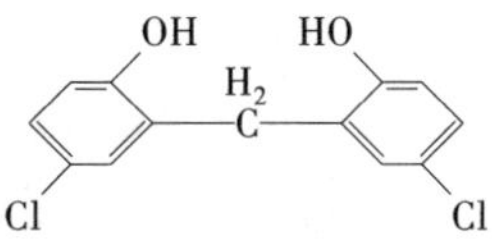

图 5-11 双-(2-羟基-5-氯苯基甲烷)

(3)多羟基脂肪族化合物

硬脂酸、乙二醇和 ω-羟基己酸混合物用于聚酰胺纤维、薄膜等,在紫外线作用下易发黄、变脆,特别是尼龙薄膜最易受光破坏。不同品种的聚酰胺对光的稳定性也不一样,如尼龙-66 的光稳定性要比尼龙-6 好,聚酰胺对波长为 350 μm 的光是敏感的, 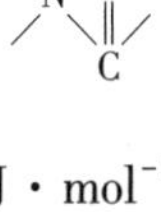 会发生断裂,因为 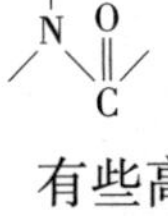 的断裂能只有 222 $kJ \cdot mol^{-1}$,而 C—C 键的断裂能为 335 $kJ \cdot mol^{-1}$。

有些高分子聚合物制备的产品需要阻燃,因此加入阻燃剂有利于产品在极端情况下的性能保持,如电线电缆在火灾发生时需要保持一定的预后电力,增加围困人员逃生的概率,所以在电线电缆护套层中加入阻燃剂,能保证电线电缆在火灾发生时保持一段时间的供电。

阻燃剂的种类有无机材料和多卤代有机分子,常见的无机阻燃剂有氢氧化镁、氢氧化铝、硼锌化合物等,但需要极细的颗粒,或者为纳米结构的材料,一方面可增加无机阻燃剂的阻燃效率,另一方面可提高复合材料的力学强度,纳米氢氧化镁、氢氧化铝在聚合物中的分布更均匀，对材料性能影响更小。按照高分子理论，无机填料的加入会显著降低复合材料的柔韧性、断裂伸长率，提高低温脆化温度，若降低无机阻燃剂的添加量，就会减少填料对材料性能的负面影响。无机阻燃剂除了要求粒子粒径足够小外，还要经过偶联处理。化学基本理论告诉我们，物质相似相容，无机分子和有机高分子之间的性质相差太远，所以当无机阻燃剂加入高分子材料中时，无法相容，导致材料的力学等性能指标严重下降，严重时会发生无机分子从高分子中迁移出来。为了解决无机阻燃剂与有机高分子之间的相容性问题，必须加入偶联剂，常用的偶联剂有硅烷偶联剂和钛酸酯偶联剂，针对不同的用途选用不同的偶联剂，钛酸酯偶联剂用于对电学性能要求比较严格的产品，硅烷偶联剂用于极性较强的产品。偶联剂的加入量一般为整个体系质量的1‰~5‰。

防止聚合物老化的方法有以下几种：

①添加各种稳定剂，如抗氧剂、光稳定剂等；

②施行物理防护，如表面涂层和表面保护膜，但对某些产品是不适用的，需根据具体用途来确定；

③改进聚合条件和方法，例如采用高纯度单体进行定向聚合，改进聚合工艺，减少大分子的支链和不饱和结构，改进后处理工艺，减少聚合物中残留的催化剂等，但对最终用户而言，只能根据合成树脂厂家的原料牌号、性能参数来选择自己可用的树脂，不可能参与到聚合等上游过程中去；

④改进加工成型工艺，例如降低加工温度和受热时间，控制模具温度及成型件冷却的速度（采用梯度降温），熔融抽丝时，采用惰性气体保护，湿法抽丝时改进凝固浴配方，等等，这些方法对于高分子材料加工者来说是防老化的主要措施之一，加工者不能从树脂合成的源头上控制聚合物的结构和性能，就只有从加工方法和工艺上采取措施来防老化；

⑤改进聚合物的使用方法避免不必要的阳光曝晒，烘烤及改进洗涤方法，正确使用洗涤剂等；

⑥进行聚合物的改性，如改进大分子结构，有共聚、共混、交联等方法。

对使用的稳定剂有以下要求：

①要与配方体系中的聚合物具有良好的相容性，但稳定剂有有机分子，也有无机化合物，因此对稳定剂进行必要的处理是解决无机物与聚合物相容性差这一问题的有效方法，有机分子根据相似相容原则来选择。

偶联处理一般采用硅烷偶联剂、钛酸酯偶联剂和铝锂偶联剂。硅烷偶联剂的结构为X_3SiRY，结构中Y为有机官能团，X为水解基团。按照化学键理论，偶联剂含有可与无机分子反应的官能团，又能与聚合物相容的官能团；偶联剂有浸润效应和表面效应。硅烷偶联剂的有机官能团（Y）的选择要求做到对聚合物呈现反应性或相容性，而可水解基团（X）仅仅是生成硅醇基团过程中的中间体，借以对无机表面形成连接键。

硅烷的结构决定硅烷偶联剂的性能，如芳香烃类硅烷通常有比脂肪类硅烷更好的热稳定性，但作为耐高温树脂的偶联剂时，氨苯基硅烷与氯苯基硅烷相比并无多大的优越性。氨基官能团硅烷可以做几乎所有缩合型热固性聚合物，诸如环氧、酚醛、密胺、呋喃、异氰酸酯等树脂的偶联剂，但却不适用于不饱和聚酯树脂。

环氧基硅烷的制备可通过硅烷与不饱和环氧化合物的加成反应或与含有双键的饱和硅烷的环氧化反应来制备含环氧基的有机官能团硅化合物。乙烯基硅烷用过醋酸进行氧化反应生成乙烯基氧化物，但反应速度慢，收效低。含环氧官能团的硅氧烷与聚乙二醇的反应产物是一种表面活性化合物，可作为聚氨酯的发泡剂。

含环氧基的有机官能团硅烷的主要用途是作增强的缩合型热固性聚合物,诸如环氧树脂、酚醛树脂、密胺树脂和聚氨酯等的偶联剂。

在以水溶液的形式涂覆含环氧基官能团的硅烷时,溶液的酸碱度必须保持在 4 以上,以防止环氧化合物水解成油醚。巯基官能团硅烷是乙烯基聚合物中方便的链增长调节剂,并能通过链转移反应在每一个聚合物分子中引入三甲氧基硅烷官能团。借助于不饱和硅烷与别的单体共聚还可以导入另一些硅烷官能团,为了实现热塑性塑料对玻璃的黏合,每个聚合物分子中大约需要十个三甲氧基硅烷的官能团,用于玻璃纤维的硅烷偶联剂有 3 个可水解基团时复合材料的湿强度保持率最佳。

为了使巯基官能团硅烷与丁苯橡胶以及别的可巯化的有机弹性体中的非活性双键发生加成反应,可使用自由基引发剂。巯基官能团硅烷可用作处理颗粒状无机填料的偶联剂,借以使这类填料升级为巯化胶的补强填料。

含羧酸官能团的有机硅材料通常是以水溶液的形式涂覆的,因此不必除去游离酸。含羧酸官能团的有机硅酸酯是环氧树脂优良的偶联剂,但尚未获得工业应用;有机硅酸羧苯酯具有极佳的热稳定性,可用于聚苯并咪唑复合材料中,但不适用于聚酰亚胺中。硅烷中的羟乙基很容易从硅原子脱落,羟甲基硅烷在强碱中会裂解,可是硅原子上的羟丙基却具有脂肪族醇的正常稳定性和反应性。采用巯基官能团和不饱和醇,或采用氨基官能团硅烷或环氧化物或羟基官能团丙烯酸酯,或采用环氧基官能团硅烷和二醇或水等各种组合,都可制得含羟基官能团的硅烷。

偶联剂在无机物基材上形成单分子层薄膜,其中每个偶联剂分子通过硅醇反应而化学吸附在基材表面上,而偶联剂分子的另一个官能团仍然可以与基体树脂进行反应。

下面是典型的偶联剂分子结构及所带的官能团(图 5-12)。

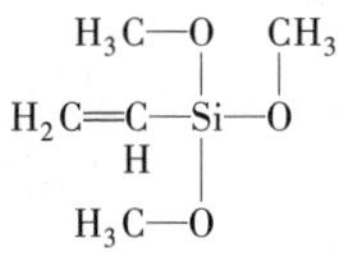

(a)乙烯基类

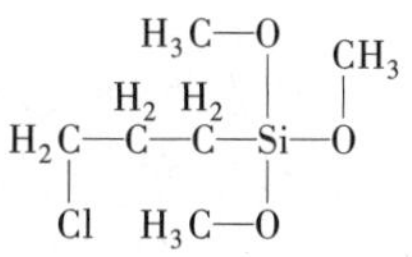

(b)氯丙基

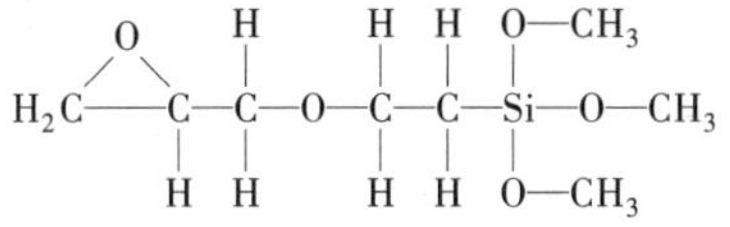

(c)环氧基

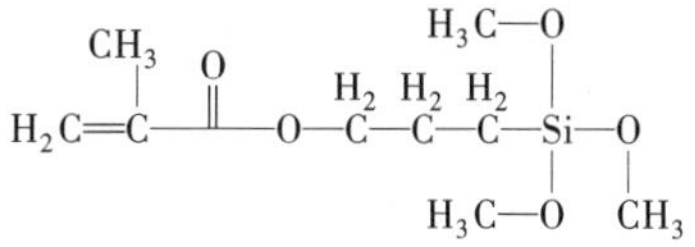

(d)甲基丙烯酸酯基

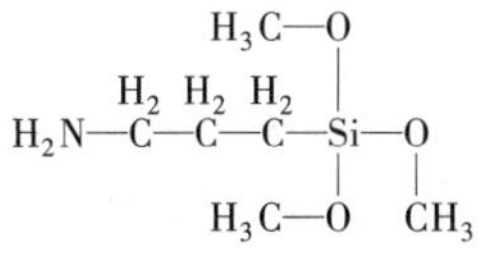

(e)伯胺基

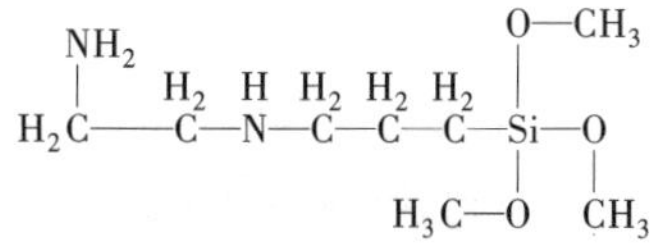

(f)二胺基

图 5-12 含不同官能团的偶联剂

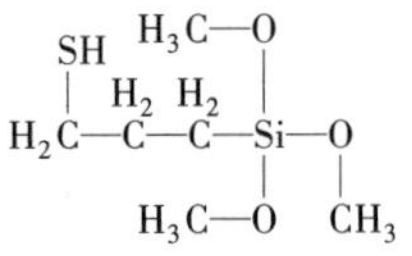

(g)巯基

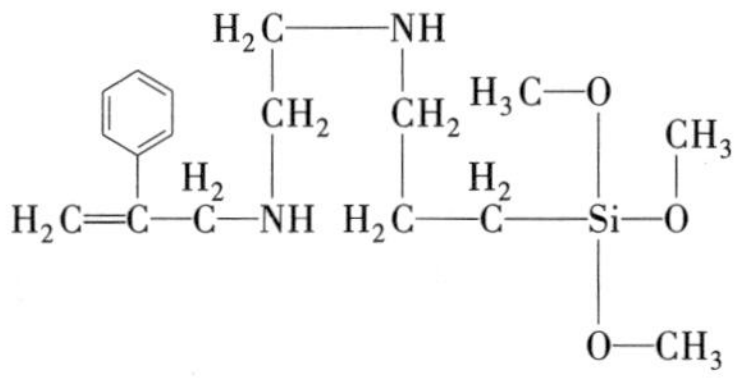

(h)阳离子型苯乙烯基

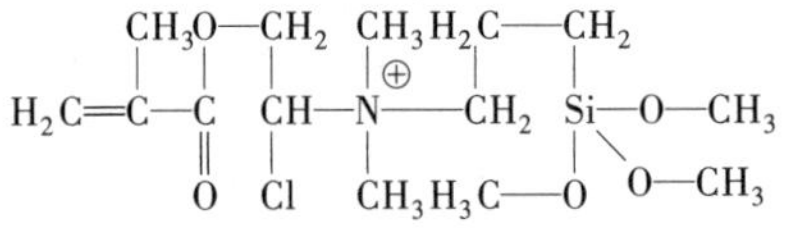

(i)阳离子型甲基丙烯酸酯

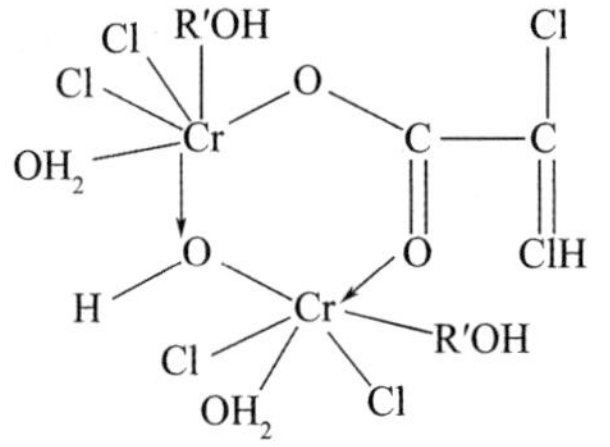

(j)铬络合物

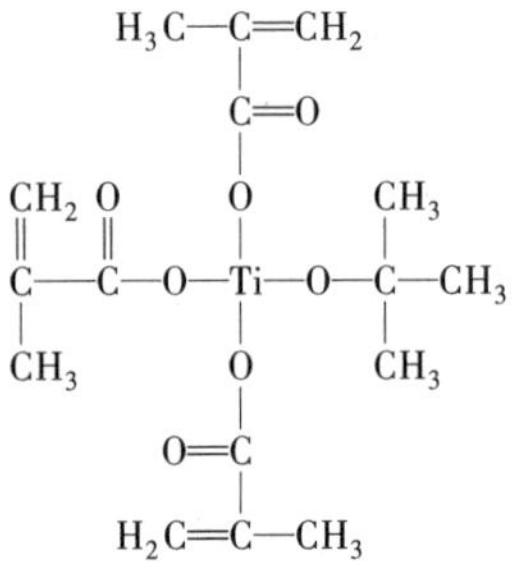

(k)钛酸酯

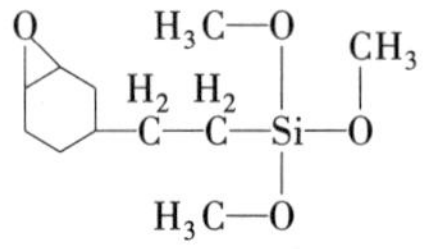

(l)脂肪族环氧化合物

图 5-12(续)

②要具有长效挥发性，使过程中迁移出或溶剂被萃取出复合体系的量越少越好。也就是说稳定剂在制品中不能随时间的增加迅速迁移到制品表面，有些产品在使用时不可避免地与水、油、化学溶剂、酸、碱、盐等溶液接触，存在于产品内的稳定剂不能被这些溶剂或溶液萃取出来，使产品的寿命受到影响，或者在产品使用寿命期内稳定剂被萃取的量很少，对产品寿命影响很小，能保证产品寿命期内聚合物的稳定。

③要尽可能地不带颜色，稳定剂的颜色影响制品的外观，同时某些颜色对光敏感会导致聚合物的光降解。

④要无毒无臭，聚合物加工的最终产品用途广泛，若稳定剂有毒有臭，会对人体及环境造成不利影响。

⑤要对化学药品和热稳定，稳定剂的目的就是抵御各种化学物质对高分子聚合物的损害，所以必须稳定存在，除了目标预计的化学反应和降解外，最好能耐受其他化学药品的侵害。

⑥要多效，兼有光、热和其他稳定作用更好，高分子聚合物体系中加入的“杂质”愈多，对材料的稳定愈不利，减少加入稳定剂的数量和种类，不但可减少或消除给复合材料带来不稳定的因素，还可提高材料的力学和电学性能，更重要的是可减少辐照剂量，提高辐射交联的效率。稳定剂一般为无机物和少量有机物，无机物的存在会降低材料的柔韧性、断裂强度、剪切强度、断裂伸长率等，提高玻璃化温度导致在较高的温度下经受冲击时发生脆化，出现银纹

等,导致材料性能劣化;稳定剂有自由基捕捉剂和自由基分解剂,高能辐射导致高分子产生自由基,引发分子链间的交联,但稳定剂具有自由基捕捉和分解功能,辐照时导致配方体系内的起始自由基浓度大幅度降低,降低了辐射交联的效率,为了得到合适的交联度就不得不提高辐照剂量,高的辐照剂量加速高分子的降解,因此控制稳定剂的加入量有利于辐射交联高分子复合材料综合性能的提高。

阻燃剂一般分为有机多卤取代的芳香化合物和无机化合物。有机多卤化合物比较典型的有十溴联苯醚,它是早期阻燃剂的首选,具有加入量少、阻燃效果好等优点,但是使用十溴联苯醚的产品在阻燃时会产生大量的有毒浓烟,造成受困火灾现场人员看不清线路和/或中毒而无法逃生,严重时导致人员窒息死亡或中毒无法逃生,因此多卤联苯醚逐渐被禁用。目前,无机化合物因其无毒、发烟量少和阻燃效果好而受到欢迎,无机阻燃化合物一般为氢氧化铝、氧化铝的多水合物、氢氧化镁、三氧化二锑和硼化合物,低温阻燃时一般选用氢氧化铝,氢氧化镁用于较高温度等级的阻燃,选用无机阻燃剂时首先考虑填料的粒径。随着制备技术的发展,填料粒径可达到纳米等级,纳米氢氧化铝和氢氧化镁作为无卤阻燃剂具有显著的优点:首先,加入的分量少,早期的氢氧化铝阻燃剂在100份高聚物中需要加入30~70质量份才能使极限氧指数达到30以上,目前采用纳米氢氧化铝和氢氧化镁后,加入量在30份以下,甚至更少;其次,不产生有毒有害的气体,阻燃机理为氢氧化铝或氢氧化镁在高温下分解放出大量水蒸气,阻隔燃烧反应的加速并降低着火区域的温度,同时分解后的氧化铝、氧化镁等无机物覆盖在高分子表面,形成致密的阻隔层,从而延阻燃烧的进行;其三,对辐射交联效率的影响很小或几乎没有,多溴联苯的苯环是强的自由基捕捉剂,氢氧化铝和氢氧化镁则不会捕捉引发交联的自由基。

氢氧化铝在200 ℃时分解放出水,每克氢氧化铝吸收1.97 kJ的热量,从而起到降温作用,其反应式为

$$2Al(OH)_3 \xrightarrow{200\ ℃} Al_2O_3 + 3H_2O - 300\ kJ \tag{5-23}$$

Al_2O_3与炭化层形成致密的保护膜,阻抑氧与高分子聚合物的接触。

氢氧化铝等无机阻燃剂在纳米技术的推动下,粒径愈来愈小,甚至可做到几纳米的粒径;另一方面,偶联处理解决了无机粒子与有机高分子之间的相容问题,还可防止纳米粒子填料的聚集效应(结块),提高纳米粒子在聚合物熔体中的分散性,显著提高阻燃效果,降低填料的填充份数和对复合材料力学性能的影响。因此,目前广泛应用于辐射交联无卤阻燃电线电缆绝缘护套材料的生产和加工,并将多溴联苯醚类阻燃剂逐步淘汰。

其他无烟或少烟的阻燃剂有二茂络铁、三聚氰胺、三氧化钼(MoO_3),碳酸钙可吸收聚合物分解放出的HCl,HCl是火灾造成人员窒息和中毒死亡的主要因素,减少HCl的放出量,就可减少对人员的伤害。一些无机化合物有利于减少产生的烟雾量,如碳酸镁、硼酸钠、Na-Ca-Al的硅酸盐、钼的化合物、Fe_2O_3、$Fe(OH)_3$、CuO、$Cu_2(CN)_2$、Cu(SCN)、Cu_2S、CuS、FeS、SnS_2、MoB_2、TiB_2、氧化钒、乙烯醋酸钒、钼酸锌等,它们能有效传热并降低中心火焰温度,促进高分子或可燃物的炭化,阻隔氧与可燃物的接触,达到阻燃的目的。

几种重要的阻燃试验方法及标准:

①ASTM D3363—77 测量氧指数的方法;

②ASTM D2843—77 测量塑料燃烧发烟密度的方法;

③ASTM D4100—80 塑料材料燃烧发烟质量测试方法;

④ASTEM E662—79 固体材料发烟的光密度测试方法；

⑤UL910 用于空间电缆的着火及发烟的测试方法；

⑥UL224 用于测试挤出绝缘热缩套管热老化和阻燃等性能参数的标准。

6. 其他助剂

颜料和一些结构稳定剂常常也被加入配方体系中，实现材料的优化，满足实际需求。大型仪器仪表所使用的电线电缆种类繁多，需要采用不同的颜色来区分不同用途的电线电缆，颜色的加入量可由实际的需要来确定，目前许多厂家生产成熟的母粒（master batch）以供客户选用，无须直接加入颜料，如果直接将颜料加入体系中，存在颜料的分散性问题，加入母粒时，根据树脂牌号和用途，选取合适的颜色母粒。

对于特殊用途的产品，需要做抗静电处理，加入抗静电剂是解决问题的有效方法。

结构稳定剂如玻璃纤维（glass fiber）、陶土、碳酸钙、硫酸钙、二氧化钛等作为填料可提高产品的耐冲击强度和压缩强度，根据不同的目的和用途选用不同的结构稳定剂和填料，使材料的性能满足最终产品的应用需求。

其他助剂视具体需求而适量加入，如防止植物根系侵袭、鼠类和水生物噬咬等添加剂，按照辐射化学的观点，加入的助剂愈多对辐射交联的效率影响愈大，除了敏化剂外，其他助剂的加入一般会降低辐照产生的自由基的浓度，从而降低了交联速度和交联产额，不利于实现辐照交联的预期结果。

5.2.3 高分子复合材料辐射交联的工艺技术

根据前面的介绍，以设计一个辐射交联烯烃聚合物的加工技术为例，所考虑的因素是多方面的，首先应明确用途，依据用途来了解产品需要经受的环境，如使用温度、户内户外、酸、碱、盐、水蒸气、有机溶剂等因素，还要考虑是否承受外力、摩擦和电压等，对使用的要求了解清楚才能设计出综合性能优越的材料配方，实现性价比的平衡。

1. 交联聚乙烯的基本配方

针对烯烃聚合物的辐射交联配方，首先选择的是主基材——聚乙烯，室内一般环境使用的产品如辐射交联的低压电线电缆、控制信号线和线缆接头，其配方见表 5-5。

表 5-5　辐射交联聚乙烯基本配方

材料名称	质量分数	功能
LDPE（MI1.5）	100	线缆屏蔽和绝缘保护的主材料
EVA（VA%=18，MI1）	5~20	补强剂、增容剂和增韧成分
TMPTMA 或 TAIC 等	0~1	敏化剂，辐射可产生大量自由基，有助于交联
抗氧剂 1010	0.5~2	抵御加工热氧和使用时氧对高聚物的损害
增塑剂（邻苯二甲酸二丁酯）	0~10	产品成型有挤塑、吹塑、模塑等，不同成型方法对熔融黏度的要求不一样，加入量不一样
颜料	0~2	一般以母粒方式加入，也可不加
填料	0~30	根据具体使用要求来加入
其他，如抗静电剂等	0~0.5	防霉剂、抑制植物根须侵害剂等，可视应用环境适量加入

表5-4给出了最普通的聚乙烯为主基材的辐射交联配方，而实际上最终产品的用途不同，配方中除主基材外的其他材料会随之而变化，例如用于橡塑电缆接头保护的热缩管、带、片等产品，要求具有良好的电绝缘性能，因此在设计配方时尽量不要加入影响电性能的材料。当接头置于户外时，需要加入炭黑以消除阳光中的紫外光对高分子的破坏；当接头置于地下时，需要加入防止植物根须侵害的组分，同时应能防止污水中的酸、碱、盐、有机溶剂等对接头的侵害；当用于高压电缆接头保护时，加入的助剂重点考虑是否能提高耐受高压击穿的性能。所以配方的设计需要根据具体的用途和使用环境条件来确定。

设计配方时除了要考虑产品的使用环境和各种材料的性能参数外，材料的加工工艺也是重点考虑的因素，将不同组分、不同性状的材料通过密炼(milling)、捏合(blending)或挤出(extruding)造粒，制备成宏观均相的粒料，供加工成型用。在配方中，各种组分物性不一，性状不一，如有的是固体高分子、有的是液体高分子或有机小分子、有的是易凝聚的无机颗粒或粉末，有些是固体，有些是弹性体(如橡胶增韧剂)，因此要实现组分之间的混合均匀，必须采用适当的共混方式，才能达到目的。最好的共混方法是通过密炼造粒加工来实现宏观均相的粒料，但是密炼造粒系统通常需要几百万元或几千万元的投入，这给中小投资者带来巨大的资金压力，所以一般先用高速混合机将配方物料初混，然后用双螺杆挤出机或四螺杆挤出机挤出造粒，制备成原料供成型加工产品。当然，若混合效果不好的话，还可以进行第二次挤出造粒，在挤出造粒过程中，尽量缩短加工时间，以免聚合物降解。

图5-13为辐射交联产品成型材料处理工艺示意图。把上面造好粒的材料采用吹塑、模塑、注塑、层压和挤出等加工方法，加工成最后的产品形状。热收缩膜一般采用吹塑法加工成型，也可采用挤出薄片经辐照后双轴拉伸而成；多层增强辐射交联产品通过层压法或连续复合方法加工，再辐射得到成品；管、电线电缆、片、带等形状的产品采用挤出法加工，而结构件采用注塑法。成型方法与普通塑料制品的方法一样，但多一道辐射工艺，有些产品辐射后就直接销售或使用，如辐射交联电线电缆；有些产品在辐射后还需进一步加工，图5-14为辐射交联产品成型工艺图，如热收缩制品，在辐照合适的剂量后，进行二次加工，即将辐照后的管、带、片等加热到软化温度，然后置入模具中扩张，扩张后的尺寸大于原来尺寸，有的是原来尺寸的一倍或几倍，迅速冷却定型，利用辐射交联后高分子材料的记忆效应(memory effect)，在使用时加热，让其恢复到挤出成型后的形状和尺寸。

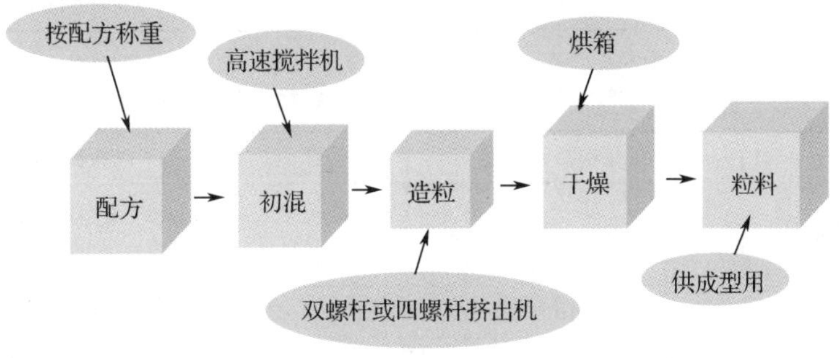

图5-13 辐射交联产品成型材料处理工艺示意图

加工好的产品，按照质量检测的要求，按照统计学原理选取一定数量进行质量检测，确定产品是否放行，一般需要检测的参数有力学强度、电学强度、耐化学介质性能、耐老化性能、交联度(也称凝胶含量)等，这些参数是判定产品性能的关键指标(key specifications)。

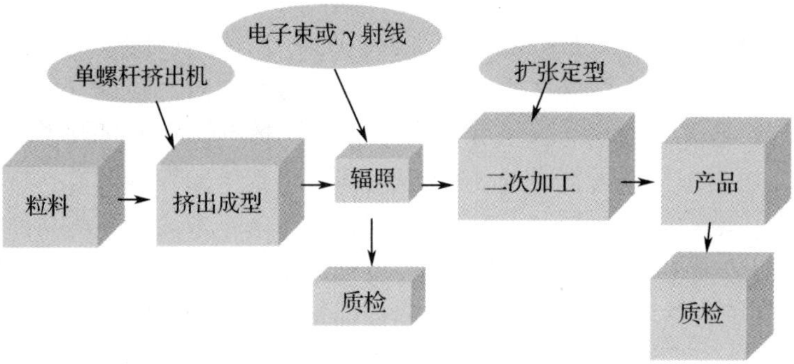

图 5-14　辐射交联产品成型加工工艺示意图

2. 最佳辐照剂量的选择

辐照是辐射交联的关键步骤，无论是采用 ^{60}Co 辐射源的 γ 射线辐照还是采用电子加速器的电子束辐照，都需要选择合适的辐照剂量和辐照时间。在本书所列的许多参考文献中有辐照交联凝胶含量的理论推导公式，但是在实际工作中，一般都不会采用理论公式来直接计算聚合物复合体系的辐照交联度（凝胶含量），来获得准确的辐照剂量和照射时间，而是针对具体的配方直接通过辐照剂量与聚合物复合材料的力学强度、电学强度、耐化学介质性能、耐老化性能、交联度（也称凝胶含量）等来选取最佳的辐照剂量和辐照时间。表 5-6 介绍了世界各国截至 2002 年所拥有的加速器及其能量；表 5-7 给出了 ^{60}Co 辐射源与加速器在辐射加工领域的比较，究竟采用 ^{60}Co 辐射源还是电子加速器视具体情况而定。目前，在经济发达地区已建设相当数量的 ^{60}Co 辐射场或加速器等辐射源，作为加工企业无须购买或安装，直接利用，辐射源一旦固定，许多工艺参数即可固定，为产品研制和生产提供良好的条件；表 5-8 介绍了不同能量的加速器的不同用途。

表 5-6　世界各国拥有的工业加速器的状况（截至 2002 年）

国别或地区	美国	日本	独联体	欧洲	中国	小计
台数	236	197	84	82	52	651
功率/kW	8 000	6 500	3 200	3 000	3 000	23 700

表 5-7　^{60}Co 辐射源与加速器在辐射加工领域的比较

内容	^{60}Co 辐射源 γ 射线	电子加速器 EB
能量或功率级别	10^{15} ~ 10^{10} J	几十个 keV ~ 10 MeV（电子束能量高于 10 MeV，被辐照物会发生核反应，产品活化有放射性）
波长	10^{-10} ~ 10^{-14} m	10^{-8} ~ 10^{-13} m
吸收剂量率	10 ~ 10^{3} Gy · min^{-1}	10^{3} ~ 10^{5} Gy · min^{-1}
对辐照物的穿透力	穿透能力强	电子能量高，穿透能力越强，将电子转换为 X 射线，穿透能力更强
生产效率	较低	高

表 5-7(续)

内容	^{60}Co 辐射源 γ 射线	电子加速器 EB
用途	适用于消毒灭菌、杀虫保鲜	消毒灭菌、杀虫保鲜,聚合物辐射交联、接枝、降解,更适合于医疗器械的消毒,氧化作用小,不变色,脆度变化小
运行方式	可用计算机自动控制连续生产	同 ^{60}Co 辐射源
辐射防护	辐射源需要储存于水井中	断电后无辐射、防护简单安全
环境保护	淘汰的 ^{60}Co 源需要按照严格的环境保护法规进行处理,费用昂贵	对环境无污染,称之为绿色加工,但注意辐照场的通风,以消除臭氧对人体的伤害
建设投资	较大	大
综合成本	较高	便宜

表 5-8　电子加速器能量与应用领域

加速器能量	应用领域
低能 15~450 keV	木材改性与表面固化、塑料地板革及其他建筑材料的表面固化处理、纸张改性、彩色印刷与纺织品的表面处理、磁记录材料的表面固化、塑料薄膜的交联等
中能 0.5~3 MeV	辐射交联电线电缆、热收缩材料、塑料发泡、高速汽车轮胎硫化、卫生饮水管、模具、聚合物降解、宝石着色以及半导体器件改性等
高能 5~10 MeV	食品保鲜、医疗用品消毒、化妆品与卫生用品消毒

辐射交联的高分子复合体系内组分众多,在理论计算凝胶含量时所需参数太多,公式复杂,步骤多,导致计算结果偏离实际,不如通过测定每一个配方的样品在辐照后的性能变化和凝胶含量来得直接和实用。

下面介绍几个具体例子来说明辐射交联与凝胶含量的关系,测试原理有溶剂法、热变形法和力学法等。溶剂法就是将辐照后的样品剪碎为微小颗粒状,置于索氏提取器(又称脂肪提取器)中,用合适的溶剂洗涤提取,聚乙烯类辐射交联样品所用提取溶剂一般为甲苯或二甲苯,不断迴流提取,直至样品恒重为止,准确称量,计算凝胶含量,在计算时有必要考虑配方中无机填料的影响,否则凝胶含量的数据不准确,影响试验结果和配方的筛选。图 5-15 是聚乙烯类材料配方辐射交联后,辐照剂量与凝胶含量之间的关系曲线,由图 5-15 可看出,辐射剂量在 100~250 kGy 范围内时凝胶含量处于合理的数据区间,在低辐照剂量下,聚乙烯凝胶含量随辐射剂量的增加而显著增加,当辐射剂量达到 150 kGy 时,凝胶含量增加速度减慢,到 250 kGy 时,凝胶含量逐渐降低,说明高的辐照剂量易导致聚乙烯降解,因此必须控制辐照剂量,以期获得良好的材料性能。

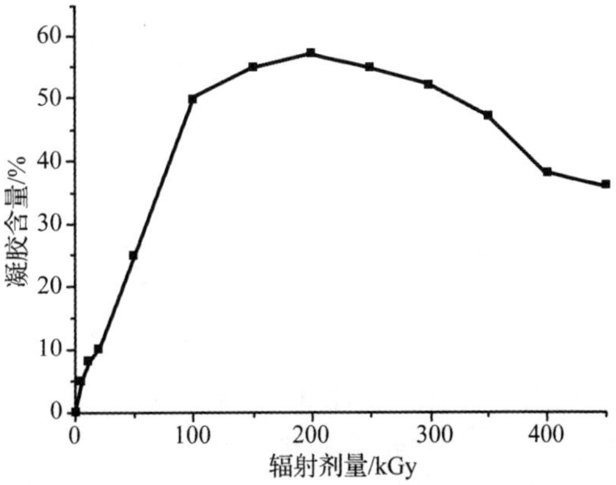

图 5-15　凝胶含量与辐射剂量的关系曲线

热变形法就是将不同辐射剂量辐照后的样品按国家标准规定规格制成哑铃状样条，置于烘箱内，样条下端挂一定不同质量的砝码，从室温开始逐段升温，观察测试样品形变与辐射剂量之间的关系。随烘箱内温度的增加，交联度低的样品会先被拉伸长，温度升高到某一温度时，样条被拉断，而交联度合适的样条被拉长到一定长度后不再变化。这种测试方法对样品辐射后要进行二次加工的产品特别有用，如热收缩制品(hot-shrinkable articles)的扩张，通过热变形法测得的辐照剂量直接用于最佳辐照剂量的选取，直观、有效，比溶剂法更实用，所选取的烘箱内温度称为产品扩张加工温度，砝码质量设定为扩张的拉力。

力学法就是将辐照后的样品制成国家标准规定的哑铃形样条，用万能拉力机拉伸，测量样品断裂强度(tensile strength)、断裂伸长率(elongation at break)与辐照剂量的关系，选择最佳的辐照剂量，一般拉伸强度随辐照剂量的增加而增加，当辐照剂量增加导致聚乙烯降解时，材料的拉伸强度和断裂伸长率下降，尤其是断裂伸长率下降更明显，所以力学法是选择辐照剂量的较好方法之一。本方法更有直观的指导意义，力学强度是材料改性后重要的考察指标，辐射交联的主要目的是提高高分子材料的力学强度，使之能用于较苛刻的环境下，所以力学强度下降，就表明辐照剂量过量。

无论是采用^{60}Co辐射源γ射线辐射加工，还是采用加速器电子束辐照，都会存在滞后辐射效应，即样品辐射一段时间后还有一定浓度的自由基、小分子片段、过氧化物和剩余电子存在，在这些残基作用下，发生剩余交联和其他反应。辐照后的产品进行二次加工时，自由基、小分子片段、过氧化物和剩余电子等会对二次加工造成不利影响，常常导致产品在扩张时发生破裂、扩张产品的厚薄不均、产品性能降低等，有实践经验的生产技术工人常常将辐射后的样品放置一段时间，或者在设置烘烤温度时考虑这些因素的影响。对于不需要二次加工的样品，如辐射交联电线电缆若直接使用时，会出现放电或击穿现象，辐射交联电力电缆热收缩橡塑接头在承受高电压时，存在于产品内部的静电在径迹上容易放电，形成三维树枝状“电树”，严重降低产品的性能，甚至不能使用。

3. 辐射交联聚乙烯的性能指标

以聚烯烃为主基材的辐射交联产品在电力、通信、防腐、PTC复合高分子材料器件等领域应用广泛，随着技术的发展，其应用愈来愈广，是高分子辐射交联产业的主要方向，也是方法较简便、投资节省、见效快捷的产业化领域，被誉为“绿色加工产业”。表5-9是典型的聚乙烯配方在辐射交联后材料性能所发生的变化。

表中数据说明，聚乙烯在辐照后其力学强度、耐应力开裂性能、耐化学介质性能、耐热老化等参数得到显著提高，同时它所具有的记忆效应对电线电缆接头、金属管道焊口及接头、金属管道表面防腐等起到良好的保护效果，保证接头和管道的正常工作，极大地提高电线电缆和金属管道的使用寿命。采用热收缩高分子制品具有高效、环保、可靠和施工方便等优点，逐步替代了其他技术。

配合热收缩制品的使用，常常在热收缩制品内表面即与电线电缆、金属或塑料管表面直接接触的一面涂布一层热熔胶。对应于辐射交联聚乙烯，选用的热熔胶有EVA为主基材的热熔胶、以聚酰胺为主基材的热熔胶以及以丙烯酸酯为主基材的热熔胶。热熔胶在热收缩制品的应用中具有举足轻重的作用：首先，充当了热收缩制品与被保护对象之间的黏结剂，将热收缩制品与线缆、管道等黏结一起，不发生脱落，保护接头不受酸、碱、盐、污水、有机溶剂等的腐蚀，保证通信的畅通、电力供应的正常、设备控制信号的准确和金属管道不受腐蚀等，有些热收缩制品需要应用于一定气压的环境，如大多数的橡塑通信电缆，为了保持正常工作，必须在电缆接头部位充上一定大气压的惰性气体如氮气，用热收缩制品将接好的电缆接头包覆住后，通过热收缩制品上的气门芯注入要求的大气压，一般为(70±2)kPa，如果没有黏结剂，氮气的压力会使热收缩制品从线缆或管道上剥离开；其次，充当密封剂，在热收缩制品加热施工过程中，热熔胶融化，受收缩应力作用，胶黏剂在线缆或管道表面充分流动、浸润，填充空隙，将氧气等腐蚀性气体赶出，保证线缆和管道的正常工作；其三，担当应力吸收剂的作用，热收缩制品收缩过程中产生大量应力，由于这些应力的存在，当接头部位或金属管道防腐层经受高温、外力冲击、低温冲击、划伤等情况时，热收缩层会破裂，但有热熔胶时，热收缩层可抑制裂口的扩张，并且会吸收掉大部分应力。

表 5-9　辐射交联聚乙烯(XLLDPE)与未交联聚乙烯(LDPE)的参数对比

项目	参数(LDPE)	参数(XLLDPE)	实验方法
拉伸强度/MPa	15~18	≥25	GB/T 1040
断裂伸长率(23℃)/%	100~650	100~600	GB/T 1040
维卡软化点/℃	77	≥90	GB/T 1633
低温脆化温度/℃	-68	-65	GB/T 5470
击穿强度/($MV \cdot m^{-1}$)	18	30	GB/T 1408
体积电阻率(23℃)/($\Omega \cdot m^{-1}$)	10^{16}	10^{16}	GB/T 1410
耐环境应力开裂(F50)/h	—	≥1000	GB/T 1842
邵氏硬度	50	≥60	GB/T 531
冲击强度/($J \cdot mm^{-1}$)	—	≥10	
吸水率/%	<0.01	<0.01	GB 1034
耐化学介质腐蚀(7d)/% 10%HCl 10%NaOH 10%NaCl	 ≥85 ≥85 ≥85	 ≥85 ≥85 ≥85	GB/T 1040
耐热老化(150 ℃,168 h) 拉伸强度/MPa 断裂伸长率/%	 <10 <300	 ≥14 ≥300	GB/T 1040

表 5-10、表 5-11 是两种热熔胶的典型配方及其性能参数。

表 5-10　EVA 型热熔胶的配方

名称	技术指标	质量分数
EVA(主基材)	MI:1~20,VA%:18~20	100
EVA(辅基材)	MI:1,VA%:5~8	5~15
EVA(辅基材)	MI:150~300,VA%:25~33	5~15
稀释剂(石蜡)	也可是粉末聚乙烯	2~8
增黏剂(松香)	改性松香等	5~10

表 5-10(续)

名称	技术指标	质量分数
填料(碳酸钙)	二氧化钛、硫酸钙等都可	视具体情况加入
颜料(炭黑、红色)	可加可不加，一般加入母粒	1~2
抗氧剂(1010)	Ciba-Gagy 公司产品	0.5~1
其他	如植物根须抑制剂、防霉剂、防静电剂	—

表 5-11　二聚脂肪酸聚酰胺类热熔胶的配方

名称	技术指标	质量分数
聚酰胺(主基材)	分子量:6 000~10 000	100
聚酰胺(辅基材 1)	分子量:3 000~5 000	10~20
聚酰胺(辅基材 2)	分子量:1 000~1 500	5~10
低分子量聚烯烃	粉末聚乙烯或石蜡	5~10
乙烯-丙烯酸酯共聚物	EEA 或 EAA	15~25
弹性体增韧剂	不饱和烯烃类共聚物橡胶	1~5
增黏剂	松香类	5~15
抗氧剂	抗氧剂 1010	0.5~2
填料	视情况加入	适量，也可不加
颜料	视情况加入，一般为母粒	1‰~1%
其他	根据具体使用情况来定	—

表 5-10 的配方的环球软化点为 75~90 ℃，对辐射交联聚乙烯的常温剥离强度为 100 N 以上(测试方法参见 GB/T 2792，以下热熔胶测试标准相同)，剪切强度(shear strength)>1 500 N，对辐射交联聚乙烯类材料黏结性能良好。

表 5-11 配方的热熔胶特别适合于辐射交联聚烯烃类热收缩制品，尤其是辐射交联的聚乙烯(表面经火焰处理)的粘接，在常温下的剥离强度可达 200 N 以上，甚至达到 300 N 以上，剪切强度>2 500 N，耐受交变温度(-70~50 ℃)作用能力强，主要用于气压维护型电缆的接头保护。

丙烯酸酯类热熔胶不做重点介绍，但它的配方基本上与 EVA 型热熔胶类似，把其中的 EVA 换成 EEA、EAA 类高分子热塑性聚合物即可，粘接性能较 EVA 型热熔胶要好，丙烯酸酯类热熔胶的价格比 EVA 型热熔胶的要高得多，所以在实际的产品生产加工过程中，应根据产品性能与成本的最佳比例来选择每一种材料，只要生产加工产品的性能满足实用即可。

表 5-12 为常见聚合物的辐射效应，根据此表选择合适基材进行辐射加工，获得所需用途的产品。

表 5-12 塑性聚合物的辐射性质

聚合物		热性质/℃		密度 /(g·cm^{-3})	辐射效应
		T_m	T_d		
聚乙烯	金属茂聚乙烯(mPE)	60~105	—	0.870~0.915	X
	低密度聚乙烯(LDPE)	98~115	40~44	0.917~0.932	X
	线性低密度聚乙烯(LLDPE)	122~128	55~62	0.918~0.940	X
	高密度聚乙烯(HDPE)	130~137	79~91	0.952~0.965	X
	超高分子量聚乙烯(UHMWPE)	125~135	68~82	0.940	X
	乙烯-醋酸乙烯酯共聚物(EVA)	61~105	—	0.925~0.960	X
	乙烯-丙烯酸共聚物(EAA)	94~102	—	0.924~0.958	X
	乙烯-丙烯酸甲酯共聚物(EMA)	75~102	—	0.928~0.945	X
	乙烯-丙烯酸乙酯共聚物(EEA)	95~98	31~33	0.930~0.931	X
	乙烯-丙烯酸丁酯共聚物(EBA)	86~93	—	0.926~0.928	X
	乙烯-乙烯醇共聚物(EVOH)	156~191	80~100	1.120~1.200	
聚丙烯	金属茂聚丙烯(mPP)	149	94	0.900	S
	均聚丙烯(PP)	168~175	107~121	0.900~0.910	S
	乙烯丙烯共聚物(PP)	131~164	71~115	0.890~0.910	S/X
含卤聚合物	未增塑聚氯乙烯(PVC)	75~105	57~82	1.300~1.580	S/X
	聚偏氯乙烯(PVdC)	150	—	1.600~1.780	S
	聚偏氟乙烯(PVdF)	135~175	68~140	1.760~1.800	X
	乙烯-四氟乙烯共聚物(ETFE)	270	81	1.700~1.720	X
	氟乙烯-丙烯共聚物(FEP)	257~263	70~77	2.130~2.150	S
	乙烯-一氯三氟乙烯共聚物(ECTFE)	220~240	90~92	1.680	S
	四氟乙烯聚合物(PTFE)	230	73~140	2.150~2.300	S
刚性透明塑料	聚苯乙烯(PS)	83~100	78~103	1.040~1.080	O
	聚甲基丙烯酸甲酯(PMMA)	100~105	80~103	1.150~1.190	S
	聚对苯二甲酸乙二醇酯(PET)	243~250	68~72	1.300~1.330	O
	聚碳酸酯(PC)	143~150	115~143	1.170~1.450	O

注:X=辐射交联;S=辐射降解,S/X=辐射降解后产生辐射交联;O=中性(既不产生辐射交联,又不产生辐射降解);PS、PMMA、PC 只列出玻璃化转变温度 T_g,而无熔融转变温度 T_m;T_d=在荷载 0.46 MPa 应力下,按照 ASTM D-648 测得的热挠曲温度。

5.2.4 热塑性高分子辐射交联产品的主要用途

辐射交联高分子产品用于电力、电子、通信、交通、建筑、化工、汽车、船舶、国防、军工和航天等领域,但是在电线电缆和热收缩制品领域的应用是时间最早、技术最成熟、市场份额最大的应用。

1. 辐射交联电线电缆

早期的电线电缆，尤其是民用低压电线电缆，其绝缘护套材料多采用聚氯乙烯（PVC）为主基材，价廉易得，工艺简单，迅速普及到低压电线电缆领域，但是聚氯乙烯电线电缆在应用过程中出现许多致命的问题：一是易老化，随着使用时间的增加，添加到聚氯乙烯中的增塑剂等低分子有机化合物慢慢迁移出来，电线电缆的绝缘层变硬变脆，一旦受到外力的作用，绝缘层就会破裂，失去对芯线金属导体的保护作用；二是各种火灾事故发生时，聚氯乙烯燃烧过程中产生大量有毒有害浓烟，易造成火场人员窒息。因此开发低烟无卤阻燃电线电缆替代聚氯乙烯电线电缆是国内低压电线电缆发展的方向。

辐射交联聚乙烯正好可以克服以上缺点，提高了电线电缆的寿命。在欧美发达国家，民用建筑室内布线已强制规定必须使用辐射交联聚乙烯低压电线电缆，不准使用聚氯乙烯低压（<1 000 V）电线电缆。随着纳米技术的发展，氢氧化铝等无机阻燃剂可以制备出粒径在100 nm 以下的颗粒，有的甚至到 40 nm 以下。另一方面，偶联剂对氢氧化铝等纳米颗粒的处理技术也日臻完善，大大提高了无机粒子与有机聚合物之间的相容性，降低填料的添加份数，增强了阻燃性，提高力学强度，实现低烟无卤阻燃或无烟无卤阻燃，在火灾时电线电缆燃烧不会放出有毒有害的浓黑烟而让人窒息死亡。同时，还维护一定时间的稳定供电，有利于逃生和救援。

辐射交联电线电缆用于民用建筑的室内布线、10 kV 架空电缆、信号控制电缆、阻燃电线等产品。因其具有良好的阻燃性、耐寒性、耐热性、耐阳光辐射、耐恶劣环境等特异性，广泛应用于航空、航天、电站、电子、兵器、造船、机车等行业中的设备和仪器，在通信、电力输变电、汽车等行业已成为首选的电线电缆，对产品质量的稳定和性能的升级具有至关重要的作用。

2. 热可缩材料及制品

热可缩材料及制品（heat recoverable materials and articles 或 Heat shrinkable articles）是最早投入商用的辐射交联产品，在 20 世纪五六十年代，在美国航天、武器（兵器）工业需要高性能材料的牵引下，利用辐射交联聚乙烯的记忆效应，成功开发出热可缩材料，将其制备成热收缩管、热收缩片、热收缩带等产品，或制成结构件、异型管件，扩张后用于金属异型构件的表面保护和防腐。

辐射交联高分子聚合物还可用于航天、导弹、远洋舰船等需要耐高温或低温的线缆，油路密封圈、结构件和密封材料及各种高性能的包装材料等。

3. PTC 产品

利用辐射交联正温度系数聚合物复合物可加工成自限温加热电缆（self-limiting heating cable，见图 5-16）、电流控制开关（circuit limiting switches）或自恢复保险丝（self-repairing Fuses，见图 5-17）。

4. 辐射交联聚乙烯发泡材料

辐射交联聚乙烯发泡材料用于手术衣、高档包装材料，如高档汽车内饰、贵重物品包装等。

5. 其他用途

辐射交联超高分子量聚乙烯（UHMPE）可加工成防弹衣、伞包的绳索、医用置换关节等。辐射交联聚合物用于汽车配件、医学修复器件和材料等。

因此，辐射交联聚合物具有独特的优势，应用于许多关键领域，未来发展前景更广阔。

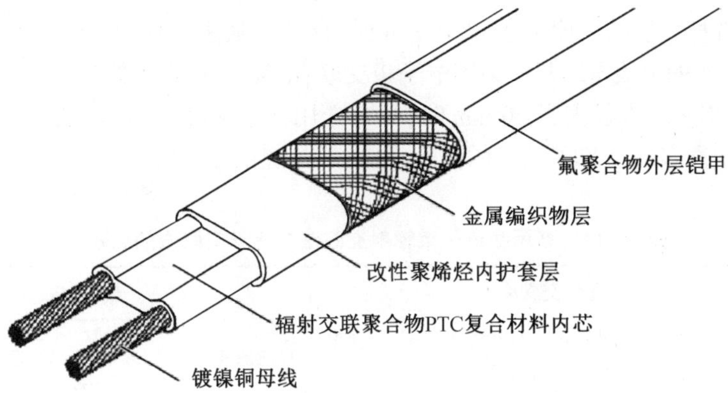

图 5-16 自限温加热电缆

(a) (b) (c)

图 5-17 自恢复保险丝

5.2.5 辐射交联技术与化学交联技术的对比

高分子辐射交联技术已成为成熟的工业应用技术，以电线电缆和热收缩制品为代表的产品应用不断深入，但是辐射交联技术，尤其是电子束辐射交联技术受产品厚度的影响，电子束穿透厚度有限，限制了超厚产品的交联，或者交联的效率低，因此对于大型和厚壁产品的交联又开发了过氧化物和硅烷交联技术。

针对过氧化物和硅烷交联技术与电子束交联技术，A. M. Zamore 比较了它们之间的优缺点，电子束设备以高能电子实现柔性分子链之间的交联，交联在常温常压下进行，对电线电缆最高生产速度可达每分钟近 10^3 m。化学交联设备是以加热为基础的连续硫化装置，典型的是一根长管道，其允许温度可达 200 ℃，允许压力可达到 1.7 MPa，生产的线速度为每分钟 60 m，大部分的化学交联设备所采用的热源是水蒸气、热氮或是熔盐中的一种，所有化学交联均需采用过氧化合物、硅烷或硫化剂作为交联剂。

高聚物交联后可改善材料的物理性能，对电线电缆来说，改善后特别有用的优点如下：

①提高了高聚物的熔点及滴点，减少了高温流动性；

②提高了耐油、耐有机溶剂性能；

③提高介电强度及抗张强度，增强耐磨性。

由表 5-13 的优缺点比较可看出两种交联技术都有其局限性。图 5-18 所示的电线直径与绝缘层厚度的关系曲线表明，电子束和化学交联技术的不同应用组合，可以获得最佳的利用：在绝缘层或者护套层的厚度大于 38.1 mm 时，化学交联法占优；小于 7.62 mm 时，电子束交联占优，直径很小的电线电缆只能采用电子束交联；电缆绝缘层厚度为 7.62～38.1 mm 时，两种交联法均可采用。当直径大于 50 mm 时，只有选用化学交联技术，才能实现线缆的良好交联，这些工作范围真实地反映了用户的实际经验，不是理论推导。

表 5-13　高聚物电子束辐射交联法与化学交联法的比较

<table>
<tr><th>优缺点</th><th>化学交联法</th><th>辐射交联法</th></tr>
<tr><td rowspan="6">优点</td><td>1. 本技术已很好地被管理人员和工人掌握，不像电子束技术那样需要高的技术水平</td><td>1. 能源利用率高，起始投入后，运行费用低</td></tr>
<tr><td>2. 在生产的电线电缆规格与电子束交联设备生产的规格相同的情况下，蒸汽交联设备的购置和安装费用低廉，包括锅炉在内的二手蒸汽交联设备及安装费用为 25 万美金</td><td>2. 挤塑可脱离生产线，用一般的挤塑机即可完成</td></tr>
<tr><td rowspan="4">3. 化学交联设备适用于常规电线电缆的大批量生产</td><td>3. 相对化学交联设备而言，电子束交联设备结构紧凑、占地面积小</td></tr>
<tr><td>4. 电子束交联设备通常由计算机控制，程序设置后只需要一名技师即可</td></tr>
<tr><td>5. 设备运行平稳可靠，维修少，90%的电子束辐照交联用户满意</td></tr>
<tr><td>6. 可高效生产常规电线电缆制品，其生产速度是化学交联设备的 10 倍，生产小规格的电线的线速每分钟可达 1 000 m</td></tr>
<tr><td rowspan="9">缺点</td><td>1. 只能用来交联那些适合用过氧化物或硫化交联剂的材料</td><td>1. 一开始，电子束交联设备的一次性投资高，新设备价格为 100～250 万美金</td></tr>
<tr><td>2. 交联剂的残余物会留在电缆中，经过一定时间会导致护套或绝缘层老化</td><td>2. 由于设备性能好，用户满意，在市场上几乎没有二手设备</td></tr>
<tr><td>3. 化学交联所需的高压力，会影响电缆内部的固有结构</td><td>3. 需要大量混凝土防护屏来吸收交联过程中产生的 X 射线</td></tr>
<tr><td>4. 化学交联所需的高温会熔化电缆内部成分</td><td>4. 需要复杂的束下输送系统</td></tr>
<tr><td>5. 改变电缆型号及规格需要更换大量工装部件（要花费 3 h 以上）</td><td>5. 对于电子束辐照能量的误解，会引起人们的恐惧心理及公共通信的问题</td></tr>
<tr><td>6. 为确定合适的挤塑和固化条件，化学交联生产线启动初期会浪费大量电缆</td><td>6. 新设备的定制及安装时间约需 18 个月，安装调试时间长</td></tr>
<tr><td>7. 化学交联设备占地面积大，通常长 150 m 以上，宽 15 m 以上</td><td rowspan="3">7. 受束下输送系统的条件限制，电子束交联设备不能生产直径大于 5 cm 的电缆</td></tr>
<tr><td>8. 设备能耗大，维修操作费用大</td></tr>
<tr><td>9. 不能生产小规格的电线</td></tr>
</table>

图 5-18 电子束及化学交联最佳工作范围

辐射交联与化学交联技术的比较,最根本的是生产成本的对比,见表 5-14。

表 5-14 各种交联设备及其配套加工的成本比较

成本项目		每小时费用/美元			
		φ115 mm 蒸汽化学	盐浴化学	φ115 mm 挤出机	电子束
可变成本	电	3.56	12.80	5.44	20.00
	燃料/ 油/水	3.47	5.40	1.85	3.00
	修理部件	5.96	2.38	1.19	8.30
	劳务及税收	16.22	33.05	7.80	50.00
	叉车费用	2.04	2.04	2.04	2.04
	其他劳动力	4.71	9.31	3.09	6.00
	工具及供应	2.53	2.33	1.36	4.88
	可变成本合计	38.48	67.31	19.98	94.00
固定成本	建筑物及保险	4.18	12.07	2.99	1.43
	折旧	7.18	35.89	11.80	104.57
	固定成本合计	11.36	47.96	13.79	106.00
技术成本	维修成本	3.81	7.62	4.49	10.00
	工程成本	3.18	21.29	-	10.00
	技术成本合计	6.99	28.91	4.49	20.00
每小时生产总成本		56.83	144.18	38.26	220
310 m(1 000 ft) 电缆成本/美元		10(31 m “100 ft”·min^{-1})	50(15.5 m “50 ft”·min^{-1})	2(107 m “350”·min^{-1})	7(155 m “500”·min^{-1})

注:本表的计算依据是每周工作 5 d,每天三班生产。

表 5-14 中数据说明,电子束辐射交联的效率远远大于化学交联法,一台加速器可同时满足多个电线电缆工厂的生产需求。但综合整个电线电缆的生产成本来看,几乎相差不大,那么我们为什么要选择电子束辐照交联技术呢? 第一,特种电线电缆需要采用电子束辐射交联

法生产，不能采用化学交联法；第二，设备生产过程灵活，废品率低，对材料的要求宽松；第三，无须独家购买设备，由几个厂家共同购买，降低起始投资，或者可利用已有的电子束辐照加工中心，不用投资交联设备就可生产交联电线电缆；第四，有利于新产品的开发和生产，灵活地生产和开发交联型电线电缆满足用户急需，采用电子束辐射交联法方便、快捷、高质量。由于辐射法生产不需要过氧化物、水、蒸汽、热和高压力，因此，它最适合于生产新型、单一、高附加值的电线电缆。

5.2.6 小结

辐射交联技术经过几十年的发展，在配方、工艺和技术的发展上已逐渐成熟，并在工业上大范围应用，但是辐射交联的详细机理到目前为止未完全清楚，对于一个体系，组分众多，既有有利于交联的化学组分，也有对交联有抑制作用的组分，如敏化剂在辐照过程中产生大量活性自由基，加速和促进烯烃分子的交联；阻燃剂和加工稳定剂则会吸收大量自由基，这个过程复杂且不能定量，受许多因素如温度、湿度、局部化学物质的浓度等影响；无机填料和助剂会稀释自由基浓度，降低交联的概率。另外，辐照整个配方体系时，烯烃分子会发生断裂，生产更小的分子，这些小分子进攻大分子链使其降解；体系中部分自由基湮灭降低交联的效率，同时降解后产生的小分子接枝到其他分子链上，增加支化度，增加交联的空间位阻，以上一系列的热力学和动力学过程无法实现量化处理，所以通过理论来预测和解决整个交联过程的问题是有难度的。但在辐射交联的科研和生产中，有时候也不需要详细的推导，可根据现有的经验公式结合试验准确地给出我们需要了解的各种参数，具体的工艺配方、材料选择、加工工艺、辐照剂量等都要根据本单位的技术力量、试验设备、生产设备、产品的最终用途、采用的加速器能量及束流或者使用的^{60}Co源的强度等通过试验来确定。

热塑性高分子辐射交联正在向高耐温等级的杂原子聚合物发展，含氮、硫或被氟、氯、溴等卤素原子取代的聚合物在早期要实现辐射交联是非常困难的，原因在于碳—氟键较碳—碳键要牢固得多，在高能射线（电子束或γ射线）作用下，碳—碳键首先断裂，导致高聚物主链的降解，而不是希望的交联反应；碳—氯键、碳—溴键和碳—碘键又比碳—碳键弱，在射线作用下，卤族元素脱落，形成卤化物，引发碳主链断裂，不容易发生交联。聚酰胺（尼龙）辐射交联成为研究的下一个重点，材料配方体系逐步完善，整个技术和工艺逐渐成熟，用于航天、石油及工程结构件上。随着技术的进步，不断有新的交联敏化剂的合成，尤其是高沸点的敏化剂的出现，让含杂原子的高熔点聚合物的辐射交联变得容易，更多耐高温等级的辐射交联材料会不断被开发出来，用于宇宙开发、船舶、武器和飞行器等。

5.3 辐射聚合

分子辐射聚合与传统聚合相比具有独特的优势，传统聚合常常需要高温高压，工艺复杂、设备庞大、产物中残留的催化剂影响产品的性能和应用。辐射聚合其参数可调、可控、无须催化剂和引发剂，常温、高温和低温或超低温均可聚合，这些优点使辐射合成的高分子成为优良的生物和医用材料。聚合体系可以是液态、固态或气态，聚合体系的组成可以是一种单体或多种单体，主要聚合方向有：乙烯为主要单体的聚合物合成、甲醛辐射合成三聚甲醛、含氟单体辐射聚合制备特种高分子、丙烯酸衍生物或丙烯酰胺辐射聚合以及其他功能高分子的合成，有些单体的辐射聚合已实现工业化。

辐射聚合与高分子的热化学聚合机理一样，有自由基聚合和离子聚合两种，但决定机理的因素有温度、动力学、溶剂、添加剂、组分等。在降低体系温度时，聚合的速度不受温度降低影响时，聚合的机理为离子聚合；若聚合速度受体系温度影响时，则为自由基聚合。聚合反应速度(V)与剂量率(I)的平方根成正比，即 $V\propto\sqrt{I}$时，为自由基聚合机理；当 $V\propto I$ 时，为离子聚合机理。

5.3.1 液相辐射聚合及均相本体聚合

单体处于液体状态，由溶剂分子结构决定的溶剂性质对单体的辐射和聚合反应机理影响较大，导致反应过程复杂，溶剂分子在射线作用下发生分解，产生一系列中间活性粒子、最终产物，单体分子受辐射而产生的活性粒子、中间体等综合反应，不能只考虑单体在辐射作用下产生的粒子直接聚合，还要考虑溶剂效应，有些溶剂在辐射作用下产生的粒子或产物对聚合有促进作用，有些溶剂则对聚合形成抑制效应。试验表明，能有利于辐射引发的自由基聚合反应，也有利于辐射阴离子聚合。

绝大多数辐射本体聚合需要采用钠、钾合金进行干燥，以自由基的方式进行聚合，干燥后的α-甲基苯乙烯的反应速率比含水体系高 1 000 倍，因此水具有强烈的抑制本体聚合的作用，其机理为水分子吸收了α-甲基苯乙烯在辐射时产生的正碳离子，然后又与体系中生成的负离子(含过剩电子)发生电中和，降低离子的有效浓度，减缓聚合反应速度，水成为质子清除剂。例如干燥后的苯乙烯辐射聚合比含水苯乙烯自由基的聚合速率快 100 倍。

无论是离子聚合还是自由基聚合，随辐射剂量的增加，产品的生成量增加，单体转化率增加，但是转化率增加到一定量时会出现凝胶。由于聚合物链很长，生长链的活动性变小，从而双基终止反应减少，聚合速度加快，成为辐射聚合的凝胶效应。另一方面，转化率大于 90%后，反应体系黏度不断增大，单体浓度下降，单体分子与增长链自由基(或离子)碰撞概率减少，聚合速度开始下降。

下面举几个液相聚合的例子，同时说明溶剂效应。

苯乙烯在二氯乙烷中于低温(-78 ℃)时进行阳离子聚合，苯乙烯的辐射聚合速率与剂量率之间有明显的依存关系，在低剂量率时($<50\ kGy\cdot h^{-1}$)，聚合速率与剂量率的一次方成正比；剂量率$>50\ kGy\cdot h^{-1}$ 时，聚合速率与剂量率的平方根成正比。若此聚合体系中存在硅胶时，这种关系正好相反，硅胶对阴离子具有强的吸附作用，导致了这种相反的结果。

乙烯在氯代乙烷溶液中进行辐射聚合时，生成的聚乙烯立即沉淀而使聚合体系成为非均相体系，出现聚合速率与单体浓度的二次方成正比的关系，一般指数在 1~2，取决于聚合物沉淀所引起的增长活性链被包覆情况。若为氯丙烷，指数为 1.41，而 1-氯丙烷或叔丁基氯代烷中，乙烯辐射聚合的活化能分别为 $23.41\ kJ\cdot mol^{-1}$ 和 $30.93\ kJ\cdot mol^{-1}$，比其他本体(液化)聚合时的活化能 $18.39\ kJ\cdot mol^{-1}$ 略高，表明乙烯的辐射聚合按自由基机理进行。

甲基丙烯酸甲酯辐射均相本体聚合，聚合体系在辐照 10 kGy 左右后，移出辐射场，在 20~50 ℃下聚合，制备大面积、厚的有机玻璃，其光学性能远优于热化学方法所合成的产品。

四氟乙烯的二氟氯甲烷($CHClF_2$)溶液在-78~0 ℃下进行辐射引发聚合，然后将聚合体系置于辐照场外进行聚合，G 值可达 3.3×10^5，转化率可达 100%，分子量达到 1.2×10^6，对于制备高品质的聚四氟乙烯具有重要意义。

5.3.2 固相辐射聚合

所谓固相辐射聚合，就是聚合体系不采用液体溶剂，且其单体为固体的辐射聚合，它具有显著的优点。高能辐射可均匀地穿透固态单体，在辐射下整个体系发生聚合反应，而固相化学合成法的一个难题是催化剂在体系中很难均匀分散，引发均匀的反应，而且催化剂不能渗透到单体晶格中，大大影响催化效率和反应速率，即使催化剂渗透到晶格中，但会破坏晶格结构。到目前为止，已有上百种单体可以通过辐射固相聚合，其中三聚甲醛（赛钢）、丙烯酰胺和甲基丙烯酸甲酯已可应用于工业级别的产品。

影响辐射固相聚合的因素主要有固态单体的结构，如晶体尺寸、晶态还是玻璃态、聚合温度等。如果单体晶体结构与产物晶体结构不一致，则聚合受到的影响较大；若单体是玻璃态，玻璃态体系辐射聚合时，聚合速度很高，且有缓慢加速，随单体体系黏度增加，终止链速度不断降低，导致聚合速度增加。

丙烯酰胺的晶体结构决定了它不利于辐射固相聚合，但向体系中加入少量氨或氢氧化钠水溶液，形成不完全的固相，然后进行辐射聚合，效果显著。例如，在无氧存在时，室温下辐照丙烯酰胺浓度为95%时，剂量率为 $0.07\ \text{Gy}\cdot\text{s}^{-1}$，时间为 30 min，转化率可达 100%，聚合物的分子量为 6.0×10^{6}，如果向体系中加入 1.2% 或 0.45% 的 NaOH 水溶液，分子量增加为 1.0×10^{7}，产品是优秀的水絮凝剂，比化学法合成效率高 3~10 倍。

三聚甲醛单体的结晶形状控制聚甲醛的形状，即聚甲醛的晶体结构与三聚甲醛的晶体结构类似，三聚甲醛在 55 ℃下，$5.0\times10^{2}\ \text{Gy}\cdot\text{h}^{-1}$ 剂量率直接辐射下固相聚合，可得纤维状聚合物，转化率约为 40%，但分子量太低，特性黏度仅为 0.5。在 25 ℃下将结晶三聚甲醛辐照，然后在 55 ℃下放置聚合，即可生成高度结晶的纤维状的聚合物，分子量高，特性黏度可达 2.5，而且发现聚甲醛的分子量与三聚甲醛单体晶粒之间的大小存在着规律性的关系，同时分子量大小受放置时的温度（35~65 ℃）控制，而转化率与放置时间有关。

与三聚甲醛一样，许多环状化合物单体都可进行辐射固化聚合反应，而在液体条件下聚合得不到高分子量的产物，而在固相条件下得到的产物晶体结构好，分子量高，熔点也高。如六甲基环三硅氧烷、3,3-二氯甲基环氧丙烷、β-丙内酯、二聚乙烯酮及氯化磷氮六环等，其中β-丙内酯辐射固相聚合得到的聚合物分子量比其他任何方法制得的产品都要高。

5.3.3 乳液聚合

乳液聚合就是聚合体系在乳化剂存在下，以水作为连续相（水包油）进行的辐射聚合反应，称为辐射乳液聚合。辐射乳液聚合由高能射线与体系中各组分作用，产生自由基，其机理为

$$H_2O \xrightarrow{\gamma\text{射线或电子束}} H, OH^-, e^-_{aq}, H_2O^+, H_2O^* \tag{5-24}$$

（水辐射分解产生的自由基、离子、活性分子等）

$$M \xrightarrow{\gamma\text{射线或电子束}} R_1^{\bullet} \tag{5-25}$$

（单体分子 M 在射线作用下产生自由基）

$$E \xrightarrow{\gamma\text{射线或电子束}} 2R_2^{\bullet} \tag{5-26}$$

（乳化剂 E 在射线作用下产生自由基）

这些自由基或活性基团在胶束和乳胶粒子间引发单体聚合的链式反应，这一步是决定乳液聚合的关键动力学步骤，与化学法聚合相比具有如下优点。

①乳液体系中不需要过氧化物或其他引发剂，产物中不含引发剂片段，产物纯度高，这对医用产品而言非常关键，产物中的引发剂片段常常是造成人体过敏的主要化学物质。

②水辐射分解的自由基产额较大（$G_H+G_{OH}+Ge^-_{aq}=5.9$），可通过控制辐射剂量率来控制自由基浓度，或根据需要控制自由基的浓度，使之达到恒定值5.9，或减少自由基浓度，使反应停止；

③由于辐射分解自由基产额大、乳液中乳胶粒子之间具有足够的空间结构以及富能的活性粒子等因素，乳液聚合的反应速度产物分子量高。

④温度对辐射乳液聚合影响较小，可实现常温聚合，防止发生链转移和重排反应，生成的副产物少，聚合物结构规整，分子量分布窄，聚合物性能优越。

⑤水辐射分解的自由基质量轻、迁移快，引发的反应效率高，辐射乳液聚合时不会产生电解质，不需要加缓冲剂，离子强度低，酸碱度趋近7。

⑥辐射乳液聚合时，活性中心的生成速率不受少许变价离子杂质的影响，因而聚合工艺和产品质量稳定。

辐射乳液共聚合比辐射乳液聚合在应用方面的概率要高，例如，四氟乙烯-丙烯辐射乳液共聚合先将反应器中空气抽去，以氟化锌酸铵配成2%的水溶液，加入反应器中，搅拌，再将给定的四氟乙烯（75%～90%mol）和丙烯（25%～10%mol）单体压入反应器中到规定的压力，然后将反应器送入辐照室进行辐照，并同时持续泵入单体至反应器中，以保持单体的压力。当乳胶浓度达到30%时，即停止辐照，得到乳胶粒子直径为100 nm。用冷冻或加盐的方法使乳液凝聚，再脱水干燥，分子量为2.2×10^5。氯乙烯-乙酸乙烯酯、乙酸乙烯酯-丙烯酸丁酯等体系都可进行辐射乳液共聚合。

5.4 辐射接枝及新材料制备

辐射接枝采用力学强度适度的高分子如聚乙烯、乙烯-醋酸乙烯酯共聚物（EVA）、苯乙烯等对人体无毒无害材料接枝上丙烯酸（Acrylic acid，AA）、丙烯酸酯（Acrylate，AAE）、丙烯酰胺（Acrylamide，AAM）、N-异丙基丙烯酰胺（N-isopropyl-acrylamide，NIPAAM）等单体，赋予高分子生物相容性（Biocompatible），含活性基团的支链与生物分子友好结合，不发生排异反应；这些活性基团还可按人们的需要接上蛋白质、多肽、抗生素、抗癌药、营养物等，制成缓释胶囊，植入人体，在一定时间内保持体内药物和营养物浓度的稳定，达到更好的治疗效果。还可将辐射接枝产物制成导管、外伤包覆材料和人工器官等产品，在医学领域用途广泛。还可通过辐射接枝方法改善材料的浸润性、抗皱性等，提高高分子材料性能，拓展用途。

5.4.1 辐射接枝的基本原理

生物相容性材料辐射接枝常用预辐照接枝法，主要技术路线为选取对人无毒、无害的基材如EVA、PS、PE等高分子材料，形状根据医学用途来选择，可以是片、棒、管、丝和薄膜等，置于容器内，抽气至一定的真空度后，通入保护惰性气体，照射合适的剂量后备用；将要接枝的单体用溶剂溶解，加入稳定剂、接枝促进剂等，抽气后，通入惰性气体保护，将辐照后的基材在惰性气体保护下浸没入单体溶液中，在合适的温度和压力下反应一定时间后，取出已接枝的基材，洗涤、干燥、称重，计算接枝率。

接枝机理为

$$\mathrm{I} \rightsquigarrow 2\mathrm{R}^* \tag{5-27}$$

式中 I——基材；

R*——基材辐照后形成的自由基。

$$2\mathrm{R}^* \longrightarrow \mathrm{R-R} \tag{5-28}$$

自由基湮灭反应

$$\mathrm{R}^* + \mathrm{M} \longrightarrow \mathrm{Q} \tag{5-29}$$

式中 M——单体；

Q——接枝产物。

式(5-27)是辐照基材形成自由基的反应；式(5-28)是两个自由基相遇，形成原始基材分子或比原始基材分子链更长的产物，降低了自由基浓度，减少了接枝概率，这是接枝过程中应极力避免的反应；式(5-29)是希望的反应，根据动力学公式推导如下：

$$\frac{\mathrm{d}[\mathrm{R}^*]}{n\mathrm{d}t} = k_1[\mathrm{R}^*]^n \tag{5-30}$$

$$\frac{\mathrm{d}[\mathrm{Q}]}{\mathrm{d}t} = k_2[\mathrm{R}^*][\mathrm{M}] \tag{5-31}$$

式中 k_1、k_2——分别表示式(5-30)、式(5-31)的表观反应速率；

n——式(5-31)的表观反应级数。

根据接枝反应的实际情况，单体浓度[M]≫[R*](自由基浓度)，因此认为反应过程中单体浓度为常数，单体形成的表观速率公式简化为

$$\frac{\mathrm{d}[\mathrm{Q}]}{\mathrm{d}t} = k_2'[\mathrm{R}^*]$$

其中

$$k_2' = k_2[\mathrm{M}] \tag{5-32}$$

若 $n=1$，可推导出

$$\mathrm{Q} = [\mathrm{R}^*]_0 \frac{k_2'}{k_1}(1 - \mathrm{e}^{-k_1 t}) \tag{5-33}$$

若 $n=2$，则

$$[\mathrm{Q}] = \frac{k_2'}{2k_1}\ln(1 + 2[\mathrm{R}^*]_0 k_1 t) \tag{5-34}$$

式中 $[\mathrm{R}^*]_0$——自由基的初始浓度；

$[\mathrm{Q}]$、$[\mathrm{R}^*]_0$、k_1、k_2 等用的浓度单位是单位体积的分子数或摩尔数，需转换成质量。

通过转换得出如下公式：

$$G_\mathrm{r} = \frac{M_\mathrm{r}}{2W_0} \cdot \frac{k_2'}{k_1}\ln\left(1 + \frac{2DG}{V}k_1 t\right) \tag{5-35}$$

式中 W_0——基材起始质量；

M_r——单体分子量；

D——基材接受的辐照；

G——单位辐照剂量形成的自由基数；

V——反应体系的体积。

由式(5-35)可计算出接枝物的理论产量。

根据需要选择合适的基材和单体，可制成药物控制释放材料、药物包覆材料、选择性过滤

膜、对人体友好的输血袋、体内留置导管等,更重要的是可做成功能随介质中酸、碱、盐、电荷、蛋白质、温度、糖等变化而变化的材料,在医学和生物学领域具有重要用途。

共辐照接枝由于接枝单体形成的产物以单体自聚形成的均聚物为主,接枝产物极少,实际应用有限。

辐射聚合产物由于单体为水溶性产物,力学强度达不到实用要求,因此需要包覆支撑材料,加工成医用产品,才能用于实际的治疗中。如水敏和温敏的丙烯酰胺类聚合物,用作烧伤敷料,能快速吸收细胞分泌出的各种渗出液,保持烧伤部位的干燥,抑制细菌的生长,加快烧伤部位的康复速度。

下面介绍辐射法合成新型材料的原理、制备方法和最新进展。

5.4.2 辐射制备新型材料的原理

辐射法为纳米材料和其他材料的制备提供了新的有效手段,辐射法合成的纳米材料有高分子纳米微凝胶、纳米微粒和纳米合金等,其典型的产物有纳米聚N-异丙基丙烯酰胺微凝胶、银、硫化锌、银-铜纳米合金等。

辐射法制备纳米材料所使用的辐射源一般为高能电子束或^{60}Co源,但主要采用^{60}Co源,其基本原理为:水在γ射线作用下,受到高能辐射后被激发,激发态的水发生电离,反应式为

$$H_2O \xrightarrow{\gamma射线} H_2, H_2O_2, H^*, {}^*OH, e_{aq}^-, H_2O^+, H_2O' \tag{5-36}$$

辐射产生的自由基、高活性单原子H^*、水合电子e_{aq}^-等具有还原性,e_{aq}^-的标准还原电位为-2.77 V,H^*的某些还原电位为-2.13 V,还原能力强,在水溶液中可还原某些金属离子。加入异丙醇或特丁醇清除氧化性自由基$^*OH$,水溶液中的H^*和e_{aq}^-逐步将金属离子还原为金属原子或低价金属离子:

$$M^{n+} + e_{aq}^- \dashrightarrow M^{(n-1)+} + e_{aq}^- \dashrightarrow M^{(n-2)+} \tag{5-37}$$

金属离子不断被水合电子或单原子氢还原得到金属原子:

$$M^+ + e_{aq}^- \dashrightarrow M \tag{5-38}$$

$$M^{n+} + H^* \dashrightarrow M^{(n-1)+} + H_2O \tag{5-39}$$

$$H^* + M^{(n-1)+} \dashrightarrow M^{(n-2)+} + H_2O \tag{5-40}$$

$$M^+ + H^* \dashrightarrow M + H_2O \tag{5-41}$$

这些新生成的金属原子聚集成晶核,按热力学原理生长成纳米颗粒,从水溶液中沉淀出来。

碳化硅纤维的制备原理与无机金属纳米材料不一样,一般认为聚碳硅烷纤维在射线作用下,首先发生碳-碳键或碳-硅键的交联,在惰性气体或特定气体的保护下,高温烧结,逐渐转化为规整的碳-硅键,脱氢或失去取代基的烷基小分子,得到碳化硅纤维。受聚碳硅烷纤维纺丝技术的影响,要做到纳米尺度的纤维难度较大,但是可制得性能优越的普通碳化硅纤维。在烧结过程中,除氧是一项关键技术,氧的存在显著降低碳化硅纤维的熔点,降低了耐受温度的能力,图5-19为辐射后的聚碳硅烷在高温下逐步裂解、重排,形成碳化硅纤维的可能机理。

聚合物纳米凝胶如以N-异丙基丙烯酰胺为单体在高能射线作用下,形成自由基链式反应,聚合成纳米凝胶。

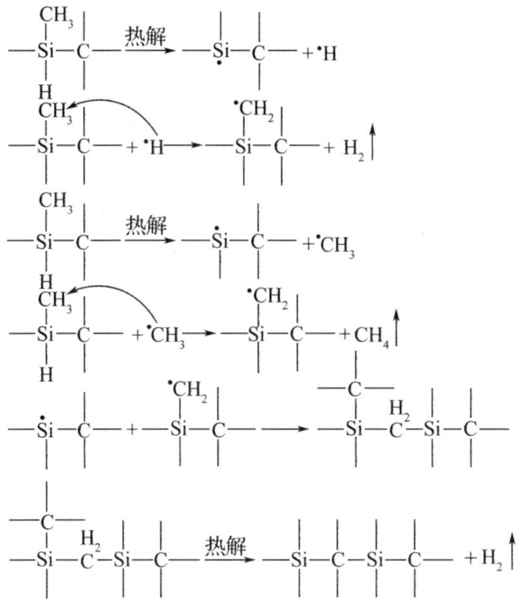

图 5-19　聚碳硅烷辐射法制备 SiC 纤维的机理

5.4.3　辐射法制备材料的主要方法

纳米金属粉末的制备分为三步：第一，溶液配制和处理。将金属盐溶解在纯净水中，加入匹配量的异丙醇和表面活性剂，通入氮气饱和后密封。第二，金属盐溶液体系的辐照。将氮气饱和的溶液体系进行辐照，选择合适剂量，一般为 $10^3 \sim 10^4$ Gy，辐照合适的时间。第三，纳米颗粒的制备。辐照好的溶液一般呈胶体状，需通过水热处理，纳米颗粒沉淀下来，沉淀经分离后洗涤和干燥得到产品。

由于辐射法制备材料的体系大多数为水溶液，则容易制得金属氧化物纳米材料。图 5-20 为辐射法制备纳米颗粒，例如采用辐射法在水和非水体系中制备纳米硫化锌晶体，其主要方法为：对非水体系，将分析纯的七水合硫酸锌($ZnSO_4 \cdot 7H_2O$)作为锌离子来源，二硫化碳是硫的来源，溶于乙醇、甘油混合溶剂中，配制溶液的密度为 1.5 $g \cdot mL^{-1}$，异丙醇作为自由基 OH^* 的捕获剂必须添加，将整个体系充分溶解，形成均相。钴源的剂量为 1.11×10^{16} Bq(3.0×10^5Ci)，二硫化碳有利于消除辐照过程中产生的沉淀，并生成硫自由基，辐照时形成胶体悬浮液，辐照完全后放置，等待沉淀完全，取出沉淀用无水乙醇反复洗涤多次，去除副产物，在真空下干燥至恒重。对水体系，将分析纯的七水合硫酸锌与硫代硫酸钠按合适的比例制备成均相水溶液，同样加入异丙醇捕获 OH^* 氧化性自由基，辐照条件同前，辐照后的水溶液放置，让其充分沉淀，取出沉淀用水充分洗涤去除副产物，用无水乙醇充分洗涤后在真空下干燥 2 h。上述两种方法制备纳米颗粒进行 TEM、XRD、UV-vis 等分析，结果表明颗粒形态为无定形的球晶，水体系制备的纳米硫化锌粒径为 38 nm，无水乙醇体系的粒径为 42 nm。

将 0.01 mol 尿素在 60 ℃下溶解于 50 mL 水中，尿素作为银纳米线的模板制备纳米银纤维；快速加入 0.01 mol 硝酸银，溶解后加入氢氧自由基捕获剂异丙醇，充分混合均匀，以 1 ℃ · min^{-1} 的冷却速度冷至室温，在钴源照射 5 h 达到 15 kGy 即可，制备的纳米银线的尺寸为 6 000 nm×70 nm，尿素在纳米银线形成过程中起关键作用。以硫酸镍、硝酸银为原料，制备纤维状纳米镍线,加入表面活性剂聚乙烯醇和十二烷基苯磺酸钠,在 pH 值为 6 的酸性条件时,产物为黑色,X 射线分析得到银,得不到镍。在 pH 值为 10~11 的碱性条件时得到镍,镍在形成纤维状纳米粉末时以银为晶核,所以 X 射线衍射分析时会有银的特征峰出现。

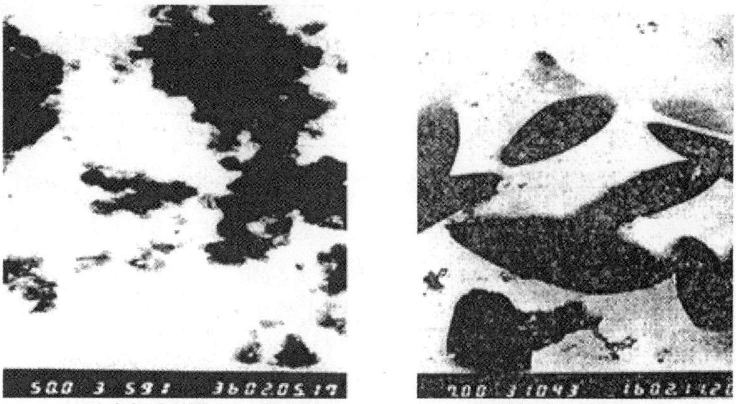

(a)纳米氧化镍的TEM图　　(b)纳米Fe_3O_3的TEM图

图 5-20　辐射法制备的纳米颗粒

以光引发制备纳米聚 N-异丙基丙烯酰胺有机高分子材料,酰胺基团具有强的氢键成键能力,因此吸水能力随温度发生规律性的变化,此类聚合物具有温度敏感性和最低临界溶解温度特性(lower critical solution temperature,LCST),LCST 的定义为在此温度以下,聚合物微凝胶充分被水溶解,形成均相体系,当温度高于 LCST 时,则表现为疏水性,与周围的分散介质之间产生相分离。随着丙烯酰胺类聚合物分子量和聚合物组成的变化,LCST 一般随之在 32~38 ℃变化,与人体温接近,因此在生物和医学领域有许多独特的应用,主要用于免疫技术、细胞学、蛋白质抗体和药物固定载体及医学诊断,还可用于药物的智能释放(drugs delivery system);包有特定治疗药物的微凝胶粒子小于 50 nm 时,能够透过肝内皮细胞,经过淋巴循环到达脾、骨髓及肿瘤组织等患病部位,而且粒径在纳米范围更便于智能微凝胶在体内实现药物和生物活体的运输和释放。

此类生物和医学用途材料的制备采用辐射法的关键在于聚合体系的制备,即将单体与助剂、稳定剂、乳化剂和合适的溶剂均匀混合在一起,形成体系。抽气后,通入惰性气体饱和,常温辐照,在较低的温度下可实现聚合,搅拌速度严格控制,得到纳米微凝胶。甚至采用辐射引发,在低温或超低温(-100 ℃)下可实现此类单体的聚合,从而消除了此类单体在聚合时常常发生的爆聚现象,还可通过调节单体浓度制备不同孔径的纳米微凝胶粒子,满足不同的需要。

以丙烯酰胺衍生物为单体,制备生物和医用功能材料是辐射化学研究的热门领域。

5.4.4　辐射法制备的功能材料的应用

纳米材料具有量子尺寸效应、巨磁阻效应、表面效应等,在科学和材料领域具有广泛的用途;金属或半导体固体尺寸减小而导致光吸收峰蓝移,若材料尺寸减小到电子的运动受限,从而产生能隙(energy gap)增大的现象称为量子尺寸效应。在外磁场为零时,铁磁膜间反铁磁耦合,电阻高;外加一磁场,其方向垂直于在层面上的电流,所有铁磁层按同一方向磁化,电阻小,这种现象称为巨磁阻效应。辐射法制备的纳米材料或其他新材料的主要用途有以下几方面。

1. 催化

随尺寸的减小,在外层原子数增加的同时,表面原子配位不饱和程度和比表面能也急剧增大,导致小尺寸纳米簇具有高催化性和不稳定性;比表面增大带来的另一个特性是在复合材料中异质界面含量大幅度增加,这对复合材料的电子能带结构和介电性质会产生较大的影响。利用半导体材料界面复合时对能带结构的调节作用,可以改变催化剂的光诱导催化行为。

2. 传感器件及芯片

辐射法制备钯、钛等金属纳米线是非常成熟的技术,因此可研究基于钯金属纳米线的快速响应氢及其同位素的传感器,其响应速度可达到毫秒级,工作原理为钯金属纳米线吸氢后体积膨胀导致纳米线之间的距离减小,从而造成传感器电导增加。依此类推,还可利用对特定物质敏感的纳米材料制备相应的纳米传感器,用于检测目标物质、有毒有害的化学品、危险品、细菌、病毒等。

碳化硅是理想的芯片材料,以前常规制备的碳化硅存在硬度较高、杂质多、气泡空隙过量等,致命的缺陷是氧的存在导致碳化硅性能极度劣化,从而失去应用价值或应用价值的降低,采用辐射法制备的碳化硅纳米材料能有效解决以上问题,并可代替单晶硅用于制备微电子芯片,具有比单晶硅更优秀的性能。

3. 结构材料

碳化硅纤维是卫星、导弹和高科技武器外层防热和吸波材料,长时间内最高可耐受 1 800 ℃,短时间内还可耐受更高的温度,但采用辐射法较其他方法具有明显的优势,尤其能控制氧杂质在材料中的含量,氧在材料中严重影响材料的耐温等级。有报道指出微量的氧存在,耐受温度的等级就由 1 800 ℃降至 1 200 ℃,显著降低碳化硅材料的应用性能。

4. 纳米功能微球

辐射法制备的纳米微球有磁性微球、载带放射性核素的微球、载带抗癌药物微球等,可用于高密度的磁记录、靶向治疗药物、智能控制释放药物(drugs delivery system, DDS)等。

辐射法制备的纳米材料用途还很多,现在只列举以上几种主要应用。

5.4.5 辐射法制备纳米材料的研究展望

辐射法制备纳米材料由早期的纳米颗粒向纳米纤维、纳米合金、纳米胶体和纳米氧化物发展,由贵金属向轻金属等扩展。

1. 纳米合金

早期采用 γ 射线辐射法合成的纳米材料主要为贵金属,目前通过它的制备规律研究和机理的深入探讨,逐步实现纳米合金的制备,需要克服不同金属还原电位的差异,制备均匀的合金材料是今后重点解决的课题。

2. 较活泼轻金属纳米材料

水合电子具有高还原性的优点,它比常规化学还原剂的还原能力强,所以辐射法可制备常规还原法不能制备的活泼轻金属纳米材料,如稀土金属纳米粉末。

3. 纳米复合材料(如含硫、氧的化合物)

纳米复合材料已成为纳米材料研究的主要领域,包括无机载体-纳米材料、高分子载体-

纳米材料。金属化合物如硫化物(ZnS)、氧化物(TiO_2)、碳酸盐、硫酸盐等纳米材料,正不断被研制出来。由于辐射法制备在溶液中完成,可选取偶联剂、静电清除剂、分散剂、防氧化涂层(无水溶剂体系)、表面活性剂等添加到溶液中,制备的纳米材料表面自动包裹一层添加剂,由于有这些助剂存在,纳米材料易凝聚结块和分散性差的问题就得到较好地解决,这是其他制备方法难以做到的。

4. 其他纳米材料

除了纳米颗粒、纤维外,辐射法还可制备纳米薄膜、纳米非晶体粉末,选取合适载体,纳米原子从溶液中沉积到衬材薄膜上得到纳米薄膜;纳米非晶粉末的制备原理为当物质向核表面扩散的速度大于核的生长速度,核表面的原子或离子来不及以有序的方式排列起来时,沉积原子随机杂乱堆砌在一起,形成无定型粉末,即非晶。

利用辐射法制备团簇材料也是辐照化学法制备纳米材料的重要方向之一。一个或几个银离子被水分子包围,形成团簇化合物,粒径可小到 1 nm。

当然,随着人们对纳米材料认识的深入和科技的发展,辐射法还可制备更多的具有广阔应用前景的新型纳米材料。

5.5　辐射降解

辐射降解是指聚合物高分子在高能辐射作用下主链发生断裂的效应,辐射降解的结果是,聚合物的分子量随辐射剂量的增加而下降,直到有些聚合物分子裂解为单体分子为止。辐射降解与热裂解的作用都是使聚合物分子解构、分子量下降,不同之处是:辐射降解时一次断链的结果生成两个较短的聚合物分子,导致平均分子量降低;而热裂解时,聚合物分子分解成单体分子,聚合物总量减少,而残留部分的平均分子量基本保持不变。热裂解会得到大量组成该聚合物的原始单体,而辐射降解一般不生成单体分子,即使有也是微量的。

如果聚合物主链分子上含有季碳原子时,在高能射线作用下,辐射降解过程占优,季碳上含有两个取代基 R,两个取代基团处在主链一个 C 上,产生空间位阻和共轭效应,使主链的 C—C 键减弱,一旦受到高能射线的照射,就会产生主链的断裂。

辐射降解的机理,一般是自由基反应,但尚未清楚具体的详细裂解过程。温度对某些聚合物的辐射降解有影响,主链断裂一般随温度升高而增加,这是辐射降解按自由基机理进行的有力证据。但是,不是所有辐射降解都是按照自由基机理来进行的,也有其他机理,如根据添加剂聚乙烯亚胺和三乙胺等阳离子阻化剂的效应和对产物的分析表明,聚 α-甲基苯乙烯和聚硫化丙烯辐射降解的反应机理为离子反应。

壳聚糖(Chitosan)是甲壳素部分脱乙酰化的产物,在固体或水溶液中,其辐射降解的速度是不一样的,固体中壳聚糖降解的速度比溶液中要低得多,但是由于壳聚糖在溶剂中的溶解度低,只能制成稀溶液,这样辐射的能量大部分被溶剂吸收,所以实际的降解效果不是太理想。用含 0.2 $mol \cdot L^{-1}$ 乙酸的乙酸钠水溶液作为洗涤液,洗涤辐照后的壳聚糖降解小分子的分子量,如图 5-21 所示。

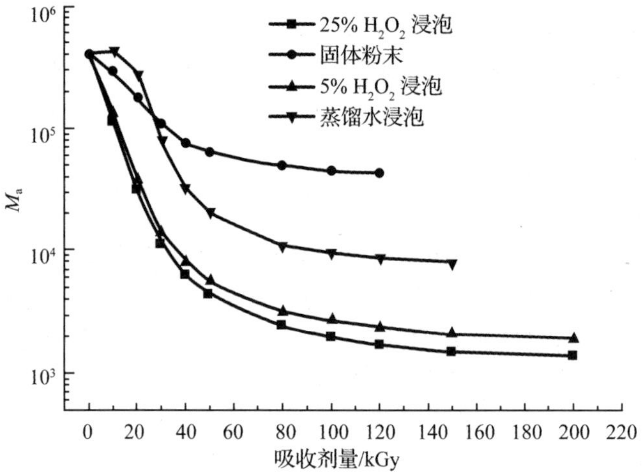

图 5-21 辐射壳聚糖的分子量变化

在 γ 射线作用下，壳聚糖有两种方式发生降解，一是直接作用，即糖苷的成键电子受 γ 射线作用而激发，引起价键断裂；二是间接作用，即辐射与溶剂等作用，生成电子、自由基、受激小分子等，这些带电粒子和受激小分子加速糖苷的降解。图 5-22 是壳聚糖各种条件下辐射降解后获得的降解产物分子量随辐射剂量的变化，竖轴采用壳聚糖起始分子量与降解产物的平均分子量的比值，可见随辐射剂量的增加，降解产物的平均分子量减小。

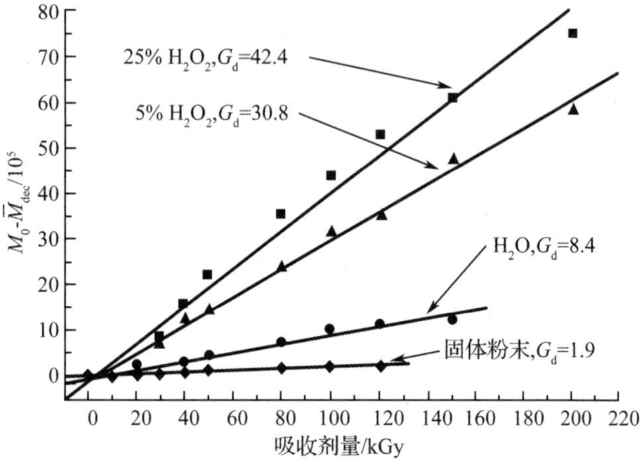

图 5-22 不同条件下壳聚糖的辐射降解

壳聚糖等天然高分子降解，制备优良的药物中间体、食品化妆品添加剂，是研究的热点外，还有有机含卤废物的辐射降解。例如氯酚是重要的化学原料和中间体，对任何生物都有毒害，随着氯含量的增加，毒害作用增大，难以进行生物降解和自然降解，常用的化学、光学降解如光化学法、光催化法、电催化氧化、离子辐解等效果不明显，采用辐射法，选择合适的辐解条件，就能实现如 4-氯酚的降解。

氯酚的降解机理为水受辐射作用生成水合电子（e_{aq}^-）、H^+、$H^\bullet$、$OH^\bullet$ 以及各种激发态的分子、粒子、离子等，这些粒子会进攻氯酚分子，其反应如下：

$$R—Cl + e_{aq}^- \dashrightarrow R^+ + Cl^- \quad (5-42)$$

$$R—Cl+H \longrightarrow R^\bullet+H^++Cl^- \longrightarrow RClH（H 加成物） \quad (5-43)$$

$$R—Cl+OH \longrightarrow R^\bullet Cl+H_2O \longrightarrow RClOH（OH 加成物） \quad (5-44)$$

一般来说，体系中总有溶解的氧气存在，氧气的存在对降解产生一定的影响，氧气进攻

e_{aq}^-、H^+等活性粒子，降低降解的速度和效果：

$$e_{aq}^- + O_2 \longrightarrow O_2^- \quad (k = 2.1 \times 10^7\ m^3 \cdot mol^{-1}) \tag{5-45}$$

$$^*H + O_2 \longrightarrow {}^*HO_2 \quad (k = 2 \times 10^7\ m^3 \cdot mol^{-1}) \tag{5-46}$$

$$HO_2 \rightleftharpoons H^+ + O_2^- (pH = 4.8) \tag{5-47}$$

影响4-氯酚辐射降解的主要因素有水溶液的温度、酸碱度和自由基捕捉剂种类和浓度，如HCO_3^-、CO_3^{2-}、$^*OH$等是强的自由基捕捉剂，对于$^*OH$采用正丁醇反应来消除其影响，而碳酸根类，则通过pH值的变化来消除。

辐照剂量对4-氯酚的降解起决定性的作用，其经验公式如下：

$$G_D = \Delta R_D N_A / D(6.24 \times 10^{15}) \tag{5-48}$$

式中 ΔR_D——有机溶质吸收一定的辐射剂量后所发生的变化量，$mol \cdot L^{-1}$；

D——辐射剂量，kGy；

6.24×10^{15}——kGy转换为100 $eV \cdot L^{-1}$的转换系数；

N_A——阿伏伽德罗常数，$N_A = 6.02 \times 10^{23}$。

从此式可看出，随辐射剂量的增加，G_D值降低，因为在高剂量的辐射作用下，e_{eq}^-、H^+等活性粒子的复合概率增大，降低了活性粒子的浓度，导致氯酚的辐射降解效率下降。

氯酚降解的最终产物异常关键，希望生成的产物最好是无毒无害的，通过辐射的作用，氯酚分解为不含氯的产物或低含氯的产物，最理想的产物是不含氯的有机分子，毒性大大降低。

研究聚合物或高分子的辐射降解机理，有利于制定防止降解的对策，如航天航海、核工业等领域所用电线电缆需要耐受宇宙射线、中子、γ射线、高温、强腐蚀物、机械摩擦和大扭矩力的作用，合成的特种高分子可满足部分要求，但特种高分子长期处于这种严苛的条件下极易辐射降解，降解导致电线电缆绝缘层的老化，在外因作用下失去对电缆芯线的保护作用，设备不能正常工作。因此，防止辐射降解是高分子材料研究的主要方向，大多数研究表明辐射降解发生在高分子材料的无定形区，同时晶区在高能射线作用下又会产生大量缺陷，形成新的无定形区，加速高分子的降解。解决降解比较好的方法是实现高分子的交联，其次，阻止无定形区的形成，或者提高聚合物结晶度都是常用的方法，降低或消除辐照氛围中的氧浓度，氧的存在可加速分子链的降解；另一类方法是在材料配方中加入自由基阻断剂，即自由基吸收剂不断地吸收辐射过程中所产生的高活性的自由基，从而避免了自由基对高分子主链的破坏作用。或者针对以离子反应机理进行降解的聚合物，加入离子阻断剂，降低离子浓度就能降低降解的速率和效果，让聚合物在设计的工作寿命内保持正常功能。

辐射降解有时候也是人们所希望的，如辐射降解的聚四氟乙烯粉末添加到润滑油中可大大降低摩擦，延长设备使用寿命；聚四氟乙烯粉末添加到低密度聚乙烯中可显著提高其电学、力学、热老化等性能。

辐射降解目前研究较多的领域是天然材料的辐射降解。例如棉纤维辐射降解产物是重要的炸药原材料，与传统的棉纤维硝化技术相比具有独特的优点，抑制了酯化工艺中伴随聚合物分子量的降低而导致的氧化，硝化时不使用硫酸，提高了炸药的安全性。木、草等纤维经过辐照降解成糖，甚至是乙醇，一方面解决了环境保护问题，另一方面创造一定效益，解决环保领域部分资金问题，应用的最大障碍是成本过高，实际应用难度大。但随着科学技术的进步，成本的降低，辐射降解会逐步得到应用，例如海洋生物的壳辐射降解，可得到许多有用的生物材料和药物中间体，是医药及保健品等行业的重要原材料。

5.6 辐射固化及其应用

辐射固化(radiation curing)广义上说就是辐射聚合、辐射交联或辐射接枝等的混合效应，区别在于单体及助剂组成配方后，采用射线照射引发单体或预聚体的聚合、交联或接枝后，液态的低分子量单体或预聚体固化成固体，由可溶可熔的线性分子转变为不溶不熔的三维网状结构，形成性能优良的固体表面薄膜。辐射固化按照专业分为紫外和电子束固化，由于组分中不含有机溶剂或有机溶剂含量少，且有些溶剂能参与辐射固化反应，固化在常温下进行，被称为“绿色加工技术”，成为涂料研究和涂层技术发展的主要方向。

5.6.1 辐射固化的基本原理

组分中的不饱和单体(M)在射线作用下产生活性粒子或自由基，在活性粒子或自由基的引导下，单体链不断扩展，链与链之间也形成强有力的化学键，实现固化。

在射线作用下，单体产生活性粒子，活性粒子引发固化的机理如下：

$$M+e^{***} \longrightarrow M^{+\bullet}+e+e^{**} \quad (生成阳离子和高能电子) \tag{5-49}$$

$$M^{+\bullet}+e \longrightarrow M^{*} \quad (M 的电子激发态)(单、三重态) \tag{5-50}$$

$$M^{+\bullet} \longrightarrow H^{\bullet}+M^{+} 或 H^{+}+M^{\bullet} \quad (断裂为碳阳离子或自由基) \tag{5-51}$$

$$e \longrightarrow 基材或 O_2 电子捕捉 \tag{5-52}$$

式中 e^{***}——高能电子；

$M^{+\bullet}$——自由基阳离子；

e——低能电子，即由单体 M 产生的热(慢)化电子。

1. 自由基固化机理

对于电子束辐射固化表面涂层，在电子作用下形成的中间粒子有热化电子、自由基阳离子和激发态分子，固化的条件不同，辐射固化反应的机理不同，有时候是多种机理参与作用。对于γ射线引发的固化，其机理主要是自由基聚合反应和阴离子聚合反应，若在固化体系中加入环己醇(HOR)，它抑制了阴离子聚合反应，固化机理主要表现为自由基反应，如图 5-23 所示。

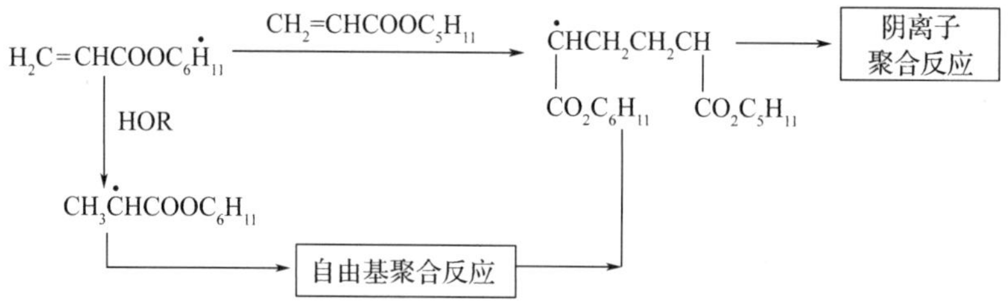

图 5-23 自由基固化的机理

辐射固化研究比较成功的是以丙烯酸衍生物为基础的固化体系，其已经成功工业化，主要固化机理为热化电子反应，电子束辐照丙烯酸固化体系时，产生溶剂化电子，加成在不饱和键上，得到丙烯酸衍生物的自由基阴离子：

$$XM \xrightarrow{EB} XM^{\bullet-}+e^{-}_{solv} \tag{5-53}$$

$$e^-_{solv} + CH_2=CHCO_2R \longrightarrow (CH_2=CHCO_2R)^{\bullet -} \quad (5-54)$$

一些具有电子捕捉能力的化合物对辐射固化有抑制作用,例如在异癸醇丙烯酸酯(IDA)固化体系中加入1,4-苯醌,由于苯醌能捕捉自由基或电子,IDA的固化速度明显减慢,苯醌捕捉自由基或电子被逐渐消耗,苯醌被消耗完后,IDA的固化就恢复到应有的速度。二硝基苯也是电子捕捉剂,邻二硝基苯和间二硝基苯比对二硝基苯对电子的捕捉能力更强,因为对电子的捕捉效率随偶极距的增大而增大。传统的有机颜料和染料都具有电子捕捉能力,因此,在设计辐射固化配方时应避免这些组分的加入。

丙烯酸酯的衍生物中含有芳香基团时,较难固化,如果芳香基上含有易于脱去的卤素,则可加速固化反应,随卤素的脱去,芳香环上产生离解自由基,引发固化的自由基最大浓度,有利于固化的进行。

我们将自由基固化原理总结如下:

①初级反应

$$\text{低聚物或反应性单体(AB)} + e^- \dashrightarrow AB^+ + e^-_{th} + e^-_k \quad (5-55)$$

$$\longrightarrow AB^* + e^-_k \quad (5-56)$$

式中 e^-_k——具有动能的电子;

e^-_{th}——热化电子。

生成电离树脂、热化电子 e^-_{th} 或激发一个电子到较高能级,使树脂分子成为激发态。

②次级过程

$$AB^+ \longrightarrow A^{+\bullet} + B^\bullet$$

$$AB^* \longrightarrow A^\bullet + B^\bullet$$

$$AB + e^- \longrightarrow AB^{-\bullet}$$

$$AB^- \longrightarrow A^\bullet + B^{-\bullet}$$

$$A^{+\bullet} + B^{-\bullet} \longrightarrow AB^* \quad (5-57)$$

最重要的是热(慢)化电子的捕捉,即

$$AB + e^-_{th} \longrightarrow AB^{-\bullet} \quad (5-58)$$

如果体系中存在可夺去氢的化合物,则

$$CH_2=CHCOOR + e^-_{th} \longrightarrow (CH_2=CHCOOR)^{-\bullet} \quad (5-59)$$

$$(CH_2=CHCOOR)^{-\bullet} + SH \longrightarrow CH_3\dot{C}HCOOR + S^- \quad (5-60)$$

$$CH_3\dot{C}HCOOR \longrightarrow \text{聚合物} \quad (5-61)$$

2. 阳离子固化机理

自由基固化机理适用于丙烯酸类不饱和单体的聚合,但对于采用环氧为基体的固化体系,采用电子束固化时,效率低,必须在配方中加入引发剂,引发剂一般为阳离子的盐类,因此其机理为阳离子固化。

碘鎓盐和硫鎓盐在电子束辐照过程中俘获热(慢)化电子后,发生分解,产生游离酸,即

$$Ph_2IPF_6 + e^- \longrightarrow PhI + Ph^\bullet + PF_6^-$$

$$Ph_3SPF_6 + e^- \longrightarrow Ph_2S + Ph^\bullet + PF_6^- \quad (5-62)$$

四氢呋喃(THF)的聚合为

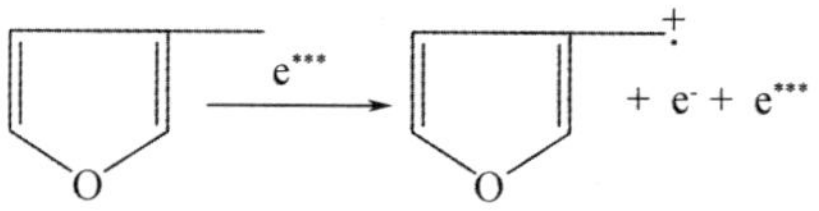

(5-63)

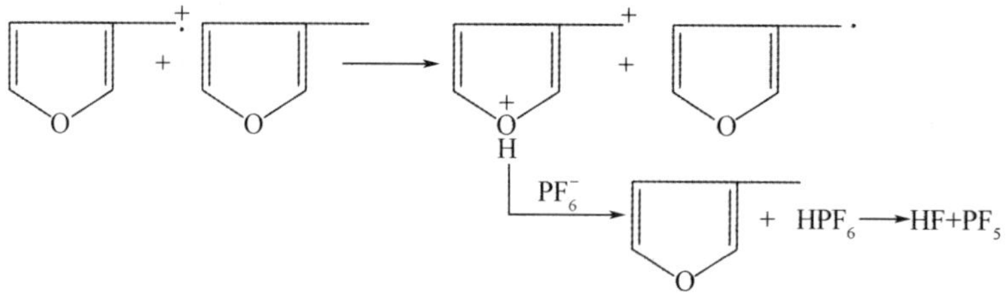

(5-64)

在引发剂加入后，受到电子束的辐射，四氢呋喃可产生三种小分子，这三种小分子 HF、HPF_6、PF_5 可促进固化，显著提高固化的速率，但是在环氧体系中加入的碘仿下鎓盐、硫鎓盐和铁茂盐作为引发剂时，引发剂分解的速率与辐照的剂量、介质电离常数有关，根据实验得到的分解顺序为碘鎓盐>硫鎓盐>铁茂盐。

由于环氧化合物不受自由基和低剂量高能电子所影响，因而一般需要加入能产生质子(H^+)的引发剂，如碘鎓盐，配方中的分子吸收电子的能量后，发生电离，产生热(慢)化电子，热(慢)化电子与引发剂相互作用，引起离解电子的捕捉；同时已电离的环氧分子将邻近分子的活泼氢夺来生成阳离子，被 PF_6^- 阴离子稳定；另一方面，该阳离子与环氧分子的环氧官能团发生反应，打开环氧键，引发单体分子的聚合。

5.6.2　辐射固化配方主要成分及固化工艺

EB 或 UV 固化的配方是辐射固化的基础，通常由单体、预聚体/稀释剂、引发剂(视预聚体的种类决定是否加入)、颜料、填料和抗氧化剂等组成，主要材料为分子量相对低的多官能团单体和预聚体，官能度范围为 1~6，选择进入配方的官能度为 2~4，相对分子量为 200~2 000，预聚体和单体分子中的不饱和基团是辐射引发聚合的反应位点，双键被高能射线打开，引发链式反应，将小分子变成长链分子，最后是三维立体网络结构，实现体系的硬化和固化。

1. 单体(预聚体)

对辐射固化涂层的性能和质量起决定作用的是单体或预聚体，目前辐射固化采用的单体和预聚体基础树脂有(甲基)丙烯酸酯、不饱和聚酯、聚烯烃/硫醇/硅酮、阳离子树脂等体系，由这些单体分子聚合或交联形成三维网状聚合物的骨架，比较成熟或有发展前景的单体或预聚体有两大类：一类是不饱和聚酯体系；另一类是热固性体系。

不饱和聚酯体系，主要化学组成为不饱和聚酯(也称齐聚物)和乙烯基类活性单体，由二元酸和多元醇缩聚而成，不饱和基团可以是端基、侧基或中间双键，通常中间双键由马来酸酐引入，其他如 1,2-苯乙烯、肉桂酸、烯丙基、丙烯酰胺、降冰片烯基团和丙烯酸酯也可作为中间双键。其中某些单体中的基团具有极高的活性，极易与苯乙烯共聚而显著降低固化的速率，但苯乙烯是有机化合物中最便宜的产品之一，因此马来酸酐/苯乙烯体系仍然成为辐射固化研究的重要体系之一，并且成为辐射固化的主要涂料。不饱和聚酯辐射固化体系的固化过程受氧的影响较大，O_2 的存在抑制固化反应，因此在配方时可加入少量液体石蜡(0.2%~2%)，随着固化进程，液体石蜡不断溢出，迁移到漆膜表面，阻隔 O_2 向漆膜内部的渗入；另一种解决方法是将烯丙基醚基团引入聚酯主链，与加液体石蜡的方法相比，这种方法显著增加了成本,在实际应用中很少。聚合物中的不饱和度愈高、分子量愈大,形成凝胶的速度愈快,但分子量的增大会导致体系的黏度增加,涂布困难。在体系中加入含不饱和基团的单体,有利于固化的进行,不饱和聚酯与下列单体在辐射作用下发生固化,形成凝胶的速度顺序为:甲基丙烯酸甲酯<丙烯酸乙酯<苯乙烯;苯环上有取代基的苯乙烯(图 5-24),取代基会减慢固化速度,而丙烯酸甲酯<乙酸乙烯酯。

处理不饱和聚酯涂层所需的辐射剂量为 10~100 kGy,涂层厚度一般为 0.025~0.2 mm,电子束穿透这样的厚度所需要的能量为 25~150 keV,加速器的出束窗口到涂层有一段距离,为了克服空气的阻力,电子束的能量需要提高到 150~600 keV, 随距离的增大, 电子束的能量也应随之提高。随固化的进行,体系的黏度增加,形成凝胶效应,有利于固化反应的进行,加快总的固化速度(包括聚合、交联、共聚、接枝等)。

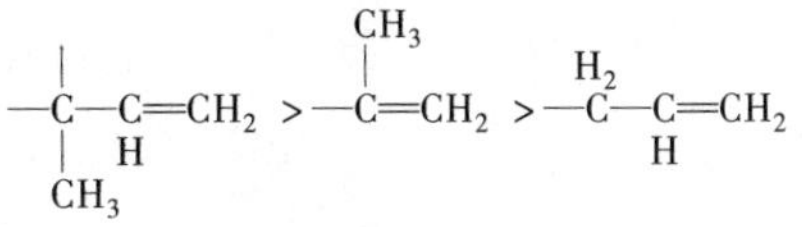

图 5-24 齐聚物中不饱和键对辐射敏感性顺序

固化的速度取决于平均剂量率,研究发现,分几次实现辐射总的剂量时,涂层的凝胶化率较一次照射时剂量要高,说明分次辐照有利于固化,但其剂量率的效应未完全清楚。

丙烯酸酯体系是辐射固化的重要体系,主链上的元素被不同基团取代后,可以生成性能更优越的齐聚物,如甲基、环氧基、聚氨酯、聚酯(醚)等取代基,其结构如图 5-25 所示。

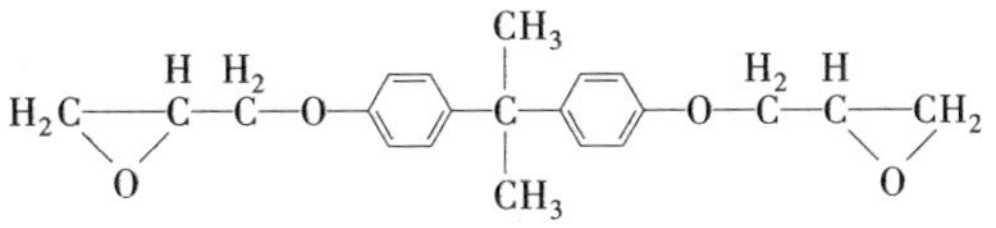

(a)双酚 A

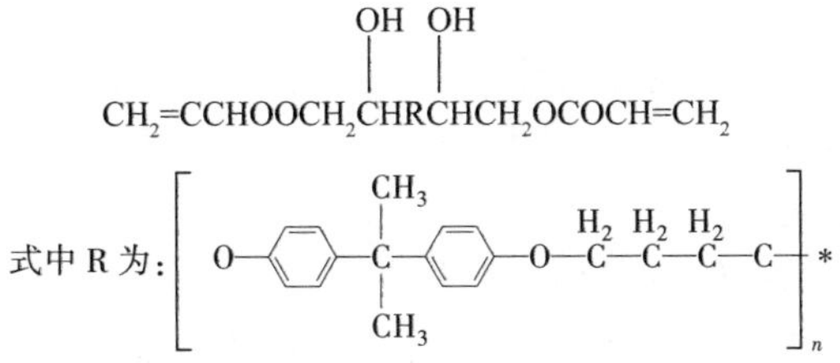

(b)含双酚 A 的丙烯酸齐聚物

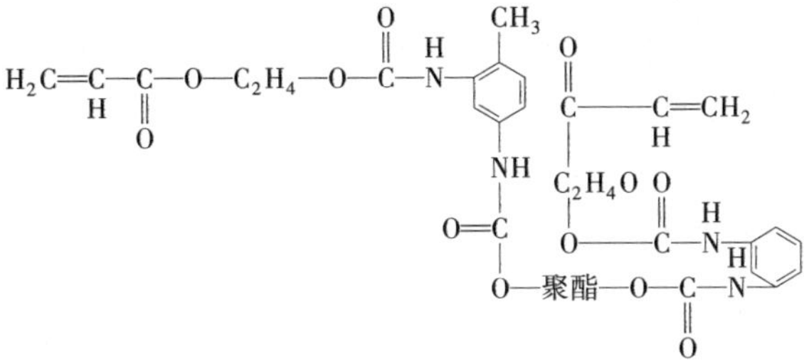

(c)聚氨酯齐聚物

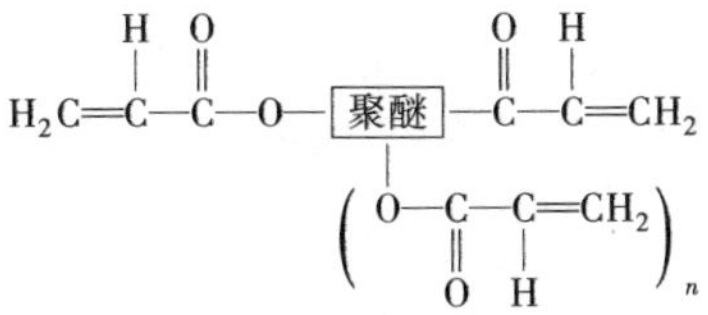

(d)聚醚齐聚物

图 5-25 含不同取代基的丙烯酸酯齐聚物

增加主链骨架中不饱和键的含量，有利于交联密度的提高，从而使固化后的漆膜硬度和抗溶剂性增加，但同时降低了弯曲性能和抗冲击性能。与热固化的丙烯酸酯漆膜相比，辐射固化的漆膜在碳弧灯下 2 000 h，涂层无变化，而热固化漆膜明显发黄。

聚烯烃/硫醇/硅酮体系相较于其他体系黏度低，易于涂布，辐射固化速度快，氧对固化速度影响可忽略，涂层防水解、耐温，具有高密封性和高机械强度，其主要反应机理如下：

$$Ph_2+RSH \xrightarrow{h\nu} Ph_2\dot{C}OH+RS^{\bullet} \tag{5-65}$$

$$RS^{\bullet}+CH_2=CHX \longrightarrow RSCH_2CH_2X+RS^{\bullet} \tag{5-66}$$

$$RSCH_2\dot{C}HX+RSH \longrightarrow RSCH_2CH_2X+RS^{\bullet} \tag{5-67}$$

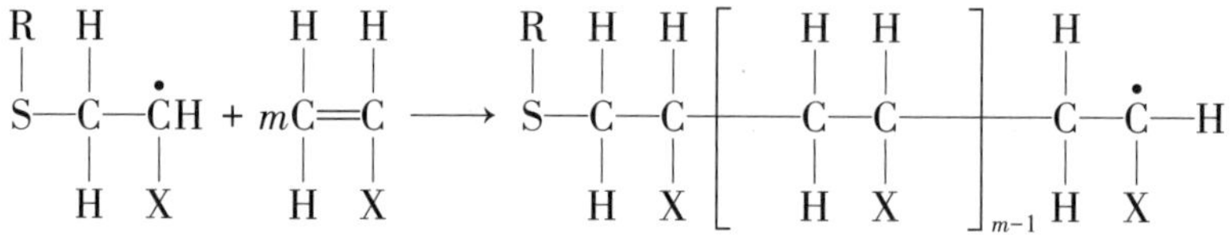
(5-68)

上述各式中 R 为烷基，X 为硅酮、卤素、羟基或磺酸基等基团。

以上四个反应步骤是决定聚烯烃/硫醇/硅酮体系固化反应的主要过程。二硫醇、三硫醇、双烯类和三烯类单体的辐射固化速度快，其机理类似于传统的缩聚反应，形成的聚硫醚硬度大，同时具有的弹性也大，热稳定性与酯键（$R-\overset{\overset{\displaystyle O}{\|}}{C}-O-R'$）、醚键（R-O-R′）等相比，热稳定性更好，体系的收缩率低。

其他固化体系，有的处于探索阶段，有的在实际固化过程中很少采用，不做介绍。

2. 稀释剂

多官能团单体/稀释剂，在辐射固化体系中，单体具有较高的黏度，在进行配方时，难以实现各物料的共混均匀，必须在体系中加入稀释剂，目的在于降低体系的黏度、增加交联密度、控制固化膜的粘接性和柔韧性。

稀释剂主要有丙烯酸酯单体和乙烯基单体两大类，丙烯酸酯类具有较高的反应活性，且丙烯酸酯单体上的氢易于被其他基团取代，形成一系列的衍生物，可改进丙烯酸酯的性能，如乙二醇二丙烯酸酯、丁二醇二丙烯酸酯、苯氧乙基丙烯酸酯、羟乙基丙烯酸酯等。虽然丙烯酸酯类是非常好的稀释剂，但是丙烯酸酯具有强烈的气味，并对体表有刺激和伤害，人体体表接触后，会发生红肿、斑疹等，严重者会致癌。因此，开发低毒或无毒丙烯酸酯成为研究的重点，已开发成功的有三丙二醇二丙烯酸酯、丙氧化丙烯酸酯和乙氧化三羟基丙烷三丙烯酸酯等。乙烯基类的固化速度与丙烯酸酯类相比要慢得多，限于成本等因素，乙烯基类仍然得到良好的应用。

稀释剂的作用不仅仅是降低黏度一个目的，还具有增加固化速度、提高漆膜各种力学及耐受化学溶剂的性能等作用。稀释剂的使用，在加工过程中容易挥发，对操作人员和工作环境造成不良影响。稀释剂除了在固化前可降低体系黏度、方便施工外，还可在固化时与单体等发生反应进入固化体系，固化后不会在放置和使用过程中迁移出来危害人的健康和污染环境，也不会造成漆膜性能的劣化。

3. 稳定剂等助剂

固化体系除了以上主要组分外，还要加入稳定剂，防止齐聚物、单体等在辐照过程中的氧化及老化,固化后的漆膜在使用过程中受到酸、碱、盐、有机溶剂、热、阳光等作用时会发生降解,加入合适的稳定剂,有利于漆膜性能保持。有的配方为了提高漆膜的刚性,需要在组分中加入无机填料,如二氧化钛、四氧化三铁、碳酸钙等。为了获得不同的漆膜颜色,在组分中加入各种颜料或颜料母粒(master batch);这些就构成了一个比较完整的辐射固化材料配方。

4. 固化工艺

辐射固化的工艺与热固化相比相对简单,效率更高,更环保,其主要工艺过程如图 5-26 所示,每一步都可采用连续自动化工艺,可实现电脑全程控制,参数可控可调。

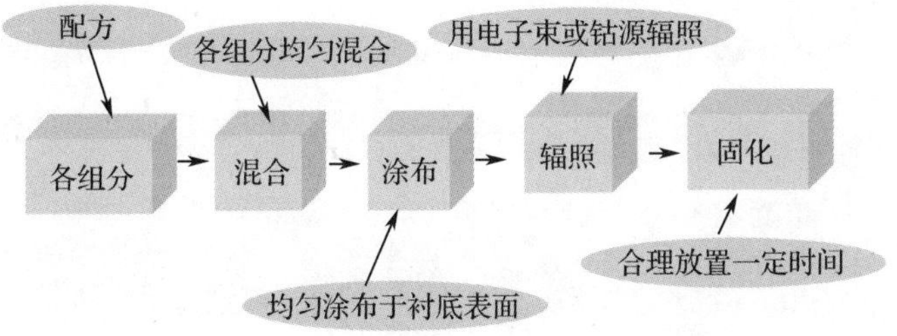

图 5-26 电子束或钴源辐射固化工艺简图

图 5-26 为电子束或钴源辐射固化工艺简图,典型的辐射固化配方体系的固化参数如不饱合聚酯所需辐照剂量为 10~100 kGy;由甲苯二异氰酸酯、聚丙二醇和单亚油酸甘油酯体系为 $7.0\times10^3 \sim 9.0\times10^3\ Gy\cdot h^{-1}$ 下辐照 16 h,总剂量为 1.3×10^5 Gy,可交联得到良好的弹性体。聚四甲基乙二醇二巯基乙酸酯、乙酰基三烯丙基柠檬酸酯在 $10^3\ Gy\cdot h^{-1}$ 下辐照 0.7 h,即开始凝胶化,3 h 后,固化基本完成,继续辐照,固化产生的凝胶很少。

5.6.3 辐射固化的应用

随材料配方化学的发展,辐射固化在某些领域逐渐代替传统的热固化,应用领域越来越广泛,高品质纸张和木材的表面处理成为辐射固化的主要方向,如包装用纸张,可实现双面涂层的辐射固化,辐射固化后具有高的光泽度、低透气性、极少的化学品残留物、低气味和无污染,还可在辐射作用下杀灭细菌,这些优点对食品和化妆品的包装尤为关键。木塑复合材料(wood plastic composites,WPC),采用辐射固化技术,将劣质木材改造成优质木材,一是提高强度,二是提高品质,是木材工业重点攻关的技术。

辐射固化可用于胶黏剂制备,如压敏胶、层压胶,可显著提高胶黏剂的性能;磁介质采用辐射固化技术,准确将小氧化物颗粒定向黏结在表面,提高磁记录的效率;光纤表面涂层的辐射固化,有效降低了光在传输过程中的损耗。

电子束辐射固化在汽车产业中的应用更为广泛,如采用碳纤维浸渍单体齐聚物后,用 X 射线辐射固化制备高强度的汽车挡泥板,车漆的辐射固化以及汽车配件表面采用电子束辐射固化技术,实现快速无污染生产,提供高品质产品(图 5-27)。

材料配方的优化和能够发射帘状电子束的低成本紧凑型低能加速器的普及是辐射固化发展的主要技术瓶颈。在材料配方中重点解决各成分的毒性及刺激性气体的释放、能在空气(目前电子束固化一般在氮气下进行以减少或消除氧的阻聚)气氛中的固化、减少辐射剂量,改善涂料对基底材料(金属、塑料等)的粘接性,以及各种异型件的辐射固化等。

辐射技术发展方向目前聚焦于环境和能源,如天然聚合物或生物聚合物从需要处理的废物，转化为具有较大应用价值的产品。污染废水电子束辐照处理，尤其是印染废水电子束辐照处理技术，以清华大学为核心开展技术研发，以中广核科技公司为依托的产业化工作，逐渐建立起技术标准和规范，得到国际原子能机构的支持和推广，成为全球领先的技术。

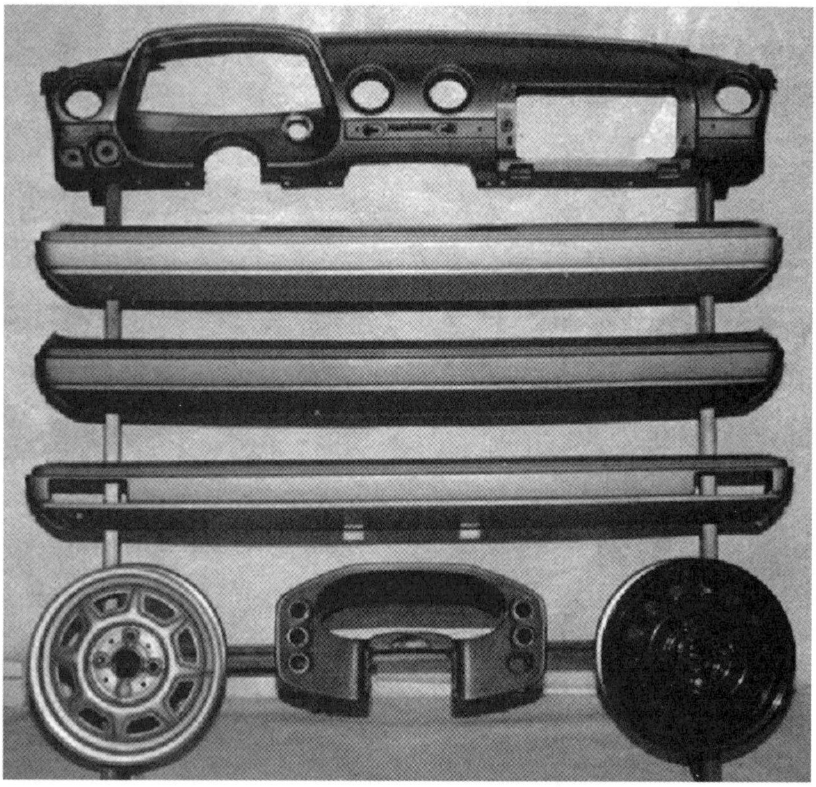

图 5-27 汽车配件表面电子束辐射固化产品

辐射技术在海洋塑料污染物溯源、辐照处理、生态系统的循环等应用成为研究的热点；可移动式电子加速器用于易脆易损不可移动文物的考古研究成为热点。

辐射加工在微电子线路生产领域的应用将是重要的方向，近年来美国与中国展开贸易战，芯片成为卡脖子的产品，芯片制造采用光刻技术（Lithography），目前，用极紫外光已经能够实现 5 nm 芯片的量产，我国要解决芯片“卡脖子”问题，必须对芯片生产光刻技术进行原始创新，在现有的 X 射线和电子束光刻技术、同步辐射产生的 X 射线 LIGA（lithographie，galvanoformung，abformung）加工技术、深粒子束（deep ion beam lithography，DIBL）加工技术、无源光学器件（passive optical devices）加工技术等基础上，开发出更精确、波长更短的辐射光刻加工技术及其配套的光刻胶，才能制造性能更先进的芯片。

习 题

5-1 什么是辐射加工？

5-2 线性高分子在射线作用下发生交联反应的主要机理是什么？

5-3 辐射交联效应、接枝反应、降解反应和固化反应的辐射剂量范围分别是多少？

5-4 请正确写出辐射法制备金属纳米材料的机理，以及影响纳米制备的关键反应是哪一步，为什么？

5-5 辐射固化中所包含的反应类型有哪些？

5-6 为了提高丝绸的抗皱性能，将 50 g 丝绸用 10 kGy 的电子束辐照后置于 100 mL 丙烯腈（分子量大约 67）溶液中进行接枝，k_1 为 3.0×10^{-3} mol · s^{-1}，k_2'为 5.0×10^{-1} mol · mL^{-1} · s^{-1}，每 100 Gy 形成的自由基为 1，在常温下反应 30 min，计算接枝产物的质量。

5-7 请简述聚碳硅烷先驱体在辐射后的热裂解过程可能的主要反应。

5-8 聚烯烃/硫醇/硅酮辐射固化体系的四个主要过程是什么？请用化学反应式列出。

第6章　核技术在医学领域中的应用

医学是核技术应用的重要领域之一，全世界生产的放射性同位素中，约有80%以上用于医学。将核技术用于疾病的预防、诊断和治疗，形成了现代医学的一个重要组成部分——核医学。

核医学是将核素（包括放射性核素和稳定核素）标记的示踪剂用于医学和生物（体内、体外）医疗（主要包括诊断、治疗）和研究用途的学科，其发展可追溯到20世纪初。在放射现象发现不久的1901年，法国医师当洛（H. A. Danlos）和布洛赫（E. Bloch）将镭盐放置在皮肤表面以治疗皮肤的结核损伤，开创了核素治疗人类疾病的先河；1920年，匈牙利放射化学家赫维西（G. C. de Hevesy）用^{201}Pb研究了铅在植物中的运动，发现了新陈代谢周转率，并用^{214}Bi研究了铋在兔子体内的代谢，可谓同位素示踪法的早期生物医学应用。1925年，美国临床核医学家布卢姆加特（H. L. Blumgart）将^{214}Bi从肘静脉注射，研究侧肢体出现放射性的时间，从而得到健康人与病人的血流速度差异。1934年，约里奥·居里夫妇发现人工放射性后，赫维西用^{32}P研究了磷在鼠中的代谢行为。1937年，美国物理学家劳伦斯兄弟（E. O. Lawrence & J. H. Lawrence）建成回旋加速器，可制备出毫居级的^{32}P，并将其用于治疗白血病。1938年，美国化学家利文古德（J. J. Livingood）和西博格（G. T. Seaborg）发现^{131}I，并很快将其用来治疗甲状腺癌。1939年，美国加州大学伯克利校区的汉密尔顿（J. G. Hamilton）、索利（M. Soley）和埃文斯（R. Evans）对放射性碘的体内代谢行为进行了体外模拟研究。1941年，佩谢尔（C. Pecher）首次用^{89}Sr治疗前列腺转移骨癌。20世纪40年代反应堆的建立为核医学提供了更多可供选择的放射性核素；闪烁探测器、扫描仪及射线自显影技术相继发明，^{3}H、^{14}C、^{32}P、^{125}I及^{131}I等核素标记化合物被广泛用于生命科学的研究。在众多的放射性核素中，以^{131}I在医学中的应用最为广泛，^{131}I-玫瑰红用于肝胆显像，^{131}I-邻碘马尿酸用于检查肾功能，Na^{131}I用于甲状腺疾病的治疗。20世纪60年代，美国科学家伯森（S. A. Berson）和雅娄（R. S. Yalow）发明放射免疫分析，放射免疫分析药盒很快被商品化并得到广泛应用，雅娄因此荣获1967年的诺贝尔生理学或医学奖。与此同时，^{99}Mo-^{99m}Tc发生器的开发和利用使得远离反应堆和加速器的医院能够方便使用^{99m}Tc标记的放射性药物进行临床诊断。截至2020年10月，美国食品药品管理局（Food and Drug Administration，FDA）批准的放射性药物共计53种，其中用于正电子诊断的药物共13种，单光子诊断药物和放射性治疗药物共40种。20世纪下半叶，电子学技术、计算机技术和图像重建技术的飞速发展，给核医学的发展提供了强大的技术支撑力量，γ照相机、发射计算机断层成像的发明和不断完善，使得核医学进入了一个快速发展的时期。

随着计算机技术的发展，人们发展了将CT、MRI与ECT图像融合（image fusion）的技术，可以将各种影像技术获得的信息加以综合，精确确定病灶的大小、范围及其与周围组织的关系，从而得到更具生理意义的功能参数图，使得核医学在疾病的临床诊断方面具有独特优势。

6.1 医用放射性核素

用放射性核素或标记的化合物及生物制品来研究、诊断、治疗疾病的制剂称为放射性药物。根据作用途径的不同,放射性药物可分为体外放射性药物和体内放射性药物两大类:体外放射性药物是一种分析试剂,用于血液及分泌物样品的放射免疫分析(radioimmunoassay,RIA)、免疫放射分析(immunoradioassay,IRMA)、放射受体分析(radio receptor assay,RRA)、放射配基结合分析(Radio ligand binding assay,RBA)等(图6-1);体内放射性药物则须将药物引入病人体内,通过观察药物在体内的运动、分布、代谢来诊断疾病,或者是将药物定位于肿瘤组织,利用药物中放射性核素发射的射线进行肿瘤治疗。放射性药物由合适的放射性核素标记在输送该核素到靶器官的运载分子构成,核素的选择主要取决于药物的用途,也与采用的靶向载体有关。

图6-1 HH6003 γ放射免疫分析仪

6.1.1 诊断用放射性核素

SPECT显像用的放射性核素最好只发射单能γ射线,不发射带电粒子,因为后者对于显像不仅没有贡献,反而会给病人增加不必要的内照射。γ射线能量最好在100~300 keV的范围内,能量太低,从发射点穿出体外的吸收损失增加;能量过高,要求的准直器厚度增加。

PET显像用的放射性核素最好只发射β^+粒子,不发射γ射线,因为后者会增加偶然符合计数,降低信噪比。核素的半衰期最好在10 s~80 h,半衰期太短很难甚至无法将其标记到运载分子上;半衰期太长,显像以后残留在体内的放射性活度太高,给病人造成额外的照射,这就限制了显像用的放射性药物的总活度。较短半衰期的核素可以注入较大的量,在短时间内采集到足够的数据后,很快衰变掉,有利于得到高质量的图像。

理想的放射性核素应是生物体内的主要组成元素(C、H、N、O、S、P等)或类似元素(如F、Cl、Br、I等卤素取代H)的同位素,但这样的放射性核素不多。对于金属放射性核素,则要求它能与运载分子形成热力学稳定或动力学惰性的配合物。此外,医用放射性核素应该来源方便,价格便宜,容易制成高比活度的制剂。表6-1和表6-2分别列出了一些适合于SPECT和PET显像用的放射性核素。

表6-1 适合于SPECT显像的常用放射性核素及其生产方法

核素	$T_{1/2}$	衰变方式	主要射线能量/keV	生产方式
^{67}Ga	3.261 d	EC	93.311(39.2)	$^{67}Zn(p,n)$;$^{66}Zn(d,n)$
^{99m}Tc	6.008 h	IT	140.511(88.5)	$^{99}Mo(\beta^-)$
^{111}In	2.805 d	EC	245.4(94.09)	$^{111}Cd(p,n)$;$^{109}Ag(\alpha,2n)$
^{123}I	13.27 h	EC	158.97(83.3)	$^{123}Te(p,n)$;$^{121}Sb(\alpha,2n)$
^{125}I	59.41 d	EC	35.4919(6.67)	$^{124}Xe(n,\gamma)$;$^{123}Sb(\alpha,2n)$
^{201}Tl	72.91 h	EC	167.43(10.0)	Hg(d,x);$^{203}Tl(p,3n)$;$^{201}Pb(EC)$

表 6-2　适合于 PET 显像的常用放射性核素及其生产方法

核素	$T_{1/2}$/min	主要射线能量/keV	生产方式
^{11}C	20.39	511(≤199.52)	$^{14}N(p,\alpha)$；$^{10}B(d,n)$
^{13}N	9.965	511(≤199.84)	$^{16}O(p,\alpha)$；$^{10}B(\alpha,n)$
^{15}O	2.037	511(≤199.8)	$^{14}N(d,n)$；$^{16}O(^{3}He,\alpha)$
^{18}F	109.77	511(≤193.46)	$^{18}O(p,n)$；$^{20}Ne(d,\alpha)$
^{62}Cu	9.67	511(≤194.86)	$^{62}Ni(p,n)$；$^{62}Zn(EC)$
^{68}Ga	67.629	511(≤178.2)	$^{68}Zn(p,n)$；$^{68}Ge(EC)$
^{82}Rb	1.273	511(≤190.94)	$^{85}Rb(p,4n)$；$^{82}Sr(EC)$

综合各种因素，在 SPECT 显像核素中，^{99m}Tc 为首选核素。目前，^{99m}Tc 标记的放射性药物占全部放射性药物的 80%。在 PET 显像核素中，以 ^{18}F 为最优，其卓有成效的代表药物为 ^{18}F-FDG。如图 6-2 所示是 ^{18}F-FDG 的全身显像图。

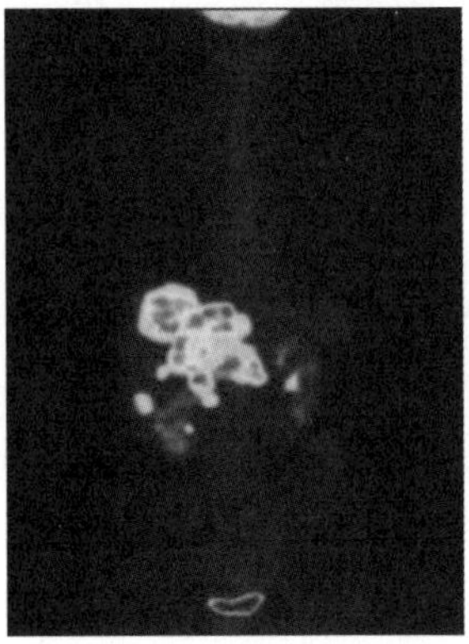

图 6-2　^{18}F-FDG 的全身显像图

6.1.2　治疗用放射性核素

适合于治疗的放射性核素应满足下列条件：

①只发射 α、β、俄歇电子，或仅伴随发射少量弱 γ 射线；

②半衰期为数小时至数十天；

③衰变产物为稳定核素；

④可获得高比活度的放射性制剂。

传能线密度（linear energy transfer，LET，单位 keV/μm）是单位长度原子电离/激发的量度，指粒子穿过单位长度传递给被作用物质的能量。高 LET 是高电离辐射的典型特征，表示传能线性量的密集沉积对生物组织的生物和化学损伤大。粒子的 LET 和在生物组织中的作用范围与放射性核素相关并受衰变类型和能量的影响较大。β 粒子、α 粒子和俄歇电子在质量、能量、电荷等方面的显著差别将导致它们与生物组织作用时产生显著不同的后果。β 粒子的 LET 约为 0.2 keV/μm，在生物组织中的射程可达 1.5～19 mm，为 500～1 000 个细胞直径；而 α 粒子的 LET 为 50～230 keV/μm，在生物组织中的射程约为 16～75 μm，为 2～10 个细胞的直径；俄歇电子的能量为 20～500 eV，生物组织内的射程为 1～10 nm，LET 为 10～25 keV/μm，与 α 离子的 LET 接近，属高 LET。如果放射性药物能选择性地进入肿瘤细胞，其发射的 α 粒子和俄歇电子足以将该肿瘤细胞杀死。此外，α 粒子还通过辐射诱导的旁观者效应对相邻细胞造成额外的损伤。但是，与长射程的 β 粒子相比，α 粒子的旁观者效应更小，对邻近肿瘤微环境中的正常细胞的间接损害较小，即毒副作用低。表 6-3 列出了目前认为比较适合于治疗肿瘤用的放射性核素。

表 6-3 一些比较适合于治疗肿瘤的放射性核素

核素	$T_{1/2}$	衰变方式	主要粒子能量/keV	生产方法
^{32}P	14.262 d	β^-	1 710.3(100.0)	$^{31}P(n,\gamma)$; $^{32}S(n,p)$
^{35}S	87.38 d	β^-	166.84(100.0)	$^{34}S(n,\gamma)$; $^{35}Cl(n,p)$
^{67}Cu	2.58 d	β^-	391(57.0); 483(22.0); 576(20.0)	$^{67}Zn(n,p)$; $^{68}Zn(\gamma,p)$; $^{70}Zn(p,\alpha)$; $^{68}Zn(p,2p)$
^{89}Sr	50.53 d	β^-	1 495.1(99.99)	$^{88}Sr(n,\gamma)$; $^{89}Y(n,p)$
^{90}Y	2.667 d	β^-	2 280.1(99.99)	$^{90}Sr(\beta^-)$; $^{89}Y(n,\gamma)$
^{109}Pd	13.701 h	β^-	1 027.9(99.9)	$^{108}Pd(n,\gamma)$
^{114}In	71.9 s	β^-	1 988.7(99.36)	$^{113}In(n,\gamma)$
^{131}I	8.020 7 d	β^-	606.3(89.9)	$^{131}Te(\beta^-)$
^{153}Sm	46.284 h	β^-	635.3(32.2); 808.2(17.5)	$^{152}Sm(n,\gamma)$
^{161}Tb	6.88d	β^-	517.5(66); 460.3(26.0)	$^{160}Gd(n,\gamma)$; $^{161}Gd(d,x)$
^{165}Dy	2.334 h	β^-	1 286.7(83.0)	$^{164}Dy(n,\gamma)$
^{166}Ho	26.763 h	β^-	1 853.9(50.0); 1 773.3(48.7)	$^{165}Ho(n,\gamma)$
^{169}Er	9.40 d	β^-	350.9(55); 342.5(45)	$^{168}Er(n,\gamma)$
^{177}Lu	6.734 d	β^-	497.8(78.6)	$^{176}Lu(n,\gamma)$; $^{176}Yb(n,\gamma)$; $^{177}Yb(\beta^-)$
^{188}Re	17.005 h	β^-	2 120.4(71.1)	$^{187}Re(n,\gamma)$; $^{188}W(\beta^-)$
^{186}Re	3.7183 d	β^-	1 069.5(70.99)	$^{185}Re(n,\gamma)$; $^{186}W(p,n)$; $^{186}W(d,2n)$
^{198}Au	2.695 17 h	β^-	960.6(98.99)	$^{197}Au(n,\gamma)$
^{211}At	7.214 h	α;EC	5 869.5(41.8)	$^{209}Bi(\alpha,2n)$

表 6-3(续)

核素	$T_{1/2}$	衰变方式	主要粒子能量/keV	生产方法
^{212}Bi	60.55 min	β^-;α	2 248(55.46); 6 050.78(25.13)	^{208}Pb(18O,14N)
^{213}Bi	45.59 min	β^-;α	1 422(65.9); 5 869(1.94)	$^{213}Pb(\beta^-)$
^{223}Ra	11.4 d	α	5 716.23(52.6); 5 606.73(25.7)	$^{226}Ra(n,\gamma)$; $^{227}Ra(\beta^-)$; $^{227}Ac(\beta^-)$
^{225}Ac	10.0 d	β^-;α	5 830(50.7); 5 793.1(18.3)	$^{226}Ra(d,2n)$; $^{232}Th(p,x)$
^{227}Th	18.72 d	α	6 038.01(24.2); 5 977.72(23.5); 5 756.87(20.4)	$^{227}Ac(\beta^-)$

6.2 诊断用放射性药物

在过去几十年间，由于放射性药物化学和核医学的发展，已经从合成的数千种放射性标记化合物中筛选出一批性能优良的放射性药物并用于核医学显像，且几乎机体内所有器官都有合适的显像剂可供使用。

6.2.1 心血管显像剂

1. 心肌灌注显像剂

心肌灌注显像是利用正常或有功能的心肌细胞选择性摄取某些金属离子或核素标记化合物的作用，应用γ照相机或SPECT进行心肌平面或断层显像，可使正常或有功能的心肌显影，而坏死的心肌以及缺血心肌则不能显影（缺损）或影像变淡（稀疏），从而达到诊断心肌疾病和了解心肌供血情况的目的。在临床上，心肌灌注显像用于冠心病心肌缺血早期诊断，心肌梗死和心肌病诊断，心肌活力评估等。

理想的心肌显像剂应满足以下要求：

①心肌对它有较高的摄取和较长的滞留时间；

②血清除快，且有较高的心/肝、心/血、心/肺比值；

③心肌摄取量与心肌血流成正比；

④最好有心肌再分布特性。

目前，用于心肌灌注显像的药物较多，常用的有两类：一类是单光子发射显像的药物，如$^{201}TlCl$、^{99m}Tc-MIBI、^{99m}Tc-TEBO、$^{99m}Tc-P_{53}$、$^{99m}Tc-Q_{12}$、^{99m}Tc-NOET等（表6-4、图6-3分别列出了它们的主要性质和结构式）；另一类为正电子发射显像的心肌灌注显像药物，如$^{13}N-NH_3$、$^{15}O-H_2O$和^{82}Rb等。

表 6-4 几种 SPECT 心肌灌注显像剂的主要特性

显像剂	^{210}TlCl	^{99m}Tc-MIBI	^{99m}Tc-TEBO	^{99m}Tc-P_{53}	^{99m}Tc-Q_{12}	^{99m}Tc-NOET
结构式	—	Ⅰ	Ⅱ	Ⅲ	Ⅳ	Ⅴ
金属氧化态	+Ⅰ	+Ⅰ	+Ⅲ	+Ⅴ	+Ⅲ	+Ⅴ
心肌摄取	3%~4%	1%~2%	1%~3.4%	0.8%~1.3%	1.0%~2.6%	3%~5%
再分布	有	无	无	无	无	有
摄取机制	Na^+/K^+泵	被动扩散	被动扩散	被动扩散	被动扩散	尚无定论
显像时间	10 min,3 h	1 h	2 min	15 min	30 min	30 min,3.5 h

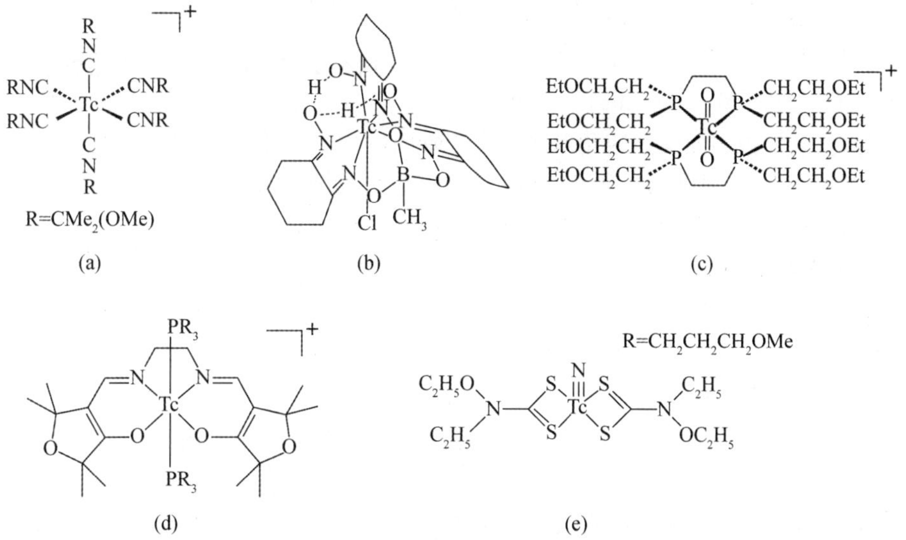

图 6-3 表 6-4 中的心肌灌注显像剂的结构式

$^{201}Tl^+$的半径与 K^+相近,可参与 Na^+/K^+-ATP 酶主动转运系统浓集于心肌。它的一个明显优点是可再分布。采用运动负荷延迟显像方式,受检者先行运动,然后注射^{201}TlCl,于10 min 和 3 h 分别进行早期和延期显像。缺血心肌在运动时的灌注情况比正常心肌差,表现为放射性稀疏或缺损。经过 3 h 后,$^{201}Tl^+$随血液灌注进入原先的缺血心肌,在图像中表现为正常分布,$^{201}Tl^+$的这一特性称为再分布。即使是在静息显像方式下,缺血心肌与正常心肌也是有差别的,但不如前一方法明显。在注射后 10 min 采集的图像中,前者表现为放射性稀疏或缺损,在 3 h 后,前者与后者相差很小,此后缺血心肌的清除比正常心肌慢。^{201}Tl 的缺点是γ 射线能量偏低,半衰期偏长,需要用能量较高的加速器生产,因此价格昂贵。

^{99m}Tc-MIBI,即^{99m}Tc-sestamibi 是目前应用最广的心肌灌注显像剂,对冠心病诊断的灵敏度和特异性可以与^{201}TlCl 相媲美。采用首次通过法或门控电路法还可测定心肌功能。其缺点是无再分布性质,需要二次给药(需要进行静息显像和运动负荷显像)。此外,由于肝脏对药物的吸收率高,清除较慢,注射该药物后需要服用脂肪餐,以促进药物从肝胆系统排泄。$[^{99m}Tc(CO)_3(MIBI)_3]^+$保留了^{99m}Tc-MIBI 的优点,动物实验结果表明,心/肝、心/肺比显著提

高，有望用于临床。

^{99m}Tc-TEBO 是 BATO 类配合物的一员，心肌吸收和清除都很快，因此必须在注射后 2 min 开始显像。为了能在短时间内采集足够的数据，要求采用多探头 SPECT。

$^{99m}Tc-P_{53}$，即^{99m}Tc-tetrofosmin，又称^{99m}Tc-TF，是一个含$[TcO_2]^+$核的配合物，可在室温下制备，便于医院应用；具有良好的心肌摄取和保留性质，从肝、肺和血液中清除快，已在临床上得到应用。如图 6-4 为$^{99m}Tc-P_{53}$ 心肌断层显像实例。

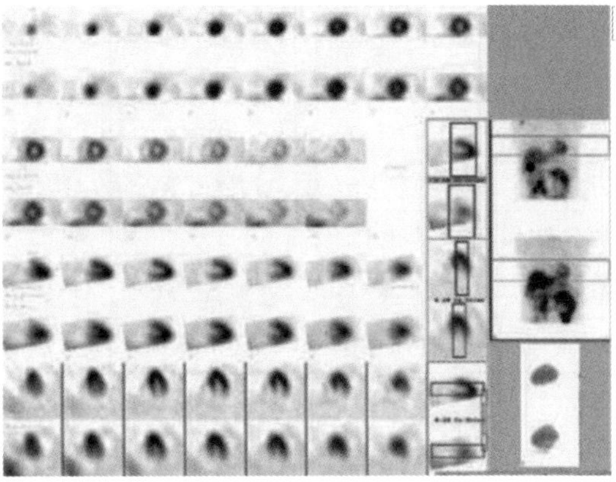

图 6-4　^{99m}Tc-P53 心肌断层显像

$^{99m}Tc-Q_{12}$，即^{99m}Tc-furifosmin 为 Tc(Ⅲ)配合物，其配位多面体为四角双锥。由于轴向的两个三甲氧基丙基的稳定化作用，配合物在体内稳定性好，心肌摄取快，保留时间长，从血液、肝和肺中清除快。

^{99m}Tc-NOET 是一个含$[Tc\equiv N]^{2+}$核的配合物，也具有再分布性质。$[Tc\equiv N]^{2+}$核中间体通常用$^{99m}TcO_4^-$、肼基二硫代甲酸甲酯（提供 N）、三对磺酸钠苯基膦或 $SnCl_2$ 和乙基乙氧基磺酸钠反应制备。$[Tc\equiv N]^{2+}$核配合物对水解反应和氧化还原反应比$[Tc\equiv O]^{3+}$核相应配合物稳定。该显像剂的另一个特点是心肌摄取率高，但摄取机制尚不明确。

$^{13}N-NH_3$、$^{15}O-H_2O$ 和^{82}Rb 等正电子发射显像剂注射后需应用 PET 进行断层显像，主要是与心肌葡萄糖代谢显像配合使用，了解血流灌注与代谢的匹配情况，以判断病变区心肌细胞活性。

^{13}N 由回旋加速器生产，半衰期（$T_{1/2}$）为 10 min，$^{13}N-NH_3$ 通过自由扩散的方式进入心肌细胞内，在心肌内首次通过的摄取率接近 100%。$^{13}N-NH_3$ 参与细胞代谢，可在谷氨酰胺合成酶的作用下转变为谷氨酸或谷氨酰胺，但首次通过摄取率不受代谢的影响。静脉注射$^{13}N-NH_3$ 370～555 MBq（10～15 mCi）后 3 min 开始进行 PET 心肌灌注显像。

$^{15}O-H_2O$ 是回旋加速器生产的显像剂，半衰期（$T_{1/2}$）为 2 min。在血流量为每分钟 80～100 mL/100 mg 的条件下，首次通过的摄取率为 96%，心肌对$^{15}O-H_2O$ 的摄取与冠状动脉的血流量成正相关。其缺点是半衰期非常短，技术要求高。

^{82}Rb 由$^{82}Sr-^{82}Rb$ 发生器生产，^{82}Sr 的半衰期（$T_{1/2}$）为 25 d，经电子俘获衰变为^{82}Rb。^{82}Rb 被心肌摄取的机制与钾离子相似，通过 Na^+-K^+-ATP 酶主动转入细胞内。在正常情况下，心肌细胞对^{82}Rb 的首次摄取率为 65%～70%。

2. 心肌乏氧显像剂

心肌因供血不足，致使部分心肌处于乏氧状态；若得不到及时治疗，就可能坏死。目前，采用溶栓、血管成型或再造技术等临床手段可降低死亡率，改善预后。因此，在进行“搭桥”手术（取病人本身的胸阔内动脉、下肢的大隐静脉等血管或者血管替代品，将狭窄冠状动脉的远端和主动脉连接起来，让血液绕过狭窄的部分，到达缺血的部位，改善心肌血液供应，进而达到缓解心绞痛症状，改善心脏功能，提高患者生活质量及延长寿命的目的，也称为冠状动脉旁路移植术）之前，区别心肌缺血（心肌细胞仍存活，但处于冬眠状态）/坏死（永久性损伤）非常重要，如

图 6-5 所示。

乏氧显像剂被缺血细胞摄取后，在乏氧条件下可被黄嘌呤氧化酶催化还原而滞留在乏氧细胞中，而在正常氧供条件下不被还原而难以滞留，但坏死细胞对显像剂无摄取功能。由此可见，用乏氧显像剂进行心肌显像，可以区分正常心肌、缺血心肌和坏死心肌如图 6-5 所示，目前认为较好的乏氧显像剂有^{99m}Tc-BMS-181321、^{99m}Tc-BMS-194796 及^{99m}Tc-HL91，其结构如图 6-6 所示。

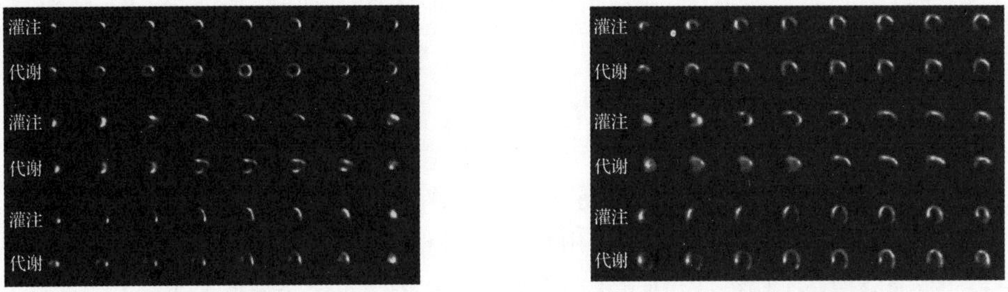

(a) 有存活心肌　　(b) 无存活心肌

图 6-5　心肌乏氧显像

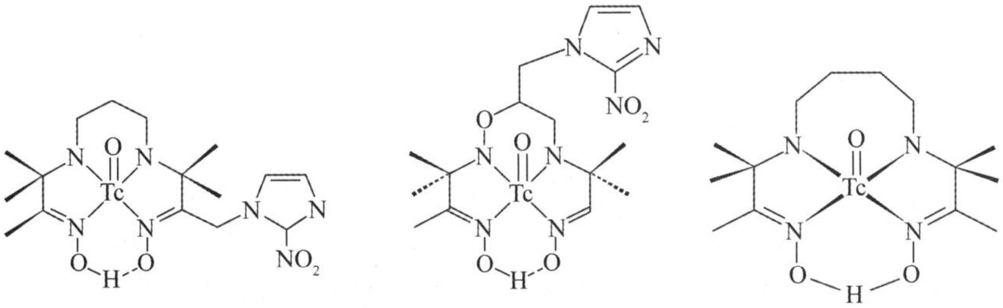

(a)^{99m}Tc-BMS-181321　　(b)^{99m}Tc-BMS-194796　　(c)^{99m}Tc-HL91

图 6-6　几种心肌乏氧显像剂的结构式

3. 心肌代谢显像剂

心肌的能量主要来自脂肪酸的代谢，因此放射性核素标记的脂肪酸可用于心肌代谢功能的显像。心肌代谢显像剂主要用于心肌损伤、心肌缺血的诊断及心肌缺血与心肌坏死的区分。

用^{123}I 标记的心肌代谢显像剂有^{123}I-IHA、^{123}I-IPPA 和^{123}I-BMIPP 等。用^{99m}Tc 通过双功能螯合剂间接标记脂肪酸的方法正在研究之中。PET 显像的心肌代谢显像剂有^{11}C-PA（^{11}C-棕榈酸）和^{18}F-FDG 等。

4. 心血池显像与心功能测定

一般采用^{99m}Tc-RBC 或^{99m}Tc-HAS 作为心血池显像剂。在心血管动态显像中，显像剂以“弹丸”形式注入受检者静脉，并立即用 γ 相机连续采集数据 20 s 以获得显像剂随血流首次通过心脏及大血管的动态影像，可用于了解心脏及大血管的位置、形态及循环通道与循环顺序是否正常的信息。这对于先天性心脏病、左心室室壁瘤及大动脉瘤、上腔静脉阻塞综合征的诊断与瓣膜反流的评价有临床价值。

在心血池显像中，显像剂通过静脉注射到血管，待显像剂与血液均匀混合后，以病人自身的心电图的 R 波（心电图波段之一）作为采集数据的开始与终止信号，在 R-R 期间重复采集图像。从所得到的图像中可以计算出心脏收缩期和舒张期的功能指标、心室容量负荷指标、局部心室壁的运动与功能指标、收缩的时相图和振幅图等，在临床上用于冠心病的早期诊断，心肌梗死及心肌病的诊断，以及心脏传导与心室功能的评价等。

在首次通过法心血管显像中，显像剂以"弹丸"形式注射到静脉，立即用 γ 相机进行快速动态照相，采集显像剂首次通过中央循环的全过程，计算出心室功能参数，如左、右心室的射血分数、高峰射血率等。

5. 血栓显像剂

血栓的形成会导致心肌梗死、心绞痛、脑卒中及猝死等严重后果，因此血栓显像剂是当前放射性药物研究中的一个热点。血栓是由血管内纤维蛋白、血小板和红细胞凝聚而成，其形成过程受纤维蛋白原的调节。纤维蛋白原通过多肽中 Arg-Gly-Asp（RGD）序列的基质与 GPⅡb/Ⅲa 受体结合，而 RGD 单元与 GPⅡb/Ⅲa 受体的拮抗剂 DMP757 具有高亲和力。因此，用 ^{99m}Tc 标记 DMP757 可以进行血栓显像。此外，P280 和 P748 也是 GP IIb/IIIa 受体血栓显像剂，前者可应用于静脉血栓显像且已在临床应用，后者可用于肺栓塞显像的研究。

6.2.2 脑显像剂

1. 脑灌注显像剂

脑灌注显像剂主要用于测定局部脑血流（region cerebral blood flow，rCBF），因此要求脑中放射性药物的分布与 rCBF 成正比；药物需要穿越完整的血脑屏障（blood-brain barrier，BBB）才能进入脑组织，即要求药物分子满足脂溶性（$\log P = 0.5 \sim 2.5$，P 为药物在正辛醇与水之间的分配比）、电中性和分子量小于 500 三个条件；药物分子在脑中需要有一定的滞留时间，并有确定的区域分布，如图 6-7 所示。

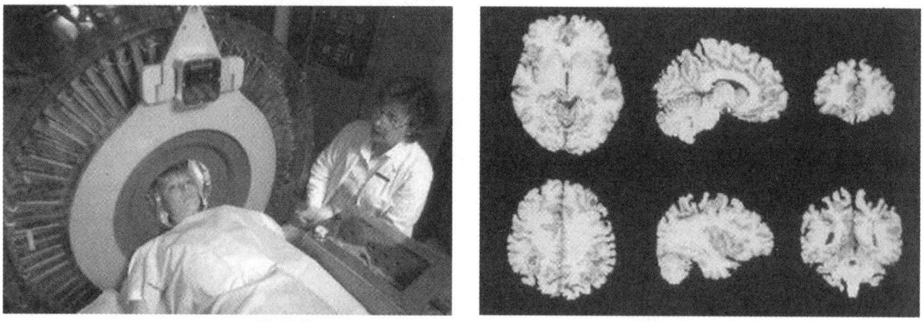

(a) SPECT脑显像　　(b) 脑部各部位显像图

图 6-7　脑灌注显像

脑灌注显像剂可能存在三种滞留机制：

① ^{99m}Tc 配合物与细胞内组分、蛋白质或其他大分子结合；

② 中性 ^{99m}Tc 配合物转化为带电的、不能扩散出细胞的物质；

③ ^{99m}Tc 配合物在细胞内分解为其他不能扩散出细胞的物质。

对于某一种药物分子，究竟属于何种滞留机制，往往并不容易搞清楚。

^{99m}Tc-D,L-HMPAO(^{99m}Tc-3,6,6,9-四甲基-4,8-二氮杂十一烷-2,10-二酮二肟)，商品名 Certec 第一个被批准用于临床的^{99m}Tc 标记脑灌注显像剂，但其体外稳定性差、脑/血比偏低。比较而言，其类似物^{99m}Tc-CBPAO(^{99m}Tc-环丁基丙撑胺肟)的体外稳定性和脂溶性更好，性能有所提高。

^{99m}Tc-L,L-ECD(^{99m}Tc-乙撑-双-L-半胱氨酸乙酯，商品名 Nurolite)具有很高的体外稳定性和较高的脂溶性，脑摄取量和滞留量都比较高，但滞留时间较短。该化合物在脑中的滞留机制被认为是两个乙酯基团之一被酶促水解为羧酸，从而改变了整个分子的极性、脂溶性和电荷态。^{99m}Tc-L,L-ECD 的脑滞留性质受酶促水解控制，所以其脑滞留与水解酶的浓度分布有关，不完全由 rCBF 决定。

^{99m}Tc-MPR20(^{99m}Tc-N-2-(1H-吡咯甲基)-N′-(4-亚戊基-2-酮)乙烷-1,2-二胺)和^{99m}Tc-BATO-2MP 的加合物，也具有较好的脑摄取与滞留性质，但其临床价值及脑摄取和滞留机理还有待进一步研究。

前述几种显像剂的$^{99m}TcO^{3+}$的四个配位原子都在同一个分子上(四齿配体)，若用一个三齿配体与一个单齿配体代替，即采用“3+1”的混配设计方案，在改变配位原子的种类和调剂配体的结构方面将有更多的灵活性。实验已发现，这种做法是可行的，有可能开发出性能优异的新型脑显像剂。

2. 脑受体显像剂

神经系统由神经元组成，神经元的功能是接受刺激和传导冲动。神经元有三种：感觉神经元、运动神经元及内神经元。内神经元的作用是在前两种神经元间传递冲动。典型的脊椎神经元由树突、细胞体和轴突组成。树突为接收来自感觉感受器或来自别的神经元的神经冲动的纤维，它分离出接受到的以电位变化为形式的刺激，在多数情况下传导给细胞体和轴突。轴突在接收到高于阈值的刺激时产生神经冲动，将其从细胞体发送到另一神经元，或者某一效应肌肉或腺体。突触是两个神经元的接界，当一个神经冲动到达一个树突的末梢时，将某种称为神经递质的化学物质释放到突触泡囊。神经递质在毫秒级的时间内扩散穿过称为突触间隙的微小空间，结合到细胞的接收点处的受体分子上。视神经递质的数量和受体的种类不同，新的神经冲动可以是激励性的，也可以是抑制性的。这之后，神经递质或者被酶促反应破坏，或者被轴突末端重新摄取，使得反射时间得到限制。在某些情况下，神经冲动的传送是电性的，即到达信号通过称为缝隙连接的开放沟道，直接从突触前膜传送到突触后膜。

尽管已经知道有大量的化学物质具有神经递质作用，但到目前为止，还只有多巴胺、5-羟色胺、乙酰胆碱、去甲肾上腺素和δ-氨基丁酸等少数化学物质被鉴定出来。

神经递质的释放、传送、重吸收、浓度的时间和空间分布与脑的活动、功能等有密切的关系。因此，神经受体显像是在分子水平上研究神经生物学的有力工具。神经递质能与相应的受体选择性地结合，因而受体就以与其特异结合的神经递质命名，如多巴胺受体、乙酰胆碱受体等。药物如果能与某受体结合产生与递质相似的作用，称为激动药。如果药物与受体结合后妨碍递质与受体结合，产生与递质相反的作用，称为阻断药。目前，研究过的脑受体显像剂多是用放射性核素标记的激动剂或拮抗剂。

(1)多巴胺受体显像剂

多巴胺即羟酪胺(2-(3,4-二羟苯基)乙胺)，是酪氨酸代谢过程中由多巴(Dopa，即3-(3,4-二羟基苯基)-L-2-氨基丙酸)形成的中间体。多巴胺是肾上腺素(N-甲基-(2-(3,

4-二羟苯基)-2-羟基乙胺)和去甲肾上腺素(2-(3,4-二羟苯基)-2-羟基乙胺)的前体,是哺乳动物的主要神经递质。在脑的黑质、基底神经节及纹状体中对神经冲动的传导起抑制作用,多巴胺不足以引起帕金森病。在某些突触处起神经递质作用,在这些突触处多巴胺的紊乱会导致神经分裂症和帕金森病。多巴胺受体有 D_1 和 D_2 两种,前者催化合成 cAMP(一种环状核苷酸,腺苷-3′,5′-环化-磷酸的简称,也称环化腺核苷-磷酸或环腺-磷),后者抑制 cAMP 的合成,催化和抑制反应调节突触后膜中的钾和钙通道。多巴胺受体也存在于突触前膜,神经递质通过重新摄取到突触前端而终止。

常用的 D_1 受体显像剂为 ^{11}C 或 ^{123}I 标记的苯并氮衍生物。多巴胺 D_2 受体显像剂主要为 ^{123}I 标记的螺环哌啶酮、苯甲酰胺的衍生物。人们试图用 ^{99m}Tc 间接标记上述化合物,但尚未得到令人满意的结果。

(2)5-羟色胺体显像剂

5-羟色胺(5-HT)在体内的含量很低,但在脑中某些区域这一神经递质的水平与人的行为方式(如睡眠、情绪)有很强的相关性。在周围神经系统的突触处,它唤起肌肉细胞对于其他神经递质做出激动响应。5-HT 作用于触突受体之后,被突触前端摄取并被酶解。在临床上,5-HT 受体的失调会引起神经精神疾病,如抑郁症、精神分裂症等。

酮色林具有抗 5-HT 受体的作用,^{123}I-2-iodoketanserin 曾用于 5-HT 受体的显像,但结果并不理想。以 ^{99m}Tc 标记的 5-HT 受体显像剂正在研究之中,至今尚未取得令人满意的结果。

(3)γ-氨基丁酸受体显像剂

γ-氨基丁酸(GABA)是谷氨酸在谷氨酸脱羧酶催化下的降解产物,广泛分布于脑中。在突触前膜受体处,GABA 开启 Cl^- 通道。对于大多数细胞,Cl^- 向细胞内扩散到其平衡电位,导致细胞膜的超极化,但对某些突触则起相反的作用,即去极化作用。GABA 对于突触前神经纤维起抑制作用。GABA 的活性降低可导致慢性舞蹈症、阿尔兹海默病(Alzheimer's disease,AD)、狂躁症和癫痫。GABA 受体分为 A 和 B 两种亚型,后者又称为苯并二氮(BZ)受体,有人用 ^{123}I-iomazenil 进行 BZ 受体显像,对于癫痫的诊断比用脑灌注显像的效果好,但因血液清除太快,不适用于临床。

(4)乙酰胆碱受体显像剂

乙酰胆碱是兴奋性递质,其活性下降是 AD 患者记忆和认知障碍的主要原因。AD 患者基底前脑的乙酰胆碱能神经元大量丧失,在皮层及海马内也减少,胆碱乙酰转移酶活性降低,引起认知功能降低。乙酰胆碱受体有两种,其一是毒蕈碱胆碱能受体,与舞蹈症和 AD 有关,其二是烟碱乙酰胆碱受体,与学习、记忆和烟草成瘾有关。一般用放射性核素标记的这些受体的激动剂或抑制剂作为显像药物,但能进入临床应用的并不多。

(5)阿片受体显像剂

阿片受体与疼痛及海洛因成瘾有关。阿片受体有 α、β、γ 三种,它们属于细胞膜受体中蛋白偶联型家族。目前,受体激动剂有吗啡、海洛因、埃托啡、二氢埃托啡、哌替啶、芬太尼等,拮抗剂有纳洛酮、特佩洛菲、丁丙罗啡等。目前,阿片受体显像剂多为放射性标记的拮抗剂,如 ^{18}F 或 ^{123}I 标记的特佩洛菲,它与 α、β、γ 三种受体的亲和力基本相同,没有成瘾作用。

此外,转运上述神经递质的蛋白,如多巴胺转运蛋白、5-羟色胺转运蛋白等的放射性核素显像剂在临床诊断上也很有价值,近年来这方面的研究很活跃。

6.2.3 肿瘤显像剂

1. 小分子肿瘤显像剂

肿瘤细胞生长旺盛，对于营养物质（葡萄糖、氨基酸等）的需求远高于正常细胞，因此可以用放射性核素标记的葡萄糖、氨基酸等作为肿瘤显像剂。

^{18}F-FDG在体内的分布与葡萄糖类似，但不能与葡萄糖一样代谢。注入体内的^{18}F-FDG可在肿瘤组织浓集，浓集程度随肿瘤的恶性程度增加而增加，因此可用于肿瘤（如脑、肺、肝、头颈部、网状内膜系统、肌肉系统、胸腔、膀胱、垂体等组织的肿瘤）的早期诊断、良性肿瘤与恶性肿瘤的区分、肿瘤的分级以及手术与放、化疗后疗效的评价。^{18}F-FDG用于肿瘤显像的缺点是特异性不够高，对于显像异常部位的确诊往往需要用其他方法加以佐证。^{18}F-FDG的摄取机理与早期用于肺癌和肝癌诊断的^{99m}Tc-GH（^{99m}Tc-葡庚糖酸）类似。

肿瘤组织的蛋白质合成速度加快，氨基酸的摄取速度也相应提高，但氨基酸比葡萄糖在炎症细胞（主要是中性粒细胞）代谢过程的作用小，测量标记氨基酸的吸收比测量葡萄糖的消耗能够更准确地估计肿瘤的生长速度。基于此，^{11}C-L-酪氨酸、^{11}C-L-蛋氨酸和^{11}C-L-亮氨酸适于探测肿瘤细胞中蛋白质的合成情况，为肿瘤诊断和治疗提供有用的信息。由于其代谢物$^{11}CO_2$能很快从组织中清除，对PET测量肿瘤细胞中^{11}C没有影响。^{123}I-甲基酪氨酸的肿瘤摄取与肿瘤细胞的活性相关，而与细胞密度无关，可以用于脑胶质瘤的诊断治疗。

^{67}Ga-枸橼酸镓中的Ga^{3+}类似于Fe^{3+}，在血液中能与运铁蛋白、乳铁蛋白等结合，结合物可与肿瘤细胞表面的特异受体结合，部分进入肿瘤细胞和浸润的炎症细胞的溶酶体中。可用于恶性淋巴瘤、何杰金氏病的定位诊断和临床分期、肺部和纵隔肿瘤的定位诊断和鉴别诊断、淋巴瘤和肺癌等放、化疗的预后评价。

在弱碱性条件下用Sn(Ⅱ)还原$^{99m}TcO_4^-$标记二硫代丁二酸（DMSA），所得产物中^{99m}Tc的氧化钛为+5价，即^{99m}Tc(Ⅴ)-DMSA，具有亲肿瘤性质，可用于甲状腺髓样癌的诊断及术后随访、软组织肿瘤的鉴别诊断、转移灶探测和复发随访、甲状腺以外的头颈部恶性肿瘤的辅助定性和定位、肺部肿瘤诊断以及骨骼病变的定性诊断。

^{201}Tl、^{99m}Tc-MIBI及^{99m}Tc-P_{53}等+1价离子也具有亲肿瘤性质。其中，$^{201}Tl^+$类似于K^+，可以借助Na^+/K^+ ATP酶进入癌细胞；而肿瘤供血丰富，有助于其摄取。^{99m}Tc-MIBI及^{99m}Tc-P_{53}的亲肿瘤机制尚无定论，有人认为与肿瘤细胞的膜电位、线粒体代谢及血液供给丰富有关。这些显像剂可在临床上用于肺部及颅脑肿瘤的鉴别诊断与定位、乳腺肿块良/恶性鉴别诊断、肺纵隔淋巴结转移灶检查以及肺癌放、化疗后的疗效观察。

许多肿瘤，特别是实体瘤的核心附近，常常发生缺血甚至坏死。利用组织乏氧显像剂可以诊断这些肿瘤。注射药物数小时后，正常组织中放射性大都被清除，乏氧的肿瘤仍滞留较高的放射性，显像时表现为放射性浓度增高区。

2. 多肽类肿瘤显像剂

多肽类肿瘤显像剂是指能够识别肿瘤上过度表达的受体高亲和力特异性结合的放射性核素标记的多肽，通过显像设备显示受体的数量、功能和分布。多肽类显像剂具有到达靶点和血液清除较快、组织穿透力强等特点。因此，能在较短时间内获得高对比度的肿瘤影像，且几乎没有人体免疫源性反应。

多数放射性金属核素（如^{99m}Tc、^{68}Ga和^{111}In等）不能通过直接标记法制备稳定的标记化合物，需要通过双功能螯合剂（bifunctional chelator，BFCA）间接标记到多肽分子上。BFCA 用其一个基团与多肽共价结合，用另外的官能团与金属离子螯合。为了最大限度地保持标记物的生物活性，常在 BFCA 与多肽间插入一个隔离基团。单克隆抗体也可以通过 BFCA 实现放射性金属核素的标记。图 6-8 列举了几种 BFCA 的结构式。

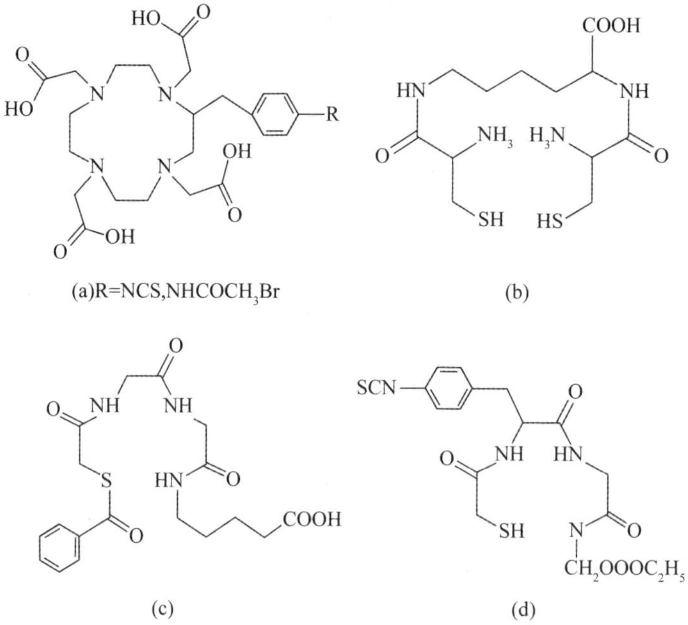

图 6-8　几种 BFCA 的结构式

目前，有 5 种该类显像剂被应用于临床中，包括^{111}In 和^{68}Ga 标记物各 2 种，^{64}Cu 标记物 1 种。其中，应用较成功的多肽类肿瘤显像剂是^{68}Ga 标记的生长激素抑制素（somatostatin，SST）显像剂，其对神经内分泌肿瘤的诊断灵敏度和特异性都在 90%以上，并且改变了 50%～60%的神经内分泌肿瘤患者的诊治策略，优于常规影像学检查及传统的生长激素抑制素受体（somatostatin receptor，SSTR）SPECT 显像。^{68}Ga-DOTA-TATE（Netspot）和^{68}Ga-DOTA-TOC 分别在 2016 年和 2019 年在美国上市。除上述诊断优势外，^{68}Ga 与^{90}Y、^{177}Lu 配位化学性质相似，可标记同样的化合物，分别进行显像和多肽受体放射性核素治疗（peptide receptor radionuclide therapy，PRRT），能够更加精准地筛选患者、制定治疗策略、计算核素治疗剂量以及评价疗效，实现个体化诊断及治疗。目前，临床研究最多、应用最广的是^{68}Ga-DOTA-TATE、^{68}Ga-DOTA-TOC 以及^{68}Ga-DOTA-NOC。^{68}Ga PET/CT SSTR 显像已成为神经内分泌肿瘤影像诊断的"金标准"，然而其仍有一些缺陷，突出的问题之一是对胰岛素瘤较低的检出率。SSTR 显像对胰岛素瘤诊断的灵敏度为 30%～50%，这是由于胰岛素瘤本身表达 SSTR 较低所致。胰高血糖素样肽-1（glucagon-like peptide-1，GLP-1）受体显像很好地弥补了这一不足。自 2008 年 GLP-1 受体显像诊断胰岛素瘤的病例被报道以来，陆续有^{111}In、^{99m}Tc、^{68}Ga 标记的 GLP-1 受体显像诊断胰岛素瘤的临床研究被报道。^{68}Ga PET/CT GLP-1 受体显像（^{68}Ga-exendin-4）的前瞻性临床研究结果显示^{68}Ga-exendin-4 诊断胰岛素瘤患者的灵敏度为 98.96%，对病灶的阳性预测值为 100%，具有很大的临床意义和参考价值。随着这一技术的推广应用，胰岛素瘤的影像诊断格局将发生改变。

3. 单克隆抗体肿瘤显像剂

当分子量较大的外源性物质进入生物体内,生物体会产生一种对抗抗原的蛋白质,称为抗体。抗体与相应的抗原亲和力高,生成复合物后使得外来物质的有害作用得以减弱或消除,称为免疫反应,这是生物的一种自我保护反应。人体中存在的免疫球蛋白 G(IgG)是最常见的抗体。抗体由两部分构成,每一部分由轻链(L 链)和重链(H 链)组成,两部分通过双硫键连接起来。H 和 L 链的前端为与抗原的识别部位,称为抗体的决定簇。如果用适当的酶切割,可得 Fab 或 $F(ab')_2$ 等片段,后者包含铰链区(Hinge)。完整抗体或片段的分子量大致如下:Fab,70~90 kD;$F(ab')_2$,150~200 kD;Fc,70~90 kD;全抗 220~280 kD。

1975 年,德国科学家科勒(H Köhler)和阿根廷科学家米尔斯坦(G Milstein)创建 B 淋巴细胞杂交瘤技术以来,各种 McAb 相继被制备出来。随着生物技术的进步,单克隆抗体经过四十多年的发展,历经鼠源抗体、嵌合抗体、人源化抗体,到目前的全人源抗体,该过程逐步消灭了鼠源部分带来的免疫原性,避免了 McAb 进入人体后的免疫排斥或超敏风险。McAb 的最大特点是它的高度专一性和对其专属抗原的高亲和力。如果用单光子发射核素或正电子发射核素标记单克隆抗体进行 SPECT 或 PET 显像,即为放射免疫显像,如果标记上治疗放射性核素用于体内的放射治疗,则为放射免疫治疗(radioimmunotherapy,RIT)。放射性核素标记的 McAb 被称为“生物导弹”,其中 McAb 将作为弹头的放射性核素运送到目标细胞,起着靶向载体的作用。

McAb 中的双硫键可被还原为巯基,$S^{2-}+2e+2H^+ \longrightarrow 2HS^-$,这些巯基能与 TcO^{3+} 配位,形成相当稳定的配合物。利用这种方法可以将 ^{99m}Tc 直接标记到 McAb 分子上,在该体系中,常用的还原剂有亚锡、2-巯基乙醇(2-ME)、亚硫酸钠、抗坏血酸等。用 2-ME 作还原剂时,过量的 2-ME 必须用葡聚糖凝胶除去,否则将会与 McAb 的巯基竞争 $^{99m}TcO^{3+}$,降低标记率。还原反应是在近中性的水溶液中进行的,Sn(Ⅱ)和还原 Tc 容易发生水解形成胶体,为此在溶液中加入中间络合剂葡庚糖酸、柠檬酸或酒石酸缓冲溶液。在实际操作中,将 McAb 溶液、中间络合剂和 $^{99m}TcO^{4-}$ 溶液混合,调节 pH 到 7.4 左右,接近生理环境 pH 值;加入适量的 $SnCl_2$ 溶液,还原和标记反应同时进行。但用这种直接标记法得到的 ^{99m}Tc-McAb 对半胱氨酸、谷胱甘肽等含巯基的化合物不稳定。

放射性核素标记的完整 McAb 用作肿瘤显像剂还有一些不尽如人意的地方。首先是在体内寻找目标的时间太长,需要 48~72 h,这就造成 McAb 不适用于短半衰期的具有显像功能的放射性核素。其次是 McAb 细胞渗透性较低,在体内代谢时间过长,带来高的血液毒性。再次是它的分子量大,导致肝对它的摄取太高,从而影响靶组织的摄取量。

目前主要有两种技术手段可改善 McAb 在体内的生物学效应。一种是酶切技术,通过该技术获得 McAb 的具有靶向性的功能片段 Fab(用木瓜蛋白酶裂解 McAb)或 $F(ab')_2$(用胃蛋白酶裂解 McAb)并减小其分子量,从而加快其体内代谢,使其体内寻找目标的时间缩短,适合于短半衰期核素的标记(如 ^{99m}Tc)。另一种改进的方法是预靶向技术。目前该技术可分为以下四种策略:①亲和素(Avidin, AV)-生物素(Biotin)策略;②双特异性抗体策略(bispecificantibodies,bsAbs);③体内生物正交反应策略;④DNA 类似物互补配对策略。以 AVBiotin 策略为例,AV 是一种从鸡蛋清中提取的糖蛋白(分子量 16.2 kD)形成的四聚体,可与 Biotin 特异结合,每一个 AV 四聚体可以与 4 个生物素结合,结合常数高达 $10^{15}\ L\cdot mol^{-1}$,比抗体-抗原结合常数($10^5 \sim 10^{11}\ L\cdot mol^{-1}$)高得多。具体过程是将 AV 偶联到 McAb 上,并将其静脉注射到体内,一部分 McAb-AV 结合到肿瘤细胞表面,经过一定时间,待血中游离的 McAb-AV 被清除后,再注射放射性标记的生物素,它与已结合于肿瘤细胞表面的 McAb-AV 高特异性地结合,再过一定时间再显像,可获得清晰图像。Av-Biotin 结合策略和双特异性抗体策略的缺点是仍然存在免疫抗性的问题。预靶向技术同样也适用于放射免疫治疗。

6.2.4 其他脏器显像剂

可以用放射性核素标记的显像剂做其他器官的显像,过去用^{131}I 标记的放射性药物有逐步被^{99m}Tc 标记物所代替的趋势。

1. 肝胆显像剂

^{99m}Tc-IDA(^{99m}Tc-亚氨基二乙酸衍生物)可被肝细胞从血液中摄取,又分泌到毛细胆管与胆汁一起排至肠内,可用于肝胆显像,这类药物的通式如图 6-9(a)所示。改变苯环上的取代基可以调节整个分子的亲脂性。亲脂性分子有利于肝胆显像,目前广泛应用的有^{99m}Tc-IDA($R_1=R_2=H,R_3=CH_3$),^{99m}Tc-EHIDA($R_1=R_2=H,R_3=C_2H_5$),^{99m}Tc-TMBIDA($R_1=R_3=CH_3,R_2=H$ 和 Br)和^{99m}Tc-DISIDA($R_3=i-C_3H_7,R_1=R_2=H$)。^{99m}Tc 标记的植酸[即肌醇六磷酸,如图 6-9(b)所示]在血液中与 Ca^{2+}形成不溶性螯合物,颗粒较小(约 20~40 nm),可被肝网状内皮细胞吞噬而进入肝脏,可用来进行肝显像。

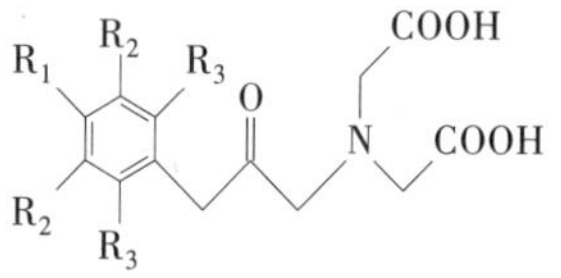

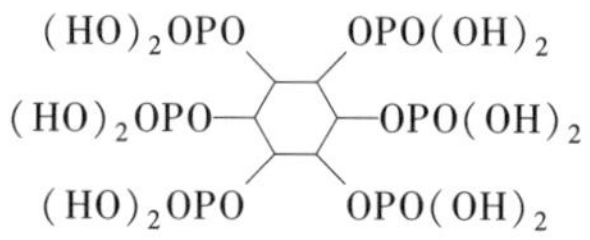

图 6-9 几种肝胆显像剂的结构式

^{99m}Tc-PMT(^{99m}Tc-吡哆醛-5-甲基色氨酸)是肝癌的特异显像剂。分化较好的肝癌细胞具有部分正常肝细胞的分泌胆汁的功能,可以摄取^{99m}Tc-PMT,而其他器官的良、恶性肿瘤均不具备此功能。

2. 肾显像剂

(1)肾小球滤过型放射性药物

肾小球滤过率(glomerular filtration rate,GFR)是指单位时间内肾脏清除含有特定物质(这些物质能从肾小球自由滤过,而不被肾小管重吸收或分泌)的血浆容量。DTPA 即属于这类物质,因此^{99m}Tc-DTPA 可用于 GFR 的测定。根据显像结果,可进行肾功能判定、诊断尿路梗死、监测肾移植术后反应、确定肾功能衰竭患者的肾透析时间、检查泌尿系统感染等。

(2)肾小管分泌型放射性药物

有效肾血浆流量(effective renal plasma flow,ERPF)是指单位时间内流经肾脏的血浆流量。ERPF 与某些物质流经肾脏时从血浆中清除到尿液的清除率有密切关系。用放射性核素标记那些既从肾小球滤过又从肾小管分泌且无肾小管吸收的物质即可用于 ERPF 的测定。

早期广泛使用^{131}I 标记的玫瑰红或马尿酸,现在已经被^{99m}Tc-MAG_3(^{99m}Tc-巯基乙酰基三甘氨酸)和^{99m}Tc-EC(^{99m}Tc-乙撑双半胱氨酸)代替,它们的结构式如图 6-10 所示。利用这些显像剂,可进行肾灌注的动态显像、测定 ERPF、诊断肾小管坏死、研究肾小管功能,也可监测肾移植。

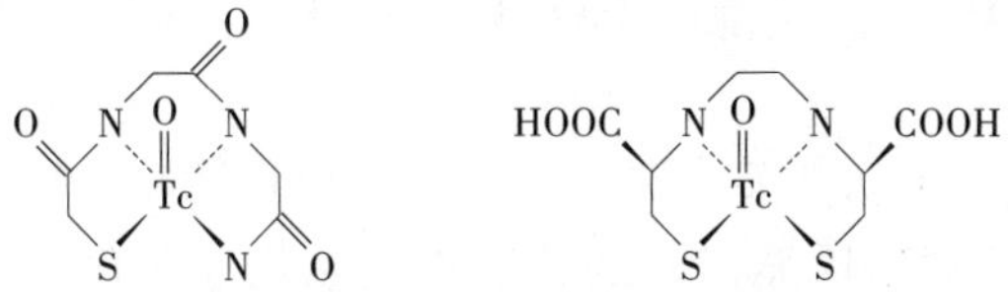

(a) ^{99m}Tc-MAG$_3$　　(b) ^{99m}Tc-EC

图 6-10　几种肾小管分泌型显像剂的结构式

(3)肾静态显像剂

^{99m}Tc-DMSA、^{99m}Tc-Glu、^{99m}Tc-GH 等与血浆蛋白有很高的结合能力,结合物在肾小球中滤过缓慢,并能被肾小管重新吸收,在肾皮质中浓集,因此可用于肾脏的静态显像。临床上可用来判断肾皮质的功能,诊断其感染,观察肾脏的位置、形态和大小,诊断肾脏是否萎缩或有无占位性病变等。

3. 骨显像剂

各种肿瘤最终都会转移到骨骼,引起剧烈的骨疼痛。骨显像剂用于肿瘤骨转移的早期诊断,可比 X 射线早 3~6 个月发现骨转移病灶。此外,骨显像对于诊断原发性骨瘤、股骨头缺血性坏死及骨髓炎,监测骨移植的成活等也具有临床价值。骨的主要成分为羟基磷灰石晶体,它的 Ca^{2+}、OH^- 及 PO_4^{3-} 可与血液中的同种放射性离子进行交换。放射性核素标记的化合物还可以通过化学吸附富集于骨骼。

^{99m}Tc-PYP(^{99m}Tc-焦磷酸)、^{99m}Tc-MDP(^{99m}Tc-亚甲基二膦酸)、^{99m}Tc-HMDP(^{99m}Tc-羟基亚甲基二膦酸)、^{99m}Tc-DPD(^{99m}Tc-二羧基丙烷二膦酸)、^{99m}Tc-HEDTMP(^{99m}Tc-羟乙基乙二胺三甲撑膦酸)及 ^{99m}Tc-HEDP(^{99m}Tc-羟基亚乙基二膦酸)是常用的骨显像剂,其中含 P-C-P 结构的膦酸型显像剂比含 P-O-P 结构的焦膦酸型显像剂在体内更稳定,因而发展很快。

6.3　治疗用放射性药物

放射性治疗药物本质上是利用射线(辐射)对生物体的电离和激发,定向破坏病变组织或改变组织代谢来达到治疗病症目的的药物。放射性治疗药物由两部分组成,既可作为杀伤肿瘤细胞的"弹头"发射 α、β 粒子或俄歇电子的放射性核素,也可作为将放射性核素输送到靶组织(肿瘤)的药物输送系统;为最大限度地杀伤癌细胞,尽量少伤害或不伤害正常细胞,要求药物输送系统是亲肿瘤的或肿瘤导向的,也即肿瘤摄取率和选择性愈高愈好。

作为放射性治疗药物,一般要求:纯的 α 或 β 放射性,并且具有较高的能量;半衰期短,可在短期内达到预期治疗效果;易于标记成适用的制剂,且在体内外都很稳定。

放射性治疗药物中放射性核素的载体主要可分为以下几种:

①普通化合物分子,其作用与一般药物类似,区别在于利用前者所携带的核素的辐射特性达到治疗目的;

②生物靶向分子,是利用放射性核素标记的生物靶向分子与细胞表面的受体特异性结合,使放射性药物浓集于病变的靶组织或靶器官上,以达到放射治疗的效果,因此也被称为"生物导弹";

③胶体、微球等制剂，是将含有放射性核素的胶体或微粒嵌在相应靶器官的毛细血管内，不进入或者很少进入非靶器官，局部产生放射性栓塞作用，使放射性滞留在肿瘤内，从而达到放射治疗的目的。

经过放射性药物化学家和核医学临床医生几十年不懈的努力，从合成的数千种放射性标记化合物中已筛选出有限的、性能优良的放射性药物用于核医学治疗；目前，研究较多的除了^{90}Y标记的微球、^{131}I、^{32}P、^{153}Sm、$^{186,188}Re$等治疗核素标记的小分子化合物和生物制剂，^{177}Lu、^{161}Tb、^{211}At和^{225}Ac等核素的相关研究也引起了研究者的广泛关注。

6.3.1 小分子放射性治疗药物

1. ^{131}I标记的放射性治疗药物

无机碘能被甲状腺选择性地吸收，并参与甲状腺激素（TSH）的合成，因此可以用^{131}I的射线来破坏甲状腺细胞。^{131}I发射的主要β射线最大能量为606.3 keV（90%），在组织中的射程较短，可有效地杀伤摄入^{131}I的细胞，对邻近组织损伤不大。

Na^{131}I用于治疗甲状腺亢进已有多年的历史，效果良好。功能自主性甲状腺腺瘤是由于一部分甲状腺组织的功能自主，不受脑垂体分泌的促甲状腺激素的调节引起的，正常甲状腺仍保持摄取碘的负反馈调节机制（即高碘时摄取功能被抑制）。若功能自主性甲状腺组织分泌过多的甲状腺素，就会引起甲亢（图6-11）。将^{131}I注入患者体内，功能自主性甲状腺瘤摄取大量的^{131}I，而正常甲状腺因功能受到抑制而不摄取或很少摄取^{131}I，从而达到治疗的目的。^{131}I对于去除分化型甲状腺癌的术后残留及转移灶也很有效，因为这些细胞具有富集碘的功能。

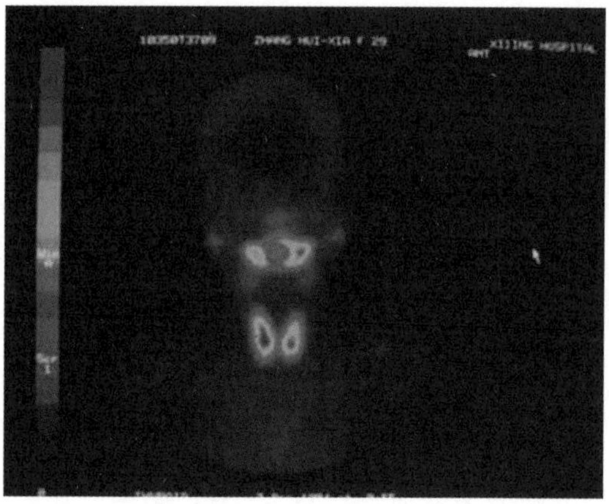

图6-11 甲状旁腺机能亢进

^{131}I-MIBG（^{131}I-间碘苄胍）能与肾上腺素能腺体结合，可用来治疗富含这种受体的神经内分泌肿瘤，如恶性嗜铬细胞瘤、神经母细胞瘤、恶性神经节瘤等。

此外，^{131}I-5-碘-尿嘧啶可用于治疗胃癌，^{131}I-BDP$_3$（^{131}I-α-氨基-4-羟基苄叉二膦酸盐）可用于缓解骨转移灶疼痛和治疗骨转移癌。

2. ^{32}P放射性治疗药物

^{32}P主要以$Na_2H^{32}PO_4$或$NaH_2{}^{32}PO_4$形式存在，可通过参与核蛋白、核苷酸、磷脂代谢及DNA与RNA的合成进入细胞内，其在细胞内的摄取量与细胞分裂速度成正比。真性红细胞增多症、原发性血小板增多症等病症都可以用^{32}P治疗。

许多晚期癌症（如乳腺癌、前列腺癌、肺癌等）都伴随有骨转移，约有50%的患者疼痛日益加剧。过去主要用神经麻醉药物镇痛，效果不佳且容易产生药物依赖，用亲骨性放射性治疗核素^{32}P效果较好（称转移骨癌的姑息治疗），$^{32}PO_4^{3-}$在骨肿瘤病灶内浓集，可用于骨转移癌的镇痛，但它也渗透入骨髓细胞，对造血功能有较大的抑制作用。

3. ^{89}Sr 锶放射性治疗药物

Sr 与 Ca 在元素周期表中处于同族(ⅡA),能高选择性地富集于骨质中的羟基磷灰石。^{89}Sr 是一种优良的骨肿瘤缓解治疗核素。其 β^- 射线最大能量为 1.463 MeV,平均能量 0.58 MeV,同时能发射分支比为 0.009 5%,能量为 0.909 MeV 的 γ 射线。^{89}Sr 的 β^- 射线在软组织的平均射程约为 2.4 mm,是目前较为理想的骨肿瘤放射性治疗核素。由于 Sr^{2+} 和骨骼主要无机成分羟基磷灰石的 Ca^{2+} 相似,因此 Sr^{2+} 能高度浓集在人体的骨骼系统。在血液中能以 Sr^{2+} 形式存在的 ^{89}Sr 化合物即可成为 ^{89}Sr 药物,因此 ^{89}Sr 药物不需要特殊的化合物作为载体,这为 ^{89}Sr 药物的设计提供了很大的方便。目前,美国 FDA 批准的 ^{89}Sr 药物形式为 $^{89}SrCl_2$ 溶液,可用于治疗骨肿瘤和骨转移灶疼痛的缓解。

4. ^{153}Sm 放射性治疗药物

^{153}Sm 的半衰期短($T_{1/2}$=46.3 h),β^- 射线能量 $E_{\beta max}$ 适中(640 keV 及 710 keV),同时发射 103 keV 的 γ 射线,易浓集于骨肿瘤,对于周围组织造成的辐射损伤小,其 γ 射线能量适合于体外显像,可以用来进行肿瘤定位、剂量估算及疗效监测,已广泛用于临床。

^{153}Sm-EDTMP(^{153}Sm-乙二胺四亚乙基膦酸,国内商品名称昔决南钐)是目前姑息治疗骨转移癌效果较好的放射性药物,将 $^{153}SmCl_3$ 的 0.1 M 盐酸溶液加入冻干的 EDTMP 药盒中即得。^{153}Sm-EDTMP 注射到体内后,约有 50%~70%聚集于骨。

5. ^{186}Re、^{188}Re 放射性治疗药物

^{186}Re、^{188}Re 作为治疗核素具有优良的核性质(表 6-5),是放射性治疗药物的首选核素之一,可经由反应堆或发生器生产制备。天然铼靶在 10^{14} $cm^{-2}\cdot s^{-1}$ 中子通量下辐射 14 d,^{186}Re 的比活度达 12.50 $GBq\cdot mg^{-1}$;而 ^{188}Re 的比活度仅为 0.323 $GBq\cdot mg^{-1}$,适于治疗应用,不仅可以标记有机小分子化合物,还能用于标记单抗(McAb)、单抗片段(Fab)或受体配基。

表 6-5 ^{186}Re、^{188}Re 的特性

核素	$T_{1/2}$/d	$E_{\beta max}$/MeV	E_γ/keV
^{186}Re	3.7	1.07	137(9%)
^{188}Re	0.7	2.11	155(15%)

^{186}Re 发射 β^- 粒子的最大能量为 1.07 MeV(92%),在组织中最大射程为 5 mm,且能量比较适中,常被选作治疗用核素;γ 射线的能量为 137 keV(9%),适于显像,因而其治疗药物本身具有显像功能。^{188}Re 可发射能量为 2.11 MeV(79%)、1.96 MeV(20%)的 β 射线,在组织中最大射程为 12 mm,平均射程为 2.2 mm;γ 射线的能量为 155 keV(15%),适用于成像,便于监测其标记化合物的分布及吸收剂量的估算。^{188}Re 易从 ^{188}W-^{188}Re 发生器制得,适于远程运输,便于使用。作为发生器核素,其半衰期($T_{1/2}$)为 16.9 h,标记配合物在人体内生物半衰期短,不会对人体造成严重的辐射损伤,是比较安全的核素之一,但 β 粒子能量高,显像效果不如 ^{186}Re。

作为过渡元素,Re 在药物中主要氧化态是+Ⅲ~+Ⅶ,其放射性药物有很多化学形式可供选择,与不同靶器官产生特异亲和作用。化学性质与锝极其相似,分子几何构型几乎完全相同,对应分子的生物分布性能往往也非常接近,可以用来标记多种化合物和生物分子。此外,

Re 具有稳定核素，为研究 Re 药物的结构及性质提供了方便。

Re 常以高价（×Ⅶ）形式存在，但参与形成 Re 配合物的 Re 一般为低价 Re，Re（Ⅶ）被还原后往往有多种化学价态，其配合物常常有多种组分，如何把 Re（Ⅶ）定量还原到某一价态已成为 Re 配合物化学的首要研究内容。Re 基础化学研究的关键问题就是高价铼 Re（Ⅶ）的定量还原，目前使用的主要还原剂是 $SnCl_2$，但经该还原剂还原后的 Re 往往多种价态共存，从而造成了 Re 配合物组分不单一、结构复杂、生物分布不理想。曾有研究者采用示踪法，选择几种新的还原体系，研究高价 Re 还原后的价态分布并与常用的亚锡还原法相比较，力图建立不同还原价态 Re 的分析方法和定量还原条件，研究结果将有助于解决 Re 化学中因 Re 化学性质复杂、价态多变带来的 Re 配合物组成不单一、结构复杂等问题，不仅可以丰富 Re 的基础化学，而且可为 Re 的推广应用提供基础技术支撑。

Re 的药物都是 Re 的络合物：一类是药物本身，如 Re-DTPA、Re-N_2S_2 类、Re-二膦酸类等；另一类是转换标记的前体，如[$ReNL_4$]、[$ReO(en)_2$]Cl 等。

Re 的小分子放射性药物主要是亲骨药物，大多是一些含-PO_3H_2 配体的放射性 Re 络合物。若核素为^{99m}Tc，便成为骨显像药物，这对 Re 的治疗药物有很大的参考价值。已研究过的 Re 亲骨药物的配体有 HEDP、MDP、AEDP、HEDTMP、TTHMP 等。将$^{186,188}ReO_4^-$ 加入含有 HEDP（羟亚乙基二膦酸盐）、还原剂和龙胆酸的冻干药盒中，沸水加热 15 min 即可制得用于缓解骨疼痛和治疗骨转移癌的^{186,188}Re-HEDP。采用类似的方法也可制备用于治疗甲状腺髓样癌的^{186,188}Re-DMSA。

6. ^{223}Ra 放射性治疗药物

^{223}Ra 的衰变能中有 95%以 α 粒子的形式放出，其在体内对正常细胞的损伤较小。^{223}Ra 模拟骨的主要成分钙极易转移到骨，是临床治疗骨转移瘤和缓解骨转移疼痛中最具应用前景的治疗手段之一。$^{223}RaCl_2$ 是第一个临床获批的 α 核素治疗药物，可用于前列腺癌骨转移的治疗。目前已获全球 40 多个国家批准，包括美国、日本及欧盟等。该药物具有抗肿瘤作用并且胜过了现有^{89}Sr 和^{153}Sm 的姑息疗法，改善了预期寿命和生活质量。

6.3.2 放射性靶向治疗药物

如果某种肿瘤细胞的表面具有特异的受体，或者虽非特异，但其密度比在正常细胞表面高得多，就可以将治疗用放射性核素标记到该种受体的配体上，利用配体-受体间的专一性相互作用，将放射性核素高选择性地输送到肿瘤组织。放射性靶向治疗就是这样一种治疗方法，它是以肿瘤特异性高表达的分子为靶点，利用与该类靶点具有高亲和力且特异性结合的配体（如抗体分子或多肽分子等）为载体将放射性核素载送到肿瘤部位，利用放射性核素的物理杀伤作用，对肿瘤进行特异性、靶向性内照射治疗。放射性核素靶向药物通过放射性射线不仅杀伤肿瘤组织表层或浅层的肿瘤细胞，同时利用核射线的穿透力杀伤实体瘤内部的肿瘤细胞，即“crossfire”效应。与单纯的生物药物和化学药物相比，放射性靶向药物具有更强的杀伤力。另外，对于那些通过影像学诊断和外科手术都不能发现的小肿瘤病灶或转移灶，体内放射靶向治疗将发挥其独特的治疗功效。放射性靶向治疗药物根据其配基可分为多肽类和抗体类。目前，已临床获批的该类药物有^{177}Lu-DOTATATE（Lutathera）和^{90}Y-Ibritumomab（Zevalin）。^{177}Lu-DOTATATE 作为一种放射性核素标记的多肽药物能有效治疗进展期进行性的生长抑素受体阳性的肠道神经内分泌瘤。该放射性药物是一种放射性核素标记的生长激素抑制素类似物,能够与肿瘤细胞表面高表达的生长激素抑制素受体特异性结合,从而通过放射性射线的内照射致肿瘤细胞损伤。^{90}Y-Ibritumomab 是一种放射性核素标记的单抗药物,是第一个利用放射免疫治疗方法杀灭肿瘤的临床药物,主要用于非霍奇金淋巴瘤的治疗。该药物的靶向配基部分 Ibritumomab 单抗与 CD20 抗原(人 B-淋巴细胞限制的分化抗原,Bp35)特异性结合。CD20 抗原在前 B 细胞、成熟的 B 淋巴细胞及 90%以上的 B 细胞非霍奇金淋巴瘤上表达。

6.3.3 胶体和微球制剂类放射性治疗药物

注射用铼[^{188}Re]硫混悬液是一种胶体类放射性治疗药物。该药物的主要成分$^{188}Re_2S_7$是一种较好的胶体,其制备方法基本是在一定 pH 条件下用 H_2S 还原$^{188}ReO_4^-$。它是一种放射性滑膜切除剂,用于关节腔内注射,因具有一定的颗粒度范围,可在关节腔内长期滞留,泄露很少,因而不会对其他组织造成伤害,可治疗各种关节炎。胶体药物在其他方面也有应用,有的研究者把^{188}Re 化合物分散在有机相中,利用界面聚合,制成^{186}Re 微囊,将微囊溶液注入鼠黑色素瘤的有虱动脉,对肿瘤进行栓塞,90%以上的放射性保留在肿瘤内,这类技术在定位肿瘤的治疗上也很有意义。

微球制剂类放射性药物中具有代表性的为^{90}Y-树脂微球,可进行选择性体内放射治疗。该治疗以肝脏为靶向,用于治疗无法手术切除的肝脏肿瘤。该疗法又被称为放射栓塞疗法,^{90}Y 微球放射栓塞治疗是一种靶向肿瘤放射治疗,该项技术被广泛应用于肝脏恶性肿瘤的选择性体内放射治疗中,及在肝脏病灶处,通过靶向的大剂量高能量 β 辐射起到杀伤作用。该疗法是将树脂微球吸附放射线同位素^{90}Y,经导管直接注入肝肿瘤血管,它能深入肝肿瘤的小分支血管、让放疗持续作用,^{90}Y 微球辐射覆盖面积较传统体外放射治疗大,可清除干净连同肝肿瘤周围边缘的癌细胞,大幅降低癌细胞复发概率。^{90}Y 只能放出 β 射线,其对组织的辐射距离最远<1 cm,平均值为 0.25 cm,对于周遭的肿瘤细胞有很强的杀伤力,超过此范围影响力就递减,故对肿瘤邻近的正常细胞伤害性相对较少。^{90}Y 微球的放射能量在植入人体 1 周后会自然衰减掉 84%,2 周后便剩下不到 3%,对周围环境与人员的辐射伤害可降到最低。

该疗法的优势如下:

①使用肝脏肿瘤的供血运送可消灭这些肿瘤的辐射;

②在更长的时间内,对肝脏肿瘤进行相比体外照射所能达到的最高剂量辐射;

③对健康肝脏组织造成小剂量辐射。

6.4 核医学影像技术及其设备

临床核医学主要指应用于人体临床医学领域的核医学技术。按照国家有关学科的分类方法,核医学与放射、超声等影像医学统称为"影像医学与核医学"。

核医学影像技术能在体外获得活体中发生的生物化学反应、器官的生理学和病理学变化过程以及细胞活动等分子水平的信息,可为疾病诊断提供功能以及解剖学的资料,与 X-CT、MRI 和超声成像有本质区别。CT 反映的是器官与组织对于 X 射线的吸收系数的大小,MRI 反映的是体内 H_2O 质子弛豫时间的空间分布,超声成像反映的是器官和组织对于超声波的反射能力。核医学影像技术是将放射性核素引入体内,通过探测受检者体内发射的 γ 射线进行成像。在显像之前必须注射相应的放射性药物,不同脏器的显像需要用不同的显像剂,同一脏器不同显像目的也需用不同的显像剂,其影像反映的是显像剂或其代谢产物的时间和空间分布。

核医学显像设备主要包括γ闪烁照相机(γ scintillation camera)和发射型计算机断层扫描仪(emission computed tomography,ECT)。ECT分为单光子发射型计算机断层扫描仪(single photon emission computed tomography,SPECT)和正电子发射型计算机断层扫描仪(positron emission tomography,PET)。核医学显像设备经历了从扫描机到γ照相机、SPECT、PET、PET/CT、SPETC/CT的发展过程。SPECT于20世纪80年代就已经广泛用于临床,PET于20世纪90年代广泛用于临床。近几年PET/CT的出现,实现了功能影像与解剖影像的有机融合,优势互补,使正电子显像技术发展非常迅猛。随着SPECT/CT的临床应用,也必将极大推动单光子显像技术的发展。以半导体探测器代替晶体闪烁探测器的显像仪器,大大提高了探测的灵敏度和分辨率,对核医学显像仪器的发展具有划时代的意义,PET/MRI也会在此基础上迅速发展。

6.4.1 γ相机

γ闪烁相机,又称Anger相机,由探头、电子学线路、记录显示装置及附加设备四部分组成,可对脏器中放射性核素的分布进行一次成像和连续动态观察。探头由铅准直器、NaI(Tl)闪烁晶体及光电倍增管阵列等部分组成。铅准直器上开有许多平行于圆盘轴线的准直孔,用来接收发自不同位置的γ光子。根据所使用的放射性核素的γ射线能量,可选用高、中、低能准直器。与闪烁晶体光耦合的n个光电倍增管排成一定的阵列,每一个入射γ光子在闪烁体内产生上千个荧光光子,这些光子按照不同的比例分配到光电倍增管而被记录。由光电倍增管的输出信号的幅度比可以确定γ光子与闪烁体相互作用的位置,即准直孔的位置,也就是药物在脏器中的位置。显然,γ照相机得到的是放射性核素在扫描视野中的二维分布,即脏器的平面影像。

6.4.2 SPECT及SPECT/CT

SPECT是γ照相机与电子计算机技术相结合发展起来的一种核医学诊断设备,用于获得人体内放射性核素的三维立体分布图像。SPECT与γ照相机(图6-12)的平面图像相比具有明显优越性,克服了平面显像对器官、组织重叠造成的掩盖小病灶的缺点,提高了对深部病灶的分辨率和定位准确性。SPECT的工作主要原理如下。

(1)投影(projection)采集

SPECT的探头装在可旋转的支架上,围绕病人旋转。在旋转的过程中,准直器表面总是与旋转轴平行。在多数情况下,旋转轴与病人头脚方向平行。数据采集可以根据需要从某一角度开始,在预定时间内采集投影图像,然后旋转一定角度,在同样时间内采集下一幅投影图像。如此重复,直到旋转180°或360°停止。

(2)重建(reconstruction)断层

从投影数据经过适当的计算得到断层图像称为重建。电子计算机投影重建的断层图像是离散的、数字的,是很多像素组成的矩阵。重建图像的方法主要有迭代法、滤波反投影法等。

SPECT/CT是SPECT和CT两种成熟技术相结合形成的一种新的核医学显像设备。SPECT(图6-13)的图像往往缺乏相关解剖位置对照,发现病灶却无法精确定位;而CT影像的分辨率高,可发现细微的解剖结构的变化。SPECT/CT 实现了 SPECT 功能代谢影像与 CT 解剖形态学影像的有机融合,两种医学影像技术取长补短,优势互补。一次显像检查可分别获得 SPECT 图像、CT 图像及 SPECT/CT 融合图像。同时 SPECT/CT 中的 CT 还可为 SPECT 提供衰减和散射校正数据,提高 SPECT 图像的视觉质量和定量准确性。

图 6-12 SIGMA438 改进型 γ 照相机

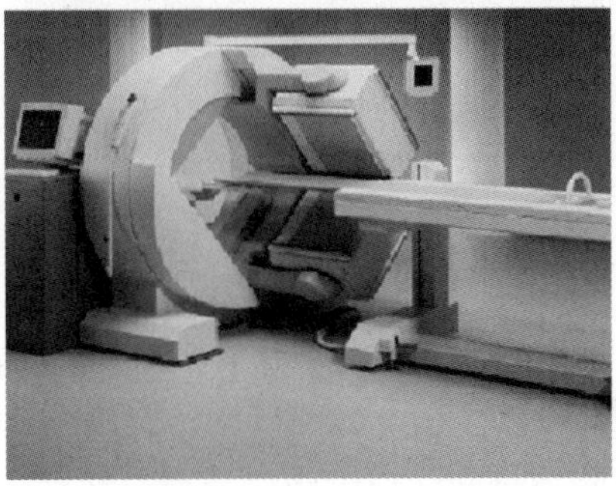

图 6-13 双探头 SPECT

6.4.3 PET 及 PET/CT

PET 与其他核医学成像技术一样,也是利用示踪原理来显示体内的生物代谢活动。但是 PET 有两个不同于其他核医学成像技术的重要特点:首先,它所用的放射性示踪剂是用发射正电子的核素所标记的;PET 常用的正电子核素有 ^{18}F、^{11}C、^{15}O、^{13}N 等,是组成人体元素的同位素或类似元素;由这些核素置换示踪剂分子中的同位素不会改变其原有的生物学特性和功能,因而能更客观、准确地显示体内的生物代谢信息。其次,它采用的是复合探测技术。用复合探测替代准直器,使原本相互制约的灵敏度和空间分辨率都得到较大提高。

PET 是反映病变的基因、分子、代谢及功能状态的显像设备(图 6-14)。它利用正电子核素标记人体代谢物作为显像剂,通过病灶对显像剂的摄取来反映其代谢变化,从而为临床提供疾病的生物代谢信息,是当今生命科学、医学影像技术发展的新里程碑。PET 利用正电子发射体的核素标记一些生理需要的化合物或代谢底物如葡萄糖、脂肪酸、氨基酸、水等,将其引入体内后,应用正电子扫描机扫描而获得体内化学影像。因其能显示脏器或组织的代谢活性及受体的功能与分布,PET 受到临床广泛的重视,也被称为"活体生化显像"。PET 的出现使得医学影像技术达到了一个崭新的水平,使无创伤性地、动态地、定量评价活体组织或器官在生理状态下及疾病过程中细胞代谢活动的生理、生化改变及获得分子水平信息成为可能,这是目前其他任何方法都无法实现的。PET 在发达国家广泛应用于临床,已成为肿瘤、冠心病和脑部疾病这三大威胁人类生命疾病诊断和指导治疗的最有效手段。目前,最常用的 PET 显像剂为 ^{18}F-FDG(^{18}F 标记的一种葡萄糖的类似物——氟化脱氧葡萄糖)。如图 6-15 所示为 PET 数据获取流程示意图。

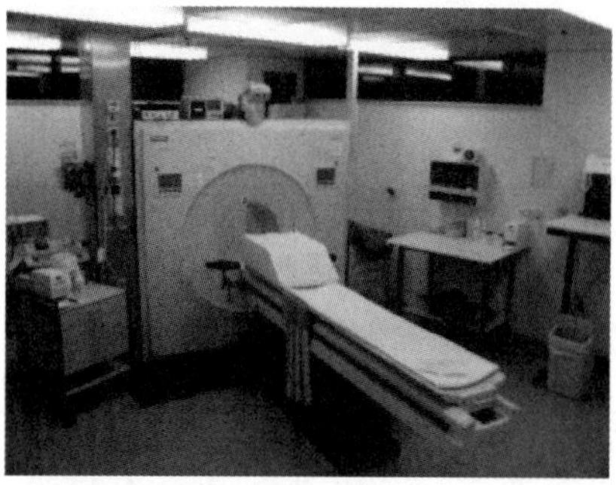

图 6-14　PET 装置

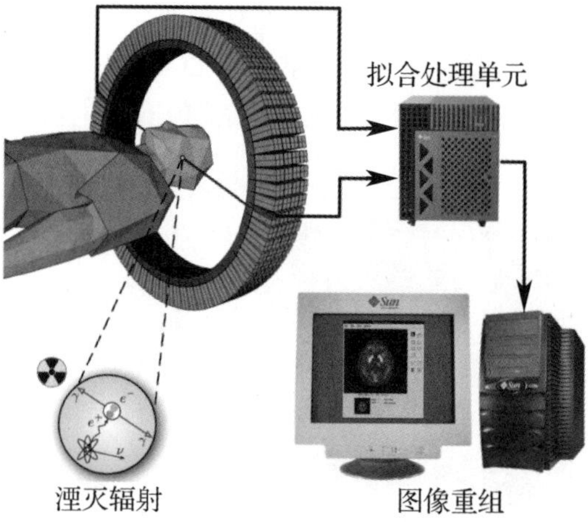

图 6-15　PET 数据获取流程示意图

PET/CT 是由 PET 和 CT 整合而成的大型核医学影像设备。与 SPECT 图像类似，PET 的图像往往缺乏相关解剖位置的对照，发现病灶却无法精确定位，而且示踪剂的特异性越高，这种现象越明显；而 CT 影像的分辨率高，可发现细微的解剖结构的变化。PET/CT 整合了两种医学影像技术，取长补短，优势互补。病人在检查时经过快速的全身扫描，可以同时获得 CT 解剖图像和 PET 功能代谢图像，使医生在了解生物代谢信息的同时获得精准的解剖定位，从而对疾病做出全面、准确的判断。

6.5　中子俘获治疗

中子俘获治疗药物是含有中子俘获截面大的核素的亲肿瘤药物。将该类药物注射到或服入肿瘤患者体内，待药物富集于肿瘤组织后，用中子束照射肿瘤部位引起该核素（靶核素）中子俘获反应，核反应产生的次级辐射及反冲核对肿瘤细胞起杀伤作用，这种治疗癌症的方法称为中子俘获治疗（neutron capture therapy，NCT），它是肿瘤放射治疗的一种。与放射性治疗药物的不同之处在于，中子俘获治疗药物本身不具有放射性，只有被中子束照射后才会产生肿瘤杀伤作用。

NCT 与其他治疗肿瘤技术相比优越性在于：它可以精确地选择癌细胞进行治疗；反应放出的（荷电）粒子能量沉积在一个癌细胞大小的范围内，对正常组织伤害很小。

该疗法的基本特点如下：

①靶向性好，对正常组织损伤小，全身副作用轻；

②肿瘤局部杀伤剂量大，可达 2 000 kGy 以上；

③不需增氧效应（oxygen enhancement ratio，OER），即 α 粒子不仅可以杀死富氧细胞，同时也能杀死乏氧细胞及未增殖的 G_0 期细胞；

④产生的亚致死损伤（sublethal lethal damage，SLD）和潜在致死损伤（potential lethal damage，PLD）不可修复；

⑤使用的 ^{10}B 能与各种载体相结合，可通过生物结合或代谢途径进入靶组织，可治疗脑、

肝、肺和骨等恶性肿瘤；

⑥放射性核素半衰期和射程均很短，处于治疗中的患者不需要特殊防护。

用于 NCT 的抗肿瘤药物称为 NCT 药物。NCT 药物中所含的中子俘获截面大的核素称为靶核素。其中，^{10}B 的热中子俘获截面 σ 高达 3 840 b，天然硼中 ^{10}B 含量约为 20%，是最理想的靶核素。以 ^{10}B 作为靶核素的中子俘获治疗称为硼中子俘获治疗（boron neutron capture therapy，BNCT）。在热中子照射下，^{10}B 核俘获一个中子，发生以下核反应：

$$^{10}B + n \rightarrow \begin{cases} \underset{(1.47\ MeV)}{^{7}Li} + \underset{(0.84\ MeV)}{^{4}He} + \underset{(0.48\ MeV)}{\gamma} \\ \underset{(1.78\ MeV)}{^{7}Li} + \underset{(1.01\ MeV)}{^{4}He} \end{cases}$$

核反应产物 ^{4}He 和反冲核 ^{7}Li 具有很高的动能和 LET，射程约数微米，与细胞的尺寸相当。若癌细胞中有一个 ^{10}B 核发生上述中子俘获反应，该细胞就会被杀死，而不会伤及邻近细胞。

不论癌细胞还是正常细胞均含有大量的 H 和 N 元素。^{1}H 和 ^{14}N 在热中子照射下发生下列核反应：$^{1}H(n,\gamma)^{2}H$ 和 $^{14}N(n,p)^{14}C$。产生的 γ 射线能量为 2.22 MeV，质子动能为 0.58 MeV，反冲 ^{14}C 核的动能为 0.04 MeV，它们造成的剂量是 NCT 的背景剂量。热中子束常有少量快中子和 γ 射线相伴随，它们对 NCT 背景剂量也有重要贡献。

图 6-16 为硼中子俘获治疗的原理图。

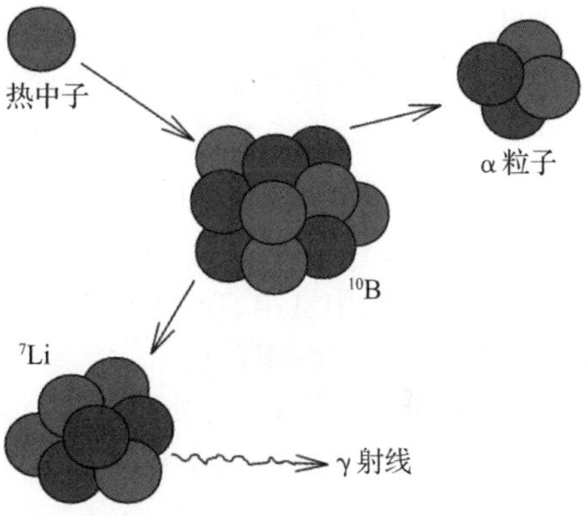

图 6-16 硼中子俘获治疗的基本原理

显然，为了获得满意的治疗效果，要求 NCT 药物应具备以下特点：

①选择性结合肿瘤细胞，最好能在肿瘤细胞内，尤其是细胞核内聚集；

②不论单独使用或与其他硼化合物结合使用，其浓度应达到每个瘤细胞内约 10^{9} 个 ^{10}B 原子或 20~35 $\mu g \cdot g^{-1}$ 肿瘤组织；

③肿瘤与正常组织浓度比达(3 : 1)~(4 : 1)；

④在照射治疗期间能在肿瘤组织中保持一定浓度；

⑤肿瘤中聚集的硼化物对人体无毒性。

迄今为止，研究的 BNCT 药物主要有四大类。

①可溶性硼酸盐，由于它呈全身分布而不在肿瘤中浓集，因而其 T/N（肿瘤/正常组织）和 T/B（肿瘤/血液）均低，这类化合物已于 1961 年被禁用。

②硼烷、碳硼烷等有机硼化物，如巯基十二硼烷二钠盐（$Na_2B_{12}H_{11}SH$，BSH）及其二聚分子（$Na_4B_{12}H_{11}SSB_{12}H_{11}$，BSSB）。BSH 从 1986 年起开始使用，它在脑神经胶质瘤中浓集 T/N≈10。

③^{10}B 标记的生物分子类似物，可通过代谢进入癌细胞。属于这一类药物的有 ^{10}B-对-二羟基硼酰苯丙氨酸[$(HO)_2{}^{10}BC_6H_4CH_2CH(NH_2)COOH$，BPA]、硼化卟吩、硼化嘌呤及嘧啶、低密度脂蛋白包容的 ^{10}B 化合物等。其中 BPA 有 D 型和 L 型两个光学异构体，L 型异构体对癌细胞的选择性比 D 型异构体高。BPA 浓集于黑色素瘤，T/N 约等于 3，最先用于黑色素瘤的治疗，研究人员后来发现，如用口服方式给药，BPA 在其他恶性肿瘤中亦有浓集。由于 BPA

可穿过细胞膜进入癌细胞内，其^{10}B的中子俘获反应产物可直接破坏细胞核，因此其相对生物效应系数值比用BSH的要高很多。

④硼化单克隆抗体McAb。为了达到治疗的目的，要求每个McAb分子至少载带1 000个^{10}B原子。虽然目前单抗的合成技术已能达到这个指标，体外实验也证实了它的疗效，但用于临床还有许多问题需要解决，主要问题是在肝等正常组织中^{10}B的吸收率较高。

总之，目前公认的比较好的BNCT药物是BSH和BPA，其中BSH是1967年Soloway合成的。BSH 50多年来被认为是经典药物，无副作用，其毒理学特性已经美国联邦药物局认可。在体内生物半衰期被认为是6～10 h和几天。D N Slatkin等认为BSH的二聚物形态(Dimerform)BSSH比BSH的生物半衰期长两倍。BPA于1994年开始用于临床试验，显示了脑胶质瘤细胞内硼含量高于瘤周边组织内的含量，但是T/NT仅为3～4，对正常组织有较大的损害。因此，仍然有待进一步改进T/NT的比值。

目前BNCT主要用于治疗两种高度恶性的肿瘤：

①脑神经胶质瘤，采用的药物是巯基闭式十二硼烷二钠盐，^{10}B-BSH或^{10}B-BSSB以及^{10}B-BPA；

②黑色素瘤，目前最好的药物是BPA。

NCT所用的中子束可来源于反应堆或强流加速器，经过适当慢化剂的慢化成为超热中子(4 eV～40 keV)。超热中子比热中子具有更强的穿透能力。理论计算和实际测量结果表明，在目前NCT药物所能达到的肿瘤细胞富集程度(15～30 $\mu g \cdot g^{-1}$肿瘤)和合理的照射时间(60～80 m)的前提下，到达肿瘤组织处的热中子注量率应达到$10^8\ cm^{-2} \cdot s^{-1}$以上。同时，为了减少中子对正常组织的损伤，中子束必须进行准直。

除^{10}B外，^{157}Gd也被认为是有希望的NCT靶核素，其热中子俘获截面为2.55×10^5 b，放出0.080～7.96 MeV的β^-射线。目前，用于脑核磁共振显像的造影剂^{157}Gd-DTPA可以通过损伤的BBB在脑瘤中富集，T/NT非常高，T/B=39。^{157}Gd-NCT在肿瘤与正常组织交界处聚积的剂量下降不如BNCT那样陡峭。

中子源和亲肿瘤NCT药物是中子俘获治疗的两大支柱。从反应堆获得质量合格的超热中子束的技术已经成熟，紧凑型加速器中子源在实际应用中则更为经济和安全。目前国际上已有成熟的紧凑型中子发生器技术和产品，我国多所高校也成功自主研发紧凑型中子源发生器。

6.6 放射治疗

放射治疗(Radiotherapy)，简称放疗，是利用各种放射线(如X射线、γ射线、电子束等)治疗恶性肿瘤的一种局部治疗技术。放射治疗的目标是努力提高放射治疗的治疗增益比，即最大限度地将剂量集中到病变区内，杀灭肿瘤细胞而使周围正常组织和器官少受或免受不必要的照射。放射治疗建立在放射物理学、放射生物学、放疗技术学和临床肿瘤学的基础之上。这些能产生放射线的物质或设施包括放射性同位素(如^{60}Co、^{192}Ir、^{137}Cs等可产生γ射线，^{252}Cf可产生中子束)、X射线机包括浅部、深部X射线机(可产生X射线)、加速器(可产生X射线、电子束、质子束、中子束、π^-介子束、重粒子束)等。

放射治疗始于19世纪末，已有百年历史，现已成为治疗恶性肿瘤的三大方法[放疗、药疗(化疗)、手术]之一。20世纪40年代前，由于放疗设备简陋、性能低下，对放射线作用机理缺乏认识,放疗效果未能充分显示。20 世纪 50 年代以后,接触 X 射线治疗机、浅层 X 射线治疗机、深部 X 射线治疗机、^{60}Co 远距离治疗机、各类医用电子加速器、后装近距离治疗机的快速发展,超高压治疗机的使用,辅助工具的改进和经验的积累,使得放射治疗的效果得到显著提高,放射治疗几乎可用于所有的癌症治疗。据统计我国约有 70%以上的癌症患者接受放射治疗,美国有 50%以上。

6.6.1 放射疗法的作用机理

所有细胞(癌细胞和正常细胞)都要生长和分裂,但是癌细胞的生长和分裂比它们周围的正常细胞都要快。放射疗法采用特殊设备产生的高剂量射线照射癌变的组织,杀死或破坏癌细胞,抑制它们的生长、繁殖和扩散。虽然一些正常细胞也会受到一定程度的破坏或损伤,但大多数都能自行修复。

射线对肿瘤和照射区正常组织的作用主要是通过直接和间接作用对靶物质的分子(主要是生物大分子)造成损伤。

①直接作用:射线直接与靶细胞发生作用。靶原子被电离或激发,从而引起一系列变化,主要作用于 DNA,使其单链或双链发生断裂。

②间接作用:射线在细胞内与其他原子或分子(特别是水分子)发生相互作用,产生自由基或自由基离子,它们可扩散一定的距离,达到关键的靶部位并造成损伤。染色体 DNA 是杀死细胞的主要靶部位。

图 6-17 为放射治疗实例。放射疗法很少出现外科手术那样的风险,如出血、术后疼痛、心脏病或血栓等。放射治疗本身不会带来任何疼痛,在放射治疗时,射线只会影响治疗区域的正常组织,所以它与化疗不同的是,放疗的副作用只局限于肿瘤周围组织,而不会影响全身。

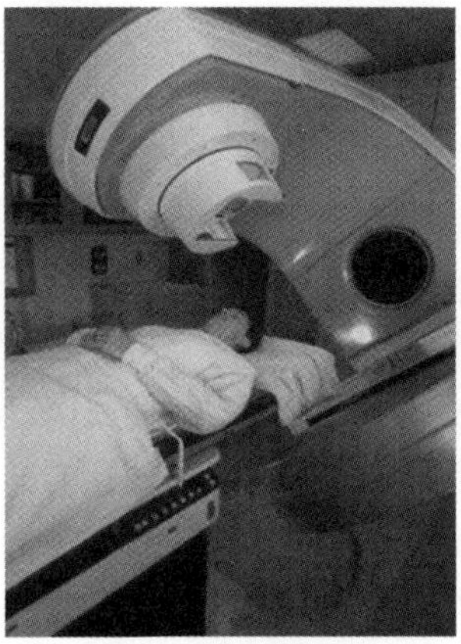

图 6-17 放射线疗法

放射疗法最常见的副作用包括治疗区域出现皮疹、头发脱落、口腔干燥、疲倦、记忆力衰退等。通常情况下,在放射治疗时受损的正常细胞在治疗后会自动修复,因此这些副作用只会在治疗期间出现,放疗结束后不久就会消失,这属于急性放疗反应。然而,有些放射治疗的破坏是长期的,这由不同的正常细胞受放射损伤引起,这些损伤叫作后期放疗反应,不能修复,应该特别引起注意。放射治疗另外一个副作用就是诱发第二次癌症。研究者通过对日本原子弹爆炸幸存者及长期处于射线辐射下的工人进行研究,认识到了癌症和射线之间的关系。白血病与放射性辐射有关,放射后 5 到 9 年是高发期,时间再长概率会慢慢减小。放射造成的其他类型的癌症出现时间要略长,通常是 10 到 15 年。其他后期放疗反应包括贫血、儿童发育智力障碍,一些器官(如大脑、肝、骨头和肌肉等)的功能出现衰退。出现第二次癌症和其他后期副作用的概率是很小的,必须仔细权衡利弊。

随着剂量模型、病灶定位系统等的建立,放射治疗所引起的副作用能够得到更有效的控制。近期在放射治疗领域取得的进步有望降低后期副作用的严重性和发生率。

6.6.2 远距离放射治疗

远距离放射治疗(teletherapy),即将放射源置于体外一定距离处集中照射机体的某一部位。用于妇科肿瘤体外照射的传统技术主要有全盆照射、盆腔四野垂直照射、腹主动脉旁延伸野、腹股沟照射野、全腹照射、锁骨上野照射等中心技术;近年来,又兴起了立体定向放射治疗技术、适形放疗等。

用于远距离放疗的仪器主要有 γ 射线治疗仪(如^{60}Co 远距离治疗机)、医用加速器(主要包括医用电子发生器、医用中子发生器、医用质子加速器、医用重离子加速器、医用 π^- 介子发生器等)、X 射线治疗仪等。

目前,对于世界上多数肿瘤病人,采用外照射方法治疗时,应用最广泛的是 γ 射线和 X 射线治疗仪器,采用带电粒子(质子、重离子及 π^- 介子)加速器治疗癌症的方法因其装置十分昂贵,在应用初期难以普及。但目前随着人们对健康和生活品质的需求不断提高以及质子重离子治疗的费用逐渐降低,质子重离子治疗越来越受到人们的关注,也有越来越多的病人从中受益。这是由于带电粒子在物质中的射程有限,能量越高射程越长,在接近射程末端区域的剂量高,特别适用于尽可能彻底杀死癌细胞的同时减少健康组织损伤的放疗基本原则,所以带电粒子发生器的研究和推广应用正在蓬勃发展。

1. ^{60}Co 远距离治疗机

^{60}Co 远距离治疗机是利用人工放射性核素^{60}Co 在其衰变过程中发射的 γ 射线,经准直后治疗人体深部肿瘤的装置。这种治疗机可产生多束经准直器后变成细束的 γ 射线从各个方向交叉照射肿瘤细胞,因此也被称为 γ 射线立体定向治疗系统(stereotactic radiation therapy, SRT),俗称 γ 刀。

该装置主要由辐射头、机架、控制台、治疗床等组成。其中,辐射头包括钴源、储源器、钴源移动机构、准直器等部件。γ 刀一般是在半球形的头盔上排列 201 个微型钴源,可在不同平面上绕轴旋转。储源器用钢作护套、内衬铅钨等作为屏蔽材料。钴源移动机构有旋转式和直线式两种,可采用气动或电动。准直器用于调节或限定辐射野的大小,对于形状或大小不同的病灶,可选用不同孔径的准直器。为了减小焦斑边缘的模糊区(即半影区),常采用带有消半影条的复式准直器,根据治疗计划,关闭某些准直孔。在辐射头中,还装有模拟灯、反射镜、挡块盘、光距尺、楔形过滤器等。机架主要有升降式和等中心回转式两种,多采用悬臂等中心回转机架,有的机架的下回转支臂带有挡束板(有的仅起平衡质量的作用)。控制台上有预先设置和在线显示照射时间以及随时中断治疗的装置。由于^{60}Co 的能量衰减缓慢(约每月衰减为 1.1%),因此大多仪器采用计时系统来控制每次治疗所给的照射剂量。控制台上均装有两套独立的计时器,以确保计时误差不大于 1%。仪器还设有手动返源机构,当发生故障时,可使放射源返回储源器,以确保操作人员不受直接辐射危害。

2. 医用加速器

加速器是利用电磁场把带电粒子加速到较高能量的核设施。加速器利用被加速后不同能量荷电粒子直接得到电子束、质子束、重离子束或由加速粒子轰击不同材料的靶,产生 X 射线、中子束、γ 射线、π 介子等医用治疗束。加速器种类很多,按粒子加速轨迹形状可分为直线加速器和回旋加速器;按被加速粒子的不同可分为电子、质子、轻重离子加速器;按被加速后粒子能量的高低可分为低能加速器(能量小于 10^2 MeV)、中能加速器(能量在 $10^2 \sim 10^3$ MeV

范围)、高能加速器(能量在 $10^3 \sim 10^6$ MeV 范围)及超高能加速器(能量大于 10^6 MeV)。

电子加速器主要有以下三种:

①电子感应加速器,即在交变的涡旋电场中将电子加速到极大能量的设备,其优点是技术较简单、成本低、可调范围大,缺点是输出量小、视野小;

②电子直线加速器,即利用微波电磁场将电子沿直线轨道加速到较高能量的设备,其优点是输出量大、视野大,缺点是仪器复杂、价格昂贵、维护要求高;

③电子回旋加速器,即在交变的超高频电场中使电子在做圆周运动过程中不断得到加速的设备,其主机可以与治疗机分开,一机多用,其优点是输出量大、束流强度可调节,缺点是价格和运行费用都高。

医用加速器是放疗中常用的治疗束产生设备。加速器的发展很快,其中的医用电子直线加速器是目前世界上使用最多的放射治疗设备。电子直线加速器加速后的电子辐射可直接用于治疗浅表肿瘤;将加速后的电子束轰击重金属靶,产生 X 射线可用于治疗深部肿瘤。而 X 射线束在以病人肿瘤为圆心的弧线上旋转,再加病床旋转或平移,构成 X 射线立体定向照射效果的设备,就被称作 X 刀。X 刀可从多个角度照射肿瘤,获得与肿瘤形态近似一致的剂量分布,使 X 射线一直对准病灶。设备完全自动控制调变多叶准直器的同时调度 X 射线的照射强度(即束流强度调制器自控),以实现断层放疗,是目前的发展趋势。

电子直线加速器一般由加速管、微波功率源、微波传输系统、电子注入系统、脉冲调制系统、束流系统、恒温水冷却系统、真空系统、电源控制系统、应用系统等组成。

加速管是加速器的心脏,主要有行波(traveling wave,TW。行波是按一定方向传播的电磁波;在圆盘膜片中,高频电磁波沿轴线向前传播,行波电场在轴线上有轴向分量,当相位合适,电子就可以不断加速,把电磁能转化为电子的动能)加速管和驻波(standing wave,SW。驻波可以看成无数个沿相反方向传播的行波的组合,电子在驻波场的作用下,沿轴线方向不断加速前进,能量不断增加)加速管两种类型。

①行波加速管,利用行波场束来加速电子,其加速段是在圆形波导中周期性地放置中心开孔的圆盘膜片。

②驻波加速管,其加速段是一系列相互耦合的谐振腔链,在谐振腔链中心开孔,让电子通过,在腔中建立交变高频场。

电子由电子枪产生,然后射入加速管,有的加速器把加速管和电子枪结合在一起,形成一个整体。电子枪发射的电子束流要有一定的能量、流强、束流直径和发射角,才能满足医用电子直线加速器对电子束的要求。电子枪有两种:二极电子枪和三极电子枪。医用直线加速器的电子枪是皮尔斯(Pierce)型球面枪,由其阴极发射电子,注入加速管。

微波功率源主要有磁控管、速调管两种:

①磁控管,即微波自激振荡器,其体积小,工作电压为 10 kV,输出功率在 5 MW 以下,适合于中低能加速器使用;

②速调管,即微波功率放大器,其体积大、工作电压在 10^2 kV 左右,输出功率大于 5 MW,适合于中高能直线加速器。

微波传输系统主要用于将微波功率源产生的微波功率馈入加速管,并让微波功率单向传输,防止反射功率进入功率源。

高压脉冲调制器是为微波功率源提供大功率的脉冲高压的装置,由高压直流电源、脉冲形成网络、自动电压控制电路、开关电路、脉冲变压器等部分组成。

应用系统包括治疗头和治疗床。其中，治疗头中的辐射部分对放射线起准直、均整、调节、限束等作用，由准直器、上下光阑、均整和楔形过滤器、X 射线靶挡块、引出窗、限束筒等组成，系统中一般还装有模拟灯、反射镜、光距尺等，在辐射头上还装有前后指针、挡块等附件，治疗床可以前后左右上下运动，还可以旋转运动。

冷却系统用以稳定加速管、微波功率源、X 射线靶等器件的温度，使其恒定在一定范围内，由水箱、水泵、制冷压缩机、加热器等部件组成。

3. X 射线放疗机

近年来，用 X 射线束准确地按照肿瘤靶区形状进行治疗，同时有效保护周围敏感组织的适形放疗技术发展迅速，尤其是通过改变射束剖面强度分布，达到形状适形和剂量适形，即调强适形放疗技术，使放疗在临床中的应用进入了一个新天地，使具有不确定边界的肿瘤或有敏感结节的病人的治疗成为可能。这种新的适形放疗机，又叫作断层放疗机，是由一种类似成像 X-CT 机加上电子直线加速器、空气驱动多叶光阑及复杂的冷却和控制系统组合而成的新型放疗机，将精确 X-CT 成像和适形调强放疗技术紧密地结合起来，在一个设备上同时实现放疗时的病人定位、送束治疗、治疗时的剂量监督和治疗后的验证。

适形断层放疗机目前是将 X-CT 机放置 X 光管的地方安装电子直线加速器，它的射频功率源为 2.9 MW，由 S 波段磁控管提供。采用多叶光阑（multileaf collimator，MLC）技术，可以实现完全的三维适形放疗和避免放疗。适形避免放疗可针对没有肿块的弥散型肿瘤进行放疗，有效限制敏感组织的最大剂量，在整个设定区域进行全视野均匀照射。三维适形放疗，可按肿瘤的几何形状，设计和实施治疗时的剂量分布，并把数据存储作为治疗后分析的依据，再现治疗过程，评价剂量分布和疗效，同时得到治疗前、治疗中和治疗后的 CT 图像。CT 数据与加速器控制同步联锁，确保了放疗的高精度和安全性。适形断层放疗技术和仪器，代表着精确放疗时代的到来，为放疗领域提供了许多新的机会，已经在肿瘤治疗上得到越来越广泛的应用。

6.6.3 近距离放射治疗

相对于远距离治疗（如采用^{60}Co 治疗机、电子直线加速器等）而言，近距离治疗（brachytherapy）是一种在病变或其附近组织放置辐射源进行治疗的一类技术的总称。

电离辐射作用于人体后通常会发生一系列生物物理和生物化学效应，出现病理生理、生物化学和组织形态结构的改变。作用方式分为直接作用和间接作用。敷贴器上的放射性核素发射 β 射线，作用于病变组织后，发生的生物学效应以直接作用为主，也有间接作用。

形态和功能上的改变大体上有如下几个方面。形态上的改变包括细胞核的改变、细胞质的改变和细胞膜的改变。细胞核的改变表现为细胞核出现染色质的集聚、缩小、凝固、染色体断裂，核内出现空泡、核碎裂及核溶解等变化；细胞质的改变表现为细胞质受射线作用后，胶质黏度发生改变，细胞质内有空泡形成，线粒体破碎使细胞代谢遭受影响，溶酶体遭破坏释放出许多特异性酶，加速细胞死亡；细胞膜的改变表现为构成细胞膜的类脂质分子分解，细胞膜消失后变成合体细胞。功能上的改变包括以下几个方面：

①细胞活力迟钝，甚至停止活动即死亡，在有丝分裂期内细胞的死亡称为间期死亡，即使不死亡，细胞已失去再分裂增殖的能力，有的细胞经过再分裂增殖后才失去增殖力而死亡，称为增殖性死亡；

②细胞生长出现部分抑制或完全抑制,生长过程发生紊乱;

③细胞功能改变的主要原因是酶系统的活性被抑制,细胞代谢严重紊乱;

④细胞繁殖能力显著降低,甚至完全失去繁殖能力,即细胞绝育;

⑤细胞内外环境的平衡被打破,由通透性适中变为通透性减低,代谢发生显著混乱;

⑥细胞的特殊功能,如分泌功能减低或完全丧失。

以上这些形态和功能上的变化结果使器官的整体功能失调。

近距离治疗最突出的特点是近源处剂量很高,然后剂量陡然下降。利用此特点将放射源贴近病灶组织或植入病灶内,其作用过程是:放射线“由内向外”先对病灶造成大剂量的照射,而在正常组织处剂量陡降,从而能很好地保护正常组织。

从 1904 年镭被用于治疗皮肤恶性肿瘤开始,近距离放疗已有 100 多年历史,医学家们几乎对人体每种癌症都进行过近距离放疗实践,包括皮肤、脑、头颈、眼、食道、肺、胸部、胰腺、胆管和肝软组织、直肠、膀胱、生殖系统等,特别是妇科肿瘤治疗。

目前,常用的近距离治疗放射源有^{137}Cs、^{192}Ir 和^{125}I。^{137}Cs 和^{226}Ra 一样产生 γ 射线,几乎具有同样的穿透性,而且^{137}Cs 产生的 γ 射线为单一能量,对屏蔽要求低,封装后较为安全,它的半衰期为 30 a(^{226}Ra 为 1 600 a),因而它成为^{226}Ra 的替代品用于组织间插植和腔内照射。^{192}Ir 可制成细而柔软的线形,根据需要切成任意长度,也经常被制成直径为 0. 15 mm、长 3 mm 的颗粒,间隔 1 cm 固定于尼龙带上,这两种都特别适合后装技术的要求。^{125}I 种子源广泛应用于永久性植入,治疗前列腺肿瘤其半衰期为 59. 4 d,一般所用的 γ 射线能量较低,储存方便。

按照放射源接近组织的方式,近距离治疗可分为三大类:一类是表面敷贴治疗(surface applicators therapy),多采用 β 核素,放射源放置于组织表面,适用于体表部位的直接照射治疗;一类是腔内近距离治疗(intracavitary brachytherapy),它是将放射源放置在人体自然腔道内肿瘤附近,适用于腔体内的肿瘤治疗;另一类是插植近距离治疗(Intertitial brachytherapy,简称插植,也即内介入治疗),是将放射性颗粒(或称种籽)直接植入肿瘤体内。根据治疗的需要,放射源可手动安装放置,亦可机器遥控安装放置。

1. 放射性核素敷贴治疗

敷贴治疗就是利用敷贴器将放射性核素同病变组织紧密接触,释放的射线(一般为 β^- 射线)打乱了病变组织原来的生物学规律,起到治疗的作用。例如辐照增生过快的皮肤病变组织,使细胞分裂减慢、分裂间期延长,直至产生增殖性死亡,作用在血管瘤病损部位,血管内皮细胞肿胀、水肿、炎性改变,最后被纤维细胞代替,血管闭合,达到治愈的目的。用^{32}P、^{90}Sr-^{90}Y 敷贴器治疗小儿皮肤血管瘤,是比较成功的范例。

临床上用于作表面敷贴器治疗的 β^- 核素应具备如下条件:

①适当长的半衰期,避免经常进行衰变修正;

②较高的 β 射线能量,在组织中具有较好的穿透力;

③不应伴生较强的 γ 射线,有利于辐射防护;

④原料易得且能制成所需形状的密封源。

根据以上要求,目前敷贴治疗中常用的核素有^{32}P、^{90}Sr-^{90}Y、^{106}Ru-^{106}Rh,其中后两种核素更易于制成安全可靠的密封放射源。

由于^{32}P 来源容易、制造简单,早期临床应用最多的是^{32}P 敷贴器。^{32}P 属于纯 β 发射体,半衰期为14.3 d，β粒子的最大能量为1.71 MeV，在空气中的最大射程为620 cm，在水中及组织内的最大射程为8 mm，实际上在3~4 mm组织深处，大部分能量已被吸收。^{32}P敷贴器的缺点是放射性核素半衰期太短，需每天进行衰变校正。

^{90}Sr的半衰期为28.79 a，属纯β发射体，β粒子的最大能量为0.546 MeV，平均能量为0.2 MeV，在组织内的射程为2~3 mm。但其子体核素^{90}Y（半衰期为64.2 h）能发射能量为2.274 MeV的β粒子，在组织中的最大射程可达11.9 mm。随组织深度的增加，吸收剂量下降很快。由于^{90}Sr来源容易（可从乏燃料的裂变产物中提取），半衰期又较长，一年进行一次衰变修正即可，因此目前用得最为普遍。

2. 组织间插植

组织间插植治疗中，组织吸收剂量主要受源的长度、数量、几何形状及治疗时间等因素的影响，组织吸收剂量的评估是该治疗技术发展的核心。为了便于准确评估，需要建立简洁、统一的剂量分布计算方法。在计算机应用于常规治疗计划之前，除Paterson Parker系统和Quimby系统外，还有许多计划系统帮助人工估算源的布局和剂量分布，它们都由大量的表格和精细的规则组成。计算机的出现使得医务人员从烦琐的手工计算中解脱出来，而且计算机剂量分布计划更为精确，更具个体针对性，它很快就取代了传统的人工计算。

3. 内介入治疗

内介入治疗，即是把放射性核素直接介入病灶的一种治疗方法，现已发展成为继放射性核素治疗、化学治疗和器械治疗等之后又一个跨内科、外科和放射科等多学科的综合性治疗手段，包括短暂性和永久性植入治疗两种，如用^{125}I种子源植入治疗前列腺癌就是永久性植入治疗，该方法有如下优势：

①剂量分布更适于肿瘤的形状和大小；

②肿瘤照射时间延长，局部组织接受高剂量的照射；

③减少了医务人员植源和病人手术的次数；

④病人无须住院治疗。

目前常用的前列腺癌近距离放射治疗的粒子核素除^{125}I外还有^{103}Pd，它们都属于低能放射源，在组织中剂量分布有几何学下降的特点，因此对前列腺周围组织、直肠和膀胱照射剂量较低。

内介入治疗具有创伤小、手术简单、疗效好的特点，已成为目前国内外临床医学界最关心的热门话题。例如冠状动脉狭窄，以前需要做开胸搭桥的大手术，现在只需经颈动脉或股动脉将镀有^{103}Pd或^{32}P的放射性支架插入，将狭窄的动脉血管撑开，通过射线抑制血管内壁平滑肌细胞和内膜细胞增生，使血管保持畅通，临床治疗效果很好。

应用高活度^{192}Ir微源，由计算机控制步进电机驱动，通过专用计算机计算源的驻留点和驻留时间，可使总的剂量分布趋向均匀，达到最优。国外商品化计算机近距离放射治疗计划系统的主要功能有：放射源颗粒自动排列，多种定位（正交、立体移位、等中心、头架、CT等），对所有常用同位素的相应算法，各向异性校正，剂量分布图与CT（MRI）ö平片的重叠显示，DVH以及三维实时源剂量显示等。

6.7 核技术在医学领域中的发展展望

核医疗器械和装置在发达国家中不断完善和更新,在发展中国家逐渐普及。随着 PET、SPECT 和 PET/CT、SPECT/CT 等先进医学影像仪器的不断更新和扩大应用,以及新型放射性诊断和治疗药物的不断开发,为核医学的发展提供了强劲动力。

核医学影像主要提供的是功能和代谢方面的信息,对于解剖形态的显示远不如 CT。因此,将核医学影像与 CT 影像进行融合,出现了 SPECT/CT、PET/CT,使核医学影像进入了一个崭新的时代。PET/CT 显示了融合图像的强大优势,也预示了医学影像的发展方向。MRI 与 CT 相比具有更好的软组织对比度及亚毫米的空间分辨率,对于脑、肝脏、乳腺、子宫等软组织病变的检出明显优于 CT;MRI 在提供高解剖分辨的基础上,还能提供一些功能信息,如水弥散成像、灌注成像等。因此,PET/MRI 可能为临床提供更丰富的解剖及功能代谢等复合诊断信息。目前,采用雪崩光电二极管(avalanche photodiode,APD)技术已经研发了用于人脑检查的 PET/MRI 和小动物 PET/MRI 一体机样机。

小型化是核医学显像设备发展的又一方向。小动物核医学显像设备是基于核医学临床诊断技术发展起来的专门用于小动物的断层显像设备,主要包括小动物 PET(Micro-PET)、小动物 SPECT(Micro-SPECT)和小动物 CT(Micro-CT)。Micro-PET 和 Micro-SPECT 主要提供功能代谢和生物分布等信息,解剖结构及毗邻关系显示不如 CT 清晰。Micro-CT 则主要提供解剖信息,空间分辨率非常高,解剖结构、定位及毗邻关系信息非常准确。随着各项技术的日益发展和成熟,小动物影像设备从单功能显像设备逐渐发展为双功能显像设备(Micro-PET/CT、Micro-SPECT/CT)及三功能(Micro-SPECT/ PET/CT)显像设备等多功能成像平台。小动物显像设备比临床应用的设备具有更高的灵敏度和空间分辨率,可显示小白鼠的组织器官结构;可对小动物进行活体、定量检查,获得体内的动态信息;实验结果可直接类推至临床。同时,小动物显像仪器突破了传统的在不同时间点处死实验动物进行测定的实验方法,无须牺牲大量实验动物,缩短了实验周期,为生物医学研究提供了新的方法。

核医学显像逐渐转变为多种显像技术优势互补的融合,可显著提高核医学的诊治水平。围绕脑、心肌和肿瘤三大疾患研究和开发 SPECT 放射性药物,继续以^{99m}Tc 为重点开展,通过改变配合物价态和配体基团的特性调节该类放射性药物在体内不同器官的分布状况,甚至利用标记 McAb 的特异反应,将放射性核素导向病灶部位,显著提高诊断效果。脑显像剂的研究尤以神经性和精神性疾病有关的受体为主,如多巴胺受体显像剂、5-HT 受体显像剂、阿片受体显像剂以及 AD(老年痴呆症)斑块显像剂等。心肌显像剂的研究则主要着力于用于肿瘤及缺血组织诊断的乏氧类显像剂、动脉粥样斑块显像剂和血栓受体显像剂等。肿瘤显像剂的研究则深入到放射性核素标记的小分子肽类、α 受体肿瘤受体显像、肿瘤多药抗药性显像以及调控阻断研究等方面。与此同时,炎症和感染受体显像剂的研究也开始崭露头角。PET 显像药物是核医学在今后相当长的一段时期内显像发展的主要方向,研究的重点继续以^{18}F、^{11}C 等为主要对象,同时坚持继续开发这类药物的自动化快速合成新方法、新技术;此外,研制新型金属 PET 核素发生器,如^{62}Zn-^{62}Cu 发生器、^{68}Ge-^{68}Ga 发生器等,并开发相应技术,也将不断改善核医学的诊断质量,乃至扩大其诊断领域。

对^{131}I、^{188}Re、^{90}Y、^{177}Lu 等优良治疗核素标记药物的深入研究开发,放射性核素靶向治疗药物研究以及评价技术手段的发展,新型放射性药物如纳米药物、磁导向药物的应用,以及

^{165}Dy、^{166}Ho、^{169}Er、^{161}Tb、^{211}At、^{225}Ac 等新型治疗核素与其标记化合物的开发研究，都将极大推动核医学治疗技术的快速发展，并且进一步推动诊断治疗药物的无缝衔接，为核医学的持续发展不断补充新鲜动力。

目前，疾病的定义已经被详细分为基因异常、基因表达、代谢改变、功能失调、结构代偿、病症体征六个层次。对其诊断愈早，治疗就愈容易，核医学在基因层面的诊断可以提供准确的判断定位，提高治疗水平。核医学与现代分子生物学技术相结合开创了新的核医学分支学科——分子核医学，它是应用核医学的示踪技术从分子水平认识疾病，阐明病变组织受体密度与功能的变化、基因的异常表达、生物代谢变化及细胞信号传导等，为临床诊断、治疗和疾病的研究提供分子水平信息。就显像技术而言，分子核医学已不再局限于受体显像，而扩展为反义核酸显像、转导基因表达显像、多重耐药显像、凋亡显像等。在受体、基因、抗原、抗体、酶、神经传导物质和各种生物活性物质的研究中核医学是不可替代的方法之一，尤其是心脏核医学和神经传导核医学在未来会更加受到核医学界的重视。同时，核医学显像技术从分子水平进入亚分子水平，将使许多亚临床状态的疾病和隐匿的遗传性疾病得以明确诊断，预示分子核医学有着广阔的发展前景。

基因是指存在于细胞内有自体繁殖能力的储存有特定遗传信息的功能单位，是具有特定的核苷酸及其排列顺序的核酸（主要是 DNA）片段。肿瘤基因表达显像是利用放射性核素标记的探针，在 mRNA 或蛋白质水平上，体内无创性探测肿瘤特定基因表达产物的一种显像方法，主要包含以下三方面的内容。

①反义核酸显像（Anti-sense imaging），即利用核酸碱基互补原理，用放射性核素标记人工合成或生物体合成的特定反义寡核苷酸，与肿瘤的 mRNA 癌基因相结合显示其过度表达的靶组织。二者结合后可抑制、封闭或裂解靶基因，使其不能表达，从而达到治疗肿瘤或病毒性疾病的目的。具有反义和内照射治疗的双重目的治疗称反义治疗。反义核酸显像要求寡核苷酸易于合成，标记品体内稳定性好，有较强的细胞通透性，能与靶细胞特异结合和不发生非序列特异反应等。目前，小鼠乳腺癌基因的反义核酸显像的实验研究取得成功，与放射免疫显像相比有众多优点，如核苷酸不引起免疫反应、反义寡核苷酸探针分子量小、易进入癌变组织等。但寡核苷酸的修饰、标记、稳定性以及仅有少数的癌基因参与肿瘤的发生过程等，都使其与临床应用有一定距离，有待继续深入研究。

②转导基因表达显像，即将功能基因转移至异常细胞而赋予新的功能，再以核素标记来显示其基因表达。它是在药物敏感疗法（又称自杀疗法）的基础上提出的针对标志基因/标志底物体系进行的显像。所谓药物敏感疗法是应用药物敏感基因转染肿瘤细胞，该基因能编码一种非宿主细胞固有的酶，这种酶能将随后注入的本来对宿主无毒的药物转变为对宿主有毒的代谢产物，从而杀死或抑制肿瘤细胞生长。常用的药物敏感治疗体系有 HSV-TK/GCV 体系和胞嘧啶脱氨基酶/胞嘧啶体系。使用放射性核素标记的药物敏感治疗体系中的标志性底物，可以在活体水平上研究转导基因在体内的表达情况，如确定转导基因是否表达以及表达的部位、数量、持续时间等。由于肿瘤对药物的敏感性取决于肿瘤细胞内导入敏感基因的表达水平，因此，该显像在评估及指导肿瘤基因治疗中有着重要价值。

③多重耐药（Multidrug resistance，MDR）基因表达显像，针对肿瘤 MDR 基因表达的肿瘤，该技术基于多药耐受现象而提出。肿瘤细胞在体内或体外对许多功能、结构各异的细胞毒性化合物表现耐受的现象称多药耐受现象，这是由于膜磷酸糖蛋白（P-glycoprotein，P-gP）过度表达所引发的。P-gP 过度表达的肿瘤细胞将化疗药物排出了细胞外，从而导致化疗失败。

P-gP 调节剂可使 P-gp 变构而改变 P-gP 识别区的亲和性而逆转其耐药作用。^{99m}Tc-MIBI 是亲脂性阳离子,是 P-gP 的转运底物,其摄取量与 P-gP 表达水平成反比,因此根据其洗脱率可定量评价 P-gP 表达。MIBI 功能显像可反映 P-gP 的水平,预示化疗效果,评价调节剂的作用。此外,也可应用^{99m}Tc-TF 和^{99m}Tc-Q_{12} 类化合物,但其肿瘤摄取率均不及^{99m}Tc-MIBI。关于用^{11}C-秋水仙碱、^{11}C-维拉帕米和^{11}C-阿霉素通过 PET 显像进行 P-gP 转运功能的研究,也有见诸报道。不过,理想的 P-gP 表达显像剂仍有待探索。

淋巴结显像和放射引导手术探测对于黑色素瘤和乳腺癌的诊治有积极作用。通常淋巴转移比血行转移早,黑色素瘤的转移常局限于第一级引导的淋巴结,此即前哨淋巴结。同样乳腺癌时任何癌细胞脱离原发灶后转移到腋下的前哨淋巴结。以大颗粒放射硫化铼胶体(200~1 000 nm)注射在乳腺四周,手术前进行淋巴结闪烁扫描(LS)或手术时用小探头探测(PD)可很容易发现前哨淋巴结转移,后者更为简便,只需 2~3 cm 切口就能把转移的前哨淋巴结切除,避免了以往盲目解剖的扩大根治方法。通常后者更为简单,在乳腺癌中探测前哨淋巴结的阳性率达 97.7%,阳性预测率的正确性很高,除非多灶性癌;对小于 1.5 cm 的小肿瘤来说,PD 的预测值达 100%。

目前,分子核医学在肿瘤临床中的应用虽然不够成熟,但这是一个重要方向,肽类显像如 Octrotide 已得到重视和发展,基因显像需要更加深入研究,特别是基因显像随着临床基因治疗的渐趋成熟,可用于观察其转基因表达以监测其效果和成功率。应用正电子核素标记药物、PET 显像、介入基因显像的研究将发挥更大作用。

近年来,精确放射治疗技术迅猛发展,各种立体定向放射外科技术[X 刀、γ 刀、三维适形放射治疗(3D-CRT)、调强适形放射治疗(IMRT)等]正逐步取代既往的传统放射治疗技术。能够解决放射治疗过程中器官运动、解剖和肿瘤体积变化问题的四维适形放射治疗技术(如呼吸门控)也正在发展之中。同时,中子和质子治疗已经在世界上少数国家开展,生物适形放射治疗技术也在摸索中发展。

核医学技术过去、现在和将来都将在肿瘤防治和研究中发挥重要作用,使其相关领域的研究和发展不断进入一个又一个崭新的时期。

习　题

6-1　试比较诊断用放射性核素与治疗用放射性核素各自的特点?

6-2　简述发射型计算机断层成像术的分类及各自特性?

6-3　放射性核素标记物的制备方法主要有哪些?试举例说明。

6-4　作为理想的脑灌注显像药物需要满足哪些条件?

6-5　何谓放射性治疗药物,该类药物主要包括哪几类?

第7章　核技术在环境中的应用

核技术不仅在工业、农业、医学等方面应用广泛，在环境科学及环境保护领域中也得到了较快的发展，国内已有相关单位开展了利用核技术对废气、废水、固体废物处理等实验或中试研究，如利用电子束去除 SO_2/HO_x 等。另外，利用核技术进行环境样品元素的定性定量分析，具有众多常规非核技术无可替代的优点，例如高灵敏度、准确度、精密度、高分辨率（包括空间分辨率和能量分辨率）、非破坏性和多元素测定能力等。采用的核分析技术主要有核素示踪技术、核素活化分析、辐射分解技术与同位素测量技术等。例如，放射性示踪方法广泛地应用于环境条件的研究，如环境中大气扩散行为的研究、^3H 在地层结构分析中的应用、地下水动力学研究和地面水位变化分析等。

核技术在环境中的应用大致可以分为两大类：辐射技术和核分析技术。在环境领域，辐照技术主要用于环境废物的处理，核分析技术用于环境样品的分析探测，本章重点从这两方面展开论述。

7.1　辐射技术在环境中的应用

辐射技术是利用射线与物质间的作用，电离和激发产生的活化原子与活化分子，使之与物质发生一系列物理、化学与生物学变化，导致物质的降解、聚合、交联并发生改性。辐射技术近30年来应用于环境废物处理，为采用常规方法难以处理的某些污染物提供了新的净化途径。

在环境保护方面，辐射技术利用电离辐射照射使环境污染物质发生变化，可达到治理和回用的目的。例如：由有害物变为无害物或有用物、杀死细菌和病原体、加速难降解物质的降解速率等。辐射处理广泛适用于废气、废水和固体废物的处理，正在成为环境保护的重要手段之一。

辐照技术是一种新兴的环境治理技术，它的主要特点如下。

(1)消毒效果好，对有害微生物彻底杀灭。

(2)可避免二次污染。辐照过程绝大多数在常温下进行，无须添加其他化学试剂或催化剂就可以实现一些化学污染物的无害化物理降解，一般不会造成环境的二次污染。因为用于照射的 γ 射线、X射线以及电子束的能量均低于产生核反应的阈能，所以不会产生任何核反应，也就不会产生感生放射性物质而造成放射性污染。

(3)可以解决用普通方式难以解决的问题。由于辐照反应与通常的化学反应的机制截然不同，所以应用辐射技术去处理用普通技术难以解决的问题，往往可以得到满意的结果。例如，对于高聚物的处理、聚四氟乙烯的回收利用、燃油和煤燃烧废气中氮氧化物去除等。

(4)使用安全可靠。辐照技术的实施方法十分简单，无须进行任何手工操作。现代的科学技术水平已经可以完全保证工作人员的安全，除必要的防护屏以外，通常还装设照射源与人员入口的自动联锁系统。当入口开启时，放射源自动降到水池深处；当环境中的放射性背景值超过允许水平时，辐射源将立即关闭，剂量监督与报警系统会自动发出信号，让人员离开现场。

(5)适应性强、应用范围广。由于放射源的强度和能量不受任何外界条件的影响,所以照射时对于外界条件也没有任何特殊要求。照射工艺只需要控制辐射时间、距离、方位从而控制照射剂量。

(6)辐照技术的最大缺点是:照射源的价格较为昂贵。为保证人员的绝对安全,要求设备具有一定的自动化程度,基建投资额也比一般设施高。

辐射处理大多采用 γ 射线或电子束。γ 射线主要来自反应堆或反应堆产生的放射性核素,电子束来自电子加速器。这里就从放射源辐照和加速器辐照两个方面,就目前比较成熟的几个主要应用范畴进行叙述。

7.1.1 反应堆在环境中的应用

反应堆和反应堆产生的放射性核素可以用于环境废物的辐照处理。工业上最常用的放射性核素是^{60}Co 和^{137}Cs。^{60}Co 源的半衰期为 5.26 a,每次衰变,放射出能量为 1.17 MeV 和 1.33 MeV 两种 γ 射线。^{137}Cs 的半衰期为 30 a,使用中不需频繁换源。反应堆也可以作为在线照射源,将被照射物放在堆冷却池中进行在线照射,照射点的剂量水平已知时,可利用控制照射时间来确定被照物接受的剂量水平。

1. 废水处理

水污染是当今世界非常关注的一个严重问题,随着生产活动的逐渐多样化,废水中的污染物质的组分也越来越复杂,对这些污染物的允许排放标准趋于严格化。仅使用活化污泥等传统的水处理方法已经不可能彻底解决所有废水的净化,迫切地需要开发一种经济、简便、有效并可以处理多种组分污染物的污水处理技术。辐射技术是一项有潜力的水处理技术,有着广泛的应用前景。

反应堆产生的放射性核素可以用于生活污水和工业废水的处理,通常以放射源的形式应用,如^{60}Co 源、^{137}Cs 源。其基本原理是水分子在辐射作用下会生成一系列具有很强活性的辐解产物,如 OH、H、H_2O_2 等自由基。这些产物与废(污)水中的有机物发生反应使之分解或改性。

采用放射源辐射处理法可以明显消除城市污水中的 TOC(总有机碳)、BOD(生物需氧量)、COD(化学需氧量),并灭活污水中的病原体。对于含有偶氮染料和蒽醌染料的废水,通过辐照可以使之完全脱色,TOC 去除率可达到 80%~90%,COD 去除率达到 65%~80%。含有木质素的废水在充氧条件下用 γ 射线辐照,很容易被降解。据研究报道,采用放射源也可以有效地处理洗涤剂、有机汞农药、增塑剂、亚硝胺类、氯酚类等有害有机物质。将放射源辐照技术与普通废水处理技术(如凝聚法、活性炭吸附法、臭氧活性污泥法等)联用,具有协同效应,可提高处理效果。在与活性炭法联用时,在炭吸附了有机物后,借助 γ 射线辐照,可使活性炭再生,实现循环利用。

苏联曾建成一座放射源辐照处理试验厂,用于抗生素工厂的废水处理,其废水日处理量达到 15 000 m^3,经处理的废水各项指标皆优于常规处理法。匈牙利、加拿大、日本等国都建有类似的试验工厂。

2. 固体废物处理

固体废物是指在生产建设、日常生活和其他活动中产生的污染环境的固态、半固态废弃物质。固体废物包括生活垃圾、工业固体废弃物、农业废弃物。我国固体废物的产生量逐年增加，2019 年我国仅工业固体废物产生量就达到了 35.43 亿吨。

（1）生活和工业垃圾的处理

俄罗斯物理动力研究所精心设计出一种利用快中子反应堆处理生活和工业垃圾的新技术。该技术是通过在核反应堆中加砌一个烧垃圾的炉子来实现的。向炉子中定期装入生活和工业垃圾，垃圾掉入吹氧的渣缸中燃烧气化。为了保持炉内高温，在炉中不断加入少量的动力煤。当炉温达到 1 500 ℃左右时，所有的垃圾都会被汽化，其中含有矿物质的部分在渣中熔化，而金属在熔化后便沉入底部。然后，将沉入底部的金属定期铸成铸件并运出去加工；从炉里清出来的炉渣用于加工建筑材料；炉中高达 1 750 ℃的气体，经由抽气机抽出加以冷却后用于化工生产。而炉子及炉内气体，采用液体钠来冷却。这种液体钠在垃圾反应堆外壳的双层墙壁之间进行循环。同时高达 500 ℃高温的液体钠还可为蒸汽发生器供热，所形成的蒸汽用以转动汽轮发电机，冷凝后的热水又流入锅炉房。这样，就可以从垃圾处理中得到金属、建筑材料、化工产品、电力和热能。根据试验，一套这种快中子反应堆装置，一年可处理生活和工业垃圾 2×10^4 t，发电功率为 5 kW，自给有余。

（2）废塑料的处理

在固体废物的处理处置中，废塑料由于其难降解，废塑料的处理始终是一个棘手的问题。例如聚四氟乙烯（PTFE），由于用生化法无法分解，机械破碎困难，兼之在高温处理时产生大量有毒的氟化物，造成难于处置的局面。

废塑料也可以采用辐射方法诱发使其降解，在 20 世纪五六十年代就完成了辐射诱发塑料降解的早期研究。与橡胶类似，塑料大分子一般是由 C—C 键的断裂而分解的，辐射诱发降解获得了气态、液态和固态的小分子产物，它们可用作适当合成物的原材料。

目前全球氟树脂的消费量约为 12 万 t，其中 70% 左右为 PTFE。而我国每年大约有 1 000 t 左右的废旧 PTFE 有待回收利用。PTFE 价格昂贵，化学性质极其稳定，在环境中几十年都不会降解，给环境带来不利的影响，所以回收利用废旧 PTFE 具有重要的经济价值和环保意义。γ 射线和电子束都可用于 PTFE 的降解，通过用 γ 射线辐照，得到 $G=12.8$，而用电子束辐照，得到 $G=41.2$。为了得到所要求的分子大小的产品份额，在辐照期间，可通过所使用的剂量、剂量率和温度来控制辐射诱发过程。各种非降解产物都具有广泛的应用。以全氟烯烃为例，辐照后可以转化为具有特殊性能的氟化表面活性剂，也可以氧化为特殊用途所需的全氟羧酸。作为副产品出现的全氟烷烃，可以用作高质量的绝缘材料、溶剂和润滑剂。并且这些转化物都可以用作合成的原料。

（3）污泥的处理

污泥是废水处理过程不可避免的副产物，最普通的废水处理步骤是隔筛过滤、初级沉淀、生物处理、二级沉淀和杀菌等。在生物处理前后的沉淀过程都会产生污水污泥。污泥中含有大量的能量与生物价值，是优良的农田肥料和土壤改良剂，但由于含有大量病原体而不能直接利用。在 1979 年，美国环境保护局（EPA）发布法规，要求控制污泥中的病原体。1982 年 9 月，该局又在补充环境影响报告中提出，下水系统的污泥是有用的资源。堆肥化、巴氏消毒或化学处理等常规的方法处理效果均不十分理想，难以实现工业化。辐射技术可以克服常用处理方法的缺点，是目前国际上普遍认为很有前途的污泥处理方法，γ 放射源和电子束辐照均可用于污泥的处理。

辐射处理污泥的优点如下：

①能杀死污泥中的病菌和病毒,消毒效果比热处理可靠；

②不破坏污泥中的有机氮化物,不会减少污泥的肥力和产生难闻的臭味(巴氏热处理法中氮损失较多,污泥的肥力下降)；

③能防止污泥中的杂草种子发芽,但不会影响正常种子的发芽；

④处理温度较低(25~30 ℃),减少对工厂设备的腐蚀；

⑤辐照后的污泥具有良好的脱水性能,可省去化学絮凝剂和一些相应的设备,污泥经辐照灭菌后,可作为肥料直接在农田使用。

世界工业发达国家在开发污泥辐射处理技术方面取得了积极的进展,德国于1973年在慕尼黑建造了世界上第一座污泥辐照处理实验工厂,该工厂应用^{60}Co作为辐射源,1983年又补充安装了^{137}Cs辐射源。该工厂采用瞬时的强γ辐射杀死污泥中的病菌,经辐射处理的污泥仍有原来的养分,可作为肥料,其性能远优于用堆肥和巴氏消毒法处理过的污泥,据报道工厂废水日处理能力为150 m^3,处理费约4.4马克每立方米。遗憾的是,该工厂在1993年春天由于需要大修而停止运行,当时德国的新法律禁止在草地和饲料生产地进一步使用污水污泥。德国的格梭布尔拉治装置是1993年前唯一的全规模污泥辐照装置,20年的运行已经处理了约50万 m^3 的污泥,并为该领域的研究提供了宝贵的经验。美国、印度、澳大利亚等国也建立了污泥辐照装置,但是大多数装置只运行了2~4 a,没有再出现全规模污泥辐照装置。

(4)其他

纤维素是城市废物与农业废物的主要成分,日本曾用辐照法处理木屑、废纸、稻草等,通过糖化与发酵得到酒精;美国则采用对这类纤维素用加酸后辐照处理的方法得到葡萄糖,其回收率高达56%。

腐败的食物在经辐照处理后可作为动物的饲料。

7.1.2 加速器在环境中的应用

各种低能加速器在国民经济的各个领域应用广泛,在工业上用于活化分析、大型加速器的离子注入机、辐照改性和无损检验等;在农业上用于品种改良、消灭病害和食品保鲜等;在医疗上用于治疗癌症、辐照消毒和生产短寿命同位素等;在国防上,高脉冲功率加速器可用作X射线模拟源等;在环境保护方面,用加速器产生的强束流对燃煤烟气进行脱硫、脱氮处理。

高能电子加速器可产生1~10 MeV能量的高能电子,高能电子有一定的穿透力。电子束通过稀薄分散流体时,部分反射回流体中进行照射,增加被照体的剂量水平。当不使用加速器可立即关闭。利用加速器产生的电子束进行辐照处理正在成为环境保护的重要手段之一,电子束的工艺技术广泛适用于废气、废水和固体废弃物的辐照处理。

电子加速器产生的高能电子束照射可使一些物质产生物理、化学和生物学效应,并能有效地杀灭病菌、病毒和害虫。这一技术已被广泛应用于工业生产中的材料改性、新材料制作、环境保护、加工生产、医疗卫生用品灭菌消毒和食品灭菌保鲜等。它同钴源辐照一样,具有常温、无损伤、无残毒、环保、低能耗、运行操作简便、自动化程度高、适宜于大规模工业化生产等特点。与钴源(辐射效率大约20%)相比,其最大优点是辐照束流集中定向,能源利用充分,辐照效率高达80%以上,不产生放射性废物。随着钴源售价的飞涨、废源处理费用的上升,电子加速器辐照装置具有明显的经济优势。用能量为10 MeV的高功率电子加速器建设高能电子辐照中心，在发展辐照加工产业的同时，开展辐照工艺和辐照新领域的研究，在国内外都是一项极具挑战和开拓性的工作，具有明显的社会、经济效益和不可估量的潜在价值，是目前国际上备受关注的高科技领域之一。

1. 废气处理

加速器在废气处理方面的应用主要是用于有害烟气的处理。大气中的 SO_2 与 NO_x 是主要的污染物，这些污染物主要来自烟囱排放烟气。通常的烟气脱硫脱硝技术主要有固相吸附与再生技术、湿法同时脱硫脱硝技术、吸收剂喷射法等，绝大多数会遇到成本过高或装置复杂的困难，例如以石灰喷雾法脱硫，用酸、碱吸收或催化还原法去除 NO_x 等。高能辐射化学法是一类新型烟气脱硫脱硝技术，主要分为电子束照射法（EBA）和脉冲电晕法（PPCP）两种，其中电子束照射法目前发展较好。电子束照射可除去烟气中的 SO_2 和 NO_x，有助于净化大气，防止酸雨的形成，又可得到硝胺和硫胺等副产品，用作肥料，还能降低运行难度和费用，几乎不产生二次废水。

20 世纪 90 年代俄罗斯科学院西伯利亚分院的核物理研究所制造的加速器供应波兰和日本，用以净化烟雾。波兰的劣质煤在燃烧时产生大量有毒的硫和氮的氧化物。在烟雾被辐射时，所有氧化物都变成固体沉淀物，可用作肥料。在日本，也已利用俄罗斯生产的加速器，来净化烧垃圾时所产生的烟雾。

（1）电子束辐照法脱硫脱硝

①电子束辐照法的优点

从 1972 年以来，日本开始广泛地进行电子束辐照去除烟道气中的 SO_2 和 NO_x 的基础研究和半工业实验。经过多年的研究开发，已从小试、中试和工业示范逐步走向工业化。日本、德国、意大利、波兰、美国等国已经开始的基础研究和半工业、工业实验表明，电子束辐照技术具有以下优点：能同时脱硫脱硝，并可达到 90%以上的脱硫率和 80%以上的脱硝率；不产生废水废渣；无须催化剂；系统简单，操作方便，过程易于控制；对于不同含硫量的烟气和烟气量的变化有较好的适应性和负荷跟踪性；反应生成的副产品为硫铵和硝铵混合物，可用作化肥；脱硫脱硝成本比传统方法更经济。缺点包括：电子束剂量需求高，电能需求大，运行费用高，辐照后气溶胶需要过滤等。

另外，电子束辐照方法能有效净化其他工业废气，如易挥发的有机物（VOCs），汽车尾气，有气味、有毒的气体及焚烧炉的废气等。当然，电子束处理污染废气的技术涉及许多不同的物理化学机制，如能量吸收、气相反应、颗粒形成、气固相的相互影响等。

②电子束辐照法的反应机理

利用阴极发射并经电场加速形成 500~800 keV 的高能电子束，这些电子束辐照烟气时产生辐射化学反应，生成 OH、O 和 HO_2 等自由基，这些自由基可以和 SO_2、NO_x 发生氧化反应并生成 H_2SO_4 和 HNO_3，辐照前在烟道气中预先加入化学计量的氨，所生成的雾状 H_2SO_4 和 HNO_3 与通入反应器中的 NH_3 相互作用，生成 $(NH_4)_2SO_4$ 和 NH_4NO_3 等副产品，这些副产物可以通过静电沉降等方法收集起来，直接用作化肥。烟气经电子束照射后，主要反应过程如下。

a. 自由基生成　燃煤烟气一般由 N_2、O_2、水蒸气、CO_2 等主要成分及 SO_2 和 NO_x 等微量成分组成。当用电子束照射时，电子束能量大部分被氮、氧、水蒸气吸收，生成大量的反应活性极强的各种自由基。

b. SO_2 及 NO_x 的氧化　SO_2 及 NO_x 被自由基等活性物种氧化，生成硫酸和硝酸。

c. 硫酸铵和硝酸铵的生成　硫酸和硝酸与事先注入的氨进行中和反应，生成硫酸铵和硝酸铵气溶胶粉体微粒。若尚有未反应的 SO_2 及 NH_3 则在微粒表面继续进行热化学反应生成硫酸铵。

$$H_2SO_4+2NH_3 \longrightarrow (NH_4)_2SO_4$$

$$HNO_3+NH_3 \longrightarrow NH_4NO_3$$

$$SO_2+2NH_3+H_2O+\frac{1}{2}O_2 \longrightarrow (NH_4)_2SO_4$$

图 7-1 为烟气经电子束照射后，各组分浓度随时间的变化及生成硫酸铵和硝酸铵的历程。由图可见，整个反应完成所需时间仅为 1 s 左右。

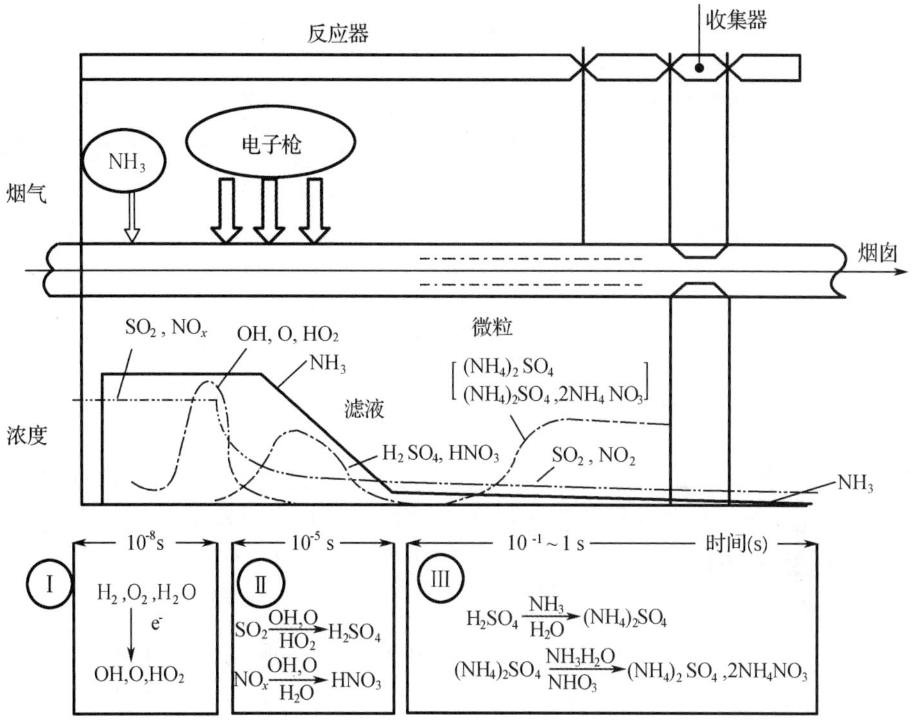

图 7-1　电子束反应过程

③电子束辐照法的处理流程

实验装置由烟气参数调节系统、加速器辐照处理系统、氨投加装置、副产物收集装置、监测控制系统五个主要部分组成。图 7-2 为电子束辐照烟气脱硫脱硝工业化试验装置工艺流程简图。流程由烟气冷却、加氨、电子束照射和副产品收集等环节构成。锅炉排出的约 130 ℃ 的烟气，经静电除尘后进入冷却塔。在冷却塔中，通过喷射冷却水，烟气降到适于脱硫脱硝的温度（约 65 ℃）。烟气露点通常为 50 ℃，所以冷却水在塔内完全被气化，一般不会产生废水。降温增湿后的烟气送至反应器，然后根据 SO_2 和 NO_x 浓度及所设定的脱除率，向反应器中注入化学计量的氨气。烟气在反应器中被电子束照射，使 SO_2 和 NO_x 氧化，生成硫酸和硝酸，并与注入的氨中和，生成硫铵和硝铵。辐照后的烟气被送入副产物收集器，用干式静电除尘器捕集回收烟气中的硫酸铵和硝酸铵。净化后的烟气由引风机升压从烟囱排入大气。

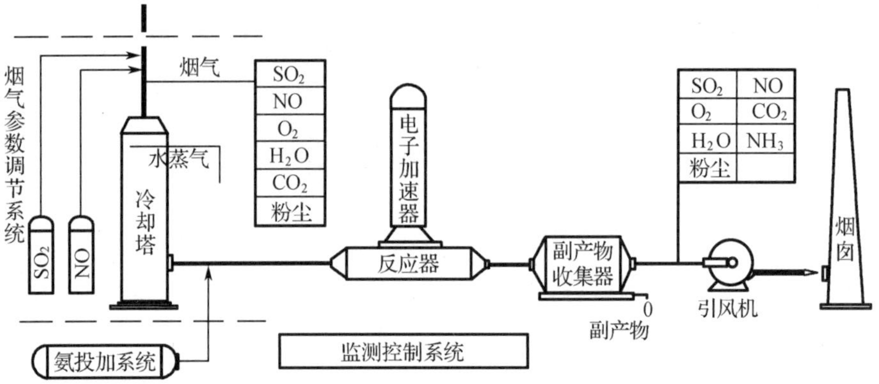

图 7-2　电子束辐照烟气脱硫脱硝工艺流程简图

(2)脉冲电晕等离子体法

脉冲电晕等离子体法(PPCP)的基本原理与 EBA 相似,都是利用高能电子使烟气中的 H_2O、O_2 等气体分子被激活、电离或裂解而产生强氧化性的自由基,对 SO_2 和 NO_x 进行等离子体催化氧化,分别生成 SO_3 和 NO_x 或相应的酸,在有添加剂的情况下,生成相应的盐而沉降下来。二者的差异在于高能电子的来源不同,EBA 法是通过阴极电子发射和外电场加速而获得;而 PPCP 法则是电晕放电自身产生的,它利用上升前沿陡、窄脉冲的高压电源(上升时间 10~100 ns,拖尾时间 100~500 ns,峰值电压 100~200 kV,频率 20~200 Hz)与电源负载-电晕电极系统(电晕反应器)组合,在电晕与电晕反应器电极的气隙间产生流光电晕等离子体,从而对 SO_2 和 NO_x 进行氧化去除。

PPCP 法的优势在于可同时除尘。研究表明,烟气中的粉尘有利于 PPCP 法脱硫脱氮效率的提高。因此,PPCP 法集三种污染物脱除于一体,且能耗和成本比 EBA 法低,从而成为最具吸引力的烟气治理方法。

2. 废水处理

电子束辐射能处理水与废水,辐照作用使水中产生活性物质,如 OH 基可气化和分解水中任何有机污染物,在有一定的经济效益条件下,决定废水处理规模。选择合适的电子束辐照装置,确保处理废水的流速达到均匀接受足够剂量。考虑的因素包括辐射的能量分布、在水中的穿透能力、辐射与水相互作用体积的几何形状等。

早在苏联时期科学家们就曾在沃罗涅日市净化被橡胶制品生产废料所污染的地下水,经过 10 a 的努力,方圆 30 km 的地下水得到净化。

通过辐照还可以有效地杀死水中的微生物。氯灭菌处理二次污水的方法可以杀死微生物,但是会产生有毒的含氯有机物,例如三氯代甲烷。电子束辐照也有效地使噬菌体失去活性,用比较小的剂量(如 0.25~1 kGy)进行辐照,可将普通细菌(如大肠杆菌、沙门氏菌等)杀死 90%,用 10 kGy 剂量则所有的细菌都被消灭。用电子束辐照代替氯灭菌处理二次污水,既不会产生有毒的含氯有机物,又能进行有效的灭菌。灭菌效果取决于辐照区域内水层的厚度、水的属性以及不同类型的病菌对辐射的敏感度的影响。电子束辐照的杀菌效率还依赖于电子在水中的穿透能力(图 7-3 和图 7-4)。在流动系统中,由于液体的强烈混合,受照细菌的存活曲线比稳定条件下的辐照更有效。在杀灭微生物的同时,液体废物可实现褪色和除臭,且 COD 也大大降低。

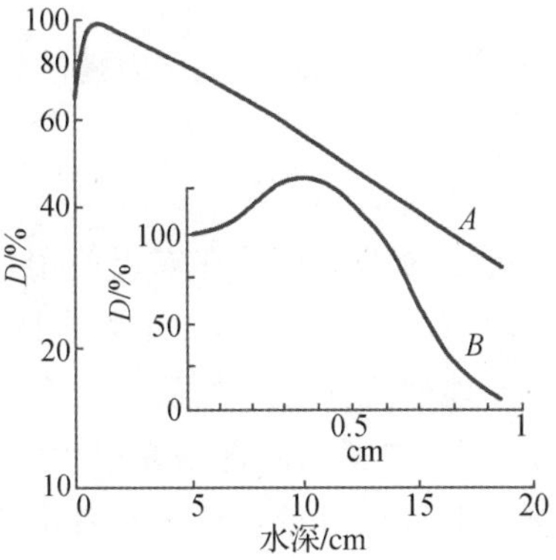

A—^{60}Co 的 γ 射线;*B*—2 MeV 的电子束。

图 7-3 深度剂量 *D* 为水深的函数

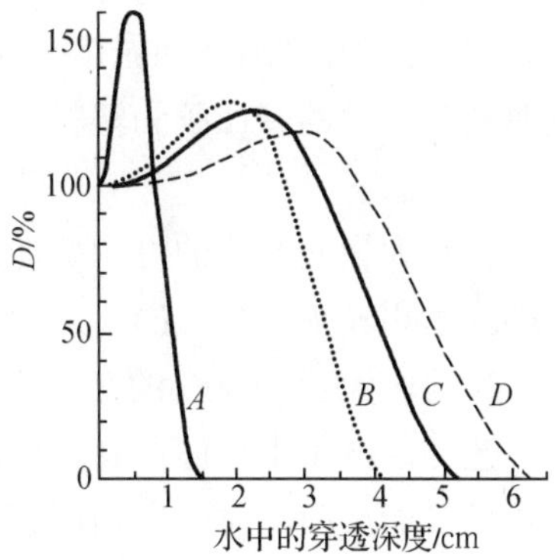

A—3 MeV;*B*—8 MeV;*C*—10 MeV;*D*—12 MeV。

图 7-4 不同能量束在水中的深度剂量 *D* 的分布

由于合成表面活性物质的生产及其在工业和生活中的应用规模不断扩大,污水净化问题日趋复杂,且相应地加剧了水库的污染。这些物质主要是用来生产性能大大优于含脂肥皂的洗涤剂。在工业企业的排水沟中还有一些可在工艺生产过程中使用的物质。表面活性物质的特点是在与碱溶液和盐溶液进行化学作用时的高稳定性,缓慢的生物化学氧化及高的发泡性能。虽然用活性炭或离子交换树脂对水作加工处理可以获得要求的效果,但是在经济上是不太合算的。辐射使表面活性物质发生断裂-分解成较轻的、较易排除的物质。与生物净化不同,辐射净化是对所有化合物发生作用;在有氧存在时和它们发生氧化作用,在射线和臭氧同时作用下净化的效率明显提高。这可解释为 HO_2 游离基转化成 OH 游离基的缘故,而后者对大多数有机化合物来说是强的氧化剂。

污水、污泥含有可利用的有机物和无机物,可用作农肥或作为营养物添加在饲料里,除了要辐照降解破坏污水中有毒的合成物外,还需要做特殊的处理,来杀死病变的微生物。一般的消毒法是将污水在约 70 ℃下加热几十分钟。与此同时也在研究用 30 kGy 剂量辐射剂量处理污水的效率。依杀菌效果来看,上述两种方法都差不多。对辐射处理过的污水沉积物的研究表明,这些沉积物实际上与以污水热处理法得到的肥料十分相似。各种原始水样在沉积时形成的淤泥的体积比运到消毒工厂的污水体积要小 1 到 2 个数量级,因此需要非常低的辐射功率。从应用前景看,污水的辐射消毒可能成为一种非常便宜的方法,因为这种方法还可以同时清除聚合物杂质。

电子束辐照技术净化污水的另一种途径是利用电子束辐照技术再生用过的活性炭。由于活性炭具有很强的吸附力,所以可利用它来消除废水中的污染物质。但是用当前流行的方法再生用过的活性炭费用很高。由于用过的活性炭表面附着有机物,电子束辐照技术则可以有效地再生活性炭。在氮气环境下,活性炭吸附能力恢复率最高,辐照后活性炭几乎没有损失。在辐照过程中,活性炭的温度越高,电子束的电流越大,活性炭吸附能力恢复率也就越高。通过比较再生的活性炭和新的活性炭在十二烷基硫酸钠的水溶液中的等温吸附曲线,分析碳的再生程度发现两者的等温吸附曲线几乎是相同的。

3. 固体废物处理

电子束辐照处理的固体废物可以分为两大类：

①需要辐照消毒的废物，如城市污水污泥、生物医学废物，来自国际空港和海港的垃圾；

②辐照处理再生的废橡胶和塑料。

(1)污泥的处理

污泥是含有大量病原体的可用资源，经辐照灭菌后，可作为肥料直接在农田使用。污泥的辐照处理除了用γ射线外，还可以用电子束。在日本处理和处置污泥是一个棘手的难题。在内地和沿海地区大约有60%的污泥需要处置。日本原子能研究所已开始研究一个有效处理污泥的工艺——电子束灭菌便制成堆肥。在传统的方法中，堆肥的制造是靠微生物，但堆肥产生的热量既能灭菌又对微生物构成杀伤，而且还需要很长时间才能制成。在日本原子能研究所高崎辐射化学研究中心研究的工艺中，是先灭菌，后堆肥，而且还可以选择最佳的制造堆肥的条件来获得更好的效果。堆肥的制成率受温度影响大，最佳的温度为40~50 ℃，最佳的pH值是7~8。为了使需氧菌发酵，需要在直径大约为5 mm的粒状污泥中补充氧。用辐照方法制造堆肥，排放二氧化碳只需2~3 d；而用传统方法则需要10 d以上，为杀死致病的细菌发酵温度需在65 ℃以上。在新工艺中灭菌和制造堆肥是分开的，因此可以选择最佳的制造堆肥的条件，使堆肥制造周期缩减到最短。

(2)生物医学废物的处理

来自医院、研究和诊断实验室等的废物，被看作是潜在的污染源。据Gay等估算，医院废物中大约85%是不传染疾病的废物，其余的被看作是生物医学废物，而医院大部分或全部都按生物医学废物处理其废物。

在北美，近来不允许不经适当处理(比如燃烧)而把生物医学废物处置在填埋场。但是，医院废物可能还有大约20%的塑料(比如聚乙烯、聚丙烯、聚氯乙烯等)。如果燃烧，会产生有毒气体产物，现在这些有毒气体必须被除去。另一方面，为了防止在处理这种废物时传染疾病，可通过辐照对生物医学废物进行消毒。在这种情况下，为了提供一个清洁的环境，政府应该采纳和规定辐照程序。

(3)港口垃圾的处理

国际空港和海港的垃圾(如食品碎屑、塑料、纤维素等)可能存在动物滤过性病毒(如白蹄疫、猪的传染性水疱病、非洲猪热病等)潜在传染病原体。因此，在大多数国家，有专门处理这种“国际废物”的规章。在加拿大，对上述废物加热到大约100 ℃以上，至少30 min，或者进行焚化以达到消毒杀菌的目的。根据规定，用于储存和运输废物的容器，在重复使用之前，应该进行清洗和消毒。

国际废物消毒的一种可能替代方法是采用辐照(γ射线或电子束)。辐照装置可以设在空港区并能自动和连续地工作。这种概念设计是可靠而经济的，能满足清洁环境的现代要求。当然，生物医学废物和来自国际空港与海港的垃圾，两者的辐照消毒如果合适的话，可以由一个辐照设施来处理。

(4)橡胶和塑料的处理

丁基橡胶是制造汽车内胎的原料，我国汽车的保有量逐年快速递增，从安全角度出发，通常轮胎的使用年限很短，每年报废的轮胎数量巨大。采用辐射手段，回收旧轮胎的橡胶是一种成熟的方法。再生材料获得有价值的加工特性,而且由此增加的制造新轮胎的组分,目的是改进它们的耐用性。目前,我国丁基橡胶的回收再利用已经达到了每年 2 000 t 的水平。在辐照剂量达到 70 kGy 时可以明显增强原始橡胶树脂和回收橡胶混合物的可塑性质,而拉长等其他物理性质在这个剂量下只是稍微减弱。商业产品中的橡胶树脂 25%是被回收利用的橡胶。

回收橡胶的过程包括:先把旧轮胎切割成小碎片,然后再用高能电子束或 γ 射线辐照,使大分子网络结构分解,同时也会有交联过程的发生。这些过程使橡胶的力学性质发生变化。因此,用较少的能量对原料进行研磨,破碎的纤维分离后,原料便可与其他组分混合用于生产新轮胎。整个回收利用过程相当环保,几乎没有污染。应该指出,某些进一步的辐照效应也已被观察到,例如随着剂量的增大,模量值、硬度和支架的质量增加,但其抗腐蚀性却降低了。

塑料的电子束辐照处理与 γ 射线辐照处理方式相似,在本章第一节已有所阐述。

(5)其他

加速器在环保方面还有其他的应用,如强流连续束质子加速器可用于核废料处理、核燃料生产和以洁净的方式产生核能。用加速器产生的强束流轰击核废料,可以将其中的长寿命放射性元素转变为有用的或短寿命的元素。利用加速器产生的 1 GeV,数十毫安级的强流质子束驱动次临界核反应堆,可以安全、洁净地发电,而用加速器产生的束流和靶物质进行核反应则是生产核燃料的一种有效方式。

7.2 核分析技术在环境中的应用

目前,多种核分析技术及与核相关的分析已广泛应用于大气污染物监测、水体和各类环境样品的分析,及对有害元素和物质在环境介质中的影响和迁移规律的研究等。

1. 我国在环境研究中,应用的核技术方法

(1)示踪技术。利用寿命短、物化行为与模拟介质相似的放射性核素为示踪剂的示踪方法,已经广泛应用于环境大气和水中扩散模式的实验研究。

(2)中子活化技术。目前,已从总量分析发展到元素的化学总态分析。中子活化分析除可进行多元素分析,还可进行核素分析,这是其他方法不具备的,对测定污染物及其溯源特别有用。

(3)质子激发 X 射线分析和扫描质子微探针,已广泛应用于大气细颗粒的源识别。

(4)同步辐射技术。同步辐射是速度接近光速的电子在运动中改变方向时所发出的电磁辐射,它是一种很纯净的光源,没有韧致辐射本底,用带电粒子(如电子、质子等)束激发所吸收的能量是被照射的样品所吸收的能量的 $10^3 \sim 10^5$ 倍,极大地减弱了对样品的破坏(热损伤)。同步辐射 X 射线荧光分析已经广泛应用于环境样品的形态分析,在珍稀的极地环境样品(例如气溶胶、骨骼、残骨和冰雪)的研究中也是首选的分析手段之一。

(5)穆斯堡尔谱学。穆斯堡尔谱学已成功用于大气中铁微粒的鉴别,不仅能分析出污染量,而且能给出污染物的化学总态。

(6)加速器质谱技术。加速器质谱技术,是一种超高灵敏度现代核分析技术,主要用于长寿命放射性核素的同位素丰度比的分析,从而推断样品的年龄或进行示踪研究,其探测下限

可达 10^{-15}。

(7)低温等离子体技术。低温等离子技术已广泛应用于污染物的分析鉴别及废气、废液及废渣的治理。

(8)固体核径迹探测技术。在灾变环境、室内氡气的监测等方面有重要作用。

2. 核分析技术在辐射环境监测领域的应用

(1)环境辐射水平监测。包括大气中的放射性气溶胶，地面 γ 辐射剂量水平、水中、土壤和建筑材料的放射性活度和室内外氡浓度等的监测；

(2)核设施的监测。核设施烟囱放射性流出物监测；核设施周围辐射环境水平监测；

(3)利用流动 γ 谱仪寻测技术，可以快速进行大地辐射剂量分布和相应核素活度的测量，从而快速进行环境污染水平调查和环境影响评价。

由联合国计划开发署资助、中国地质大学(北京)负责完成的"γ 测量对固体废弃物污染物监测研究"于 1991 年在内蒙古呼和浩特市开展了对工业废物、生活垃圾和人畜粪便等的监测。美国、德国和我国等相继开展了室内氡浓度调查。用氡气异常预报地震和火山一直在研究之中，美国在加利福尼亚州中部的 San Andress 断层上沿 380 km 剖面建立了 360 多个测氡点，用核径迹蚀刻法进行地震预报研究。除在环境科学方面的直接应用以外，核监测技术在水文学、地质学、气象学以及在农业、生物学方面的应用，均与环境科学和环境工程有紧密的联系。

在众多的核分析技术中，应用最广泛的是中子活化分析和同位素示踪技术，下面就中子活化分析和同位素示踪技术进行较详细的表述。

7.2.1 中子活化分析在环境中的应用

1. 中子活化分析在大气环境中的应用

大气污染已经成为危害人类健康的一个很重要的问题，其污染浓度在全球范围内普遍升高，特别是城市工业地区更为突出。人为来源造成的大气污染，因为长期附加在天然来源上，往往很难鉴别。所以研究大气污染问题，就必须测定污染物的化学元素组分。许多分析方法已经广泛应用于气溶胶的组分研究，除了常用的化学分析方法以外，其他如发射光谱法、原子吸收光谱法、X 射线荧光分析法、等离子体发射光谱法、扫描电镜 X 荧光分析法、质子激发 X 荧光分析法以及中子活化法等都普遍地被采用。气溶胶具有某些特征：在大气中的浓度很低以及它所含的元素浓度更低，要求选择灵敏度高、准确度好的分析方法。气溶胶中含有大量元素，其相互间具有一定相关关系，为了鉴别污染物的来源以及计算各个污染源的份额，需要进行多元素分析，并利用数学模式计算确定元素含量。气溶胶中还有经高温灼烧过的碳质微粒，较难完全溶解，而且还含有部分易挥发的元素(如 Hg、As、Se 等)，因此要求用不破坏样品的分析方法才能准确地测定其量。常用的分析方法较难满足上述要求，中子活化分析由于其灵敏度高，准确度好，适应性强，可不破坏样品的同时测定四五十种微量元素的含量，已成为研究大气污染问题的一个主要手段。

(1)采样与布点

在大气污染的监测现场，从非均相气体体系中采集有代表性的气溶胶，是气溶胶研究工作中最困难和最关键的步骤。根据研究工作的目的和要求，其布点数目、采样时间和频率各不相同。采样地点和高度的选择以及采样技术的使用是否恰当,都会影响研究结果,因而必须按一定条件,选择较合适的方式。例如,在一定流速的气流中,采集气溶胶时需按动力学条件的要求进行采样(在污染源的排放烟囱或飞机上采样等),否则所得结果将会产生很大偏差。迄今为止,还没有一种现成的方法能适合各种目的和要求。

采集气溶胶的方法主要有以下八种:重力沉降、离心分离、惯性收集、干撞击、过滤、静电沉降、热沉降、超声凝聚。目前,使用最普遍的方法是过滤式(采集气溶胶总颗粒)以及撞击式(采集不同粒径的气溶胶颗粒)两种。

(2)滤膜的选择

①滤膜的收集效率　有机膜或核孔滤膜(nclepore)对小颗粒具有很高的收集效率,但是气流速度相对较低。聚苯乙烯纤维膜虽能通过高速气量,但难以灰化,不适宜应用于放化分离中子活化分析。Whatman41 滤膜对亚微米颗粒的收集效率为 85%~90%。Zefluor 滤膜在 32 $L\cdot min^{-1}$ 流量条件下,对 0.3 μm 颗粒的收集效率为 99%。滤膜的效率随颗粒粒径的减小、滤膜孔径的增大和颗粒在滤膜上的面速度的增加而减小。一般有机滤膜适用于采集≥0.3 μm 的颗粒。玻璃纤维(Micro-sorban)由于其能使气流很快通过,阻力较小,适用于大容量采样器,不过其收集效率相对较低。

②滤膜的纯度　应用中子活化分析测定气溶胶元素组分,采样滤膜的纯度是确定被测元素探测极限的决定因素,因此选择杂质含量低的滤膜是至关重要的。国内外常用的几种纯度较好的滤膜是 Zefluor 滤膜、Fluoropore 滤膜、Nclepore 滤膜、Whatman41 滤膜和国产新华滤纸。

(3)测定气溶胶的分析程序

①样品与标准的制备　在采样过程中,由于滤膜易受潮,必须在恒温恒湿的条件下称量采样前后的滤膜,以求得采集气溶胶粒子质量。将称量后的样品滤膜用尼龙冲模压成 3~8 mm 的薄片,备作照射用。

②样品照射　中子辐照试样所产生的放射性活度取决于下列因素:试样中该元素含量的多少,严格地讲,是产生核反应元素的某一同位素含量的多少;辐照中子的注量;待测元素或其某一同位素对中子的活化截面;辐照时间等。

大气气溶胶或其他任何环境物质,用中子活化分析,首先要考虑的因素就是可供照射的核反应堆管道位置的中子注量是多少。因为这会影响可测出气溶胶中元素种类以及它们的探测极限。根据被测元素的核性质,采用不同的照射和衰变时间,分别测出各放射性核素的放射性活度,求出气溶胶中各元素的浓度。

下面是一个短时间照射和长时间照射的工作流程:

短照射(利用短寿命核素进行测定):在微型反应堆上进行的,样品装在聚乙烯照射筒内,然后放入“跑兔”,用气动传送装置将“跑兔”送入微型堆中心管道(中子注量率为 $9.0\times10^{11}\ m^{-2}\cdot s^{-1}$)。照射 10 min 后,将“跑兔”送回到分装箱内,然后将“跑兔”及照射筒除去,样品转入测量小盒内,传送至测量装置的探测器上,进行测量。

长照射(利用中、长寿命核素进行测定):将经过短照射测量后的样品冷却一星期后,用超纯铝箔包紧,与标准及作为质量监控的标准参考物一起装入照射的铝筒内,送入重水型核反应堆管道(中子注量率为 $6.0\times10^{13}\ m^{-2}\cdot s^{-1}$),照射 20~40 h。样品照射后,转移至塑料测量盒内,冷却 5~6 d 后,先测量一次,计数时间为 2 000 s,冷却 15~16 d,再进行第二次测量,计数时间为 4 000 s。图 7-5 给出了照射和技术程序图解。

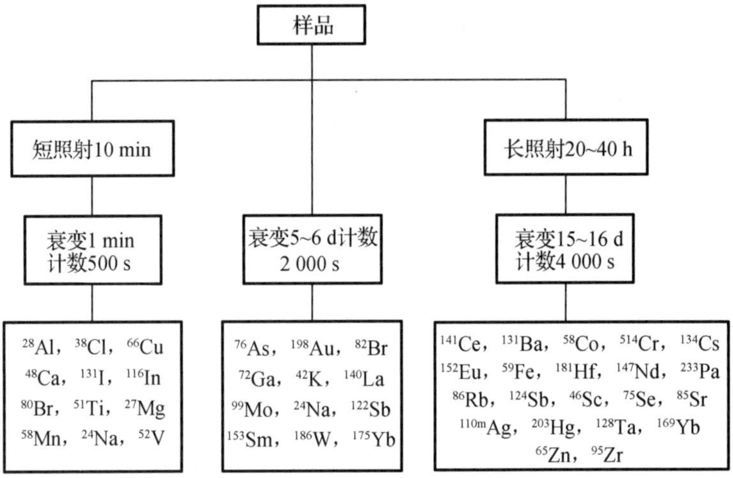

图 7-5　照射与技术程序图解

③放射性测量及数据处理　根据各放射性核素的性质，用不同的照射时间及衰变时间分别测得各个试样的 γ 能谱。用计算机进行数据处理，程序经过寻峰、净峰面积的计算及同位素鉴别和分析后，得到各核素特征峰的净峰面积，经过各个干扰贡献的扣除校正后，与标准进行比较，即可计算出试样中各待测元素的含量。

2. 中子活化分析在水环境中的应用

水是环境中比较活跃的介质，又是环境中物质交换的纽带。随着人类对自然资源大规模开发利用，人为因素介入地质环境，改变了水圈的成分。现代工业发展，大量工业废水排入江、河、湖、海，污染了水体，严重地威胁人们的健康，已引起全世界的重视。为了判断天然水域的污染状况，首先必须对水中的有害元素 As、Hg、Cd、Pd 等进行分析，并将结果与未受污染情况下元素的自然背景值进行比较，从而为污染的预防和治理提供科学依据。由于水体中污染元素含量极微，而且种类很多，因此需要采用先进的分析方法。

中子活化分析具有灵敏度高和可以同时测定多种元素的特点，在各种淡水（河、湖、雨、沼泽水）、海水和地下水分析中都得到了广泛的应用。对于含量极低（$0.001 \sim 0.1\ \mu g \cdot L^{-1}$）的元素，分析前要进行预浓集，预浓集可以采用离子交换、溶剂萃取、电沉积、低温蒸发、活性炭吸附、共沉淀和冷冻干燥等方法。将经过预浓集的水样和标准封装在一起，进行一定注量率的中子照射，经过适当的照射时间和衰变时间以后，将样品转移出来置于探测器上测量放射性活度，依此计算出元素的含量。

分析方法的探测极限取决于样品基体组分和测量条件，中国科学院高能物理研究所中子活化分析实验室在 1980 年利用冷冻干燥的方法预浓集天然水，用中子活化法分析水中多种元素，其探测极限列于表 7-1，由于他们照射样品使用反应堆中子注量率较高，并且 Ge(Li) 探测器的探测效率高，所以对稀有元素和稀土元素的分析灵敏度高于其他分析方法。

表 7-1 探测极限

元素	探测极限/$\mu g \cdot L^{-1}$	元素	探测极限/$\mu g \cdot L^{-1}$	元素	探测极限/$\mu g \cdot L^{-1}$
Ag	0.04	Cs	0.005	Sb	0.007
As	0.002	Eu	0.001	Sc	0.000 2
Au	0.000 04	Fe	5	Se	0.05
Ba	2	Hf	0.004	Sr	6
Zn	0.5	La	0.01	Sm	0.000 3
Ca	2	Lu	0.001	Tb	0.004
Ce	0.05	Mo	0.1	Th	0.005
Co	0.01	Nd	0.2	U	0.005
Cr	0.07	Rb	0.2	Yb	0.004

在 20 世纪七八十年代，中国科学院高能物理研究所中子活化分析实验室对渤海湾水系、京津地区主要河流、新疆天山和吐鲁番盆地等包括淡水、海水在内的各种天然水中 Ca、Na、Cr、Fe、Co、Rb、Cs、Hf、Sc、La、Ce、Nd、Sm、Yb、Lu、U、Th 等多种元素的背景值进行了测定，为评价天然水的污染程度、合理开发自然资源、探索地方性疾病的预防以及某些元素的丰缺与人体健康的关系提供了科学的依据。

3. 中子活化分析在土壤环境中的应用

目前，活化分析已成为微量元素分析最有效的方法之一，土壤样品的基体成分极其复杂，样本量大，待测元素多，而且元素含量的变化范围很大。采用中子活化分析研究土壤中微量元素是一种十分理想的方法。1978 年，中国科学院高能物理研究所中子活化分析实验室针对土壤、岩石及河流沉积物中微量元素的测定，建立了不破坏样品的仪器中子活化分析方法，利用该方法先后开展了土壤中微量元素研究、月球岩石样品的微量元素组成研究、考古样品及国内外各种标准参考物质的定值分析等工作。

土壤样品的分析方法是将制备好的土壤样品与标准同时送入反应堆，在一定的注量下进行一定时间的辐照，照射后的样品和标准，经过不同的冷却时间，在相同的几何条件下用 γ 射线能谱仪进行分析。例如中国科学院高能物理研究所中子活化分析实验室对土壤样品的分析，他们将制备好的土壤样品与标准一并送入中国原子能科学研究院的重水反应堆（中子注量率约为 $6.0\times10^{13}\ m^{-2}\cdot s^{-1}$）或者清华大学核能技术研究所的游泳型反应堆（中子注量率约为 $1.0\times10^{13}\ m^{-2}\cdot s^{-1}$）中照射，照射时间 10~15 h。照射后的样品和标准，经过不同的冷却时间，在相同的几何条件下用高分辨率 HPGe 探测器分析 γ 核素活度。γ 射线能谱分析、各种干扰校正及元素含量的计算均由微机程控 γ 能谱仪系统完成。表 7-2 列出了工作所用的照射时间、冷却时间及测定的元素。

表 7-2 样品的辐照、冷却时间及测定元素

中子注量率	照射时间	冷却时间	测定的元素
1.0×10^{13}~$6.0\times10^{13}\ m^{-2}\cdot s^{-1}$	10~15 h	5 d	As、(Au)、K、La、Na、Sm、U、W、Yb
		15 d	Ba、Lu、Nd、Rb
		30 d	Ce、Co、Cr、Cs、Eu、Fe、Hf、Ni、Sb、Sc、Sr、Ta、Tb、Th、Yb、Zr

为了检验分析方法的可靠性及实现分析质量控制，在分析样品的同时，测定了美国国家标准局（NBS）及美国地质调查所研制（USGS）和发行的各种标准参考物质和标准样品，并进行了多个样品的平行分析。测定结果表明，绝大多数元素的测定值与美国国家标准局的鉴定值和文献值符合得很好，其准确度和精密度均在±10%以内。

水样分析只能代表采集水样瞬间的水质状况，底沉积物是集水区内各种污染源对该区环境质量贡献的综合反映。日本国立环境研究所（NIES）应用仪器中子活化分析（INAA）法，实现了海洋沉积物中 50 多种元素的定量测定。成都理工大学也采用中子活化分析方法对成都市府南河水系底沉积物样品中 Na、K、Ca、Sc、Ti、Cr、Ni、Zn、As、Se、Rb、Sr、Zr、Mo、Ag、Cd、Sb、Cs、Ba、La、Ce、Nd、Sm、Eu、Tb、Yb、Lu、Hf、Ta、W、Au、Hg、Th、U 30 余种元素进行测定，利用水系沉积物的克拉克值（即该元素在水系沉积物中的平均含量）作为比对标准，获得了评价府南河污染状况的基础资料。

7.2.2 同位素示踪技术在环境中的应用

原子核内质子数相同而中子数不同的一类元素称为同位素，同位素可分为稳定同位素和放射性同位素两大类。凡是能自发地放射出粒子并衰变成另一种同位素的称为放射性同位素，又称不稳定同位素。目前已知的同位素大约有 1 700 种，其中稳定同位素约为 260 种。

同位素示踪法是利用放射性核素（或稳定性核素）作为示踪剂对研究对象进行标记的微量分析方法。同位素示踪所利用的放射性核素（或稳定性核素）及它们的化合物，与自然界存在的相应普通元素及其化合物之间的化学性质和生物学性质是相同的，只是具有不同的核物理性质。因此，就可以用同位素作为一种标记，制成含有同位素的标记化合物（如标记食物、药物和代谢物质等）代替相应的非标记化合物。利用放射性同位素不断地放出特征射线的核物理性质，就可以用核探测器随时追踪位置、数量及其转变等，稳定性同位素虽然不释放射线，但可以利用它与普通相应同位素的质量之差，通过质谱仪、气相层析仪、核磁共振等质量分析仪器来测定。放射性同位素和稳定性同位素都可作为示踪剂，但是稳定性同位素作为示踪剂的灵敏度较低，可获得的种类少，价格较昂贵，其应用范围受到限制，而用放射性同位素作为示踪剂不仅灵敏度高，而且具有测量方法简便易行、能准确地定量、准确地定位等特点。

对于环境工程、农业环境保护和环境化学来说，同位素示踪技术具有突出的优点。将标记化合物或示踪剂加入所研究的体系中，借助于对同位素的测定技术，即可发现这种物质随同类物质进行的运动和变化规律。由于同位素的特殊辐射性能，采用同位素示踪技术测量样品，往往无须分离即可达到极高的测定灵敏度和准确度，该法早已被广泛应用于污染物在土壤、地表水、地下水中的迁移行为研究中。另外，对于污染物在生物链中转移规律的研究、污染物处理的机理研究中，经常应用示踪技术。利用示踪方法对关键核素的迁移与转化所开展的研究，已经在核废物的处理、处置中占有极重要的地位。

利用测定样品中示踪同位素在不同条件下的含量差别，可以推断环境基质在自然界中曾经发生的过程。例如，利用同位素作为准确的时标，通过海水中的铀系不平衡研究，可以推断与预测一系列的海洋环境的变迁过程。在环境水文地质范畴中，利用 ^{14}C、氚以及若干稳定性同位素示踪技术，对地表水和地下水的研究，早已积累了系统的经验。在农业环境保护中应用放射性核素示踪技术，也有较长的历史。例如，利用标记技术能够全方位跟踪农药和化学污染物在生态系统中的施加、吸收、降解、转移与积累等过程。由于示踪技术能够揭示原子、分子运动规律以及其他方法难以发现的现象，在高科技领域里发挥了重要的作用。例如，在环境化学领域里，可以用来识别反应的中间产物，在研究生物机体的新陈代谢过程时，示踪法不仅能定量地测定代谢物质的转移与变化规律，而且可以确定代谢物质在各个器官中的定量分布，是生态研究极为有力的武器。由于用人工方式可以得到具有极高放射性比度的示踪剂，因而大大提高了放射性测定的灵敏度与精确度。这个特点使得示踪技术在环境领域中仍在继续扩大它的应用范围。

同位素示踪技术包括放射性同位素示踪剂法和稳定同位素示踪剂法。

1. 放射性同位素示踪剂法

放射性同位素具有以下三个特性。

(1)能放出各种不同的射线　有的放出 α 射线，有的放出 β 射线，有的放出 γ 射线或者同时放出其中的两种射线。其中 α 射线是一束 α 粒子流，带正电荷；β 射线就是能量连续的电子流，通常带有负电荷。

(2)放出的射线由原子核本身决定　例如^{60}Co 原子核每次发生衰变时，都要放射出三个粒子，一个 β 粒子和两个光子，^{60}Co 最终变成了稳定的^{60}Ni。

(3)具有一定的寿命　人们将开始存在的放射性同位素的原子核数目减少到一半时所需的时间，称为半衰期，例如^{60}Co 的半衰期是 5.26 a。

放射性同位素示踪剂法是放射化学中常用的方法，是把化合物中的非放射性原子用同一元素的放射性原子所取代，例如把有机物中的^{12}C 原子用^{14}C 原子取代等。由此即可在化学、生物反应或迁移过程中跟踪这些放射性核素的行迹。放射性示踪技术，在研究地下水流向，监测水库、大坝裂隙，研究河水中沉积物运动速度及迁移等方面独具特色。

在大环境研究中的同位素测年技术，更是其他方法无法替代的。由于^{14}C 的放射性强度是时间的函数，人们可以简单地利用^{14}C 的半衰期作为地下水龄的依据。例如，人们通过对石河子地区地下水与其来源新疆阿尔泰山的雪水中^{14}C 含量测定结果指出，由阿尔泰山雪水转化为石河子地区的地下水，要花近两千年的时间。这就为估计该地区的地下水的可利用量限度及预测超量使用地下水的后果提出了有效控制与管理的重要依据。同样，应用同位素分析技术对我国青海湖的成因进行研究，得出结论：青海湖的水在相当长的时间内不会干涸。这个结论对于青海湖地区的发展，无疑起到十分重要的作用。对某些应用核能的地区或核设施附近地区来说，若干放射性核素在环境中的浓度直接反映环境质量。例如，氡在环境中的迁移问题就一直为各国环境学者所重视。

放射性核素示踪技术具有灵敏度高、方法简便、不受环境和化学因素影响等优点，在各种学科的研究中得到广泛的应用。在地球科学和环境科学的示踪研究中通常采用自然界中存在的放射性核素。例如，利用^{14}C 研究全球各大洋的洋流循环模式，利用^{10}Be 示踪火山岩浆的来源从而验证板块俯冲理论，利用^{36}Cl 示踪地下水的渗透率等。利用^{129}I 示踪核泄漏已成为当前进行核核查的重要手段。化学、生物与医学的示踪研究则多采用放射性核素标记化合物的方法，最常用的有^{3}H、^{14}C、^{32}P、^{125}I、^{131}I 等标记的化合物。利用示踪技术还可以研究微量元素在农作物中的分布、迁移和转化规律，化肥和农药的损失及其在土壤中的残留，以及水土流失、草场退化等农业生态环境问题。应用^{15}N 示踪研究施肥技术可提高氮肥利用率 10%~20%。

2. 稳定同位素示踪剂法

20 世纪 80 年代以后，由于在环境管理、环境质量评价、环境影响评价与污染趋势预测等方面的研究发展，往往需要能真实反映客观情况的数学模型。在提出模型之后，还要求对其可靠性进行验证。而氚、^{14}C、^{18}O 等环境同位素测量技术在准确度与精确度方面的提高，对模型的验证提供了极大的方便。稳定同位素测定技术，还进一步开拓了核测量技术在环境科学中的应用范围。

利用氢氧同位素可以研究水分的循环。地球上的水分通过蒸发、凝聚、降落、渗透和径流形成水分的循环。水分子的某些热力学性质与组成它的氢、氧原子的质量有关，因而在水分循环过程中会产生同位素分馏。由于存在着 3 种稳定性的氧同位素和两种稳定性的氢同位素，所以普通的水分子存在 9 种不同的同位素组合，即 $H_2{}^{16}O$（分子量 18）、$H_2{}^{17}O$（分子量 19）、$H_2{}^{18}O$（分子量 20）、$HD^{16}O$（分子量 19）、$HD^{17}O$（分子量 20）、$HD^{18}O$（分子量 21）、$D_2{}^{16}O$（分子量 20）、$D_2{}^{17}O$（分子量 21）、$D_2{}^{18}O$（分子量 22）。由于各种同位素水分子的蒸汽压与分子的质量成反比，因而 $H_2{}^{16}O$ 比 $D_2{}^{18}O$ 的蒸汽压要高得多，这样蒸发的液体水生成的水蒸气富集 H 和 ^{16}O，残余水富集 D 和 ^{18}O。在水分循环过程中导致了氢、氧稳定性同位素的分馏，因此可用水中氢、氧同位素含量的高低研究水分的循环。

稳定性同位素是天然存在于生物体内的不具有放射性的一类同位素。碳元素和氮元素分别有两种中子数不同的稳定性同位素，即 ^{13}C 和 ^{12}C 以及 ^{14}N 和 ^{15}N，其中重同位素（如 ^{13}C 和 ^{15}N）在生物体内的含量非常低。例如，根据不同来源的硝酸盐中的 ^{15}N 同位素比的差别，可以有效地判断该种污染物是来自化肥，还是来自城市污水或土壤中的矿物质；同样，由于深层水与地表水中 ^{18}O 的同位素丰度不同，根据水中 ^{18}O 的测定就可以确定二者的年龄和其中的补给关系等。通常情况下测定稳定性同位素的绝对含量无太大意义，而是将其与国际标准比对后进行比较研究，也就是比较稳定同位素的丰度（enrichment）。稳定同位素丰度表示为样品中两种含量最多同位素比率与国际标准中响应比率之间的比值，用符号 δ 表示。由于样品与标准参照物之间比率差异较小，所以稳定同位素丰度表示为样品与标准之间偏差的千分数。一般用 $\delta^{13}C$ 和 $\delta^{15}N$ 来分别表示某种物质中碳元素和氮元素这两种稳定性同位素的丰度。碳元素的国际标准物质为 Pee Dee Belemnite，一种碳酸盐物质，其普遍公认的同位素绝对比率 $^{13}C/^{12}C$ 为 0.011 237 2。氮元素的国际标准物质为大气，大气氮气中 $^{15}N/^{14}N$ 为 0.003 676。以碳为例介绍稳定性同位素丰度的计算方法，$\delta^{13}C$ 计算式为

$$\delta^{13}C_{样品}(‰) = [(^{13}C / ^{12}C)_{样品} / (^{13}C / ^{12}C)_{标准} - 1] \times 1\,000 \tag{7-1}$$

同位素在质量上的微小差别引起它们的物理化学性质（如在气相中的传导速率、键能强度等）上有细小差别，因此物质反应前后存在同位素组成上的不同。这一特性在 20 世纪 70 年代初被成功地引入了生物学多个研究领域，如光合作用途径的研究、光能利用率、环境污染、植物水分利用率、矿质代谢、气候效应和生物量变化等。

近年来发展起来的分子同位素示踪技术，亦称单体化合物同位素分析（compound specific isotopic analysis, CSIA），因其特征性和稳定性正日益成为重要且有效的“环境示踪剂（environmental indicator）”。利用稳定同位素示踪可以追踪环境中石油类污染的来源及其在环境中的演化。不同原油及制品的化学成分存在一定的差异，通过化学组成和生物标志物（biomarlier）特征区分环境中的原油类污染，即所谓“化学指纹”技术。正构烷烃、多环芳烃以及类异戊二烯类等都是常用的化学指纹。Meniconi 和 Readman 等曾用总石油烃、正构烷烃、苯系物以及多环芳烃等化学指纹技术分别研究了巴西和黑海的石油类污染。然而，化学组成易因挥发、淋滤和生物降解等环境过程而改变，因而“化学指纹”的应用有一定的局限性，而同位素指纹因其特征性和相对稳定性正被广泛应用于环境示踪研究。Kvenvolden 等利用

原油的总碳同位素判别了发生在阿拉斯加前后间隔 25 a 的两次原油泄漏事件；Page 等利用同位素指纹技术追踪了 1989 年发生在美国阿拉斯加的著名 Exxon 原油泄漏残余；Mazeas 等通过分析原油残留物和被污染的鸟类羽毛上的原油分子同位素组成，探讨了 Erika 原油泄漏事件(1999 年)对法国大西洋沿岸的环境影响。后中国科学院广州地球化学研究所利用化学与稳定同位素指纹示踪追踪了发生在广东省南海市(今南海区)的两次小型重油泄漏事件，找到了污染源。

7.3　核技术在环境科学中的发展展望

我国环境研究中应用的核科学技术在大气环境、水环境、土壤环境、农业环境、灾变环境、海洋环境以及泥沙侵蚀环境等方面都取得了显著成果。这些成果不仅具有重要的科学意义，而且对我国的环境治理提供了科学依据，从而具有巨大的社会效益和经济效益。

从当前各国研究核技术工作的进展情况来看，无论是发达国家还是发展中国家，都将更广泛地应用核技术。核技术在环境研究中具有重要地位，许多国家都开展了有关水、废水、污泥、工业固体废物等辐照处理的基础研究和工业实践。利用辐射处理污泥、废水和其他生物废弃物的技术，可以取代传统的填埋、投海、焚烧等处理方式，保证环境不受二次污染。

鉴于核技术对于促进环境保护事业发展的重要作用，中国环境学会与中国核学会等五个单位联合于 1989 年在太原召开了我国第一届“核技术在环境保护中的应用”学术交流会。此后，核化学与放射化学学会的环境放射化学专业委员会也连续召开了两次学术讨论会。在这些学术研讨会上发表的论文所涉及的范围包括了上述各个方面的研究和应用成果。由此可以看到，在我国的环境科学领域中，核技术应用的潜力是相当宽广的。实际上，核技术的发展在我国已有多年历史，早在 20 世纪 60 年代我国就形成了相当完整的核工业体系，涉及的技术装备与科研力量也是相当雄厚的。尽管在近年来，由于一系列原因，原有的核工业体系与核科学研究体系发生了很大变化，但目前在不少大专院校与科研部门，以及部分原有的核企业单位，还保留着相当完整的核系统和实验室。近年来，核工业系统十分重视环境保护工作，开发了大量的环保技术，并取得许多值得推广的经验。另一方面，相当多的核技术单位与核技术人员转入了环境部门。这对于推进核技术在环境保护工作中的应用是一个十分有利的因素。

有些核技术的应用涉及开放性放射性物质的操作，提高了对实验室规格和实验设备的要求，以及对研究人员和分析人员素质的要求。中子活化分析技术要求核反应堆、加速器或中子源作为辐射源，在我国目前情况下，尚难以普遍应用。近年来，大量采用活化方法进行环境样品测定的研究被发表，其中相当部分是采用中子源和小型加速器完成，这可能是为提高活化分析应用的普及率所进行努力的结果。

针对我国目前的情况，在环境领域发展核技术的应用，除可以解决有关环境科研中的许多技术难点以外，核测试技术的引入，还将使环保设备与核测试仪器结合，从而进一步促进环保产业的发展。相信在不久的将来，人们将会看到“核环保仪器”产业的出现。核事业与环保事业的有机结合，也将进一步发挥原有核技术人员的作用，使我国的环保事业得到更充实的发展。

习　　题

7-1　请客观评价电子束辐照技术的特点。

7-2　我国在环境研究中应用的核技术方法主要包括哪些？

7-3　在采用放射性示踪方法中，放射性核素需要具备什么特性？

第8章　核技术在农业领域中的应用

核技术和农业科学技术的相互渗透和结合，早在20世纪40年代就已开始。到20世纪70年代国外提出了“放射农学”(radioagronomie)和“核农学科学”(nuclear agricultural sciences)的概念。20世纪80年代初，我国科技工作者开始将这门学科称为“核农学”(nuclear agriculture)。它主要研究核素和核辐射及相关核技术在农业科学和农业生产中的应用及其作用机理，可分为核辐射技术及其在农业中的应用和核素示踪技术及其在农业中的应用两大部分。

核农学涉及的范围为辐射育种(plant breeding and genetics)、害虫控制(insect pest control)、土肥水管理(land and water management)、动物生产和健康(animal production and health)、食品安全——辐射灭菌和保鲜(food safety)、农作物收获废物的利用、核仪器仪表在农业领域的应用以及粮食检疫等。农学涉及的核技术主要有放射性同位素和/或稳定同位素的标记技术(radio-and/or stable-isotope label techniques)、辐射诱导育种(radiation induced mutation)、放射分析技术(radio-analytical techniques)、农产品保鲜杀虫和农作物收获废物利用的辐射加工技术(irradiation)。

核技术是增加农业产量、提高农产品品质的有效手段之一，可为农业提供优质良种、控制病虫害、评估肥效、控制农药残余、保持营养品质、延长储存时间、鉴定粮食品质等。核农学是核技术在农业领域的应用所形成的一门交叉学科，主要涉及辐射诱导育种，昆虫辐射不育，肥、农药、水等的示踪，辐射保鲜，农用核仪器仪表等内容。中国作为人口大国，解决温饱问题、提高粮食品质、保障人民营养，是农业科技工作的核心，核农学为解决上述核心问题提供了有力的科学支撑，无论是新品种的培育，还是土肥管理，以及农产品保鲜等，都离不开核技术。

辐射育种是核农学的重要组成部分，我国在这一应用方面居世界领先地位。截至2008年底，全球通过辐射育种方式培育了2 376个品种，我国建立了完整的辐射育种程序，培育了645个品种，占全球的四分之一以上。与此同时，创造出两千多份优异突变新种质、新材料，其中相当一部分已被作为原始材料用于新品种选育，为确保我国粮食安全提供了可靠保障。辐射诱变良种作物推广种植面积达900万公顷(1公顷$=10^4$平方米)，每年为中国增产粮食近4.0×10^9 kg、棉花约1.8×10^8 kg、油7.5×10^7 kg。今后的发展趋势是扩大应用领域，加强定向诱发突变，提高诱变率和辐射育种基础理论研究。

辐照保藏技术具有节约能源，卫生安全，保持食品原来的色、香、味和改善品质等特点，应用越来越广泛，技术也日趋成熟；昆虫辐射不育技术是现代生物防治虫害的一项新技术，是目前可以灭绝某一虫种的有效手段。同位素示踪技术能够比较真实地反映某一元素(或化合物)在生物体内的代谢过程或农业环境的物理化学行为，它所具有的优点是目前其他方法不能替代的。该技术在农业上的应用，解决了农业生产中的土壤、肥料、植物保护、动植物营养代谢等领域的技术关键问题。它对揭示农牧渔业生产规律，改进传统栽培养殖技术，具有重要作用；最近几十年来发展起来的射线检测技术，其方法简单，检测迅速，特别是可以在不破坏待测样品的状况下进行连续监测，在农业应用中有着特别重要的意义。

核农学作为一门专业学科，涉及面广。本章将重点介绍辐射育种、辐照保鲜和昆虫辐射不育等三方面的内容，其他内容读者可参阅相关教科书或资料。

8.1 辐射育种技术

生物的种类、形态、性状，均由其自身的遗传信息所控制。辐射育种(radioactive breeding techniques)是利用射线处理动植物及微生物，使生物体的主要遗传物质——脱氧核糖核酸产生基因突变或染色体畸变，导致生物体有关性状的变异，然后通过人工选择和培育使有利的变异遗传下去，使作物(或其他生物)品种得到改良并培育出新品种。这种利用射线诱发生物遗传性的改变，经人工选择培育新的优良品种的技术就称为辐射育种。

8.1.1 辐射育种的发展历程

1927 年美国 Muller 发现 X 射线能诱发果蝇产生大量多种类型的突变，20 世纪 40 年代初德国 Fresjeben 和 Lein 利用诱变剂在植物上获得有益突变体，60 年代以前辐射诱变研究进展并不快，但仍在不断实践中，至 60 年代末通过联合国粮农组织(FAO)和国际原子能机构(IAEA)联合举办植物诱变育种培训班，并出版了《突变育种手册》，由此完成了植物辐射诱变育种从初期基础研究向实际应用的转折。70 年代诱变育种的注意力逐渐转至抗病育种、品质育种和突变体的杂交利用上，80 年代后期分子遗传学和分子生物学的广泛应用为诱变育种注入了新的活力，特别是 90 年代分子标记方法的运用，使实际品种的定向诱变有了可能。

辐射技术在农业育种上的应用，已经产生了巨大的社会效益和经济效益。它在 20 世纪经历了一个突飞猛进的发展过程。1934 年印尼科学家托伦纳利用 X 射线照射烟草，育成烟草新品种，开创了农作物辐射育种的新纪元。1958 年，美国国家原子能实验中心开展了大规模田间辐射育种研究。日本用射线对水稻农林 8 号进行田间照射，获得 545 个突变体，提高了作物蛋白质的含量。1964 年美国利用热中子辐射培育出抗倒伏、早熟、高产的"路易斯"软粒小麦。1986 年意大利用热中子辐射培育出抗倒伏、丰产的硬粒小麦。苏联育成的"新西伯利亚 67"小麦良种，具有抗寒、早熟、优质的特点；日本育成的矮秆抗倒伏水稻良种，年收益达 10 亿日元以上；美国育成的抗枯萎病的胡椒和薄荷良种，几乎占据全美栽种面积，年产值达 2 000 万美元。法国水稻良种"岱尔塔"等均有很大的经济意义。

中国的辐射育种起步于 1958 年，起步晚但成绩斐然，育成的品种数与推广面积均居世界领先地位。中国自 20 世纪 50 年代后半叶以来，已先后育成水稻、小麦、大豆等各种作物品种品系 20 多个，其中用射线照射"南大 2419"育成良种"鄂麦 6 号"；用射线照射"科字 6 号"获得优良稻种"原丰早"使成熟期提早 45 天。80 年代以来定向控制突变成为辐射育种工作的中心课题。90 年代，辐射育种进入了一个更加快速的发展阶段。

我国采用辐射育种方法以及辐射育种与其他育种方法相结合，选育出大面积推广应用的植物良种达数百个，年增产粮食 $30\times10^8\sim40\times10^8$ kg，皮棉 $4\times10^8\sim4.5\times10^8$ kg，油料 $2.5\times10^8\sim3\times10^8$ kg，经济效益达 30～40 亿元。获得国家一等发明奖的"鲁棉一号"棉花，"原丰早"水稻和"铁丰 18 号"大豆等均是用辐射育种的方法育成的。玉米"鲁原 4 号"、小麦"山东辐 63"等数十个品种均在国内外具有很大的影响。另外，还有 1995 年选育成功的三系杂交水稻"Ⅱ优 838"和 2001 年选育成功的两系杂交稻父本"扬稻 6 号"，其组合推广面积均达千万公顷，对我国水稻生产的发展起到了巨大作用。

8.1.2　辐射育种的基本原理

辐射育种是采用人工创造新的变异类型，具有打破性状连锁、实现基因重组、突变频率高、突变类型多、变异性状稳定、方法简便且缩短育种年限等特点。辐射诱变育种在不断创造新品种的同时，在诱变效应与机理研究上也取得了很大进展，探索辐射作用下遗传物质变异以及有利突变品种培育规律，从而指导诱变育种的实践，解决人类面临的粮食危机，并提高营养水平。

1. 电离辐射所致突变的可能机制

一般来说，在电离辐射过程中每个电离事件的能量平均损失约为 33 eV，这样的能量足以破坏很强的化学键。因此，电离辐射使很多生物活性物质受到损害，其中生物大分子损伤是大多数辐射生物效应的物质基础。电离辐射损伤生物大分子主要有两个途径：一是直接作用，直接作用是入射粒子或射线直接与生物大分子（如 DNA、RNA 等）作用，使这些大分子发生电离或激发；二是间接作用，间接作用是入射粒子或射线与生物体中的水分子作用，使水分子发生电离或激发。事实上，在任何情况下，直接作用和间接作用都是同时存在的，它们的相对贡献取决于诸多因素：辐射的性质、靶的大小和状态、组织含水量、照射时的温度、氧的存在与否以及辐射防护剂或增敏剂的存在与否等。

（1）DNA 分子结构变化

脱氧核糖核酸是生物体中一类最基本的大分子，是遗传信息的载体，指导着蛋白质和酶的生物合成，主宰着细胞的各种功能。DNA 的基本结构是动态的而且是持续变化的，因此错误的发生是很自然的，尤其是在 DNA 复制和再结合期间，外界环境和生物体内部的因素都经常会导致 DNA 分子的损伤或改变。DNA 的变化是一切育种的物质基础。辐射诱发突变的遗传效应是由于辐射能使生物体内各种分子发生电离和激发，导致 DNA 分子结构的变化，造成基因突变和染色体畸变，从而引起遗传因子发生改变并以新的遗传因子传给后代。

①电离辐射引起 DNA 损伤的类型

电离辐射可导致生物 DNA 发生各种损伤。在电离辐射作用下，可以直接在碱基上击出一个质子而使碱基电离（图 8-1），氢原子和自由基相互作用，可以发生加成反应和去氢反应，由于质子转移，碱基对之间的氨基-酮型氢键转变为亚氨基-烯醇型，导致碱基的结构受到损伤，最终可导致 DNA 高级结构（DNA 超螺旋结构）状态的改变，引发 DNA 的复制、表达等一系列改变。DNA 损伤的类型主要包括碱基变化、链断裂和交联等。图 8-2 是碱基的电离效应。

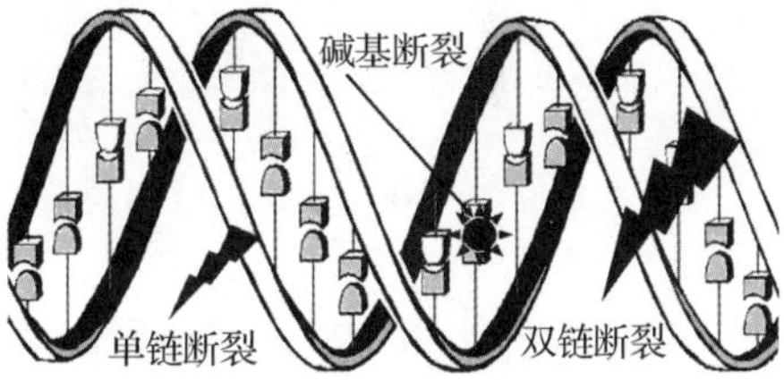

图 8-1　DNA 分子的辐射损伤

a. 碱基变化（DNA base change）有下列几种：碱基环破坏；碱基脱落丢失；碱基替代，即嘌呤碱被另一嘌呤碱替代，或嘌呤碱被嘧啶碱替代；形成嘧啶二聚体等。

b. DNA 链断裂（DNA molecular breakage）是辐射损伤的主要形式。磷酸二酯键断裂，脱氧核糖分子破坏，碱基破坏或脱落等都可以引起核苷酸链断裂。双链中一条链断裂称单链断裂（single-strand breaks，SSBs），两条链在同一处或相邻处断裂称双链断裂（double-strand breaks，DSBs）。双链断裂常并发氢键断裂。虽然单链断裂发生频率为双链断裂的 10～20 倍，但还比较容易修复；对大多数单倍体细胞（如细菌）一次双链断裂就是致死事件。

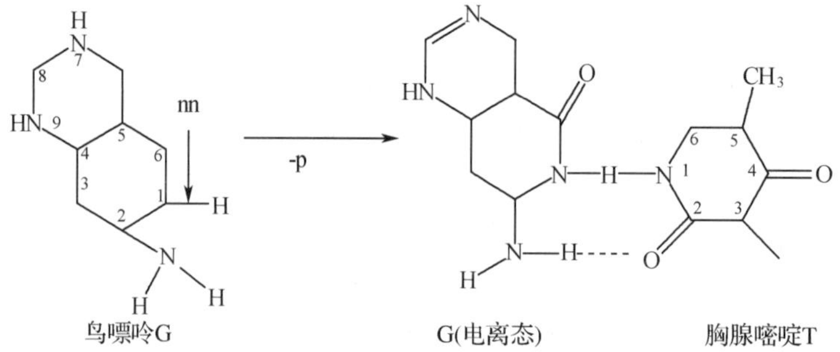

图 8-2 碱基的电离效应

c. DNA 交联(DNA cross-linkage),DNA 分子受损伤后,在碱基之间或碱基与蛋白质之间形成了共价键,而发生 DNA-DNA 交联和 DNA-蛋白质交联。这些交联是细胞受电离辐射后在显微镜下看到的染色体畸变的分子基础,会影响细胞的功能和 DNA 复制。

以上损伤会最终导致 DNA 分子结构的变化,造成 DNA 分子水平上的基因突变和染色体畸变,是整体遗传突变的基础。

②基因突变(Gene mutation)

DNA 分子中发生碱基对的增添、缺失或改变,而引起的基因结构的变化就叫作基因突变。基因突变主要包括以下几种类型:

a. 点突变(Point mutation)指 DNA 上单一碱基的变异。根据 Watson-Crick 链间距离和碱基化学结构的特点,在正常情况下 A-T 互补配对,G-C 互补配对,从而奠定了遗传性状相对稳定的基础。核辐射影响下,如果碱基的结构发生变化,则可能产生不正常的配对关系,只要这种不正常的配对不被修复,分子水平的突变就会产生。这种不正常的配对通常分为转换和颠换两种方式。嘌呤替代嘌呤(如 A 与 G 之间的相互替代)、嘧啶替代嘧啶(如 C 与 T 之间的替代)称为转换(Transition);嘌呤变嘧啶或嘧啶变嘌呤则称为颠换(Transvertion),如图 8-3 所示。

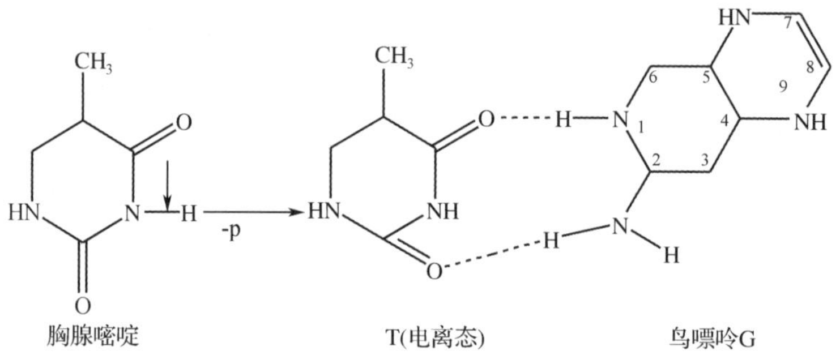

图 8-3 胸腺嘧啶与鸟嘌呤配对

b. 缺失(Deletion)指 DNA 链上一个或一段核苷酸的消失。

c. 插入(Insertion)指一个或一段核苷酸插入 DNA 链中。在为蛋白质编码的序列中如缺失或插入的核苷酸数不是 3 的整倍数,则发生读框移动(reading frame shift),使其后所译读的氨基酸序列全部混乱,称为移码突变(frame-shift mutaion)。

基因突变通常可引起一定的表型变化,对生物可能产生 4 种后果:致死性;丧失某些功能；改变基因型（genotype）而不改变表现型（phenotye）；发生了有利于物种生存的结果，使生物进化，这正是诱变育种的基础。

③染色体畸变

染色体畸变指染色体数目的增减或结构的改变，包括整个染色体组成倍地增加，成对染色体数目的增减，单个染色体某个节段的增减，以及染色体个别节段位置的改变。和基因突变一样，染色体结构的变异也是生物遗传变异的重要来源之一。与基因突变相比，染色体结构变异通常要涉及较大的区段，甚至达到光学显微镜可以识别的程度。

染色体结构变异都要涉及染色质线的断裂和重接过程，即“断裂-重接”假说。染色线在复制前后都可以某种方式发生断裂，通过修复机制，重新接上，包括错接，特别当几个不同断裂同时发生，在空间上又非常接近时，重排是不难发生的（重建性愈合和非重建性愈合）。现在已经知道，未复制的染色体或染色单体只含有一条 DNA 双螺旋分子，染色体的断裂实际上也是 DNA 链的断裂，所以推测染色体断裂以后之所以能重接，可能就是由于 DNA 断裂端以单链形式伸出的黏性末端来完成的。染色体畸变分为数目畸变和结构畸变。

a. 染色体数目畸变。人们把一个正常精子或卵子的全部染色体称为一个染色体组（简写 n），也称单倍体。正常人体细胞染色体，一半来自父亲，另一半来自母亲，共 46 条即 23 对，即含有两个染色体组为 2n，故称为二倍体。以二倍体为标准所出现的成倍性增减或某一对染色体数目的改变统称为染色体畸变。前一类变化产生多倍体，后一类称为非整体畸变。

多倍体：如果一个细胞中的染色体数为单倍体的 3 倍，称为三倍体（人类：3n = 69 条）；为单倍体的 4 倍，称为四倍体（人类：4n = 92 条）。以此类推，三倍体以上的通称为多倍体。人类多倍体较为罕见，偶可见于自发流产胎儿及部分葡萄胎中。

非整倍体：一个细胞中的染色体数和正常二倍体的染色体数相比，出现了不规则的增多或减少，即为非整倍体畸变，增多的叫多体。仅增加一个的，即 2n+1，叫作三体，同一号染色体数增加两个的，即 2n+2，叫作四体。以此类推，减少一个的（2n-1），叫作单体。

b. 染色体结构畸变指染色体发生断裂，并以异常的组合方式重新连接，其畸变类型有以下几种。

缺失（deficiency 或 deletion）：指染色体上某一区段及其带有的基因一起丢失，从而引起变异的现象。缺失发生在染色体的中间或两端，如图 8-4 和图 8-5 所示。

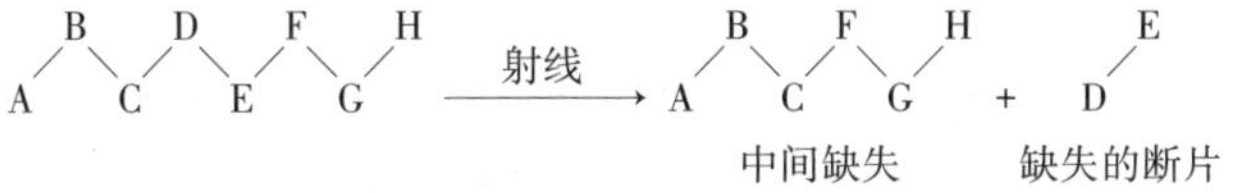

图 8-4　染色体在射线作用下的中间缺失示意图

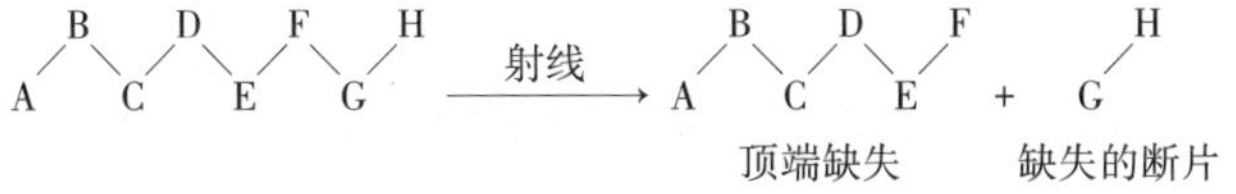

图 8-5　染色体在射线作用下的顶端缺失示意图

缺失在遗传学上的效应第一个表现是生物的活力降低，影响生长发育；第二个表现是假显性，在杂合体中，由于受到缺失的影响，某些隐性基因得以显现，但是这种显性是假显性；第三个表现是改变基因间的连锁强度，辐射所形成的缺失染色体，在遗传过程中形成缺失纯合体，缺失导致染色体链缩短，使较远的基因连锁强度增强，交换率下降；第四个表现是可能发生产严重的遗传病，导致作物的生存能力和产量下降。

重复(duplication)：染色体上增加了相同的某个区段而引起变异的现象。根据重复片段的排列顺序及所处的位置，可以分为三种类型，即串联重复、倒位串联重复和移位重复。主要表现为顺接重复(tandem duplication)和反接重复(reverse duplication)两种，如图8-6所示。

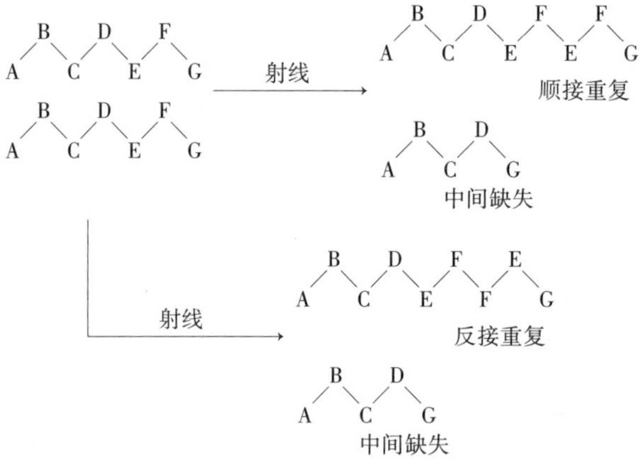

图8-6 染色体在射线作用下的重复示意图

由图8-6可看出，重复与缺失同时出现，重复的染色体片段来源于另一个染色体缺失的片段。重复扰乱了基因的固有平衡，随基因数目的增加，表型效应改变，即重复区段上的基因在重复杂合体的细胞内是3个，而在重复纯合体的细胞内是4个，改变了生物的基因成对平衡，导致生物的变异。

倒位(inversion)：指某一条染色体发生两处断裂，形成三个节段，其中间节段旋转180°变位重接，包括臂间倒位和臂内倒位，如图8-7所示。

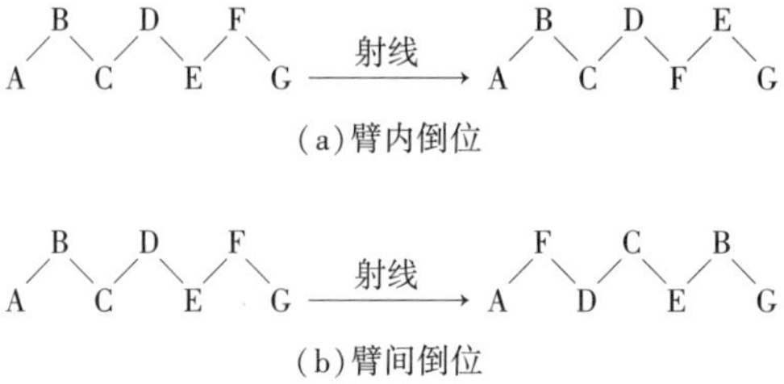

图8-7 染色体的倒位示意图

臂内倒位(paracentric inversion)：指倒位的区段在染色体的某一个臂内，而臂间倒位(pericentric inversion)指倒位区间有着丝粒或倒位区间与两个臂有关。倒位所导致的遗传学效应又可抑制或降低倒位环内基因的重组或交换、改变基因的交换率或重组值、影响基因间的调控方式等。

易位(translocation)：指从某一条染色体上断裂下的节段连接到另一染色体上。两条染色体各发生一处断裂，并交换其无着丝粒节段，分别形成新的衍生染色体和相互易位。在相互易位中，如有染色体片段的丢失，称为不平衡易位；若无染色体片段的丢失，表型正常，则称为染色体平衡易位携带者。易位一般分为两种，一种为相互易位(reciprocal translocation)；另一种为简单易位(simple translocation)。相互易位在易位中最常见，指两个非同源染色体受到射线作用后都发生断裂,断裂后的染色体及碎片发生交换重新结合起来;简单易位也称单项转移,即染色体的某一区段嵌入到非同源染色体的一个臂内;易位的原理如图 8-8 所示。

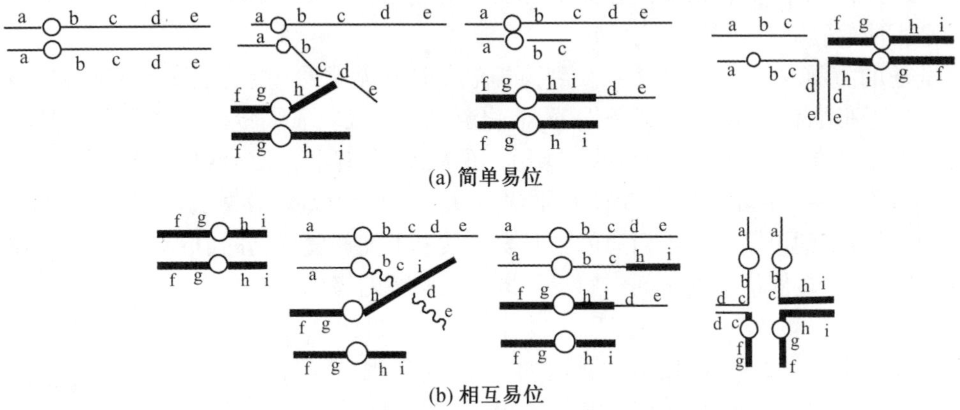

图 8-8　染色体在射线作用下的易位原理示意图

易位同样会产生遗传学效应,易位发生的遗传学效应包括半不育、降低易位结合点附近某些基因间的重组率、出现假连锁现象以及染色体融合等。易位产生交叉式分离与邻近式分离的概率相等,交叉式分离能正常繁育,而邻近式分离不育;易位导致易位点附近的染色体片段联会时不紧密,导致交换的概率降低,结果导致重组率下降。

染色体畸变是植物辐射损伤的典型表现特征,在辐射处理材料的有丝分裂和减数分裂细胞中都观察到了染色体畸变(畸变类型、畸变行为及其遗传效应),金鱼草、月见草属(月见草、香待宵草、美丽月见草)等经辐射诱发了单倍体的产生、染色体断裂、结构重排,此外对鸭跖草辐射引起染色体行为变异,如出现染色体桥、染色体落后等。

(2)细胞对辐射损伤的修复

体系的修复是突变过程中重要而具有决定性意义的过程,研究生物的修复作用对辐射育种具有重大意义。电离辐射作用于 DNA,造成其结构与功能的破坏,从而引起生物突变,甚而导致死亡。然而在一定条件下,生物机体能使其 DNA 的损伤得到修复。这种修复是生物在长期进化过程中获得的一种保护功能。DNA 修复是细胞对 DNA 受损伤后的一种反应,这种反应可能使 DNA 结构恢复原样,能重新执行它原来的功能;但有时并非能完全消除 DNA 的损伤,只是使细胞能够耐受 DNA 的这种损伤而能继续生存。也许这些未能完全修复而存留下来的损伤会在适合的条件下显示出来(如细胞的癌变等),但如果细胞不具备这种修复功能,就无法应对经常发生的 DNA 损伤事件,就不能生存。目前已经知道,细胞对 DNA 损伤的修复系统有以下几种:错配修复(mismatch repair)、直接修复、切除修复(excision repair)、重组修复(recombination repair)和易错修复(error-prone repair)。

①直接修复

这是较简单的修复方式,一般都能将 DNA 修复到原样。主要包括光修复、单链断裂的重接、碱基的直接插入和烷基的转移。

a. 光修复　这是最早发现的 DNA 修复方式。修复是由细菌中的 DNA 光解酶(photolyase)完成,此酶能特异性识别核酸链上相邻嘧啶共价结合的二聚体,并与其结合,这步反应不需要光;结合后如受 300~600 nm 波长的光照射,则此酶就被激活,将二聚体分解为两个正常的嘧啶单体,然后酶从 DNA 链上释放,DNA 恢复正常结构。后来发现类似的修复酶广泛存在于动植物中，人体细胞中也有发现。

b. 单链断裂的重接　DNA 单链断裂是常见的损伤，其中一部分可仅由 DNA 连接酶(ligase)参与而完全修复。此酶在各类生物的细胞中普遍存在，修复反应容易进行。但双链断裂几乎不能修复。

c. 碱基的直接插入　DNA 链上嘌呤的脱落造成无嘌呤位点，能被 DNA 嘌呤插入酶(insertase)识别结合，在 K^+存在的条件下，催化游离嘌呤或脱氧嘌呤核苷插入生成糖苷键，且催化插入的碱基有高度专一性能与另一条链上的碱基严格配对，使 DNA 完全恢复。

d. 烷基的转移　在细胞中发现有一种 O^6 甲基鸟嘌呤甲基转移酶，能直接将甲基从 DNA 链鸟嘌呤 O^6 位上的甲基移到蛋白质的半胱氨酸残基上而修复损伤的 DNA。这个酶的修复能力并不是很强，但在低剂量烷化剂作用下能诱导出此酶的修复活性。

②切除修复

切除修复是修复 DNA 损伤最为普遍的方式，对多种 DNA 损伤包括碱基脱落形成的无碱基位点、嘧啶二聚体、碱基烷基化、单链断裂等都能起修复作用。这种修复方式普遍存在于各种生物细胞中。修复过程需要多种酶的一系列作用，基本步骤如图 8-9 所示：首先由核酸酶识别 DNA 的损伤位点，在损伤部位的 5′侧切开磷酸二酯键，不同的 DNA 损伤需要不同的特殊核酸内切酶来识别和切割；其次，由 5′—3′核酸外切酶将有损伤的 DNA 片段切除；其三，在 DNA 聚合酶的催化下，以完整的互补链为模板，按 5′—3′方向 DNA 链，填补已切除的空隙；最后，由 DNA 连接酶将新合成的 DNA 片段与原来的 DNA 断链连接起来。这样完成的修复能使 DNA 恢复原来的结构。

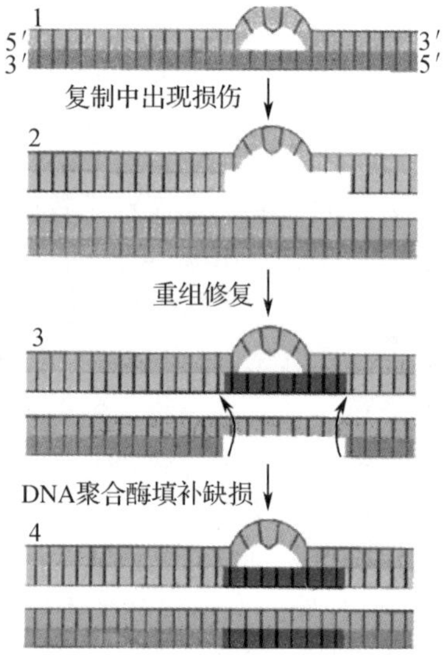

图 8-9　DNA 重组修复示意图

③重组修复

上述的切除修复在切除损伤段落后是以原来正确的互补链为模板来合成新的段落而做到修复的。但在某些情况下没有互补链可以直接利用，例如在 DNA 复制进行时发生 DNA 损伤，此时 DNA 两条链已经分开，其修复可用图 8-9 所示的 DNA 重组方式：受损伤的 DNA 链复制时，产生的子代 DNA 在损伤的对应部位出现缺口；完整的另一条母链 DNA 与有缺口的子链 DNA 进行重组交换，将母链 DNA 上相应的片段填补子链缺口处，而母链 DNA 出现缺口；以另一条子链 DNA 为模板，经 DNA 聚合酶催化合成一新 DNA 片段填补母链 DNA 的缺口，最后由 DNA 连接酶连接，完成修补。

重组修复不能完全去除损伤，损伤的 DNA 段落仍然保留在亲代 DNA 链上，只是重组修复后合成的 DNA 分子是不带损伤的，但经多次复制后，损伤就被“冲淡”了，在子代细胞中只有一个细胞是带有损伤 DNA 的。

④SOS 修复

“SOS”是国际上通用的紧急呼救信号。SOS 修复是指 DNA 受到严重损伤、细胞处于危急状态时所诱导的一种 DNA 修复方式，修复结果只能维持基因组的完整性，提高细胞的生成率，但留下的错误较多，故又称为错误倾向修复，使细胞有较高的突变率，其修复如图 8-10 所示。

当 DNA 两条链的损伤邻近时,损伤不能被切除修复或重组修复,这时在核酸内切酶、外切酶的作用下造成损伤处的 DNA 链空缺,再由损伤诱导产生的一整套的特殊 DNA 聚合酶——SOS 修复酶类,催化空缺部位 DNA 的合成,这时补上去的核苷酸几乎是随机的,但仍然保持了 DNA 双链的完整性,使细胞得以生存。

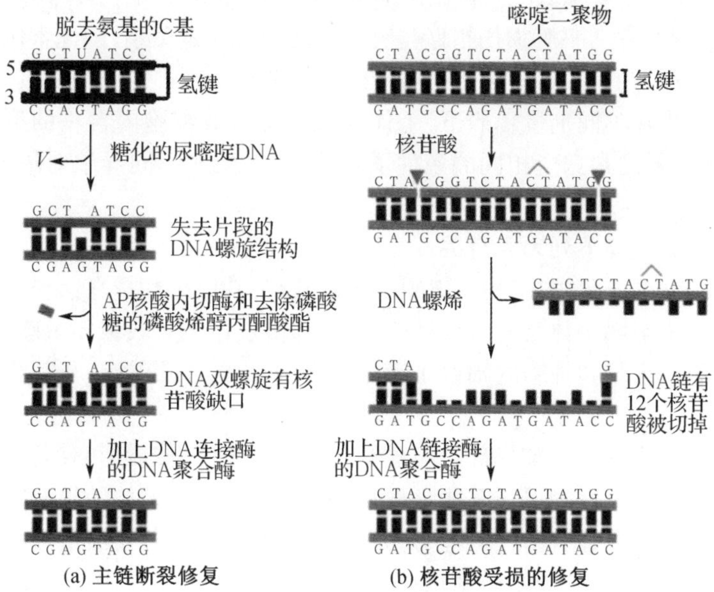

图 8-10 DNA 的 SOS 修复

应该说,目前人们对真核细胞的 DNA 修复的反应类型、参与修复的酶类和修复机制了解还不多,但 DNA 损伤修复与细胞突变、寿命、衰老、肿瘤发生、辐射效应、某些毒物的作用都有密切的关系。

高等植物具有修复体系且修复能力较强。据报道,用 2.0×10^2 Gy 的 γ 射线辐照胡萝卜的原生质体,照射后放置 5 min,50% 的单链断裂得到修复,在 1 h 后全部断裂均已修复。用 3.0×10^8 Bq · kg^{-1} 的 γ 射线(^{137}Cs)处理的大麦种子的胚,在浸水 2 h 后,发现有 65%的单链断裂已修复。

植物体内修复体系的抑制或激活在很大程度上影响突变率。抑制或激活的方法有很多种,例如咖啡因既可作为辐射保护剂,也可作为辐射敏化剂,在一定条件下,用咖啡因处理种子或作物可以提高突变率。进一步的研究表明,咖啡因是暗修复的抑制剂,能优先堵塞无错误切补修复,从而提高突变率。博莱霉素(bleomycin, BLM)可抑制多核苷酸连接酶,降低 DNA 的修复,显著提高突变率。酶催化的光复活作用可降低微生物诱变率。在作物辐射育种中常常应用修复作用的抑制剂来提高突变率。例如辐照过的大麦种子(萌动后 5 h 内)用浓度为 1 mmol/L 的 Na_2EDTA 和 0.1 mol/L、pH 值为 7 的三羟甲基氨基甲烷(Tris)-HCl 缓冲溶液制备抑制剂,在 25 ℃下处理 5 h 后用水洗涤;再用 5 mmol/L 的咖啡因及 1 mmol/L 的溴代脱氧尿嘧啶核苷(5-bromo-2-deoxyuridine, BUDR)处理,EDTA 所致 M_1 代叶绿素突变率高于咖啡因,而 BUDR 所致突变率效果不明显,但在 M_2 代(诱变二代变异植株)中,EDTA 和 BUDR 均增加了矮秆突变率。

上述例子表明研究修复过程对辐射育种工作非常重要。

(3)辐射敏感性和诱变剂量

根据诱变因素的特点和对诱变因素的敏感性,选择适宜的诱变剂量是诱变育种取得成效的关键。适宜的诱变剂量是指能够最有效地诱发作物产生有益突变的剂量。在一定范围内,剂量的增加有利于突变率和突变谱的提高,但是当剂量超过一定范围后,再增加剂量就会导致一些不良后果,如存活率降低、不育性和不利突变率增加等。由于 M_1 代(诱变一代变异植株)个体的苗高、不孕、存活率等损伤指标与突变率之间有一定关系,因此常用 M_1 代植株损伤程度作为确定诱变剂量的参数,即用照射材料的辐射敏感性来确定诱变剂量。

辐射敏感性是指在不同剂量辐照下,个体、组织、细胞或细胞内含物的形态、机能发生相应变化的程度,在照射因素完全相同的条件下,由于机体因素不同导致对辐射作用的反应强弱不同的性质。

机体的辐射敏感性与下列因素有关:

a. 生物种系　种系演化越高,机体组织结构越复杂,其敏感性越高;

b. 生物个体　一般随个体发育过程敏感性逐渐降低,但老年较成年敏感;

c. 组织和细胞　组织和细胞的辐射敏感性与其分裂能力成正比,与其分化程度成反比,但也有例外;

d. 组织和细胞的内环境　如局部组织含氧量增加或温度升高都可使辐射敏感性增高,而缺氧和低温可使辐射敏感性降低。某些激素和化学制剂可改变机体的辐射敏感性。

在实际应用中,辐射敏感性常用产生定量生物学效应需要多大剂量来表示,需要的剂量小表示辐射敏感性大,反之则表示辐射敏感性小。在突变育种工作中,常需测定所用材料的辐射敏感性。

①作物辐射敏感性测定方法

测定辐射敏感性一般从个体、细胞或代谢三个水平进行,常用指标如下:

a. 幼苗的高度和根长　以抑制一定苗高或根长的剂量作为衡量敏感性的大小;

b. 植株存活率　用照射后的植株存活率来鉴定各种作物的辐射敏感性;

c. 植株不育性　辐射处理后的植株不育性是测试辐射敏感性灵敏度较好的指标,一定剂量范围内,作物的株高、叶片大小等营养器官的损伤可能较小,但生殖器官在后期却有较强烈反应;

d. 大豆初生叶叶斑和面积　由于初生苗高、叶面积和叶斑三者之间有高度关联性,可用叶面积和叶斑数量代替幼苗高度来测定豆科植物的辐射敏感性;

e. 过氧化物酶活性和邻苯二酚含量　辐射毒素与相应酶系的活性可以作为作物辐射敏感性测定指标;

f. 分裂间期的细胞核体积(INV)和染色体体积(ICV)大小　测定 INV 和 ICV 的大小是鉴定各种作物辐射敏感性的经典方法;

g. 微核细胞率测定法　微核是真核类生物细胞的一种异常结构,往往是细胞经辐射或化学药物作用而产生,是一种以染色体损伤及纺锤丝毒性等为测试终点的测定方法。

②作物的诱变剂量

作物的辐射剂量采用吸收剂量为计算依据(剂量的法定单位为 Gy)。

作物的遗传物质吸收能量可以引起结构损伤,结构上的损伤仅作为前突变,即使已经发生了分子水平的突变,但只有在生物体吸收能量(辐射达到一定剂量水平)足以破坏生物体内的化学键时,才能引起生物发生突变,显现突变性状。在辐射育种中,常用的诱变剂量表述方法有:半致死剂量(LD_{50}),即作物受照后有 50%致死时所需的剂量;半致矮剂量(D_{50}),即作物受照后株高降低到对照株高 50%时的剂量;临界剂量,当作物生长已受到显著抑制,但有 20%~30%的植株在生育过程中仍有形成种籽能力所能接受的剂量。

因此,辐射育种必须选取合适的辐照剂量,以确保较高的突变率和品种的优良率。

表 8-1 为生物重要嘌呤和嘧啶的共振能列表。

表 8-1 生物重要嘌呤和嘧啶的共振能 (单位:$\beta=8.37\times10^4\ J\cdot mol^{-1}$)

化合物	共振能	π 电子数	每个 π 电子共振能(β)
腺嘌呤 adenine	3.894	12	0.32
鸟嘌呤 guanine	3.838	14	0.27
次黄嘌呤 hypoxanthine	3.385	12	0.28
黄嘌呤 xanthine	3.484	14	0.25
尿酸 uric acid	3.374	16	0.21
胞嘧啶 cylosine	2.280	10	0.23
尿嘧啶 uracil	1.918	10	0.19
胸腺嘧啶 thymine	2.050	12	0.17
5-甲基胞嘧啶 5-methylcytosine	2.412	12	0.20
乳清酸 oratic acid	2.35	14	0.17
巴比士酸 barbituric acid	1.743	12	0.15

8.1.3 辐射育种方法

1. 辐射育种中常见的诱变源和处理方法

(1)质子

在人工诱变的工作中,可观察到质子束能引起细胞染色体畸变、碎片、桥等,估计其相对生物有效性(relative biological effectiveness,RBE)值在 1.0~1.9 之间,但由于所用的生物学指标不同,其 RBE 值也不同。质子可以由回旋加速器加速 H^* 获得,也可以由静电加速器产生。常用照射方法是把种子放在不锈钢网上,用二氯乙烷和聚乙烯醇缩甲醛的混合液将种子封住,然后将不锈钢网按一定角度固定在支架上进行辐照。

(2)π^-介子

π^-介子可通过 380 MeV 高能质子轰击石墨中的碳原子而产生。π^-介子具有带电重粒子的特性,它在介质中几乎是沿直线穿透。当 π^-介子在电离激发过程中逐步慢化时,会被生物组织中的原子核俘获。俘获 π^-介子的原子由于激发而放出特征 X 射线,而 π^-介子被吸收后,除一小部分能量用于克服核束缚能外,其余的能量以核爆裂碎片形式出现,为局部组织所吸收,称之为"星裂"。研究表明,π^-介子进入组织后,大约 73%被氧原子俘获,20%被碳原子俘获,3%被氮原子俘获,4%被更重的原子俘获。以氧与 π^-介子的反应来说,π^-介子俘获生成一个单电荷粒子、一个 α 粒子、一个重粒子(质量数也可以是或≥3)和三个中子。在反应过程中产生这些粒子,使生物学效应更为明显,因此 π^-介子能在人工诱变育种中发挥更为独特的作用。

(3)γ射线

γ射线是一种波长很短(10^{-8}~10^{-11} cm)的电磁波,对组织有较强的穿透能力。γ射线通过与物质的相互作用传递能量,引起遗传物质发生变化。

在我国,γ源是辐射育种的主要诱变辐照源,常用^{60}Co、^{137}Cs等辐照装置对组织、种子或植株进行处理。在处理过程中,严格控制辐照剂量是辐射育种的关键。为此,对采用的辐照方法和剂量测量仪器的精准度有严格的要求。在辐照过程中应严格控制辐射源与处理材料之间的距离、储存被照物的容器材料和大小,辐射源的定位和辐照场的剂量分布均匀性等。

(4)中子

与γ射线相比,中子的辐射生物学效应远远大于前者。由于中子的能量范围较宽(10^{-3}~10^{7} eV),辐射育种中常用的中子是快中子和热中子,由同位素中子源(如^{252}Cf)、加速器或反应堆获得。

采用中子处理诱变材料如种子时,需要准确地测量中子在诱变材料中的注量或吸收能量。在测量不同深度的作物种子中的中子注量(率)时,可采用活化片法。由于中子的散射与碰撞,中子在注量及能量上都有变化,为了防止热中子的干扰,某些活化片需要包镉后进行照射,以保证所测注入剂量的准确性。

加速器中子源具有建设和运行成本低、中子束流稳定、中子能量分布范围窄、使用方便等优点,已成为辐射育种的主要中子源。

(5)β射线

β射线,由于其质量小,射入介质后在库仑力作用范围内会不断地改变运动方向,因此在利用β射线辐照时,应测量每一种能量的β射线在种子内的射程。在辐射育种中,常以最大能量(单位为MeV)值的50%来估算β粒子在软组织中的射程(单位为cm)。如^{32}P的β射线最大能量为1.71 MeV,则它在软组织中的最大射程可估算为0.86 cm。

应用β射线进行外照射时,一般采用以下几种方法:

a.将β衰变核素加入高分子材料熔体中,制成各种形状的薄膜,对子房、花粉粒、种子等进行照射;

b.将β衰变核素均匀地溶解到易于挥发的溶剂(如丙酮、乙醚等)中,然后注入底面带有硬胶片的盒内,置于通风橱内,当溶剂挥发后,放射性物质被均匀地吸附于胶片上,然后用喷雾器喷上一层非常薄的聚合物溶液形成保护膜,作为一个简易的密封放射源,用于花粉粒、胚芽等的照射;

c.将放射性溶液注入内壁很薄(β射线易于穿透)的双层铅筒或塑料筒夹层中,需要照射的枝条、胚芽、生长点、花序等可套入筒内进行照射。

常用的β射线内照射方法如下:

a.浸种法　用一定放射性浓度的溶液进行浸种,当放射性物质浸入种子后可诱发变异。常用于内照射的放射性核素有^{32}P、^{35}S、^{3}H、^{131}I等。以^{32}P为例,处理大麦、小麦干种子的放射性浓度为7.4×10^{4}~4.63×10^{6} Bq·mL^{-1},即使采用放射性浓度很低(7.4×10^{2} Bq·mL^{-1})的放射性溶液,也能观察到染色体桥、断片等。每粒种子的浸种溶液量为0.1~1 mL,处理时间为1~15 d。表8-2为大麦种子用^{32}P溶液浸泡后的测试结果。

表 8-2　载体量与大麦辐射损伤的关系(叶片长度,cm)

$^{32}P/(Bq\cdot L^{-1})$	$^{31}P/(mol\cdot L^{-1})$			
	5.0×10^{-6}	5.0×10^{-5}	5.0×10^{-4}	5.0×10^{-3}
0	21.99	27.97	25.73	26.26
1.85×10^{6}	10.49**	24.46**	29.78	24.32
7.4×10^{6}	4.51**	9.32**	24.48	23.25

注:**指显著性测定。

b. 植株处理法　在培养土中加入^{32}P的化合物和一定量载体,使植株通过根系吸收放射性^{32}P,或在植株花粉母细胞形成前,在叶鞘中注入^{32}P化合物溶液,使配子体(即在植物世代交替过程中产生配子和具单倍数染色体的植物体)获得内照射。用浓度为7.4×10^{6} $Bq\cdot mL^{-1}$的^{32}P溶液在棉花开花前一天浸泡棉蕾下的叶片一个星期,为了保证^{32}P集中输送到花蕾,在处理叶片的主茎上进行环状剥皮,用这种方法取得的突变效果要比中子照射干种子或用^{32}P溶液浸泡干种子的效果高10倍,但浸泡叶片时间的选择对突变率有很大影响。

c. 花序处理法　用花序处理法可获得经β射线内照射过的花粉。花序处理法是将花序剪下并插入一定浓度的放射性溶液中,或将放射性溶液注入带有花序的植株中,使放射性核素进入花粉。如用^{32}P浸渍花序的办法,常用的放射性浓度为3.7×10^{3}~7.4×10^{5} $Bq\cdot mL^{-1}$,载体^{31}P的浓度为0.02~0.2 $mg\cdot mL^{-1}$。由于不同放射性核素在植株体内代谢途径的不同,放射性核素输入小孢子的深度与注入后的时间有密切关系。

d. 木本植物内照射处理法　对木本植物进行的内照射人工诱变时,常用的方法有三种:一是将穗在放射性溶液中浸渍一定时间后再嫁接;二是向树干内直接注入一定活度的放射性溶液;三是在果树的花芽、不定芽、小枝等基部注入放射性溶液。例如,对梨树可注射7.4×10^{4}~1.11×10^{6} Bq的放射性溶液,注射的体积为0.001~0.01 mL。

采用内照射法应注意以下几点:

①选择合适的放射性溶液的pH值　如用磷酸盐(含^{32}P)浸渍叶片,当pH值为3时,叶片能很好地吸收磷,但当pH≥4时,叶片对磷的吸收率就会大大降低;

②使用适量的载体　如果载体的数量太多,就会降低作物对放射性核素的吸收量,从而达不到预期的诱变目的;

③了解所使用的核素在作物体内输运和分布的情况,需对每一种核素在作物体内的运输和积累量有一个大概的了解,以提高放射性核素进入作物目标部位的数量,达到有效照射;

④掌握放射性核素注入作物体内的最佳时间　只有了解被诱变的作物在什么时间引入放射性核素才能得到最好的诱变效果。

在采用内照射方式进行辐射育种时,^{32}P是具有重要应用价值的辐射源。磷是动植物遗传物质DNA的重要组成元素。当用^{32}P"饲喂"作物时,只要"饲喂"的时间恰当(要充分考虑^{32}P的物理半衰期和生物半衰期),^{32}P就可以通过代谢途径进入DNA分子结构中。位于DNA分子主链上的^{32}P衰变后,^{32}P的位置上的磷原子变为硫原子,从而破坏DNA分子上的磷酸核糖酯键。同时,^{32}P衰变产生的反冲核硫原子和1.71 MeV的β粒子也会引起DNA链结构的各种破坏。

(6)离子束

离子注入是20世纪80年代初兴起的一项高新技术,主要用于金属材料表面的改性。

1986年以来逐渐用于农作物育种，近年来微生物育种逐渐引入该技术。离子注入诱变是利用离子注入设备产生高能离子束(40~60 keV)并注入生物体引起遗传物质的永久改变，然后从变异菌株中选育优良菌株的方法。离子束对生物体有能量沉积和质量沉积双重作用，从而使生物体产生死亡、自由基间接损伤、染色体重复、易位、倒位或使DNA分子断裂、碱基缺失等多种生物学效应。因此，离子注入诱变可得到较高的突变率，且突变谱广，死亡率低，正突变率高，性状稳定。

2. 氧、温度、含水量及储藏方法

除了选择诱变因素和合适的诱变辐照剂量外，处理前后的环境条件也是影响辐射育种的重要因素。辐照条件的改变不仅较大程度地影响作物的敏感性，而且影响突变率和突变方向，因此可通过调节环境条件提高突变率、诱变效果(突变率/照射剂量)和诱变效率(突变率/生物损伤)。影响突变的环境条件是多种多样的，在辐射育种中主要考虑的环境因素有氧、温度、含水量，这些因素对生物效应的影响十分复杂，应给予充分的重视。

(1)氧

在各种影响辐射损伤的条件中，氧是主要的影响因素，其他如水分、湿度等或多或少与氧的作用联系在一起。生物体在氧气(或空气)中进行照射时，其辐射敏感性一般要比真空中或惰性气体中高，这是氧的增效作用导致的。氧之所以具有增效作用，是因为它是一种热电子的清除剂($O_2+e^-\rightarrow O_2^-$)，而热电子能使辐射损伤得到恢复。另外，过氧自由基有较长的寿命，使得辐射损伤加剧。各种作物有不同的氧增效率(OER)。表8-3所示8种作物中，洋葱具有最小的OER值，而水稻的OER值最大。只有在无氧情况下浸种，作物的辐射敏感性才与NV(细胞核体积)和ICV(细胞间期染色体体积)相关。

表8-3 极干种子对辐射的反应与细胞核要素的关系

物种	NV(μ_3±S. E.)	ICV(μ_3±S. E.)	D_{50},有O_2浸种	D_{50},无O_2浸种	OER
洋葱	901±21.0	56.31±1.31	13.0	17.5	1.3
萝卜	57±1.9	3.17±0.11	59.0	137.0	2.3
羊茅	435±7.1	10.36±0.17	8.1	28.5	3.5
苜蓿	293±23.0	9.16±0.72	21.5	78.5	3.6
莴苣	193±0.3	10.72±0.02	10.5	42.5	4.0
黄瓜	117±2.2	8.36±0.16	6.3	45.5	7.2
大麦	308±7.4	22.00±0.53	5.0	47.0	9.4
水稻	83±4.1	3.46±0.17	4.5	75.0	16.7

例如，在氧气氛围下，用^{60}Co源γ射线辐照玉米萌动种子，虽然增加了辐射损伤，但也提高了突变率，特别是早熟和矮秆突变率。用氧处理大麦种子(干种子用4.90×10^6 Pa压力的氧处理20 h)和无氧储藏的种子(在充氮干燥器中储藏一个月)，用塑料管密封后辐照，然后在充氧或充氮的水中浸泡3 h。结果表明，无论在生理上还是在遗传上的效应，充氧的样本均要大于充氮的样本，遗传性状的OER值为4.2~6.4。研究同时表明，含水量为14.2%的缺氧种子抗辐射性最强；在高压下用氧预处理的干种子，对γ射线最敏感；在缺氧条件下用低剂量照射，对苗高与根长有刺激作用。

(2)温度

温度效应即生物体系的辐射敏感性随照射时温度降低而减小的现象。但在辐射诱变育种中,由于不能完全排除其他因素的交互影响,温度变化所引起的生物学反应似乎要更复杂。温度之所以引起辐射损伤的变化,主要是因为影响了诸如 DNA 等大分子的结构(如氢键松散,较高温度导致分子的三维结构发生变化);同时,温度的变化也将影响自由基攻击大分子的能力。

辐射育种常用"热击"以减少处理作物时的辐射损伤,而又不降低突变率。所谓"热击"是指先在低温(如-78 ℃)下照射种子,然后再用高温水(如 60 ℃)进行处理。采用这种"热击"的育种方法,在提高 M_1 代的成活率和结实率的同时,并不降低 M_2 代的突变率。在极低温度(如液氮氛围)下照射种子,有利于限制自由基的活动以减少辐射损伤,并且有利于进一步增加辐射剂量以提高突变率。研究表明,"热击"能减少 DNA 的双链断裂、降低染色体畸变率,但增高了 DNA 的碱基损伤率(即基因突变率),因此如果用较大辐照剂量结合低温处理,将得到更为理想的辐射育种效果。

(3) 含水量

调节种子的含水量通常是辐射育种的一个主要步骤,环境中的水分含量对种子中的含水量起调节作用,同时种子中含水量不仅是机体结构的一个部分,又对机体的气体含量起调节作用,因此水与其他各种因素一样,它不是单独存在的,而是构成复杂体系的一部分。当需要获得较高的染色体畸变率时,可以把种子的含水量调节至低水平(<6%),并在有氧条件下照射。

当用 γ 射线照射不同含水量的种子时,辐射效应随着种子含水量的变化急剧变动,但是当达到一定含水量范围时(如小麦在 14%~18%),生物学效应与含水量变化之间的关系甚小,正是由于这个特点,建议用 X、γ 射线进行诱变试验时,种子的含水量最好事先调节到 13%~14%(有氧条件下辐照)。

种子储存过程中,由于环境湿度的变化,种子含水量也有较大变化,如放置在北京室内的"京红 5 号"春麦风干种子,2 月份的含水量为 9.3%,到 8 月份就上升到 13.9%,到 12 月份又降到 10%。由于我国地域辽阔,北方和南方不同的气候因素对种子含水量有较大影响,在辐射育种研究时需要加以注意。

在辐射育种研究中,调节种子含水量的方法就是利用不同比例的甘油、蒸馏水混合液,以调节密闭容器中的蒸汽压(相对湿度),然后将种子放入密闭容器中储藏一段时间,由于容器中相对湿度的调节,可以使种子达到预期的含水量。用这种方法调节种子含水量时应注意:甘油、水溶液的浓度和体积、种子在密闭容器中储存的时间、种子的种类以及种子中原含水量等条件(当甘油-水溶液为 500 mL 时,可供 2 000~6 000 粒大麦种子使用),也可以用带硅胶的 P_2O_5 或 KOH 溶液的干燥器来平衡种子的含水量,如需要得到较为干燥的种子时,可以把种子储藏在氧化钙真空干燥器中,得到的种子含水量为 2%~8%。

(4)储藏

种子照射结束后在储藏时期内所发生的生物学效应称为储藏效应。研究表明,储藏期内种子的生物学效应与射线的间接作用和机体的修复作用等相关。储藏效应对辐射育种具有一定的实际意义,一般说来,种子在辐照后需要储藏一段时间才能进行育种,这是因为辐照后的种子需经一定时间修复射线对其机体造成的生物学损伤。

储藏效应与储藏时的条件(如温度、湿度、气氛等)密切相关。例如用 γ 射线照射小麦种子（含水量为 12%～13%），在低温（0～2 ℃）、高温（40 ℃）和室温下储藏 1～120 d，均发现辐射损伤增加，但损伤程度因储藏时的温度不同而有所差别。又如大麦种子储藏在比照射时湿度高的环境中，损伤有所修复；储藏于同样或低湿度条件下，则损伤有所加强。被照射种子的含水量与储藏效应也有关系，当还阳参种子的含水量低于 6%时，储藏时其生物学效应随着储藏环境湿度的提高而降低；当含水量为 7.6%～12.6%时，生物学效应与环境湿度无关。极干种子在非真空条件下储藏，其损伤随储藏时间增加而增加，而真空条件下则不然。

3. 诱导材料的选择

诱导材料与突变有密切关系，限制产生突变和发现突变体的主要因素是诱导材料有机体的基因结构，而不是某一种具体因素。在不同的生长发育期，植物产生诱变的可能性有所不同，特别是在器官生长发育的初期，照射后的突变率最高，突变率随生长进程逐渐降低，末期突变率降至最低。研究表明，突变率的消长与生长点中核酸和生长素的量呈相关关系，因此射线对不同生长期作物的诱变作用是不同的。

采用种子作为辐射育种中最普遍的诱导材料是由于种子具有便于大量处理、使用和运输方便等优点。

（1）诱变材料的选择

在处理无性繁殖材料时，每一个体细胞都有可能发生突变，但突变细胞是否可以得到表达取决于两个方面。首先，突变必须发生在正在分裂的细胞中，同时这个突变细胞必须具备可与正常细胞竞争的能力，否则尽管已发生突变但只是处于正常细胞群的包围之中，得不到表达；其次，突变细胞必须存在于能表达表现型的细胞层中，否则虽然突变细胞能分裂繁殖，但它的突变性状也不可能表达出来。

在无性繁殖系作物中常用的材料有休眠芽、各种不定芽和处于减数分裂期的花芽、休眠期的枝条、生根前后插条和叶片、块根和块茎、匍匐茎、植株等。

果树通常选择休眠枝的叶芽作为辐照材料。如苹果、梨、桃、樱桃等落叶果树的休眠叶芽中，每个叶芽一般含有 7～10 片营养叶，还有叶原基，在 P_3 或 P_4 位置的叶原基处有腋生的芽原基，不同的树种其芽原基的数目相差很大，芽原基细胞数目较少且具有较强的分裂能力，是理想的材料。

顶端分生组织是独立的组织原层，在某一层发生的突变一般限制在该层中，所以在个体发育早期选择分生组织进行处理，以期获得较高的突变率。如甜樱桃树上的早期副芽节是较为理想的分生组织，用除掉主芽或者用羊毛脂生长素处理副芽节（细胞激动素和吲哚乙酸促进副芽发育，而赤霉素抑制发育）的方法，使辐照过的副芽发育。此外，在春季经过催发的果树休眠冬芽也是较理想的处理材料，因为它比夏季芽能产生较高的突变频率。

鳞茎、块茎的辐照处理最好在幼年的生长期进行，因为在此期间原基细胞较少，但也有研究表明较大鳞茎、块茎有较多的鳞芽尖，并且能耐受较高的剂量，因而选用较大的鳞茎作为处理材料要比小鳞茎好，但关键是要选择合适的处理时间。

不定芽起源于表层的单一细胞，如果将处理材料诱导生成不定芽，可望得到非嵌合状态的突变体，因而能产生不定芽的叶和自根繁殖果树的根插条是较理想的处理材料。与有性繁殖的作物一样，在选取诱变材料时应慎重选择出发品种，不同基因型的诱变谱是不同的，在诱变菊花的其他花色时粉红色品种是最好的出发材料；郁金香的粉红色品种也是如此，黄色品种难以诱变成其他花色。

(2)无性繁殖作物处理法

在处理方法上无性繁殖作物基本类似于有性繁殖,在进行果树的诱变工作中,由于基因类型及所处的生理状态不同,诱变剂量有较大差异。如落叶果树在进行辐照处理前,可用不同剂量处理所选取的少量供试材料(如接穗、插条等),以找到 30%~40%致死剂量作为诱变剂量,从而得到较大的有利突变率。

4. 辐射育种中组织、细胞培养技术

辐射诱变具有单细胞的特点,由其引起的嵌合现象对突变和突变体的显现及选择都有较大的干扰作用。由此,无论是在试验诱变中还是在育种范畴内,组织和细胞培养技术都十分重要,采用组织培养技术可更容易地处理不同阶段的细胞或组织,这是由于染色体在不同阶段的复制是非同步的,而每一阶段的复制期对诱变处理都特别敏感,如果选择在特定阶段进行处理,可引起某种特定的变异;高等植物的不同组织和处于不同生育阶段的同一组织,其基因激活程度也有所区别,因此可以根据需要来对处理组织的种类或所处阶段进行选择。

(1)离体细胞、组织的辐射敏感性和诱变剂量

与植物一样,离体细胞或组织的辐射敏感性也受制于多种因素。愈伤组织是辐射育种中常用的处理材料,几乎植物的所有组织(常用的有叶片、茎切段、种子的胚乳、花器官的花药等)都能诱导生成愈伤组织,其中花药培养能形成单倍体的愈伤组织,可以从愈伤组织直接诱导出单倍体的植株,也可以用单倍体愈伤组织悬浮培养出单倍体细胞,进一步对其进行辐射处理,可望诱导出纯合的二倍体突变体,这对辐射育种具有重要意义。

愈伤组织的辐射敏感性与植物组织或种子不同。如对烟草干种子和烟草愈伤组织对 γ 射线的敏感性差异进行比较,结果是种子在 3.78×10^{11} Bq · kg^{-1} 的剂量下照射后尚能萌发和生长,但愈伤组织的生长逐渐停止并趋于死亡,因此一般认为愈伤组织对 γ 射线的敏感性大于种子;又如用 γ 射线和中子处理由玉米花药诱导的愈伤组织无性系,其辐射敏感性远大于干种子,但选用菜豆作为诱导材料时的试验结果则与之相反(幼苗对辐射敏感性大于种子,种子对辐射敏感性大于愈伤组织)。辐射敏感性是一个相对指标,其结果与作物种类、实验条件、观察的时间有关,例如用 3.78×10^{11} Bq · kg^{-1} 的 γ 射线处理水稻花药诱导的愈伤组织,在一个月内尚能继续生长,但诱导器官的功能已经丧失,而用 γ 射线处理由高粱幼苗切段诱发的愈伤组织,在 1.90×10^{11}~4.77×10^{11} Bq · kg^{-1} 的剂量下照射时,致死率超过 80%,在 9.55×10^{10} Bq · kg^{-1} 以上剂量下照射就丧失了长成绿苗的能力。

不同种的原生质体对相同剂量有不同的反应,同时射线的种类以及培养基的成分和培养条件也在一定程度上影响着原生质体的辐射敏感性,甚至在一个原生质体的培养群落中也可能存在敏感性不同的几种组成成分,细胞存活率可用指数关系式表示,并通过平均致死剂量 D_0 来鉴别其辐射敏感性。

(2)细胞培养中的几个辐射效应

①剂量效应 应用电离辐射处理离体培养的细胞后,细胞的致死效应与诱发突变效应是严格相关的,在一定剂量范围内,细胞的突变频率随着剂量的提高逐渐增加,而存活率随之降低。

②分散剂量效应、短时间间隔效应 进行分次电离辐射照射时,如果各次之间的时间间隔较长,则细胞就能得到一定程度的修复,这种效应就是分散剂量效应;如果时间间隔短,则发生短时间间隔效应,即细胞辐射敏感性会瞬时增加,如胡萝卜辐射后的 10 min 内,损伤程度很大,但在 30 min 之后,90%的损伤得到修复。

③间接作用的影响　间接作用是指经辐照处理后的样本本身形成一个损伤环境，沉积在样本中的能量继续传递，对其他正常大分子造成损伤。如果将照射过的愈伤组织与未照射的愈伤组织接种在一起，也会引起未照射愈伤组织的损伤。

④延迟平板培养的修复作用　例如用西单冠毛菊的悬浮培养细胞作为材料，对亚胺环乙酮进行诱发抗性突变，如果把经过辐射处理过的悬浮液保存在黑暗条件下的摇床上，当在一定时间内延迟平板培养后，会提高细胞存活率，在这种条件下，使潜在的致死损伤（PLD）得到重大修复，但更长时间的延迟则不会提高细胞存活率。

（3）突变细胞或突变体的分离、选择技术

突变细胞或突变体的分离、选择技术有两种，一种方法是通过细胞或组织培养，经过辐射处理后，按常规的方法诱导、培养突变株，再根据育种需求进行选择，可以选择通过单倍体培养成纯合植株，然后用射线处理叶肉细胞原生质，经过平板培养等技术诱导成突变株，再根据农艺性状进行选择；也可以处理纯系植株的花药或愈伤组织，诱导成植株后再进行选择。使用这种方法在 M_1 代就可能选择到突变体，并且突变率和突变谱能得到较大幅度的提高。图 8-11 是日本科学家利用梨树植株辐射诱变培育的优质梨树品种。

(a)

(b)

图 8-11　辐射育种培育的果树（a）与原树（b）所结果实的对比

例如，烟草花药经过 γ 射线处理，采用单倍体培养技术在 M_1 代就能选择到突变体且突变率显著提高，具体方法如下：

①先将供试验的烟草花药培养成幼苗，用秋水仙碱加倍，并使自花授粉，以产生一谱系，供以下诱变之用；

②用不同剂量的 ^{60}Co 源 γ 射线处理小孢子，制定存活曲线，计算出 LD_{50} 为 15 Gy（剂量率 300 $Gy \cdot h^{-1}$）；

③在烟草花器官花冠与萼片等长时，采集花药；

④对培养的花药进行处理，观察结果，在培养时间 7 d 之内处理的有较高的愈伤组织诱导率，7 d 之后，培养时间愈长，死亡率愈高，诱导出的愈伤组织也会长期停留在愈伤组织期，不能形成器官；

⑤诱导出的植株逐步转向田间；

⑥对明显的突变体，取叶柄切断，进行培养，从愈伤组织得到突变株。

也可以参照微生物的方法在细胞培养时进行选择。其原理为：当处理细胞群落时，由于只有一部分细胞变为突变体，如果这些突变细胞在最低培养基上不能生长（不能复制 DNA），但它们还能在存活状态之中，那么可以给予某种处理，使一部分能正常生长的细胞死亡，而把突变细胞分离而存留下来，以培养成某种缺陷型的突变体。

在进行细胞培养时,获得细胞悬浮液的方法很多,例如可以通过振荡愈伤组织而获得,也可以用不带菌的幼苗、吸湿膨胀的种子等材料经过匀浆器破碎后,通过继代培养获得;也可以用纤维酶和果胶酶从不同植物组织中获得。但有一点需要注意,悬浮液中不仅存在游离的单细胞,而且有植物聚集形成的细胞团。由于制备的方法不同、供试验的材料不同,有时候培养液中存在大量细胞团,游离细胞只占少数;有时候得到高度分散的大量的游离细胞培养液,由于辐射事件有单细胞事件的特点,因此由细胞团增殖的个体对辐射育种来说显然是不利的。

8.1.4　辐射育种的应用及展望

美国人缪勒(Muller)不仅是人工诱变的创始人,也是第一位成功的诱变育种家。其实,他培育的CIB果蝇品系就是一个非常有用的果蝇新品种。20世纪30年代,瑞典的古斯塔夫松(Gustafsson)、尼布姆(Nybom)和哈格贝里(Hagbery)等就开始致力于诱变育种工作,并取得了较大成就。到20世纪50年代,瑞典已成为世界辐射诱变育种研究的中心。20世纪70年代,诱变育种工作已成燎原之势,经诱变而得到的新品种已数不胜数。我国在20世纪60年代初开始诱变育种工作,进入20世纪80年代后,诱变育种工作与我国其他行业一样进入了鼎盛时期。诱变育种的成果主要体现在作物育种和微生物育种两方面。作物育种,目标致力于早熟、抗病、高产、优质。这些目标并不是一下子就能达到的,特别是与某些品质有一定的相关性,如早熟的难以高产,高产的不早熟,这就须一步步地进行。可以用具有某种优良品质的品种作基础,通过诱变,从中选出保持(甚至超过)该优秀品质并出现新的优良品质的突变体。如浙江培育的早熟水稻"原丰早",就是以"科字6号"为基础,经诱变选择而育成的。"原丰早"穗大粒多,耐肥抗倒,保留了"科字6号"的丰产品质,但比后者早熟45 d,从而产量比成熟期相同的其他品种高一成以上。"原丰早"还有适应性广、早晚季均可种植、二熟制或三熟制都能适应的优点。这类例子举不胜举,如湖北育成的"鄂麦6号"、山东育成的"鲁棉1号"、黑龙江育成的"黑农16号"大豆、广东育成的"狮选64号"花生等,都是应用辐射诱变技术培育成功的作物。微生物育种,目标在于获得高产菌株。许多生化药物如核苷酸、酶制剂、氨基酸、抗生素等,常常用微生物发酵法来进行工业化生产。由于许多生化成分在生物组织中的含量较低、提取较为困难,所以这类药物价格极昂贵。如果某种微生物代谢途径改变,能累积这类成分,那么即可利用这种微生物来工业化生产药物。工业化生产的最大优点是能大幅度降低药物的生产成本,而诱变育种可以逐渐提高药物产量,从而进一步降低成本。在我国许多生化制药厂的抗生素生产车间里,都有着一批专门从事菌种培育的技术人员。正是由于他们的辛勤劳动,才使得抗生素生产效率大大提高。通过诱变育种,药物产量逐渐提高成千上万倍的例子屡见不鲜。

图8-12(照片来源于中国核农学会网站)是2019年获得江苏、四川和湖南等省科技进步奖二等奖的优质小麦和水稻品种,图中的(c)为低累积镉水稻品种,对消除重金属对人体健康的危害具有重大意义。

辐射诱发突变的遗传效应是由于辐射能使生物体内各种分子发生电离和激发,导致DNA分子结构的变化,造成基因突变和染色体畸变。在电离辐射的作用下扰乱了生物有机体的正常代谢,使生物体生长发育受到严重抑制,从而引起遗传因子发生改变并以新的遗传因子传给后代。

(a1)　(a2)　(a3)

(a) 扬辐麦5号

(b) II优D069等高产抗病亚种间杂交水稻新品种

（c）镉低积累两系杂交晚稻新品种C两优266

图 8-12　我国辐射育成的大面积推广的优质水稻和小麦品种

早期辐射育种主要以 X 射线为诱变源，20 世纪 60 年代后 γ 射线、中子束流应用渐广，80 年代以来，氦、氖激光、离子束也应用于辐射育种，但 ^{60}Co γ 射线仍是花卉和农作物上最常用的辐射诱变源。据 Micke(1978) 报道，γ 射线育成品种数占总数的 56.5% 以上。处理材料包括植物的种子、花粉、无性繁殖器官、组织培养物(愈伤组织)和活体植株；动物材料包括禽蛋、鱼卵以及微生物等。通过这种方法，获得了大量具有利用价值的早熟、矮秆、抗病、抗逆、优质及其他特异突变体，为育种工作提供了大量的遗传种质资源。例如快中子辐照板栗诱变育种是用快中子辐照板栗枝条，选育优良突变植株，使板栗枝体矮化。使果实一枝可多蓬，一蓬可多籽，实现板栗的优质高产。

辐射处理的方法，有外照射和内照射两种。外照射处理是将种子或植株送进辐照室进行照射，或者种植在钴圃内全生育期作较长时间的慢性照射；内照射处理是将放射性元素如 ^{32}P、^{35}S 等通过浸种、注入等途径导入被照射种子或植株某器官内部。为提高辐射诱变效果，利用多种诱变因素复合处理；利用杂交后代作辐射材料，获得有利变异体再与常规材料进行杂交；采用辐射突变与离体培养技术相结合，利用活体照射等以改良品种或创造新的突变类型。

1. 辐射诱变方法与技术的发展

目前，国内外在辐射育种的研究与实践中，以提高诱发突变频率和选择效率为中心，不断改进辐射育种的方法技术，如诱变因素、诱变对象、诱变条件和筛选方法，取得明显进展。

照射材料的选择是辐射育种的重要环节之一。原始材料的遗传背景对突变性状的表现和诱变效率有重要作用。早期的辐射诱变一般以种子为处理对象，近几年来几乎所有植物器官和繁殖体都有用于诱变的，如休眠种子、萌芽种子、杂合种子、种胚、花粉、多倍体、不定芽、根芽、枝条、球茎、愈伤组织等。而对于常以无性繁殖技术培育的花卉来说，因辐射诱变多诱发植物产生体细胞变异，再经无性繁殖将变异遗传给后代，形成无性繁殖系，故而花卉上辐射诱变应用前景十分广阔。

辐射诱变育种成败的关键是采取适当的辐射剂量，即达到有较多的变异，又不致过重地损伤植株。经长期实践认为，一般剂量的选择通常采用半致死剂量或临界剂量。

诱变育种的局限性在于如何以有效的手段鉴定和选择优良突变体。20 世纪 70 年代以前只是用常规的农艺性状判断，七八十年代以来则采用染色体压片观察其细胞水平上的变异及亚分子水平上的同工酶检测，90 年代以来分子标记技术不断发展，Caetano-Anolles 等在农作物上利用分子标记，对一些突变体进行分析，区别真伪突变体，利用与分子标记连续的关系对突变基因加以挂标。

2. 辐射育种展望

尽管辐射诱变在选育品种方面取得了一些进展，但有利性状的突变率还不够高，突变谱还不够广，突变没有方向性。围绕拓宽突变谱、提高突变率、定向诱变及缩短育种周期，是今后辐射诱变育种的发展方向，在适应世界种子业抗性育种(抗病、抗寒、耐低光照、抗热等)和质量育种(包括植物色、植物形态和气味、控制植株高度等)的前提下应注意以下几个方面。

选择适当的诱变源和开发新的诱变源。不同诱变源对不同植物育种目标各有适宜，而从 X 射线到 γ 射线的应用，突变率大大提高，诱变源是保证植物育种的有效物质基础。目前，处理诱变材料的辐射一般都是单独使用一种诱变源，今后应利用空间搭载技术进行多种辐射源的综合诱变技术研究。

诱变材料的选择，由于农作物材料不同组织、器官、不同发育阶段的辐射敏感性差异甚大，合适的材料选择有益于突变率的提高和突变谱的拓宽。如结合现代组培技术，利用组培的愈伤或其他材料作为诱变材料。Broertjes(1976 年)及一些学者在菊花、郁金香、美人蕉等花卉上的应用已取得了进展。

定向诱变是人类育种的美好愿望和目标。以诱变提供的突变体为基础运用分子标记，筛选与目标基因连锁的分子标记。构建遗传图谱，进行目标基因定位和性状连锁分析，开展定向培育新品种；反之控制各种诱变因素，分析已知基因的变化，诱变处理材料使育种目标趋于有利，并提高目标变异性状在总变异中的相对频率。

组织培养又称快速繁殖，组培技术与辐射育种的结合，为显现体细胞突变开辟了广阔前景，克服了辐射诱发突变的随机性、嵌合性和单细胞突变缺陷，育种效率高，周期短，组培与诱变结合的复合育种技术已在我国被提出并加以应用，但此方法缺乏定向性，如能与分子标记相结合，在育种效率高、周期短、突变率高的基础上，增加定向性。故本书提出诱变、组培和分子标记相结合的新复合育种思路，则无论在花卉育种实践上还是诱变机理研究上都将开创新局面。

8.1.5 复合诱变

某一菌株长期使用诱变剂之后，除产生诱变剂“疲劳效应”外，还会引起菌种生长周期延长、孢子量减少、代谢减慢等不利后果，这对发酵工艺的控制不利，在实际生产中多采用几种诱变剂复合处理、交叉使用的方法进行菌株诱变。

复合诱变包括两种或多种诱变剂的先后使用，同一种诱变剂的重复作用和两种或多种诱变剂的同时使用。普遍认为，复合诱变具有协同效应。两种或两种以上诱变剂合理搭配使用，复合诱变较单一诱变效果好。如贺筱蓉等采用紫外同平板梯度浓度的亚硝基胍、纯铜蒸气混合诱变，筛选到高产菌株，效价提高了 53.2%，其原理可能是亚硝基胍对经理化处理的微生物细胞有修复作用，使正突变率提高。但也有复合诱变后使效果降低的例子，如吴振倡等在相同的条件下铜蒸气辐照龟裂链霉菌比其随后又用氯化锂复合处理效果好，可能是与氯化锂提高了细胞的修复系统的活性有关。复合因子较单一因子诱变效果有很大优势。但因目前大多微生物，尤其是抗生素产生菌的遗传背景不清楚，往往对诱变剂，特别是复合诱变剂的选择使用带有很大的盲目性。

诱变的目的是为了得到新的突变。在摩尔根时代，遗传学研究内容的丰富与新突变的发现息息相关。现在，遗传学研究的内容和手段与过去相比早已面目全非了，但获得新突变并从中选出对人类有利的突变型仍然是热点之一。现在已有许多新手段来培育新品种，如应用分子生物学技术培育转基因动植物等，但诱变育种仍不失为简便易行的常用手段。

8.2 辐射保藏

辐射保藏(radioactive preservation)食品是用电离辐射照射的方法延长食品保藏时间，提高食品质量的新技术。它的基本原理是利用射线或加速器产生的粒子束流照射食品，引起一系列物理、化学或生物化学反应，达到杀虫、灭菌、抑制发芽、抑制成熟等目的，从而减少食品在储存和运输中的耗损，增加供应量，延长货架期，提高食品的卫生品质等。

8.2.1　辐射保藏简介

辐射保藏是一种“冷加工”，不需要加入添加剂，能保持食品原有的风味，有的还可提高食品的工艺质量；辐照食品中没有药剂残留，也不污染环境，不会感生放射性；其中 γ 辐射穿透能力强，可对预先包装好的或烹调好的食品进行均匀、彻底的处理，操作方便，节省时间；辐照能杀虫、灭菌，可作为一种有效的检疫措施；辐照加工耗能少，处理过程中多数不需要冷藏，是一种理想的节约能源的方法；辐射操作容易控制，适用于大规模连续加工。图 8-13 是^{60}Co 辐照装置。

图 8-13　钴-60 辐照装置

（注：正在进行蔬菜的辐照保鲜试验，为切伦科夫辐射）

1. 辐照条件

辐射源和辐射装置是开展辐射保鲜的基本条件，用于保鲜或保藏的辐射源有三种：^{60}Co 和^{137}Cs 的 γ 射线、电子直线加速器产生的 β 射线、X 射线管产生的 X 射线。

实验室试验阶段有两种装置可以使用，即^{60}Co 或^{137}Cs 的辐射装置和电子加速器，对于体积小、包装薄的物品，采用直线电子加速器比较易于管理。

为了满足特殊工艺要求，例如提高均匀度，保证照射时的温度控制，减少照射时的氧含量，减少食品在传送、照射和储藏过程中的机械损伤(碰伤)，以及为了从经济角度来改进工厂辐射源的利用率，对辐照工厂的设计应十分完善，除了应当规定适宜的辐照类型和剂量范围外，还应考虑其他条件和因素的影响。以马铃薯的辐照为例，需要考虑的因素有：是否在收获后立即照射还是存放几周后照射，是散装还是包装进行照射，使用的包装材料和容器，照射后是室温还是在 10 ℃下储存等。

对于供卫生安全性实验用的食品辐照条件，应尽可能地与供人消费的食品的辐照条件一致；供动物实验用的食品，其剂量至少应该是商业推广所用的最大剂量。此外，在辐照加工时，还要求某些物理性质，如含水量、氧效力、温度和辐照后的保藏条件都尽可能与商业推广的条件接近。

辐射消毒的效果取决于产品性质、微生物种系、辐射剂量和辐射后的保藏条件，这些都应该根据需要而区别对待。

2. 处理各种产品、样品的剂量及剂量率

食品在射线作用下吸收剂量不同，发生的变化也不同，吸收剂量的大小对杀虫、灭菌、营养成分的变化、抑制生长发育和新陈代谢的作用有直接的影响，关系到辐射保藏的效果，所以必须尽可能准确地测量食品被辐照后所吸收的剂量。

各种不同种类的食品和不同的保藏目的，有各自需要的最佳辐射剂量，FAO/IAEA/WHO 的专家委员会认为，要达到理想的消除病原微生物或植物害虫的检疫要求，关键在于确定一个最低的临界剂量，同时为了达到工艺上的要求，也必须规定最低辐照剂量。为了避免使用过高的辐射剂量使食品可能产生对人体健康有害的化合物，需要确定一个最高的辐射剂量阈值(表 8-4 中,D10 值是指杀灭 90%微生物所需的辐射剂量)。

表 8-4　重要的食品致病菌或微生物的 D10 值

致病菌	D10 值/Gy	悬浮介质	辐照温度/℃
A. hydrophia(嗜水单细胞菌)	0.14~0.19	牛肉	2
C. jejuni(空肠弯菌)	0.18	牛肉	2~4
E. Coli( )157:H7(大肠杆菌 O157:H7)	0.24	牛肉	2~4
I. monocytogenes(单核细胞杆菌)	0.45	鸡肉	2~4
Samoneliaspp(沙门氏菌)	0.38~0.77	鸡肉	2
S. aureus(金色链霉菌)	0.36	鸡肉	0
Y. enterocolitica(小肠结肠炎菌)	0.11	牛肉	25
C. botulinum(sports)(肉毒梭状芽孢杆菌)	3.56	鸡肉	-30
肉毒杆菌 A	4	食品	—
肉毒杆菌 B	3.3	缓冲溶液	—
短小芽孢杆菌	3	缓冲溶液(厌氧)	—
产气荚膜杆菌	2.1~2.4	肉	—
枯菌杆菌	2~2.5	缓冲溶液	—
啤酒酵母	2~2.5	缓冲溶液	—
嗜热脂肪芽孢杆菌	1	缓冲溶液(含氧)	—
鼠伤寒沙门氏菌	0.7	冷冻蛋	—
产黄青霉	0.4	缓冲溶液	—
大肠杆菌	0.2	肉汤	—

通常,低剂量照射(低于 10 kGy)用于减少微生物、减少非孢子病原性微生物数目和改进食品的工艺品质;高剂量照射(10~50 kGy)用于商业目的的消毒和消除病毒。在适当的物理条件下,使用均匀的消毒(辐射完全杀菌)剂量为 10~70 kGy,似乎不会影响食品供人食用的安全性,公认的剂量限值为 15 kGy,若考虑均匀性,平均剂量值一般为 10 kGy。表 8-5 列出了几种有效处理所需要的剂量。

表 8-5　各种有效处理所需的剂量范围

项　　目	有效处理所需要的剂量/Gy
抑制马铃薯、洋葱发芽	30~100
使昆虫、寄生虫丧失繁殖能力	30~200
杀死昆虫、寄生虫	50~500
使营养型细菌、霉菌和真菌数量减少 10^6	10^2~10^3
使干的或冻干的营养型细菌、霉菌和真菌数量减少 10^6	2.0×10^2~2.0×10^3
使病毒数量减少 10^6	10^3~4.0×10^3
食品灭菌	2.0×10^3~4.5×10^3
改进脱水蔬菜的复水率和程度	10^3~82×10^3

必须指出,良好的工艺要求掌握辐射剂量测量和质量控制,在进行食品辐照时,通常使用较高的剂量率,在辐照装置设计时要充分考虑剂量分布的均匀性。

3. 综合处理技术

食品辐照是一种比传统的物理储藏法更能节约能源的技术,与其他方法相比,如将辐射同其他物理或化学处理方法结合,可以减少一种或两种处理的总剂量或化学试剂用量,达到降低成本、节约能源和提高辐照效果的目的。

低剂量辐射处理与中等程度的加热处理,对防止食品腐败是一种有效和经济的手段;使用高剂量辐射消毒和酶失活的热处理,使肉类、家禽和水产品在不需冷冻的情况下可储存数年。实验证明,经辐照处理残存下来的细菌,同加热杀菌时一样,对环境条件(如温度、pH 值、抑制剂)的抗逆能力大体上要比未经过处理的细菌更大一些,因此将辐射处理和其他手段结合起来的综合处理,在提高灭菌能力、减少能耗以及改进食品质量等方面具有重要作用。

(1)防腐剂与电离辐射

盐是人类使用的最古老的防腐剂,能增加辐照灭菌的敏感性,辐射时氯化钠可使分生孢子敏化,含碘盐更能增强孢子的敏化能力。射线照射与水杨酸综合处理,对抑制一般储藏马铃薯和洋葱的发芽有协同作用,用最低剂量就能完全抑制发芽。

(2)加热与电离辐射

将加热和辐射处理结合,既提高了辐射处理(特别是对蛋白质类食品)的防腐效果,同时对正常细胞组织的品质没有副作用。各种热带、亚热带水果,借助轻微的加热及低剂量照射,可有效防止真菌病原体引起的水果腐烂;加热和辐射处理花生(65 ℃,500 Gy),能够使某些有毒的真菌,如黄曲霉素失去活性;海虾用海水洗净后,经过 2 000 Gy 照射处理,可储藏 35 d,在洗净后再加热 5 min,相同剂量辐照处理,储藏时间为 35~42 d。

辐射处理防治害虫,可联合使用微波、红外线、低剂量药剂,单独采用某种方法效果不明显,多种方法联合使用,可降低辐射剂量,节约成本。

(3)重复照射

应避免对食品进行重复照射,重复照射可使辐射分解物发生累积,但由于其浓度较低,所产生的毒理上的危害较小,重复照射还可导致食品感官性状和营养价值有所下降。避免重复辐照基于以下原因:辐射分解产物浓度是剂量的线性函数;照射后,某些辐射分解产物浓度明显而迅速地下降;已确立基于毒理学和其他需要考虑的因素所要求的总体平均剂量。

因此,只允许两种情况进行重复照射:被辐照食品是一种经过低剂量辐照的加工食品(例如用辐射抑制发芽的洋葱加工成干洋葱);含有少量辐照过的成分的食品(例如含有辐照香料的肉制品和浓缩物)。在这两种情况下,最终产品中形成的辐射产物都是微不足道的。

将需要照射的总剂量分成多次照射不应该被看成重复照射。

(4)包装材料

辐照过程中,食品的包装材料对辐射的效果有一定影响,经过多年的实验研究表明,可用的包装材料和容器有两类:可靠的金属容器、轻的多层薄膜包装材料。

对金属容器有以下几个方面的要求:

①合适地控制制罐设备,确保无缝隙;

②尽量采用冷工艺;

③用无污染的冷却水;

④罐体最低限度的物理损伤。

轻的多层薄膜包装材料要充分考虑高分子材料耐受辐射的剂量水平。在射线作用下，高分子会发生一系列反应，包括交联、降解、形成双键、放出气体和氧化作用等。常用于食品包装的高分子材料耐辐射性能由高到低的顺序为：聚苯乙烯>聚对苯二甲酸乙二酯>醋酸纤维素>聚乙烯>玻璃纸。含卤素的材料如聚氯乙烯、聚偏二氯乙烯等在辐照过程中会放出游离的卤素，影响食品的口感和味道，一般不采用含卤聚合物作为包装材料。

辐射保藏食品经世界性的研究证明是一种安全有效的技术。目前，世界上已有约半数国家进行开发性研究。中国自1958年开展辐照保藏食品研究，用^{60}Co的γ射线直接杀死板栗、枣、葡萄干、豆腐粉、烟草中的害虫，取得了很好的效果。近年来利用核辐射处理中药材，也取得良好效果，是保存中草药品质的一项极有前途的技术。

8.2.2　国内外研究应用状况

20世纪60年代末至70年代初，全世界掀起食品辐照热，美、日等发达国家建成若干以^{60}Co为辐射源的粮食辐照装置，试验其技术经济可行性。

1. 辐照技术在国外的研究状况

20世纪70年代末，随着加速器技术的进步及其拥有的安全高效的优势，一些国家开始转向使用电子加速器处理食品。苏联科学家采用范德格拉夫加速器（静电加速器）作为辐射源，发现同样剂量的γ辐射与电子辐射对杀死粮食中的主要害虫有相同作用。1976—1977年，苏联研制了一种谷物辐射杀虫的半生产性装置，该装置是由苏联粮食研究所设计，电子加速器由苏联科学院西伯利亚分院核物理所研制，当时两台加速器的制造成本为44万美元。1980年，苏联在乌克兰敖德萨港口库建造了一座利用电子束辐照处理粮食的生产系统，主要目的是代替化学药剂对进口粮食在感染害虫时进行杀虫处理，每年约处理$2.0\times10^5 \sim 3.0\times10^5$ t粮食，其装机功率较小，辐照剂量仅0.3 kGy。1950年以来，全球已有50多个国家开展过或正在开展多达上千种食品的辐射处理研究。据2000年统计，全世界已有38个国家正式批准223种辐照食品的卫生标准。其中27个国家上市销售或进出口辐照食品达$2.0\times10^5\ t\cdot a^{-1}$，其中中国占有较大份额（$6.0\times10^4\ t\cdot a^{-1}$），居世界第一位。

目前，辐射杀虫储粮已经成功运行了几十年，处理了上千万吨的被多种害虫（如米象、谷蠹）感染的小麦。电子束辐照技术经试验证明是一种成熟的技术、前景广阔，在俄罗斯、美国和日本等发达国家均有广泛应用。根据FAO/IAEA/WHO等三个组织联合于1980年发表公告证实：任何食品当其总体平均吸收剂量不超过10 kGy时没有毒理学危险，同时在营养学和微生物学上也是安全的，这一结论得到世界食品法典委员会（CAC）的认可。到了1999年，FAO/IAEA/WHO再次发布联合公告，证明超过10 kGy以上的剂量辐照食品也不存在安全问题。以电子加速器产生的高能电子束灭菌方法，正在成为发展趋势。辐射装置只要严格按照隔离设计及控制要求建设和操作使用，其安全管理不存在任何问题。为了确保灭菌的有效性，WHO制定了统一的标准，只要控制一定的吸收剂量就能彻底杀灭细菌。电子束照射过的物品中不会残留任何放射性，因此这种方法不仅成为一次性医疗用品消毒灭菌的重要手段，也是杀灭炭疽菌以抵制国际恐怖主义的一种可靠、有效的选择。

2. 辐照技术在我国粮食储藏中的应用

我国也非常重视粮食辐照储藏的研究，早在20世纪50年代末60年代初直至70年代，国家粮食和物资储备局科学研究院就曾开展了电离辐射处理防治储粮害虫及其对粮食、薯类的食用品质和生理生化影响的研究。研究内容包括：移动杀虫辐照装置、害虫防治的有效剂量、不同剂量对小麦和稻谷的食用品质、生理活性及其他部分品质指标的影响、抑制马铃薯发芽（图 8-14）的辐照剂量以及辐照对马铃薯品质影响等。这些研究成果对于辐照在粮食储藏中的应用奠定了坚实的基础，但由于种种原因，这些研究成果大都没有公开发表，也没有进一步开发应用。

图 8-14　马铃薯的辐照抑制发芽
（左为对照品）

目前，国内对电子束辐照储粮技术研究工作仍处于尝试阶段，但已取得一定进展。清华大学国家大学科技园在联合国开发计划署支持下，于 1998—2001 年开展了电子束辐照处理带菌疫麦技术的研制和实施，曾得到美国、俄罗斯、乌克兰等国大学、科研部门专家协作和支持。科技园在拥有三座反应堆、一座 1.85×10^{15} Bq 钴源辐照站和研究用电子加速器设施的条件下，集中了约 600 名从事核科学、电子加速器等学科研究和核工程建设的技术队伍，经过近四年的辐照实验室研究、田间栽培及工程化研究，取得了包括粮食辐照灭菌和杀虫在内的一批科研成果，已具备了独立设计、建设和运行辐照处理带菌疫麦工艺系统的能力。这将大大推进辐照技术在食品领域的推广应用。

8.2.3　前景展望

随着经济的发展和技术的进步，人们越来越认识到保护环境的重要性。减少环境污染，留给子孙后代足够的发展空间，已经成为世界各国的共识。近年来，利用辐照处理的食品品种不断增加，主要有水产类、肉类、干鲜水果、干鲜蔬菜、香料、熟食品、粮食、饲料以及药材、各种包装材料、各种医疗用品等几百种，而且均取得了满意结果，获得明显的经济效益和社会效益。在储粮害虫和微生物的防治方面，以绿色、无公害的辐照技术为主的综合防治技术代替化学药剂为主的防治方法，必将成为今后储粮病虫害防治的发展趋势，具有广阔的市场前景。

8.3　辐射杀虫

辐射杀虫（radioactive killing insect）即利用电离辐射防治虫害，其辐射效应与剂量大小有关，其生物效应在适当剂量时导致昆虫生殖细胞染色体易位，受到损害，使当代受辐射的昆虫部分丧失延续后代的能力（遗传不育），并可遗传到下一代，使下一代比当代更不育，这种剂量称为半不育剂量。高于这种剂量，使昆虫当代完全不育，称为不育剂量。当辐射剂量再提高时，害虫就不能完成世代交替，而慢慢地死去，达到防治目的，这种剂量称为缓期致死剂量。当辐照剂量更高时，可在短时间内直接杀死害虫，这称为致死剂量。

8.3.1　辐射杀虫简介

辐射防治害虫，特别是昆虫辐射不育技术（SIT）是一种“以虫治虫”的生物防治方法，对人类的生态环境不产生消极影响。它与传统的生物防治法不同，它不是借助于天敌或抑制物（如细菌微生物、病毒、抗生素等），而是利用害虫本身具有延续种族的特性来取得消灭害虫的效果。本节将重点介绍 SIT 杀虫的相关知识。表 8-6 列出了几种应用辐射不育控制害虫种群的实例。

表 8-6 应用辐射不育控制害虫种群的实例

目	虫名	试验地点
双翅目	螺旋锥蝇	美国东南部
	地中海实蝇	夏威夷，加利福尼亚（美国）；Tanerife（西班牙）
	橘小实蝇	关岛（美国）
	甜瓜实蝇	关岛（美国）
	墨西哥实蝇	蒂华纳（墨西哥）；加利福尼亚边境（美国）
	因士兰实蝇	沃伦（澳洲）
	刺舌蝇	卡里巴湖（赞比亚）
	洋葱蝇	瓦赫宁根（荷兰）
	致乏尖音库蚊	新德里（印度）
	按蚊	Lake Apastepeque（萨尔瓦多）
	血蝇	克维尔（美国，得克萨斯州）
	厩蝇	海牙（美国，佛罗里达州）
	欧洲家蝇	拉齐奥（意大利）
	南美实蝇	秘鲁海岸 河谷做小规模试验
	四斑按蚊	佛罗里达州（美国）
鞘翅目	棉铃象虫	美国东南部
	鳃角金龟	Vendlintcourt（瑞士）
	棉红蝽	秘鲁海岸 河谷做小规模试验
鳞翅目	苹果蠹蛾	加拿大，美国
	烟蕾夜蛾	美国维尔京群岛
	玉米实夜蛾	美国维尔京群岛
	烟草青虫	美国维尔京群岛
	红铃虫	美国维尔京群岛

1. 一般原理和特点

不考虑虫口密度对增殖率的影响，忽略环境条件对昆虫成活率的影响，假设某害虫种群为 100 万，每代以 5 倍的比例繁殖，若采用每代杀死 90%的防治措施，则其残存率为 10%，同样以 5 倍的比例增殖，见表 8-7，到第 5 代就只能杀死 62 500 只，当种群数量降低后，用少量杀虫剂即可杀灭害虫，减少农药用量。

表 8-7 对每代 5 倍繁殖的种群喷洒杀虫剂时种群数的变化

世代	未处理	90%防治区
1	1 000 000	1 000 000
2	5 000 000	500 000
3	2 5000 0 00	250 000
4	125 000 000	125 000
5	625 000 000	62 500

若采用雄性不育法进行防治,其不育雄虫释放为正常雄虫的 9 倍,则正常雄虫与正常雌虫交配的概率为 1/10,第一代以后若仍释放与第一代同等数量的不育性雄虫,则不育性雄虫与正常雌虫的比例急剧增大,也就是正常雄虫与正常雌虫的交配概率急剧降低。

释放不育雄虫后存活的自然虫口(Y),可用下式表达:

$$Y = \frac{N}{S + N} \times V \tag{8-1}$$

式中　N——自然虫口的数量;

S——不育雄虫的数量;

V——卵到成虫在自然界条件下存活的概率。

由此可见,利用辐射雄性不育法防治害虫,在虫口密度较低时效果显著,影响辐射不育防治成败的关键是自然种群对其数量的恢复能力,也就是说,存活下来的能育个体数量的增长能力,即繁殖率,与昆虫生理、生态学、环境等因素有密切关系,实际繁殖率由下式来计算:

$$R = \frac{VP^j bf}{1 - bP^k} \tag{8-2}$$

式中　V——从卵到成虫羽化存活率;

P——雌虫成虫每日成活的概率;

j——雌成虫羽化到第一次产卵的中间数;

b——每次产卵的平均卵数;

f——平均卵数中雌卵的比例;

k——第一次产卵和下一次产卵之间的间隔日数。

当繁殖率为 1 时,即种群处于平衡状态时,从卵到成虫羽化存活的概率为

$$V_{eq} = \frac{1 - P^k}{bfp^j} \tag{8-3}$$

如果 V 的最大值 V_{max} 为已知,那么实际繁殖率即可用下式计算:

$$R = \frac{V_{max}}{V_{eq}} \tag{8-4}$$

2. 辐射不育治虫技术

辐射防治害虫技术考虑的因素有防治对象的选择、适宜剂量和照射方法、人工饲养、包装运输和大田释放,以及害虫的种群动态、迁飞能力与防治效果等。

(1)防治对象的选择

防治对象必须满足下面五个条件:

①能够建立大规模饲养方法,经济合理;

②释放的不育雄虫能够在野外种群中充分分散;

③不育处理不应对不育性雄虫的交配行为有不良影响,不育性雄虫具有与野生种群的雄虫一样的生命活力和交配竞争力,对觅食和寿命均无不利影响;

④雌虫是单配性的,即使是多配性,则不育性雄虫的精子与野生雄虫的精子一样,具有受精竞争力;

⑤种群密度本身低的种类,或者害虫的自然种群数量在某个时期明显减少。

另外,害虫分布地区具有地理隔离作用,具有防止害虫由邻近地区迁徙来的自然屏障;释放的不育性昆虫必须对人、动物和植物无害。辐射不育治虫(图 8-15)要求不育性雄虫比自

然雄虫的数量更多,愈多愈好,因此培养不育雄虫的成本是一个重要考虑因素。不育性雄虫释放到自然界后,生命力要旺盛、很高的分散性和强烈地追求雌虫的能力,如果不具有这些特点,就不适合辐射防治法。

图 8-15　雄性不育昆虫的对比(左为正常雄虫,右为不育雄虫)

(2)适宜剂量和照射方法

α、β、γ 射线,快中子等的辐射都能导致昆虫的不育,辐射不育的剂量就是导致昆虫不育的吸收剂量,是指昆虫辐照导致完全不育时,昆虫虫体单位质量所吸收的辐射能量,一般双翅目为 20~90 Gy,鞘翅目为 24~120 Gy,鳞翅目为 250~500 Gy,同一目的不同科,绝育剂量相差很大,如双翅目昆虫中,一般蚊类的绝育剂量要比蝇类高得多,如按蚊绝育为 1.15×10^{11} Bq · kg^{-1},而螺旋锥蝇只需 2.39×10^{10} Bq · kg^{-1}。

为了抑制被照射害虫的生育期和避免在照射时蛹羽化的成虫互相碰撞而受伤,一般采用 0~2 ℃低温抑制,然后进行辐照,不同的昆虫、不同虫态、不同发育阶段,不同性别对各种射线的辐射敏感性不同,一般发育早期较敏感。在确定使用射线种类和适宜照射剂量的前提下,选择其对生殖细胞最敏感而对体细胞损害最小、对交配竞争力影响较低的时期,用最佳的照射剂量率进行照射,则可取得较理想的效果。

(3)辐射半不育防治害虫

有些昆虫需要很高的剂量才能导致不育,如鳞翅目害虫的绝育照射剂量为 3.82×10^{11}~4.77×10^{11} Bq · kg^{-1},若用此照射量去辐照昆虫,虽可导致不育,但对体细胞损伤也大,严重影响其生活能力和交配能力,这就要求降低照射量,采用半不育照射量辐照昆虫,其后代只有 50%~70%的卵不能孵化,但孵化的卵(即 F_1)生长发育后仍为高度不育,如同雄虫不育一样,也能达到控制昆虫种类的目的。

采用半不育方法防治害虫的条件应当考虑以下方面:

①害虫经过最大半不育照射量辐照后,既不影响寿命,也不降低生命力和交配能力;

②半不育照射量对大多数雄虫不育,而对雌虫来说必须是绝育的或接近绝育的,处理后的雌虫与正常雄虫产生后代,其中少数能够孵化,生命力也弱,危害程度低,这样可以用混合蛹辐照后释放,从而避免人工饲养过程大量区分雌雄蛹的困难,将半不育雄虫和绝育雌虫同时释放到自然界中去,以控制害虫的数量;

③半不育照射量对害虫来说,F_1 代要比亲代更不育,理想的是亲代半不育,F_1 代绝育。

(4)辐射对昆虫细胞遗传和生殖生理的影响

各种细胞对辐射的敏感性各不相同,正在生长分裂状态的细胞组织对辐射比停止生长的细胞、组织敏感,生殖细胞比体细胞敏感,生殖细胞发育早期比成熟期敏感。组成细胞的各个部分对辐射的敏感性也不同,细胞核要比细胞质敏感,辐射效应主要发生在细胞核中,细胞在辐射作用下,染色体受损伤,有丝分裂、减数分裂以及细胞分化被抑制或停止,出现细胞核的固缩。

辐射突变可以分为两类:一类为基因突变,另一类是染色体畸变。在低剂量照射下,突变一般由一次击中所产生;在高剂量照射下,突变由多次击中所产生,生殖细胞的突变频率,在一定范围内随辐照剂量的加大而增加,超过这个范围,会导致细胞死亡,显性致死突变是辐射突变的一种,不同种类的昆虫,引起这种突变的照射量是不同的。

辐射对雌性昆虫生殖腺的作用,在低剂量下,卵巢的发育受到抑制,产卵不减少,卵的孵化率下降;在高剂量作用下,卵巢功能停止,逐渐退化,卵原细胞和滋养细胞核被破坏,产卵量减少,甚至不产卵。卵原细胞在形成卵的初期对射线的敏感性高,受到大剂量照射时,卵的形成完全停止,若滋养细胞被射线所损伤,则影响卵的正常发育。卵形成末期对射线的抵抗力增强,就是受到高剂量照射,卵也能成熟。

辐射对雄性虫生殖腺的作用,一般雄虫不同发育阶段的生殖细胞对辐射敏感性也不同,例如玉米螟、桃小食心虫精子的精原细胞对辐射最敏感,精母细胞、精子细胞次之,成熟精子具有对辐射最强的抵抗性。

昆虫幼虫期,雄性生殖腺处于形成精子早期,即精原细胞时期,受到一定照射量的射线照射后,生殖细胞完全被破坏,成虫就没有精子,但此时体细胞亦处于分化成长阶段,同样受到射线损伤。所以大多数昆虫在羽化前就已经死亡。昆虫蛹期,精子正处于形成过程,受到一定量的剂量照射后,精子失去活性,即失去活动能力和受精能力,这种雄虫进行交配后,即使将没有活性的精子送到雌虫体内,也不受精。昆虫羽化前,即使在昆虫精子成熟期进行照射,可使精子发生显性致死突变,在此情况下,精子虽有受精竞争能力,但受精卵不能正常分裂和发育,就会在胚胎发育过程中死亡,或在孵化后死亡,这是辐射不育的技术基础。

辐射半不育的遗传学基础,辐射使染色体断裂,这种断裂对染色体具有单着丝点结构的双翅目、膜翅目昆虫来说,雄虫辐照后,因染色体断裂而产生的缺失和桥带进受精卵,导致合子染色体不平衡,合子第一、第二次有丝分裂就受阻停顿,引起胚胎早期死亡。但对具有全着丝点(漫散着丝点)结构鳞翅目昆虫来说,雄虫经辐照后,染色体断裂部分不能形成缺失,也不能形成染色体桥,而是全部进入受精卵中,并在细胞分裂时,断裂的染色体以易位的形式重新组合,因而部分染色体得到修复。在胚胎发育的早期阶段容易通过,而在晚期才死亡,也就是说,染色体的显性致死突变,对具有单着丝点结构的昆虫来说,发生在胚胎早期,而对全着丝点昆虫则是后期。另外,由于染色体的全着丝点结构,染色体大部分与纺锤体相连,要使染色体断裂,就需要较大的能量。因此,鳞翅目昆虫的辐射不育辐射量、致死照射量均比双翅目、膜翅目昆虫的高,特别是全着丝点结构的染色体断裂后,还可以以易位的方式重新组合,这种易位可使子代产生高度不育,这就成为降低照射量应用半不育技术消灭鳞翅目害虫的依据,也就是说,半不育照射量处理害虫,可以通过将辐射导致的细胞染色体易位传给下一代,使95%以上的 F_1 代害虫丧失生育能力。

8.3.2 辐射不育杀虫的特点

①无环境污染,有利于生态平衡。辐射不育是一种生物防治方法,无化学残毒,对农作物和生态环境完全没有影响,并且不危害人畜、野生动物、害虫天敌和有益昆虫,是一种十分安全卫生的防治方法。

②专一性强,目标明确。只防治一种特定的昆虫,不会伤害其他昆虫。

③防治持久而彻底。辐射不育可在大面积范围内灭绝一种害虫。如果不再从其他地区迁入这种害虫,就可长期保持农作物(以及畜、林)免遭侵害。

④特殊效果。对自然隐蔽性强(有钻蛀习性)的害虫,或已产生抗药性的害虫,或一般防治有困难的害虫,采用辐射不育可以取得特殊效果。

⑤经济效益显著。由于防治效果持久,而且可能达到灭绝根除害虫的目的,因而受益具

有长期性。例如螺旋蝇的防治与根绝，辐射不育的技术效益与成本之比可达到 50∶1。

⑥一次性投资高。昆虫辐射不育需要人工饲养大量昆虫，并进行大田或野外释放。饲养过程中的人力、物资与装备（饲料、辐射源等）花费以及释放的运输设备、人员投入都很大。然而从长期取得的效果权衡，启动基金的大投入是有价值的。

由于辐射不育治虫技术在原理上要求不育性雄虫比自然雄虫具有更大的数量，可以说是一个数量的胜负问题。释放不育性雄虫与野生正常雄虫的比例数愈高，效果愈好。为此应该建立大规模的养虫工厂，以低廉的代价获得大量人工饲养的、合格的、经辐射后具有不育性的昆虫，这是关系到此项技术成败的首要问题。因此，对那些不能大量饲养或虽能大量饲养但成本昂贵的昆虫，用此方法是不适宜的。

8.3.3 辐射害虫致死剂量

除了辐射不育之外，还可以利用射线的高能直接杀灭害虫，根据前期的大量科学试验，获得了一系列的害虫辐射致死剂量，见表 8-8、表 8-9 和表 8-10。

表 8-8 部分害虫幼虫的辐射致死剂量

昆虫种类	温度/℃	年龄/d	剂量	死亡率/(%/d)
玉米象	26	5~20	3.81	100/21
四纹豆象	27	14	60 Gy	LD_{100}(全致死量)
谷象	26	7~11	3.81	99.9/60
杂拟谷象	30	14~15	52 Gy	99.9/28
赤拟谷象	30	14~15	105 Gy	99.9/28
绿豆象	28	—	11.47	LD_{100}
银谷盗	30	10~11	86 Gy	99.9/21
烟草甲	28	—	11.47	LD_{100}
白腹皮蠹	—	早期	7.62	100/15
谷皮蠹	—	—	5.74	LD_{100}
实蝇	—	—	7.62	LD_{100}
橘小实蝇	—	老龄	15.28	LD_{100}
瓜实蝇	—	—	14.87	LD_{100}
大白粉蝶	22	—	7.62	LD_{100}
三化螟	28	老熟	15.76	100/13
麦蛾	28	—	34.37	—
棉铃虫	—	老龄	23.87	100/11
粉斑螟	22	—	28.64	22.4/7

表 8-9 部分害虫蛹的辐射致死剂量

昆虫种类	温度/℃	年龄/d	剂量	死亡率/(%/d)
四纹豆象	27	27	200 Gy	LD_{100}
谷象	26	26~32	10.69	100/28
杂拟谷象	30	20~31	145 Gy	99.9/28
赤拟谷象	30	26~27	250 Gy	99.5/21
锯谷盗	30	早蛹	145 Gy	99.5/28
锯谷盗	30	晚蛹	308 Gy	85/15
蚕豆象	28	—	22.87	99.9/63
谷蠹	30	—	23.87	LD_{100}
白腹皮蠹	28	—	95.46	LD_{100}
三棕绿蝇	—	2~3	2.86	LD_{100}
家蝇	—	0.2~0.8	1.91	LD_{100}
墨西哥实蝇	—	—	23.87	LD_{100}
小菜蛾	22	羽化前 1 天	33.41	LD_{100}
三化螟	—	预蛹	15.76	91.3/10
红铃虫	26	越冬蛹	57.35	41.3/12
棉铃虫	—	初蛹	238.65	LD_{100}

表 8-10 部分害虫成虫的辐射致死剂量

昆虫种类	温度/℃	年龄/d	剂量	死亡率/(%/d)
玉米象	28	26~28	11.47	100/16
四纹豆象	27	0~1	1 700 Gy	100/2
谷象	24~25	21	160 Gy	100/21
杂拟谷象	30	4~11	222 Gy	99.4/24
赤拟谷象	26	4~11	340 Gy	99.9/21
银谷盗	30	—	206 Gy	99.9/21
谷蠹	30	—	250 Gy	100/63
长角角盗	28	—	120 Gy	100/15
白腹皮蠹	28	—	95.46	100/10
锈赤扁谷盗	28	—	14.32	100/23
土耳其扁谷盗	28	—	14.32	100/13
粗足粉螨	—	—	257.74	100/7
家白蚁	—	—	28.64	100/3
蟑螂	—	—	28.64	100/10
衣鱼	—	—	28.64	100/20
囊虱	—	—	66.82	100/26
囊窃蠹	—	—	152.74	100/29

注:表 8-8、表 8-9 和表 8-10 中剂量单位除了标注为 Gy 的数值之外,其余数值的单位为 10^{10} Bq · kg^{-1}。

杀灭害虫一般选用^{60}Co或^{137}Cs的γ射线辐射源，经过试验或查阅参考文献，选用不同的剂量率和辐照剂量，对害虫进行直接杀灭作用，主要应用于粮食储存过程中害虫的杀灭、食品害虫、田间害虫、档案图书馆内害虫、植物检疫等领域。

8.4 核技术在农业领域中的应用展望

8.4.1 宇宙射线中子传感器实现大面积区域的含水量测量

一个国家或地区要实现可持续发展，水是一个重要的考量因素，一个国家或地区的土壤含水量和地下水储量决定了承载的工业、农业和人口布局。传统方法只能测量某点或很小面积土地的水分，不能检测一个区域的水分。一台宇宙射线中子传感器（cosmic rays neutron sensor，CRNS）可以测量直径250 m（面积20公顷）的圆形区域的土壤水分含量。其原理（图8-16）是宇宙中的重离子与空气发生反应，产生中子，中子与地表面土壤发生反应，主要与氢反应，测量单位时间内进入空气和土壤中的中子数，获得中子数与区域土壤含水含量的关系曲线，对CRNS法进行校准土水组分SWC（soil water content），除去环境中其他SWC的信号，获得含水量，为一定区域的工农业和人口承载量及可持续发展提供科学依据。

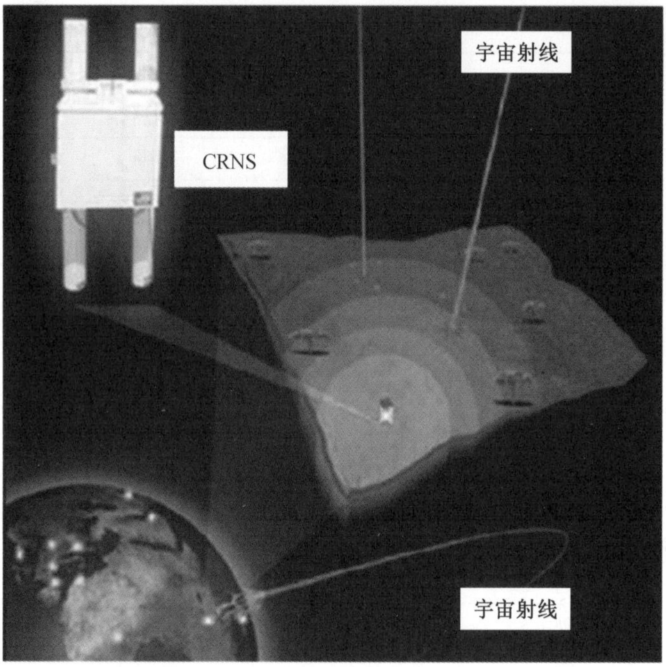

图8-16 宇宙中子射线测量土壤含水量的原理图

（资料来源：IAEA的Nuclear technology review报告）

8.4.2 放射性污染土壤的治理

福岛核事故后，国际原子能机构（IAEA）和粮农组织（FAO）共同开发了DSS4NAFA软件用于核事故后农产品的污染数据收集、数据分析并提供决策建议，增强农业核应急的响应能力。

8.4.3 土壤侵蚀评估和海水酸化监测

^{239}Pu、^{240}Pu、^{137}Cs、^{7}Be、^{210}Pb 是土壤侵蚀评估的示踪剂，尤其是更长半衰期的^{239}Pu、^{240}Pu 对土壤侵蚀和退化进行长期评估，有助于我国耕地的科学管理和荒漠化治理。

化石燃料燃烧排放大量 CO_2 到大气中，如果海水不吸收或不控制排放，大气中的 CO_2 浓度可达 7.0×10^4，导致地球上大量生物的灭绝。目前，海水吸收 CO_2 后，空气中的 CO_2 浓度维持在 4.0×10^4，但吸收 CO_2 后导致海水酸化，大量海藻死亡，依赖海藻生存的海洋生物会失去食物，对海洋生态造成不可逆的损害。可通过^{32}Si、^{67}Cu 示踪研究海藻光合作用，以及海水酸化对海洋生态的影响，还可利用放射性同位素示踪研究酸化海水对沿海海岸的侵蚀，为治理提供科学依据，实现人类的可持续发展。

8.4.4 核农学的其他发展展望

为了提高盐碱地和荒漠地农作物的产量，需要有效的水肥管理，土壤保水产品是关键，主要技术是利用辐射法合成水凝胶，如聚丙烯酸类超吸水剂、聚丙烯酰胺类超吸水剂等。探索将纳米技术与辐射技术相结合，开发纳米材料用于食品包装，可生物降解、显示储存过程中已加工食品的新鲜度和抑制腐败菌等；壳聚糖辐射降解后作为植物生长的促进剂得到广泛应用；天然物质（壳聚糖、海藻、卡拉藻、蟹虾壳等）经过辐射降解的产物，可代替农药和化肥，可抑制病毒和细菌，或者作为天然抗氧剂实现食品、药品、化妆品等保鲜，都是核农学未来重点关注的技术研发和产业化发展方向。

习　　题

8-1　DNA 损伤的类型有哪几种？请具体描述。

8-2　机体的辐射敏感性与哪些因素有关？

8-3　测定辐射敏感性一般从个体、细胞或代谢三个水平上进行，常用指标有哪些？

8-4　辐射保藏的基本原理是什么？

8-5　在辐射防治害虫技术中，防治对象必须满足什么条件？

第 9 章　核能的和平利用

20 世纪是人类文明迅猛发展的一个重要阶段,但这种发展主要依赖无节制地开发利用煤、石油、天然气等化石燃料的自然资源。而这些有限的、不能再生的自然资源无法长期满足日益增长的世界能源需求。据美国石油业协会估计,地球上尚未开采的原油储藏量已不足 2 万亿桶,可供人类开采的时间不超过 100 年,石油和天然气将在 21 世纪末趋于枯竭。尽管煤炭资源相对比较丰富,据世界能源大会提供的资料,世界煤炭的探明可采储量约为 9.842×10^{11} t,也只可供人类开采 200 余年。到 2500 年左右化石资源将消耗殆尽。在人类消耗这些化石资源时,产生了大量的废物。如全球仅二氧化碳的排放,每年就多达 2.10×10^{11} t,还伴随其他有毒物质如 SO_2、NO_x 等产生。随着全球工业的快速发展,废物排放量呈明显上升趋势,给地球的生态环境造成了严重破坏,使人类生存空间受到了极大的威胁。

随着世界经济的迅速发展,能源生产与消费之间、能源需求与环境保护之间的矛盾越来越大,有限的能源储量已无法满足人类日益增长的需求,能源形势越来越严峻。为了应对能源供应紧张,缓解能源消耗过程中带来的生态环境恶化等问题,应充分利用现有传统能源、研究节能新技术、积极开发新能源,开展能源与环境的关系研究。

新能源是相对于传统能源而言的,通常是指核能(裂变能和聚变能)、风能、太阳能、地热能、潮汐能、生物质能、海水温差发电等。此外,对于能提高能源利用效率和改变其使用方式的技术如磁流体发电、煤的汽化和液化等,则是新的能量转换技术,也属于新的能源技术范畴。当今,石油价格的上涨和科技的进步,促进了新能源的开发和利用。

尽管风能、太阳能、地热能、潮汐能、生物质能、海水温差发电等绿色能源越来越引起科学家们的重视,但是上述能源由于受地理位置、气候条件等诸多因素限制,核能是一种不受地理位置、气候条件的限制,可以大规模使用且安全风险可控的能源。核能主要有两种,即核裂变能和核聚变能。它们的可利用资源非常丰富,其中可开发的核裂变燃料资源(含钍)可使用上千年,核聚变资源可使用几亿年。裂变核能至今已有了很大发展。由于核裂变发电用核燃料的生产及发电过程中会产生大量的核废物,这些核废物危害性较大。相对于核裂变,核聚变更清洁,因此科学家们普遍看好的是利用可控核聚变反应所释放的巨大能量来产生电能这一方式。核聚变发电目前仍处于研究开发中。目前,世界上许多国家和地区都在大力发展核裂变发电,并积极开展国际合作,促进核聚变发电的实现。

本章将简单介绍核能的来源、类型及核能的非军事应用。

9.1　核能的来源及核能发电的特点

众所周知,原子核是由中子和质子组成的。一个原子的质量应该等于组成它的基本粒子的质量的总和。但是,实际上并不是这样简单。通过精密的实验测量,人们发现原子核的质量总是小于组成它的质子和中子的质量之和。例如,氦原子核是由 2 个质子和 2 个中子组成,外面有 2 个电子。氦原子的质量应该是

$$m_{He}=2m_p+2m_n+2m_e=2\times1.007\,28\text{ u}+2\times1.008\,67\text{ u}+2\times0.000\,55\text{ u}=4.033\text{ u}$$

其中，u 为质量单位，1 u = 1.66×10^{-24} g。

然而，经实验测得的氦原子的质量 m_{He} = 4.002 60 u，比组成它的基本粒子总质量少了 0.030 4 u。再如^{238}U 的原子，它的核由 92 个质子和 146 个中子组成，核外有 92 个电子。这些粒子的质量加在一起应该是 239.986 u，但直接测得的^{238}U 的原子质量却是 238.051 u，少了 1.935 u。

上述这种质量减少现象在其他原子核中同样存在，人们将这种现象称为“质量亏损”。

根据爱因斯坦的质能关系式 $E=mc^2$，核反应过程中质量的减少，必然伴随着能量的释放，即 $\Delta E=\Delta mc^2$。这种由若干质子、中子等结合成原子核时放出的能量，叫作原子核的结合能，即核能。

一般化学反应仅是原子与原子之间结合关系的变化，即原子核外电子结合状态的变化，原子核结构并不发生改变。由于核子间的结合力比原子间结合力大得多，所以核反应的能量变化比化学反应要大几百万倍。如用 4 g 氢完全燃烧时放出的热量大约可以把 1 kg 水烧开，而在合成 4 g 氦原子的核反应中放出的热量可以把 5.0×10^3 t 水烧开，两者释放出的热量差达五百万倍；再如 1 kg^{235}U 裂变时可放出相当于 2.7×10^3 t 标准煤燃烧产生的热量；1 kg 氚发生聚变反应所放出的能量更大，相当于 1.1×10^4 t 标准煤或 8.6×10^3 t 汽油燃烧产生的热量。

核能包括核裂变能、核聚变能、核素衰变能等，其中，可大规模生产使用的核能形式为核裂变能和核聚变能。核裂变能是重元素（铀或钍等）在中子的轰击下，原子核发生裂变反应时放出的能量；核聚变能是轻元素（氘和氚）的原子核发生聚变反应时放出的能量。下面主要介绍这两种核能形式的产生。

9.1.1 核裂变能

某些重核原子如^{235}U 等，在热中子的轰击下，原子核发生裂变反应，产生质量不等的两种核素和几个中子，并释放出大量的能量。以^{235}U 为例，反应为

$$^{235}_{92}U+^{1}_{0}n \longrightarrow ^{137}_{56}Ba+^{97}_{36}Kr+2^{1}_{0}n+200\ MeV \tag{9-1}$$

据测算，1 kg^{235}U 全部裂变后释放的能量，相当于 2.7×10^3 t 标准煤完全燃烧放出的化学能。在不加控制的链式反应中，从一个原子核开始裂变放出中子，到该中子引发下一代原子核的裂变，只需 1 ns（纳秒，1 ns = 10^{-9} s）的时间。在非常短的时间以及有限空间内，核裂变所放出的巨大能量必然会引起剧烈地爆炸。原子弹就是根据这种不加控制的链式反应的原理制成的。控制链式反应，使核裂变能缓慢地释放出来，可用于直接供热或发电等，核裂变电站就是利用可控核裂变来发电的。

产生核裂变能所使用的核材料主要是^{235}U 和^{239}Pu。^{235}U 在天然铀中的丰度只有 0.7%左右。^{232}Th、^{238}U 等尽管在自然界中丰度高、储量大，并不能直接用于核裂变能的生产，但这些易增殖材料可以在快中子作用下通过核反应转变为^{233}U、^{239}Pu 等易裂变的优质核燃料。仅现在已经探明的铀储量也足以用到核聚变能和太阳能取代核裂变能的时代。

9.1.2 核聚变能

核聚变是由两个或多个轻元素的原子核，如氢的同位素氘（$^{2}_{1}$H 或 D）或氚（$^{3}_{1}$H 或 T）的原子核，聚合成一个较重的原子核的过程。在这个过程中，由于某些轻元素如氘在聚变时质量亏损较核裂变反应时大，根据 $E=mc^2$，核聚变反应将会放出更多的能量。

聚变反应有很多种，较易实现的有以下几种，并均已在实验室中观察到放能现象，即

$$
\begin{aligned}
&D + D \longrightarrow {}^{3}He + n + 3.25\ MeV \\
&D + D \longrightarrow T + p + 4.00\ MeV \\
&T + D \longrightarrow {}^{4}He + n + 17.6\ MeV \\
&{}^{3}He + D \longrightarrow {}^{4}He + p + 18.3\ MeV \\
&{}^{6}Li + D \longrightarrow 2\,{}^{4}He + 22.4\ MeV \\
&{}^{7}Li + p \longrightarrow 2\,{}^{4}He + 17.3\ MeV
\end{aligned}
\qquad (9-2)
$$

如原子弹一样，如果对聚变反应不加以控制，氢的同位素氘、氚发生核聚变反应时瞬间释放出大量的热，也会产生巨大的爆炸，氢弹就是利用这个原理来制造的。氢弹的爆炸是一种不可控制的释能过程，整个过程持续时间非常短，仅为百万分之几秒。而作为一种能源，人们期望聚变反应能在人工控制下缓慢、持续地发生，并把所释放的能量转化为电能输出。这种人工控制下发生的核聚变过程被称为受控核聚变。

9.1.3　核能发电的特点

核能发电是目前世界上和平利用核能最重要的途径。无论从经济还是从环保角度而言，核能发电都具有许多明显的优势。

1. 核能资源丰富，能量密度高

产生核能所需的铀、钍及氘等资源在地球上的储量十分丰富。地球上已探明的核裂变燃料，即铀矿和钍矿资源，按其所含能量计算，相当于化石燃料的 20 倍。自然界中每吨海水或河水中平均含有 30 g 氘，据估计全球的海水中大约含有 2.34×10^{14} t 氘，可大量提取。这些核资源的单位产能巨大，如 1 t 纯铀裂变所产生的能量相当于消耗 2.7×10^{6} t 标准煤所产生的能量；1 t 氘聚变产生的能量相当于 1.1×10^{7} t 标准煤。可见，1 t 海水就可以顶替 330 t 标准煤。因此，核能的利用空间非常大，特别是在核聚变电站建成后，由于地球上存在大量可以利用的氘资源，人类将不再被能源问题所困扰。

2. 核电是清洁能源，有利于保护环境

石油、煤等化石燃料燃烧后向外部环境释放大量煤渣、烟尘和硫、氮、碳等氧化物，以及汞、镉、三四苯并芘等致癌物质，这些物质不仅直接危害人体健康和农作物生长，还导致酸雨和“温室效应”，对全球生态平衡破坏较大。由于核裂变电站的选址、设计、建造和运行必须遵循国际确认或本国政府部门批准的核安全法规(法则)及相关法律，并实行固、液放射性废物回收暂存(再送处理和处置)，气态放射性流出物经专门设施过滤符合国家标准后释放。因此，核电站向环境排放的只是极少量经处理、符合相应排放标准的残余尾气和废水。核电站数十年的运行经验表明，每发 1.0×10^{11} kW · h(相当于 3.6×10^{14} J)电，核电产生的放射性排放总剂量平均为 1.2 Sv，而烧煤电站的灰渣中放射性物质总剂量则为 3.5 Sv。可见即使仅从放射性排放角度看，核裂变电也比火电小。核聚变电站则几乎不产生放射性废物。

3. 从性价比上来讲，核电要优于火电

火力发电的成本主要包括发电厂的建造折旧费，石油、煤等化石燃料费。火电厂的燃料费占发电成本的 40%～60%。由于核裂变电厂特别重视安全和质量，所以它的建造费一般比火电厂高 30%～50%，但它的燃料费只占发电成本的 20%～30%，比火力发电低。在西方发达国家，核裂变电的成本跟煤电比较，假如核电成本为 1，则火电成本高达 1.5～1.7。由于煤和

石油都是化学工业和纺织工业的宝贵原料,可用来制造各种纤维、橡胶、肥料、塑料、染料、药品等,它们在地球上的蕴藏量是有限的,作为原料,它们要比仅作为燃料的价值高得多。因此以核燃料代替煤和石油,有利于现有资源的合理利用。

在后续几节中将针对核能的非军事应用进行介绍,重点介绍核裂变能发电、核聚变能发电。

9.2 核裂变发电

核裂变发电,其核心是核反应堆,它是一个能维持和控制核裂变链式反应,从而实现核能与热能转换的装置。1942 年,美国芝加哥大学建成了世界上第一座自持的链式核反应装置,从此开辟了核能利用的新纪元。

9.2.1 核电站工作原理

核电站是利用核裂变反应释放出的能量来发电的工厂。它是通过冷却剂流过核燃料元件表面,把裂变产生的热量载带到蒸汽发生器,载出的热量将水蒸发产生蒸汽,推动汽轮发电机组发电。

图 9-1 为压水堆核电站工作原理图。它主要由一回路系统和二回路系统两大部分组成。一回路系统主要由核反应堆、稳压器、蒸汽发生器、主泵和冷却剂管道组成。冷却剂由主泵压入反应堆,流经核燃料时将核裂变放出的热量带出;被加热的冷却剂进入蒸汽发生器,通过蒸汽发生器中的传热管加热二回路中的水,使之变成蒸汽,从而驱动汽轮发电机组工作;冷却剂从蒸汽发生器出来后,又由主泵压回反应堆内循环使用。一回路被称为核蒸汽供应系统,俗称“核岛”。为确保安全,整个一回路系统装在一个称为安全壳的密封厂房内。二回路系统主要由汽轮机、冷凝器、给水泵和管道组成。二回路系统与常规热电厂的汽轮发电机系统基本相同,因此也称为常规岛。一次、二次回路系统中的水是各自封闭循环,完全隔绝,以避免任何放射性物质外泄。

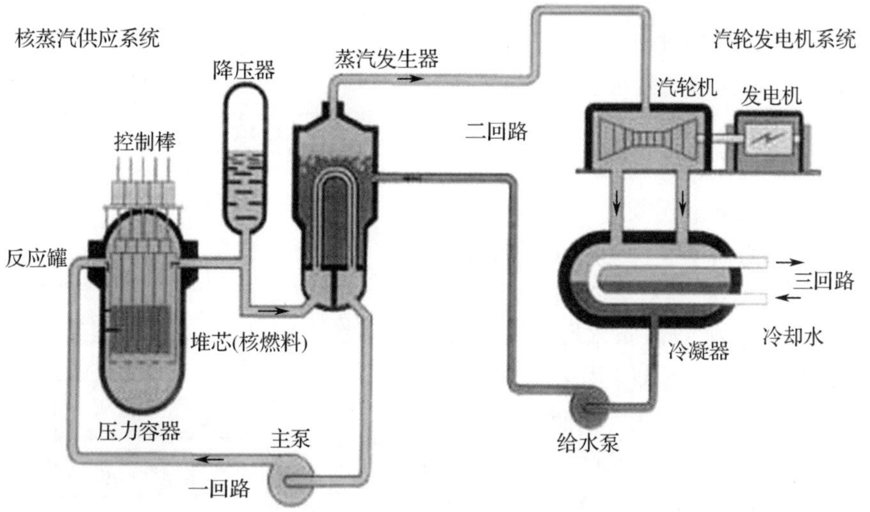

图 9-1 压水堆核电站工作示意图

9.2.2 核反应堆组成

核反应堆由堆芯、冷却系统、中子慢化系统、中子反射层、控制与保护系统、屏蔽系统、辐射监测系统等组成。

①堆芯中的燃料　反应堆的燃料是可裂变或可增殖材料。自然界天然存在的易于裂变的材料只有^{235}U,它在天然铀中的含量仅有 0.711%。另外,还有两种利用反应堆或加速器生产出来的裂变材料^{233}U 和^{239}Pu。将这些裂变材料制成金属、合金、氧化物、碳化物以及混合燃料等形式作为反应堆的燃料。

②燃料包壳　由于裂变材料在堆内辐照时会产生大量裂变产物,特别是裂变气体,为了防止裂变产物逸出,需要将核燃料装在一个密封的包壳中。包壳材料多采用铝、锆合金和不锈钢等。

③控制与保护系统中的控制棒和安全棒　为了控制链式反应的速率在一个预定的水平,需用吸收中子的材料做成吸收棒,称之为控制棒和安全棒。控制棒用来补偿燃料消耗和调节反应速率;安全棒用来快速停止链式反应。吸收体材料一般是铪、硼、碳化硼、镉、银铟镉等。

④冷却系统　由于核裂变时产生大量的热,为了维持堆运行的安全,需要将核裂变反应时产生的热导出来,因此反应堆必须有冷却系统。常用的冷却剂有轻水、重水、氦和液态金属钠等。

⑤中子慢化系统　由于慢速中子更易引起^{235}U 裂变,而核裂变产生的中子则是快速中子,所以有些反应堆中要放入能使中子速度减慢的材料,这种材料就叫慢化剂。常用的慢化剂有水、重水、石墨等。

⑥中子反射层　反射层设在活性区四周,它可以是重水、轻水、铍、石墨或其他材料。它能把活性区内逃出的中子反射回去,减少中子的泄漏量。

⑦屏蔽系统　屏蔽系统设备在反应堆周围,以减弱中子及 γ 剂量。

⑧辐射监测系统　该系统能监测并及早发现核反应堆放射性泄漏情况。

9.2.3 核裂变反应堆的结构形式和分类

根据燃料形式、冷却剂种类、中子能量分布形式、特殊的设计需要等因素可建造成结构形式不同的反应堆。目前,世界上有大小反应堆上千座,其分类也是多种多样。通常按能谱、冷却剂类型及用途对反应堆进行分类。

按能谱分有由热中子和快速中子引起裂变的热堆和快堆;按冷却剂分有轻水堆,即普通水堆(又分为压水堆和沸水堆)、重水堆、气冷堆和钠冷堆;按用途分有研究实验堆(用来研究中子特性,利用中子对物理学、生物学、辐照防护学以及材料学等方面进行研究)、生产堆(主要是生产新的易裂变的材料^{233}U、^{239}Pu)、动力堆(利用核裂变所产生的热能用于舰船的推进动力和核能发电)。图 9-2 为按能谱及冷却水分类的裂变堆类型。

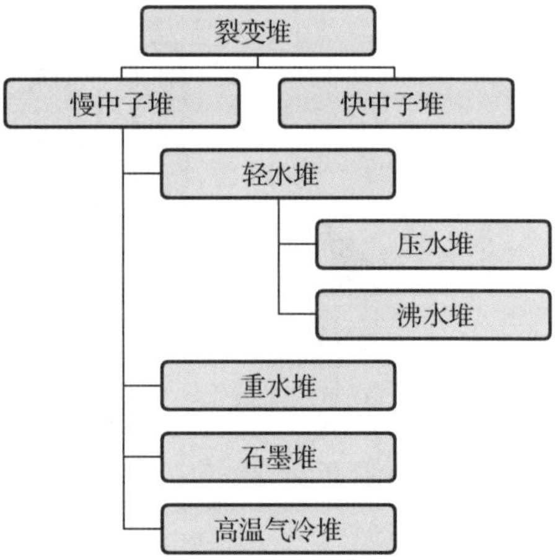

图 9-2　裂变堆型分类(按能谱及冷却剂分类)

1. 研究实验反应堆

研究型实验反应堆是指用于科学实验研究的反应堆,但不包括为研究发展特定堆型而建造的、本身就是研究对象的反应堆,如原型堆、零功率堆、各种模式堆等。研究型实验堆的应用领域很广,包括堆物理、堆工程、生物、化学、物理、医学等,并可用于生产各种放射性核素和反应堆工程人员培训。研究实验堆种类很多,它包括游泳池式研究实验堆、罐式研究实验堆、重水研究实验堆、均匀型研究实验堆、快中子实验堆等。

游泳池式研究实验堆:在这种堆中水既作为慢化剂、反射层和冷却剂,又起主要屏蔽作用。因水池常做成游泳池状而得其名。

罐式研究实验堆:由于较高的工作温度和较大的冷却剂流量只有在加压系统中才能实现,因此必须采取加压罐式结构。

重水研究实验堆:重水的中子吸收截面小,允许使用天然铀燃料,它的特点是临界质量较大,中子通量密度较低。如果要减小临界质量和获得高中子通量密度,就用浓缩铀来代替天然铀。

2. 生产堆

生产堆主要用于生产易裂变材料或其他材料,或用来进行工业规模的辐照。生产堆包括产钚堆、产氚堆和产钚产氚两用堆、同位素生产堆及大规模辐照堆。如果不是特别指明,通常所说的生产堆是指产钚堆。该堆结构简单,生产堆中的燃料元件既是燃料又是生产^{239}Pu 的原料。中子来源于用天然铀制作的元件中的^{235}U。^{235}U 裂变中子产额为 2~3 个,除维持裂变反应所需的中子外,余下的中子被^{238}U 吸收,即可转换成^{239}Pu,平均“烧掉”一个^{235}U 原子可获得0. 8 个钚原子,也可以用生产堆生产热核燃料氚。^{238}U 的增殖过程的核反应式如下:

$$^{238}\mathrm{U}+\mathrm{n} \longrightarrow {}^{239}\mathrm{U}+\gamma \tag{9-3}$$

$$^{239}_{92}\mathrm{U} \xrightarrow[23.45\ \mathrm{min}]{\beta^-} {}^{239}_{93}\mathrm{Np} \tag{9-4}$$

$$^{239}_{93}\mathrm{Np} \xrightarrow[2.356\,5\ \mathrm{d}]{\beta^-} {}^{239}_{94}\mathrm{Pu} \tag{9-5}$$

3. 动力反应堆

世界上动力反应堆可分为核潜艇动力堆和商用发电反应堆。核潜艇通常用压水堆作为其动力装置。商用核电站用的反应堆主要有压水堆、沸水堆、重水堆、石墨气冷堆和快堆等。

压水堆:它采用低丰度(^{235}U 丰度约为 3%)的二氧化铀作燃料,以高压水作慢化剂和冷却剂,是目前世界上最为成熟的堆型。

沸水堆:采用低丰度(^{235}U 丰度约为 3%)的二氧化铀作燃料,沸腾水作慢化剂和冷却剂。

重水堆:以重水作慢化剂,重水(或沸腾轻水)作冷却剂,可用天然铀作为燃料。加拿大开发的重水堆(坎杜堆)处于国际领先地位,目前也只有该堆型达到了商用水平。

石墨气冷堆:以石墨作慢化剂,二氧化碳作冷却剂,使用天然铀作为燃料,最高运行温度为360 ℃,这种堆已积累了丰富的运行经验,到 20 世纪 90 年代初期已运行了 650 个堆年。

快中子堆:采用钚或高浓铀作燃料,一般用液态碱金属如液态金属钠或气体作冷却剂。不用慢化剂。根据冷却剂的不同分为钠冷快堆和气冷快堆。利用快堆可实现^{238}U、^{232}Th 等核材料的增殖,可使天然铀的利用率提高到 60%~70%。这是扩大核燃料资源的重要途径,被认为是继热堆之后的第二代、很有应用前途的一种堆型。不过快堆的核反应功率密度比热堆高,要求冷却剂导热性好,对中子的慢化作用小。液态金属钠具有沸点高(881 ℃)、比热大、对中子吸收率低等优点,是快中子堆理想的冷却剂。金属钠的化学性质极为活跃,易与水、空气中的氧产生剧烈反应,因此在使用中必须严防其泄漏,因而加大了快堆的技术难度。这也是快堆发展长期滞后于热堆的原因之一。

9.2.4 核能发电的发展历史及国内外发展现状

核能利用是人类在20世纪取得的最伟大的科技成果之一。19世纪末,英国物理学家汤姆逊发现了电子。1895年,德国物理学家伦琴发现了X射线。1896年,法国物理学家贝可勒尔发现了放射性。1898年,居里夫人发现新的放射性元素钋。1905年,爱因斯坦在其著名的相对论中列出了质量和能量相互转换的公式 $E=mc^2$。这一公式表明,少量的质量亏损就可转换为巨大的能量,揭示了核能来源的物理规律。这些发现都为核能的利用奠定了重要的理论基础。

1938年,德国物理化学家哈恩和施特拉斯发现了 ^{235}U 的裂变现象:在铀原子核发生裂变的同时,释放出巨大的能量。这个能量来源于原子核内部核子的结合能,它恰好等于核裂变时的质量亏损。这一发现使核能的利用从理论走向了现实,人类从此揭开了核能的秘密。

正如其他各种最先进的技术一样,核能的利用是从制造核武器开始的。1942年,美国著名科学家费米领导几十位科学家,在美国芝加哥大学建成了世界上第一座核反应堆,首次实现了可控核裂变连锁反应,并利用其试验成果于1945年建成投产了世界上第一座生产核武器级钚的反应堆,标志着人类从此进入了核能时代。

核能的和平利用始于20世纪50年代初期。1951年,美国利用一座生产钚的反应堆的余热试验发电,功率为200 kW。1954年,苏联建成世界上第一座核电站,发电功率为5 MW。之后,英国和法国相继建成一批生产钚和发电两用的气冷堆核电站。美国利用其掌握的核潜艇技术建成了第一座压水堆核电站,电功率90 MW。那时,各有核国家在抓紧进行核武器军备竞赛的同时也竞相建造核电站。20世纪70年代中期,西方国家进入建造核电站的高潮。这段时期,核电站增长的速度远高于火电和水电。

20世纪80年代前后相继发生了两起重大的核电站事故,一起是发生在1979年的美国三哩岛核电站事故,另一起是发生在1986年苏联的切尔诺贝利核电站事故。切尔诺贝利核事故发生的主要原因是反应堆没有装备安全壳;相比之下,安装有安全壳的三哩岛核事故却没有对任何人造成放射性伤害。这两起核电站事故给全世界核电的发展带来严重冲击,特别是切尔诺贝利事故使全球核电发展形势急转直下。这次事故直接引发了很多国家,尤其是西欧各国的"反核""限核"乃至"废核"运动。比利时、意大利、德国、荷兰、瑞典、瑞士等受国际、国内政治因素影响,明文规定限制核电发展;加拿大、捷克、芬兰、法国、匈牙利、西班牙、英国、美国等虽然核电稳定在一定的规模上,但增长缓慢。美国甚至在三哩岛核电站事故后的近30年时间内没有新建一台核电机组;只有韩国、日本、印度等国,由于经济快速增长导致能源需求增大或受到资源约束等原因,仍积极发展核电。此外,核燃料和高放废物最终处置问题也是当时乃至现在制约核电发展的一个重要原因。20世纪八九十年代,世界核电处于发展的低潮。

20世纪末,由于化石燃料的来源日趋紧张,其供应和价格受国际形势影响波动较大,以及使用过程中排放的温室气体所带来的环境问题日益严峻,再加上世界核电的运行业绩和技术进步,使得世界上许多国家把发展清洁能源的注意力又重新转移到核能上,世界核电正逐渐走向复苏。特别是在20世纪末21世纪初的几年里，美国政府发起了第4代核电技术政策研究（1999年6月），俄罗斯总统普京在世界新千年峰会上发出推动世界核电发展的倡议（2000年9月）以及美国为复苏核电的发展而制订新的能源政策（2001年5月）。从这三件大事可以看到世界核电复苏的前景，从政策的制定、发展战略、长远规划到采取的实际行动，都在切实地推动核电的发展。特别是俄罗斯制订的发展战略和规划第4代核电堆型取得的共识，给我们描绘了一幅美好的前景。这三件大事极大地推动了全球核电的复苏。之后，许多国家计划大规模建造先进的核电机组，并继续开发先进核能系统。总的发展路线图是：现有核电机组延长使用寿命→新建第三代轻水堆机组→开发第四代核能系统→开发核能制氢。

根据世界核协会和国际原子能机构公布的统计数据，截至2020年1月1日，全世界共有442台核电机组在并网发电运行，分布在30个国家或地区。许多国家和地区的实践证明，核电已成为比火电更加安全、清洁、经济的工业能源。

表9-1为2020年1月1日世界各国核电装机容量及发电量的统计。从表9-1可以看出，目前世界核电运行机组数量排前十位的是：美国、法国、中国、俄罗斯、日本、韩国、印度、加拿大、乌克兰和英国。这十个国家的并网发电核电机组的数量占世界总和的83.9%，其装机总容量占世界总量的85.7%。我国（包括台湾地区）运行机组数量和装机总容量均排世界第三位，其中运行机组数量占世界总和的11.5%、装机总容量占世界总量的12.6%；我国也是当前在建机组数量最多和装机总容量最大的国家。2019年，全球核能供电量占全球电力供应的10%~11%，表9-2是按发电量排序的2019年世界10大核能发电国家及当年核能发电量占本国电力供应的比例。其中日本在2011年福岛核事故之前的核电发电占国内电力供应量的约30%，在福岛核事故后的2013—2015年降到0，到2019年逐渐恢复到7.5%。除此之外，欧洲的斯洛伐克、匈牙利、比利时、瑞士、斯洛文尼亚、捷克共和国和芬兰的核电电力供应占本国的电力供应的比例都大于30%。许多国家和地区的实践证明，核电已成为比火电更加安全、清洁、经济的工业能源，但前提是必须保证核电运行的安全。

表9-1 世界各国2020年1月1日核电机组运行及在建数据统计

国家	运行机组（并网发电）		在建机组（已浇筑第一罐混凝土）	
	机组数/台	总装机容量/MWe	机组数/台	总装机容量/MWe
美国	96	97 896	4	5 000
法国	58	63 130	1	1 750
中国	51	49 407	13	13 695
日本	33	31 679	2	2 756
俄罗斯	38	29 203	4	4 903
韩国	24	23 231	4	5 600
印度	22	6219	7	5 400
加拿大	19	13 553	0	0
乌克兰	15	13 107	0	0
英国	15	8 883	1	1 720

表 9-1(续)

国家	运行机组(并网发电)		在建机组(已浇筑第一罐混凝土)	
	机组数/台	总装机容量/MWe	机组数/台	总装机容量/MWe
瑞典	7	7 569	0	0
西班牙	7	7 121	0	0
比利时	7	5 943	0	0
德国	6	8 052	0	0
捷克	6	3 932	0	0
巴基斯坦	5	1 355	2	2 322
瑞士	4	2 960	0	0
芬兰	4	2 764	1	1 720
匈牙利	4	1 889	0	0
斯洛伐克	4	1 816	2	942
阿根廷	3	1 702	1	27
保加利亚	2	1 926	0	0
巴西	2	1 896	1	1 405
南非	2	1 830	0	0
墨西哥	2	1 600	0	0
罗马尼亚	2	1 310	0	0
伊朗	1	915	1	1 057
斯洛文尼亚	1	696	0	0
荷兰	1	485	0	0
亚美尼亚	1	376	0	0
阿联酋	0	0	4	5 600
孟加拉国	0	0	2	2 400
白俄罗斯	0	0	2	2 388
土耳其	0	0	1	1 200
全球总计 5	442	392 445	53	59 885

注：中国的运行机组中包括台湾地区的 4 台运行机组，该 4 台机组的装机总容量 3 719 MWe；在建机组中包括台湾地区龙门 1 号和 2 号机组，该两台机组的装机总容量 2 600 MWe。

表 9-2 2019 年世界 10 大核能发电国家发电量及在本国电力供应中的占比

国家	2019 年发电量(GW)	在国内电力供应中的占比/%
美国	98.2	≈20
法国	63.1	≈70
中国	51.2	≈5
日本	32	7.5
俄罗斯	28.5	19.7
韩国	23.2	26
加拿大	13.6	14.9
乌克兰	13.1	53.9
英国	8.9	15.6
瑞典	7.7	34

注:中国的发电量中包括台湾地区的 4 台运行机组的发电量。

我国的核能事业开始于 1955 年,但核能发电起步较晚,70 年代开始设计工作,1985 年开始建设我国大陆第一座核电厂(即秦山核电厂),1994 年投入运行。根据中国核能行业协会发布的数据(列于表 9-3),截至 2021 年 3 月 31 日,我国运行核电机组共 49 台(不含台湾地区),装机容量为 51027.16 MWe(额定装机容量)。从 20 世纪 70 年代至今,经过 40 年的发展,我国核电发电装机已列全球第三位,建成了秦山、大亚湾、田湾等 13 个核电基地;核电自主创新和独立设计能力不断提高,“华龙一号”是我国完全拥有自主知识产权的百万千瓦级先进压水堆, 2021 年 1 月 31 日,“华龙一号”全球首堆在福清核电厂 5 号机组投入商业运行;2021 年 3 月 18 日,“华龙一号”海外首堆在巴基斯坦卡拉奇核电厂 2 号机组首次并网成功,实现了核电技术由“引进来”到“走出去”的发展。

表 9-3 中国大陆已投入运行核电厂及核电机组(2020 年 1 月 1 日)

核电厂名称	机组名称	装机容量/MWe
秦山核电厂	1 号机组	330
大亚湾核电厂	1 号机组	984
	2 号机组	984
秦山第二核电厂	1 号机组	650
	2 号机组	650
	3 号机组	660
	4 号机组	660
岭澳核电厂	1 号机组	990
	2 号机组	990
	3 号机组	1 086
	4 号机组	1 086

表 9-3(续)

核电厂名称	机组名称	装机容量/MWe
秦山第三核电厂	1 号机组	728
	2 号机组	728
田湾核电厂	1 号机组	1 060
	2 号机组	1 060
	3 号机组	1 126
	4 号机组	1 126
红沿河核电厂	1 号机组	1 118.79
	2 号机组	1 118.79
	3 号机组	1 118.79
	4 号机组	1 118.79
宁德核电厂	1 号机组	1 089
	2 号机组	1 089
	3 号机组	1 089
	4 号机组	1 089
福清核电厂	1 号机组	1 089
	2 号机组	1 089
	3 号机组	1 089
	4 号机组	1 089
阳江核电厂	1 号机组	1 086
	2 号机组	1 086
	3 号机组	1 086
	4 号机组	1 086
	5 号机组	1 086
	6 号机组	1 086
方家山核电厂	1 号机组	1 089
	2 号机组	1 089
三门核电厂	1 号机组	1 251
	2 号机组	1 251
海阳核电厂	1 号机组	1 253
	2 号机组	1 253
台山核电厂	1 号机组	1 750
	2 号机组	1 750
昌江核电厂	1 号机组	650
	2 号机组	650
防城港核电厂	1 号机组	1 086
	2 号机组	1 086

积极推进核电建设，是我国能源建设的一项重要政策。为此，我国已制定并完成了《核电中长期发展规划(2005—2020年)》，并正在制定新一轮的核电中长期发展规划，根据《国民经济和社会发展第十四个五年规划和2035年远景目标纲要》，“十四五”时期我国将建成华龙一号、国和一号、高温气冷堆示范工程，积极有序推进沿海三代核电建设，核电运行装机容量达到7 000万千瓦。

9.3 核聚变发电及热核聚变堆研究进展

尽管核裂变发电是解决目前全球能源危机的一种新的能源，并且已经在国民经济和社会生活中发挥着重要作用，但由于地球上铀资源有限、钍资源利用技术发展不足，目前探明的铀资源仅能维持目前已建和计划建设的核裂变电站几十年的全功率运行。此外，核电站运行过程中产生大量高放废物，这些高放废物的处理与处置一直是困扰世界的一个难题；公众对核裂变堆的安全性、可靠性有所顾虑，对目前高放废物处理措施一直持保留态度。基于以上原因，核裂变能的发展受到了一定阻碍。相比核裂变，核聚变几乎不会带来放射性污染等环境问题，而且其原料可直接取自海水中的氘，来源几乎取之不尽，是理想的能源。目前，人类已经可以实现不受控制的核聚变，如氢弹的爆炸。但是要想能量可被人类有效利用，必须能够合理地控制核聚变的速度和规模，实现持续、平稳的能量输出。科学家们正努力研究如何控制核聚变，而目前唯一简单可行的可控核聚变方式是：以轻原子如氘、氚为聚变反应原料，通过高温提高原子核的动能，使之克服核之间的库仑斥力，直到原子核的融合，从而释放出能量。核聚变堆一旦建立，将有望永久解决人类社会能源需求问题。目前，核聚变技术研究成为全世界研究的一个热点。

9.3.1 核聚变能的优点

作为另一种重要形式的核能，核聚变能具有以下优点：

①核聚变比核裂变释放出更多的能量。例如，^{235}U的裂变反应，将千分之一的物质变成了能量，而氘的聚变反应则将近千分之四的物质变成了能量。因此，单位质量的氘聚变所放出的能量是单位质量^{235}U裂变所放出能量的4倍左右。这是聚变核能作为一种潜在的新能源的突出优点之一。

②核聚变资源充足。海水中含有2.34×10^{13} t氘，并且氚可以通过用中子轰击锂核产生，而地球上锂资源非常丰富。因此，如果实现以氘(氘/氚)为原料的受控核聚变，就能永久解决世界能源短缺的问题。

③核聚变能是一种非常安全的能源。核聚变堆发生的任何运行事故都能使等离子体迅速冷却，从而使核聚变反应在极短时间内熄灭；同时，等离子体中的储能非常低，不会发生核裂变堆上因核裂变余热而引起的反应堆事故。因此，从理论上讲，核聚变堆的安全性非常高。

④核聚变能是相当清洁的能源。相对于化石原料及核裂变，D-D、D-T核聚变的最终聚变产物仅为无放射性的氦，不产生二氧化碳等温室气体，也不产生长寿命放射性废物，免去了铀、钚回收以及高放废物处理、处置等难题。

因此，从长远来看，发展核聚变能，对解决全球能源紧缺、保护地球环境等至关重要。

9.3.2 实现核聚变的基本条件

在轻元素的原子核聚变过程中，如氘-氘聚变或氘-氚聚变都是带正电的原子核的结合反应,由于原子核之间的库仑斥力很大,必须有足够大的动能才能使它们克服库仑斥力接近核力能够起作用的范围内($<10^{-15}$ m)。尽管用加速器可以将轻核加速到 0.05 MeV,轰击氘靶引发核聚变,但是在 100 万个被加速的氘核中大约只发生一次聚变,聚变获得的聚变能量远小于加速器所消耗的电能,得不偿失。目前,增大核动能的唯一可行的方法就是使参加聚变反应的物质具有足够高的温度,即通常所称的核聚变点火温度。对于 D-D 反应,其点火温度为 10^9 K,D-T 反应的点火温度为 10^8 K。如此高的点火温度下,任何物质都已离解成等离子体。

要实现自持的聚变反应,等离子体光有足够高的温度还不行,还需要聚变所产生的能量为次级粒子提供足够的动能以维持聚变反应的进行,即热核反应放出的能量至少要和加热燃料所用的能量相当(反应放出能与输入能量之比 $Q=1$,称为得失相当)。要实现 $Q\geq 1$,除了高温外,还必须满足两个条件:一个是需要适当的等离子体密度,一个是维持高温和密度以足够的时间 τ。等离子体的密度越大,粒子碰撞发生核聚变反应的概率就越大;高温和等离子体维持时间越长,聚变反应就越充分。

1957 年,英国人劳逊通过计算核聚变等离子体的能量平衡计算,提出了判断一个聚变反应在点火温度下能否持续发生的条件——劳逊判据,即

$$n\tau \geq \text{常量} \tag{9-6}$$

式中 n——等离子体密度,m^{-3};

τ——等离子体维持时间,s。

劳逊条件是实现自持核聚变,并能获得能量增益的必要条件。

对 D-T 反应和 D-D 反应的劳逊判据如下。

$$\text{D - T 反应}:\begin{cases} n\tau = 10^{20}\ \text{m}^{-3}\cdot \text{s} \\ T = 10^8\ \text{K} \end{cases} \quad \text{D - D 反应}:\begin{cases} n\tau = 10^{22}\ \text{m}^{-3}\cdot \text{s} \\ T = 10^9\ \text{K} \end{cases} \tag{9-7}$$

9.3.3 等离子体的约束

由上面的讨论可以知道,要实现受控核聚变并获得能量增益,其核心问题是产生一个高温、高密度的等离子体并维持一定时间。由于聚变点火温度极高(10^8 K 以上),任何物质在此温度下已被熔化掉了,不可能找到一个实际的固体容器来盛放这种等离子体,因此高温等离子体的约束问题也就成为受控热核反应所需解决的关键。

目前,研究受控核聚变的实验装置多种多样,但是根据其实现约束的原理,这些装置可以分为两类:磁约束和惯性约束。前者使用磁场约束高温等离子体,后者则用强激光燃烧反应产生的惯性反冲力来压缩燃料靶丸。这里只简单介绍这两类装置的原理。

1. 磁约束装置

磁约束是受控核聚变研究中最早提出的一种约束方法,也是目前最有希望在近期内实现点火条件的途径。

由于等离子体由带电的粒子组成,在磁场中运动会受到磁场的作用力。如果把磁场的形状、强度及分布设计得合理,就有可能使带电粒子在规定的区域内运动。在聚变研究初期,研究人员提出了各种不同类型的磁约束装置,如快箍缩、磁镜、仿星器等。直到 20 世纪 70 年代,研究重点才逐渐集中到苏联科学家提出的托卡马克(Tokamak)装置(即环流器)上(图 9-3),但其他类型的磁约束装置的研究仍未停止。

图 9-3 为托卡马克装置主要部件示意图。它是在环形真空反应室内造成两个磁场,一个

是由反应室外面的通电线圈产生的非常强的沿环形轴线的轴向磁场;另一个是由变压器线圈的脉冲电流在等离子体中激发的强大感应电流(可达百万安培)产生的圈向磁场。圈向磁场器位于环形室内,无休止地沿磁力线旋进。强大的感应电流通过等离子体时,还能起到加热作用,这有利于核聚变反应的实现和维持。

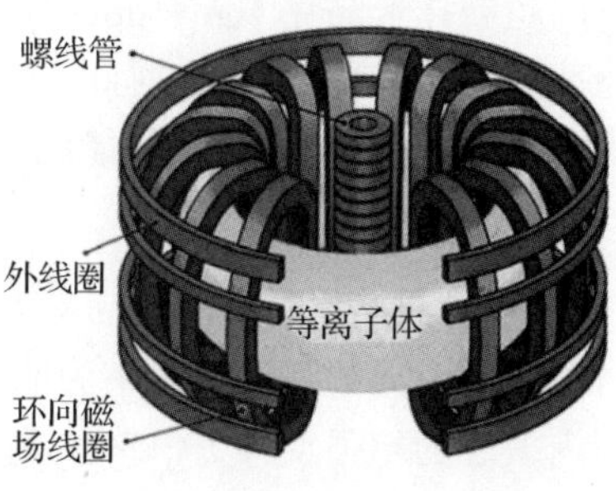

图 9-3　托卡马克装置主要部件示意图

由于托卡马克装置性能优越,各国相继建造。目前全世界共建造了上百个托卡马克装置,其中含有不少大型装置,如美国普林斯顿等离子体物理实验室于 1982 年 12 月建成大型托卡马克装置 TFTR(Tokamak fusion test reactor)、位于英国牛津郡卡拉姆的欧洲联合核聚变实验环形装置 JER、苏联的 T-15、日本的 JT-60 等。中国先后建造了大小不等的十多个此类装置。1986 年,美国的 TFTR 托卡马克装置就已实现了等离子体温度高达 20 keV 及 $n\tau \geqslant 7\times10^{13}$ s · cm^{-3},已经十分接近点火条件的要求。1997 年,JET 获得了 16.1 MW 的聚变功率,即聚变能 21.7 MJ 的世界最高纪录。

由于托卡马克类型装置采用的脉冲电流加热,而单靠欧姆加热是不可能达到聚变温度的,因此必然要发展大功率的辅助加热和非感应电流驱动。此外,还必须防止约束等离子体的磁流体不稳定而产生的等离子体破裂现象。为此,人们对托卡马克类型装置形状及加热材料等进行了改进。近年来发展较快的是一种球形环装置,又称球形托卡马克(ST)。它是一种低环径比(环形等离子体大半径与小半径之比)的托卡马克。该装置在保留传统托卡马克装置中等离子体稳定性的同时,大大改善托卡马克较低的约束效率。图 9-4 为它和传统托卡马克等离子体形状的比较。相对于普通托卡马克装置,磁力线和沿磁力线运动的粒子更多地停留在磁场强的芯部,所以它能更有效地利用磁能,使等离子体达到较高的温度和电流密度;同时,等离子体的约束效率高,不易发生等离子体破裂。

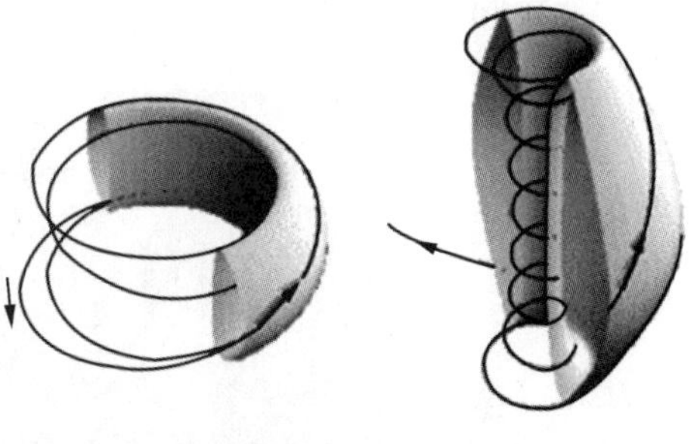
图 9-4　传统托卡马克(左)和球形环(右)的等离子体形状及磁场形态的比较

ST 是由美籍华裔物理学家彭元凯于 1986 年开始推动,20 世纪 90 年代中期得到了美国、欧洲的正式支持,分别在普林斯顿和卡拉姆建立了兆安级的 ST 装置,并投入运行。之后,国际上出现了大量中小 ST 装置,使得 ST 成为传统托卡马克最有挑战性的磁约束途径。目前,ST 已达到的参数除传统托卡马克外仅次于仿星器。

不过,ST 装置过小的中心空间使得中心螺管在极高的应力、热负荷及中子负荷下工作,这对材料的可靠性提出了更高要求,同时中心空间过小使得中心螺管效率降低。因此,中心螺管成为 ST 发展的重大障碍。研究无中心螺管的等离子体电流启动成为 ST 发展中的一个重要课题。

随着托卡马克装置规模加大、脉冲拉长,全面使用超导磁体是必然的选择。超导技术成功用于托卡马克强磁场的线圈上是受控热核聚变能研究的一次重大突破。超导托卡马克装置的建成,使得磁约束位形的连续稳态运行成为现实。它被公认为是探索、解决未来具有超导堆芯的聚变反应堆工程及物理问题的最有效途径。目前,全世界仅有俄、日、法、中四国拥有超导托卡马克。中国的超导托卡马克装置 HF-7 是在中俄联合努力下于 1994 年建成的。

法国的超导托卡马克 Tore-supra 体积是 HT-7 的 17.5 倍，它是世界上第一个真正实现高参数准稳态运行的装置，在放电时间长达 120 s 条件下，等离子体温度为两千万度，中心密度每立方米 1.5×10^{19}，放电时间是热能约束时间的数百倍。

2. 惯性约束装置

惯性约束聚变（inertial confinement fusion，ICF），是以高功率、高能量密度的超强激光束、相对论电子束或超强重离子束为驱动源，快速烧蚀球形靶丸表面形成等离子体向外喷射而产生向内聚心的超强反冲力（即“火箭效应”），形成球形内爆增压和聚心效应，使球形靶丸内的氘氚热核燃料达到极高温度、极高压力及极高密度的热核聚变点火条件，从而形成自持的热核聚变反应，并释放出大量的聚变能。上述内爆及热核聚变过程持续的时间极短，靶丸及热核聚变燃料因其惯性的约束作用，在高温、高压及高密度的热斑飞散之前热核聚变反应过程已经完成。

激光驱动的惯性约束聚变是 20 世纪 70 年代发展起来的一种核聚变方案，近年来发展迅猛，备受人们关注。目前国际上最大的激光聚变装置是位于美国加利福尼亚州劳伦斯-利弗莫尔国家实验室的国家点火装置（national ignition facility，NIF）。该装置（图 9-5）于 2009 年投入运行，是一个如体育场大小（长 215 m，宽 120 m）的可提供 192 束激光、总能量可达 1.8MJ、功率可达 500 TW 的紫外激光器系统。该装置除了用作热核聚变的驱动源外，还能够模拟中子星、行星内核、超新星中存在的极高压力、极高温度和超强磁场等宇宙中的极端现象，使科学家可以在实验室内从事天体物理、极端材料科学、核物理科学等研究。

图 9-5　美国国家点火装置内部照片

9.3.4　可控核聚变发展历史

第二次世界大战刚结束，美、苏就率先开始受控热核聚变的研究。随着研究的进一步深入，研究人员在理论和技术上遇到了一个个巨大的难题，迫使这些国家先后公布了自己的研究状况，开展了广泛的国际合作。20 世纪 60 年代后期，英、法、德、日及中国也陆续参与了该研究。在受控核聚变方面研究初期主要集中在等离子体约束途径的探索上，直到 80 年代才逐渐形成惯性约束以激光核聚变为主、磁约束以托卡马克为主的研究方向。

20 世纪 80 年代以来，国际磁约束受控核聚变研究取得了显著进展，一批大型和超大型托卡马克装置(美国的TFTR、欧共体的JET、日本的JT260U、苏联的T215等)相继建成并投入运行。到20世纪90年代中期,在三大托卡马克装置JET、JT-60、TFTR上取得重大研究成果:聚变输出功率16.1 MW、等离子体温度达到4.4×10^{9} ℃,Q值已达到1.25。这些成就表明:在托卡马克上产生聚变能的科学可行性被基本证实,托卡马克是最有可能首先实现聚变能商业化的途径。上述大型托克马克装置的建造和实验,为国际热核聚变实验堆(International Thermonuclear Experiment Reactor,ITER)计划奠定了坚实的科学和技术基础。ITER计划是继国际空间站之后的又一个重大国际合作项目。该项目计划投资50亿美元,在法国建造一个热核聚变堆,以证实受控核聚变能的开发在技术上和工程上的现实性。

随着大功率激光技术、粒子束技术的发展,惯性约束聚变研究也取得了重大进展。20世纪90年代,美国开始建造即使到现在也是世界上最大和最复杂的激光光学系统NIF。在该装置内,先将一束红外线激光经过许多面透镜和凹面镜的折射和反射之后,使其能量增强10 000倍,然后将其分离为48束激光,再增强,进一步分离为192束激光,再增强,其总能量增加到原来能量的3 000万亿倍。每束激光发射出持续大约十亿分之三秒、蕴含180万焦耳能量的脉冲紫外光,其总能量将是美国所有电站产生的电能总量的500倍还多。当这些脉冲撞击到目标反应室上,它们将产生X光。这些X光会集中于位于反应室中心装满重氢燃料的一个塑料封壳上。X光将把燃料加热到一亿度,并产生1 000亿个大气压使重氢核发生聚变反应。重氢核发生聚变反应释放的能量将是输入能量的15倍还多。NIF最初计划投入20亿美元,在2003年左右建成,但由于该工程的复杂性,其实际投入已经达35亿多,已远远超出当初的预算。到目前为止,192束激光中的4束已经工作了24个月,并已经发射出世界上最强的激光。但NIF的激光每几小时只能发射一次,因此一种发射速率更快的方案(Mercury激光方案)已经在计划中,它可能没有NIF大,但它的目标是每秒钟发射10次脉冲激光。除美国外,我国和法国也开展了类似的研究。我国已建成了神光Ⅱ激光装置,从2000年运行以来性能稳定,提供了大量物理实验;3倍频能量万焦耳级的神光Ⅲ原型也开始出光;3倍频能量$1.5\times10^{4}\sim2.0\times10^{4}$ J的神光Ⅲ激光装置已经建成。目前,中国正在建造与美、法点火装置能量相当的百万焦耳“神光Ⅳ”,以实现我国自己的热核点火和自持燃烧目标。

9.3.5 大型国际科技合作项目——ITER计划概述

1. ITER计划的起源及发展

ITER计划是1985年由苏联领导人戈尔巴乔夫和美国总统里根在日内瓦峰会上共同倡议的。ITER计划一出台就受到各国政府的高度关注。

最初,该计划仅由美、俄、欧、日四方参加,独立于联合国国际原子能机构(IAEA)之外,总部分设美、日、欧三处。由于当时的科学理论和技术条件还不够成熟,四方于1996年提出的ITER初步设计不很合理,投资上百亿美元。1998年,美国由于国内政策的调整,以加强基础研究为名,宣布退出ITER计划。美国退出后,欧、日、俄三方则继续合作,他们基于20世纪90年代核聚变研究成果及其他高新技术的发展,大幅度改造了实验堆的设计,并于2001年完成了ITER装置的工程设计(EDA),预计建造费用约为50亿美元,建造期8至10年,运行期20年。

2002年,欧、日、俄三方以EDA为基础开始协商ITER计划的国际协议,讨论建立相应国际组织,并表示欢迎中国与美国参加ITER计划。次年1月,中国正式宣布参加协商;同月末,美国宣布重新参加ITER计划;韩国于2003年6月参加ITER协商。以上六方经过长达两年的艰苦谈判,于2005年6月签订协议,一致同意把ITER建在法国核技术研究中心卡达拉奇(Cadarache)。印度于2006年加入ITER计划。最终,七个成员国政府于2006年11月签订了建设ITER的国际协议。根据ITER计划的最新进展,2020年7月建造中的托卡马克核聚变实验堆开始组装,预计2025年底开展第一次等离子试验,进行反应堆概念的可行性验证。ITER装置的概貌和基本设计参数如图9-6和表9-4所示。

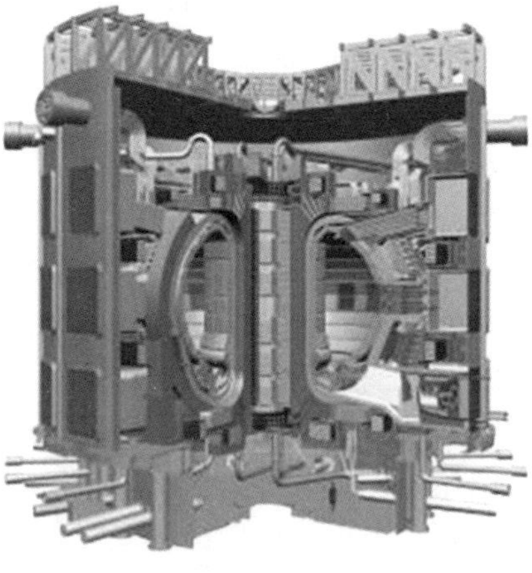

图9-6　实验堆内部结构示意图

表9-4　ITER装置的基本参数

名称	设计参数
总聚变功率	500 MW(700 MW)
Q(聚变功率/加热功率)	>10
14 MeV中子平均壁负载	0.57 MW/m^2(0.8 MW · m^{-2})
重复持续燃料时间	>500 s
等离子体大半径	6.2 m
等离子体小半径	2.0 m
小截面拉长比	1.7
等离子体中心磁场强度	5.3T
等离子体体积	837 m^3
等离子体表面积	678 m^2
加热及驱动电流总功率	73 MW

ITER对聚变研究具有重大的作用,它将综合演示聚变堆的工程可行性,进行长脉冲或稳态运行的高参数等离子体物理实验。各国科学家寄希望于这座核聚变堆在受控核聚变攻关中取得质的飞跃,证实了受控核聚变能的开发在技术上和工程上的现实性。

2. ITER计划的科学目标

①通过感应驱动等离子体电流,获得聚变功率50万千瓦、Q(输出功率与输入功率之比)大于10、脉冲时间500 s的燃烧等离子体;

② 通过非感应驱动等离子体电流,产生聚变功率大于35万千瓦、Q大于5、燃烧时间持续3 000 s的等离子体,研究燃烧等离子体的稳态运行,如果约束条件允许,将探索Q大于30的稳态临界点火的燃烧等离子体(不排除点火);

③同时还将验证受控热核聚变能的工程可行性,并为今后如何设计和建造聚变反应堆奠定基础。

3. ITER计划中未来聚变能的发展设想

如果ITER运行、实验顺利,将于2035年建设能发电近百万千瓦的聚变能示范电站(合作或各自安排),并于2050年建设聚变能商用电站。根据该设想,到21世纪末,热核聚变能有可能占到总能源的10%~20%,21世纪热核聚变能将发挥重要作用。

9.3.6　我国的核聚变能研究

开发核聚变能是我国核能发展战略中重要的一环。我国从20世纪60年代就开始核聚变能研究,在克服环境及资源等不利因素影响后,建成了两个在发展中国家中最大的、理工结合的大型现代化专业研究所——核工业西南物理研究院及中国科学院所属的合肥等离子体物理研究所。中国科学技术大学、清华大学等高校也设立了核聚变及等离子体物理专业或研究室，以培养专业人才。

从20世纪70年代开始，我国集中选择了托卡马克为磁约束核聚变的主要研究途径。先后建成并运行了小型CT-6、KT-5、HT-6B(ASIPP)、HL-1A(SWIP)、HT-6M(ASIPP)及中型HL-1M(SWIP)。2002年核工业西南物理研究院建成HL-2A(图9-7)经过进一步升级，有可能进入当前国际上正在运行的少数几个大型托卡马克之列。在这些装置的成功研制过程中，也组建并锻炼了我国的聚变工程队伍，我国科学家在这些常规托卡马克装置上开展了一系列十分有意义的研究工作。

自1991年，我国开展了超导托卡马克发展计划(ASIPP)，探索解决托卡马克稳态运行问题。通过该计划的成功实施，1995年建成了我国第一个超导托卡马克HT-7。其主要研究目标是，获得并研究长脉冲或准稳态高温等离子体，并检验和发展与其相关的工程技术，为未来稳态先进托卡马克聚变堆提供工程技术和物理基础。2006年建成了首个与ITER位形相似的大型非圆截面全超导托卡马克核聚变实验装置EAST(图9-8)。EAST虽然比国际热核聚变试验堆(ITER)小，但位形与之相似且更加灵活。这些超导托卡马克装置无疑使我国在技术储备与人才培养方面有了极大提高，从而更好地为国际热核聚变的发展做出贡献。

图9-7 西南物理研究院的HL-2A托卡马克装置

图9-8 中国科学院等离子体物理所的EAST超导托卡马克装置

除了上述托卡马克装置，我国还对其他磁约束聚变方式开展研究。中国科学技术大学在国家磁约束聚变能源专项的支持下，设计建造了科大反场箍缩“Keda Torus eXperiment”(KTX，中文简称“科大一环”)装置，KTX是我国完全自行设计、自主研制集成的国际先进反场箍缩装置。SUNIST(Sino-UNIted Spherical Tokamak)，即“中国联合球形托卡马克”，是由清华大学工程物理系与中国科学院物理研究所联合建造的球形托卡马克，坐落于清华大学工程物理系，于2002年建成并投入实验，主要用于研究低环径比托卡马克等离子体的物理特性。

我国对惯性约束聚变的研究始于1964年，中国著名核物理学家王淦昌院士独立提出激光聚变的思想，1985年由中国科学院上海光机所设计的，总建筑面积达4 612 m^2 的神光Ⅰ正式建成并投入运行。2001年神光Ⅱ装置建成，2004年4月，神光Ⅱ装置成功突破100 TW大关，输出峰值功率达到120 TW。2007年开始建设的神光Ⅲ(神光Ⅲ原型装置和神光Ⅲ主机装置)成为我国开展高能量密度物理和惯性约束聚变研究的首台10万焦耳级高功率激光装置。2014年建成投入使用，2015年实现了15倍压缩比，中子产额达 2.8×10^{12}。这一产额数据仅次于NIF装置，排名世界第二，图9-9为神光Ⅲ点火装置。

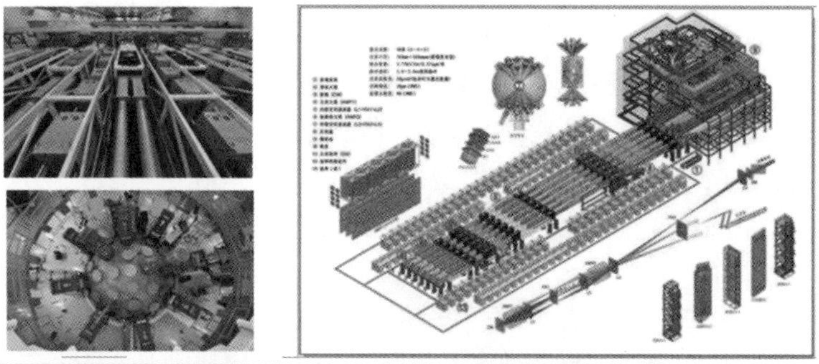

激光束数	48束
光束口径	360 mm×360 mm(零强度束宽)
激光波长	0.351 μm
输出能量	*3.75 kJ/3 ns/0.35 μm/束
脉冲波形	1.0 ms~5.0 ms矩形脉冲(具有一定整形能力)
光束发散角	50 rad(包含95%激光能量)
打靶精度	30 μm(RMS)
能量分散度	8%(RMS)

图 9-9　我国神光Ⅲ“点火”装置

脉冲功率驱动源惯性约束聚变——Z 箍缩(Z-Pinch)是我国主要研究的另一种聚变形式，近年来中国工程物理研究院、西北核技术研究所、清华大学等单位加快了研究步伐，深入开展了理论和物理实验研究、快 Z 箍缩内爆研究、辐射特性研究。中国目前用于 Z 箍缩研究的装置包括 1 MA 量级的“阳”加速器、“强光一号”和 10 MA 量级的“聚龙一号”装置(图 9-10)

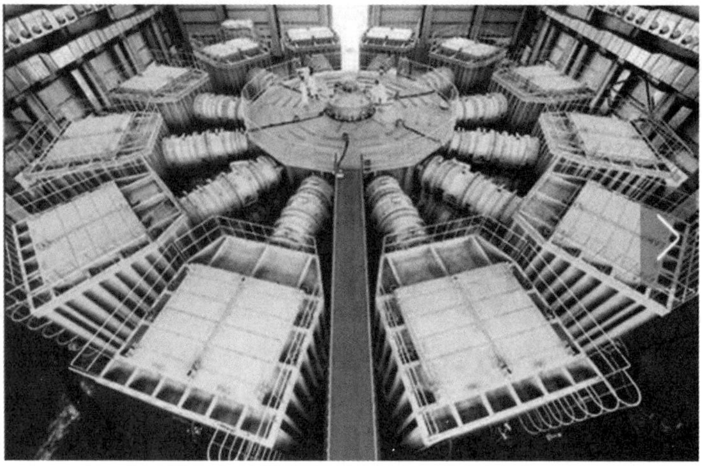

图 9-10　我国“聚龙一号”装置

聚变裂变混合堆的研究始于 20 世纪 50 年代，主要以增殖核燃料或嬗变核废料为目的，于 1987 年正式列入我国“863 计划”，其目的为探索利用核聚变反应的另一类有效途径。2008 年，我国正式提出了 Z 箍缩驱动聚变-裂变混合堆概念。2010 年，“Z 箍缩驱动聚变-裂变混合堆总体概念设计研究”获得支持。目前已经就这一概念涉及的主要方面开展了研究，并形成了基本技术路线和初步的概念方案。与当前研究的其他核能方案相比，该方案在安全性、经济性、持久性和环境友好性等方面显示出一定的优越性。尽管就规模和水平来说，我国核聚变能的研究和美、欧、日等发达国家还有不小的差距,但在某些方面我国的技术还是处在国际领先水平的。

2003 年 1 月,我国正式宣布加入 ITER 计划,这是我国核聚变能研究的一个重大转机。ITER 本身就是当代各类高、新技术的综合。通过参加 ITER 计划,可以掌握关键技术并培养一大批聚变工程和科研人才,有利于迅速提高我国核聚变能研究整体水平,推动我国高新技术及相关产业的发展,也为我国自主开展核聚变示范电站的研发做准备。在全面消化、吸收国际热核聚变实验堆设计及工程建设技术的基础上,以我为主开展中国聚变工程实验堆(Chinese Fusion Engineering Testing Reactor,CFETR)的详细工程设计及必要的关键部件预研,并结合以往的物理设计数据库,在我国的“东方超环”“中国环流器 2 号改进型”托卡马克装置上开展与 CFETR 物理相关的验证性实验,为 CFETR 的建设奠定坚实基础。CFETR 相较于目前在建的 ITER,在科学问题上主要解决未来商用聚变示范堆必需的稳态燃烧等离子体的控制、氚的循环与自持、聚变能输出等 ITER 未涵盖内容;在工程技术与工艺上,重点研究聚变堆材料、聚变堆包层及聚变能发电等 ITER 尚不能开展的工作;掌握并完善建设商用聚变示范堆所需的工程技术。CFETR 的建设不但能为我国进一步独立自主地开发和利用聚变能奠定坚实的科学技术与工程基础,而且使得我国率先利用聚变能发电、实现能源的跨越式发展成为可能。

9.4 其他形式的核能利用

除了上两节讲述的核裂变能与核聚变能发电外,核能还拥有其他广阔的应用前景,如核能直接供热,其他形式的核能如核素衰变能可用于制作放射性同位素电池,核素衰变时发出的射线也广泛用于核农业辐射育种、核医学治疗、医疗器械灭菌等。由于核能在农业、医学方面的应用已经在前面的章节中介绍了,因此本节主要介绍核能的其他一些重要应用,如空间核能源、放射性同位素电池、核能供热(核能制氢、海水淡化或直接供暖等)。

9.4.1 空间核能源

随着人类对太空探索及开发利用的不断深入,需要一种功率合适、质量轻、寿命长、成本低且安全可靠的空间能源,以保证航天活动的供电与推进。空间核能源在功率范围、使用年限、独立性、抗干扰等方面有普通能源(化学能、太阳能等)无法比拟的优势,它既可作为短时间高功率爆发式供能(空间核推进),也可低功率长期供电(空间核能源),几乎能满足所有航天活动对能源的要求。

空间核能源的形式主要有核裂变能和核素衰变能。空间核能源系统包括:放射性核素电源系统、空间核反应堆电源系统、核热推进系统、核电推进系统、双模式(电源/推进)空间核动力系统等。

核热推进系统是将反应堆的裂变能直接加热推进剂至高温,然后将高温高压的工作介质从喷管高速喷出,从而产生巨大的推动力,可作为空间飞行器的推进动力。1997 年美国宇航局发射的“卡西尼”号空间探测飞船采用的就是核能推进系统。

其他几类系统则是将核素衰变能或反应堆裂变能通过各种机制转化为电能,为空间器供电或加热空间器燃料产生推力。目前,航天上使用的放射性同位素电池,大多是利用放射性核素^{238}Pu 的 α 衰变能,通过温差效应把热能直接转化为电能。放射性同位素电池的功率一般是几十瓦到二三百瓦,寿命几年到几十年。

放射性同位素电池为地球卫星（导航、通信）、月球登陆、太空星球探测提供电力支持，出色地完成了各项任务。例如，“阿波罗”登月，航天员将放射性同位素电池留在月球表面，为阿波罗月球科学实验舱提供电力，使实验舱能长时间地向地球发回宝贵的科学数据；“先驱者”号与“旅行者”号无人航天器也是装载着这种放射性同位素电池飞越木星和土星并驶向更远的太阳系。空间反应堆电源的核反应堆，是用浓缩度90%以上的^{235}U作核燃料，有热中子堆，也有快中子堆，它的电功率大，从几千瓦到几十千瓦，使用寿命可达3~5年。苏联主要选择空间反应堆电源，因为它能满足军用航天任务对大功率核电源的要求。苏联向太空发射了许多军事卫星，其中使用了35个核反应堆电源和少量的放射性同位素电池，为“宇宙”号系列军事侦察卫星提供电力。反应堆电源还可进一步满足未来空间飞行对电源更大规模、更高功率与更长寿期航天使命的要求。

9.4.2 放射性核素衰变能发电——放射性同位素电池

放射性核素的衰变能是除裂变能和聚变能之外的另一种重要的核能，通过一定的能量转换方式，放射性核素可以用来制造特种电源，即放射性同位素电池。放射性核素衰变时释放的能量大小和速度不受外界环境的温度、压力、电磁场和光波等的影响，以及能量密度高（表9-5）、所用放射性核素寿命长（如^{3}H为12.3 a、^{244}Cm为18.1 a、^{238}Pu为87.7 a、^{63}Ni为100 a）等特点，使得同位素电池具有寿命长、无须维护、结构紧凑、比容量高、抗外界环境干扰能力强且安全可靠等优点，可用于航天器、深海声呐、极地荒原考察、无人气象站等极端情况，以及心脏起搏器、微型机械等的动力。

表9-5 单位质量不同电池所提供的电能比较

电池类型	提供的电能/$mW \cdot h \cdot mg^{-1}$
化学电池（Li离子）	0.3
燃料电池（甲醇，转换效率50%）	3
^{210}Po同位素电池（转换效率5%）	3 000
^{3}H同位素电池（转换效率5%）	500

1. 放射性同位素电池的发展历史

放射性同位素电池（下文简称“同位素电池”）最早由英国物理学家Henry Mosley于1913年提出。他所设计的同位素电池是球形的电容器（图9-11），能量转换机制为直接充电机制。由于该电池电流非常小（10^{-11} A）、电压极高（150 kV），在当时几乎没有实际的用处。之后30多年里同位素电池再没有引起人们的关注。直到20世纪50年代，美苏两国的军备竞争领域由大陆向海洋、空间扩展，在这些特殊的环境中需要功率密度大、长期运行不需要维护和更换、稳定可靠的电源，现有的太阳能电池、化学电池、燃料电池已不能满足实际的需求，同位素电池的研发才进入了快速发展期。

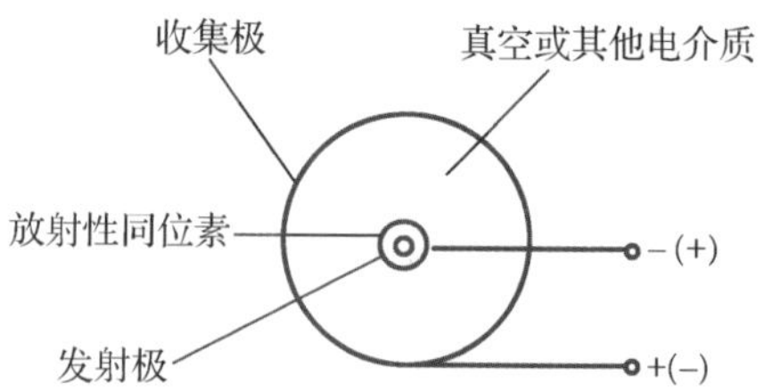

图9-11 Henry Mosley提出的直接充电机制同位素电池原理示意图

最早开发并成功应用的是温差同位素电池(radioisotope thermoelectric generator,RTG),它利用温差发电的原理,将^{238}Pu等核素的衰变热转化为电能,其原理如图9-12所示。该类型电池先后用于美国的阿波罗-12、阿波罗-14、阿波罗-15号月面实验站、先驱10号和先驱11号木星探测器等空间探测器的电能供应;此外,由于温差同位素电池具有无声音、无振动、隐蔽等优点,美国在20世纪80年代末将其正式列入部队装备,用作水下信标的电源、反潜艇水下监听器及无线电转发系统的电源。在RTG的研制领域,美国的技术领先于苏联。

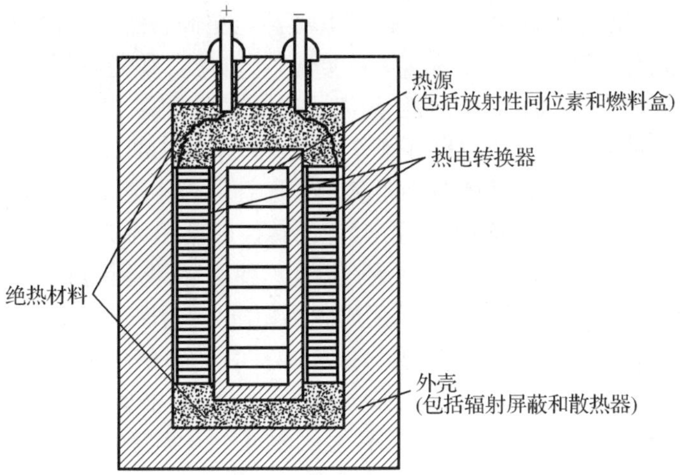

图9-12 温差同位素电池(RTG)原理示意图

之后开展了多种同位素电池能量转换机制的研究,某些能量转换机制的同位素电池如热离子发射机制的同位素电池已成功用于空间探测器。同时,美苏还研制了空间核裂变反应堆和空间核推进系统,并应用于空间探测器上。

最初的同位素电池研发基本上是为了满足太空探索能源的需求。20世纪50年代后,半导体元器件朝着微型化方向发展,促进了微电子加工技术的发展,特别是在21世纪初微电子机械系统(MEMS)的研发非常迅速。由于缺乏长期稳定的电能供应,其应用受到很大的限制。以同位素产生的辐射与半导体材料作用可制成微型电池,从而可解决MEMS电源供应的问题。微型同位素电池除具有常规尺寸同位素电池共有的特点外,还具有下述特点:功率在纳瓦至微瓦量级、电流纳安至微安量级、电压在零点几伏至几伏,能与微纳电子器件和微纳机电系统一体化,尺寸与微纳电子器件和微纳机电系统的尺寸匹配。正是由于微型同位素电池具有上述特点,因此它在嵌入式传感、分布式系统、无线通信、航空航天、海洋探测等无法实现电池充电和燃料更换的场合具有非常重要的潜在应用,其研发从20世纪80年代以来一直是国际同位素电池研发领域的热点,而且受到越来越多的国家和科研机构的重视。

2. 放射性同位素电池的能量转换机制

同位素电池的性能受能量转换机制、换能单元的结构等影响较大。为了提高能量转换效率、延长使用寿命、增加对多种类型和能量范围的含能粒子的适用性并降低制备成本,各国科学家一直在致力于各种转换机制和换能单元的同位素电池研究。

同位素电池的衰变能-电能转换机制到目前为止已发展到10余种,根据衰变能的利用方式不同,可将同位素电池转换机制分为两大类:一类是基于放射性同位素的衰变能所释放出的热量转换为电能，即热电转换机制，其中温差热电转换电池 RTG 是该类同位素电池的代表；第二类是利用放射性同位素的辐射粒子直接或间接转换为电能，其中辐射伏特效应同位素电池是该类同位素电池的代表。

同位素电池主要能量转换机制分类示于图 9-13。对于热电转换机制有静态转换方式和动态转换方式两种。静态转换方式包括温差热电转换机制（对应的发电装置即 RTG）、热离子发射机制、碱金属热电转换机制（Alkali metal thermal to electric conversion，AMTEC）以及热致光伏特效应等。RTG 的原理类似于半导体热电偶中的热电转换，其转换效率约为 5%，随着新型高效热电材料的出现，可将转换效率提高至 10%甚至更高；热离子发射机制则是通过热电极发射热离子，在充有铯等金属蒸气的气氛中实现热电转换，其转换效率一般为 8%，最高可达 18%；AMTEC 是以 β 氧化铝固体电解质为离子选择性渗透膜，以碱金属为工作介质的热电能量直接转换器件，目前制作成功的只有效率较低的钠介质 AMTEC，若以钾为工作介质其理论转换效率可达 30%；热致光伏特效应则是利用放射性同位素衰变能所释放出的热量致光，再利用光伏效应产生电流的间接转换方式，其理论转换效率约为 20%～30%。动态转换方式主要有布雷顿循环、兰・金循环、斯特林循环等，这三种循环都是将热能转换为机械能，再由机械能转换为电能。在布雷顿循环中所采用的载热物质为惰性气体（如氖或氩），惰性气体经加热推动涡轮机，再带动发电机发电实现热电转换；兰・金循环的载热物质一般为液态金属（如汞或碱金属）或有机物质，经加热液态物质转变为蒸汽，推动涡轮机从而带动发电机；斯特林循环的特点是不通过涡轮机，而是采用往复式的可逆引擎发电。动态转换方式理论上可获得的效率（可达 40%）高于静态转换方式，然而其工程化应用仍存在以下三方面的瓶颈问题：一是高效率要求高的热端温度和低的废热排放温度，而低的废热排放温度导致辐射散热面积增大；二是高速运转部件的润滑；三是高速转动产生的惯性矢量对系统（如航天器）稳定性的影响。到目前为止公开报道在航天领域中应用的都是基于静态转换方式的同位素电池。

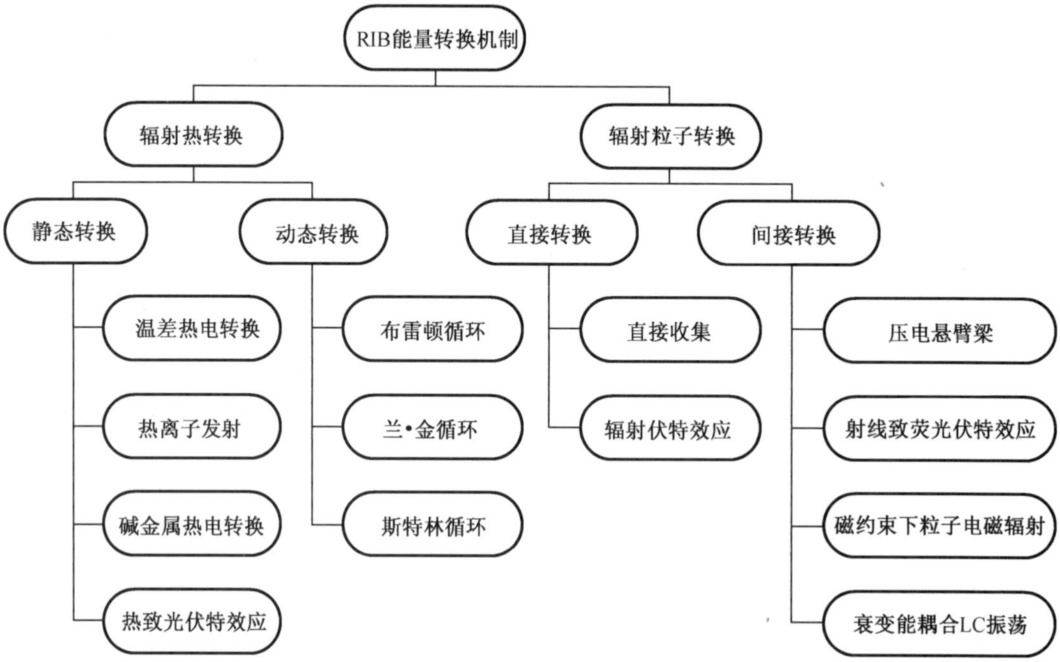

图 9-13　RIB 的主要转换机制

利用放射性同位素辐射粒子的转换机制主要有直接收集、辐射伏特效应、压电悬臂梁、射线致荧光伏特效应、磁约束下粒子电磁辐射、衰变能耦合 LC 振荡电路发电机制等。直接收集机制是收集极直接收集放射性同位素衰变放出的带电粒子电荷产生电能；辐射伏特效应机制是利用半导体器件的内建电场分离半导体材料在放射性同位素放出的高能粒子作用下产生的电子-空穴对，从而产生电流；压电悬臂梁机制是利用微悬臂梁收集并累积放射性同位素放出的带电粒子，在静电作用下周期性地与放射源接触放电，这个过程伴随着微悬臂梁的周期性形变，该形变通过与之紧密贴附的压电材料转换成电流输出；射线致荧光伏特效应机制是利用放射性同位素放出的粒子激发荧光物质发出荧光，再在光伏效应下产生电流；磁约束下粒子电磁辐射收集机制是利用磁场约束放射性同位素辐射的 β 粒子，使其在回旋运动中将能量以电磁波形式发射出来，用金属收集电磁波并转换成电流输出；衰变能耦合 LC 振荡电路发电机制不直接用放射性同位素的衰变能来供能，而将其衰变能耦合进已储能的 LC 振荡电路，补偿振荡电路固有阻抗对振荡的衰减，维持并放大 LC 振荡，并通过交流变压器给外电路供电。

目前，已经实际应用的核衰变能发电机制主要有温差发电 RTG。相比之下，辐射伏特效应机制虽应用不多，但具有很大的开发潜力。下面将重点介绍微型同位素电池。

3. 微型同位素电池

微电子机械系统（micro-electro mechanical system，MEMS）技术被认为是 21 世纪初最重要的科技成果之一，它涵盖了很大的应用范围，如医药、生物科技、航空及消费电子、通信、量度、电脑技术、安全技术、自动化装置及环境保护等。目前，应用 MEMS 技术生产的商业产品有压力计、加速计、生化感测器、喷墨打印机喷头和许多可丢弃的医疗用品等。目前制约 MEMS 应用与推广的主要障碍是缺乏与这种微型装置相匹配的、长期稳定供电的微型电源，解决 MEMS 电能供应问题是推动 MEMS 技术发展应用的重要课题之一。

将放射性核素衰变能转换为电能的同位素电池是解决这个问题的有效途径之一。放射性核素衰变时，它会释放出带电粒子，直接俘获这些带电粒子或通过半导体材料的 PN 结，可以产生电流电压，为微型电子机械系统供电。其中微型辐伏电池可能是最佳的解决方案之一。辐伏电池的研究起始于 20 世纪 50 年代，但由于同位素制备、半导体制造等相关技术发展滞后，很长一段时间该领域研究未能有所突破；20 世纪 90 年代后期开始，在 MEMS 等微小系统机载电源需求的牵引下，加之同位素、半导体技术的发展，辐伏电池的研究再次受到关注，大量的研究集中在对半导体换能单元器件的改进上，如新结构、新材料、新类型半导体器件的尝试，以增大同位素的有效加载量、利用率以及增强换能单元抵抗同位素辐射损伤的能力，从而提升辐伏电池的总体性能。

到目前为止，已经研究过的辐伏电池换能单元器件类型列于图 9-14。与 PN 结器件相比，非 PN 结器件所用材料选择范围更加广泛。尽管从目前的研究结果看，这些器件作为辐伏电池换能单元能量转换效率还不理想，但可以预期，通过不断优化材料和结构，器件性能将会有很大的提升空间。液体半导体材料的肖特基器件的发展值得关注，它不仅大大提高了放射性同位素粒子辐射的利用率，而且不会出现器件材料受射线辐照的晶格损伤，避免了因为该原因而出现器件受长时间辐照性能下降的问题。类似新型材料和器件的研制，对于辐伏电池的开发应用具有重要的推动作用。

放射性同位素对辐伏电池的性能至关重要。辐伏电池的最终使用寿命取决于放射性同位素的半衰期；放射性同位素射线性质和密度决定输入功率的大小，因而直接影响电池的输出功率；射线与换能单元材料的相互作用在产生电子-空穴对的同时，还伴随产生其他辐射损伤效应，这会造成电池在长时间供能过程中输出电流或电压恶化，即电流或电压的实际衰减幅度超过同位素自发衰变引起的衰减。

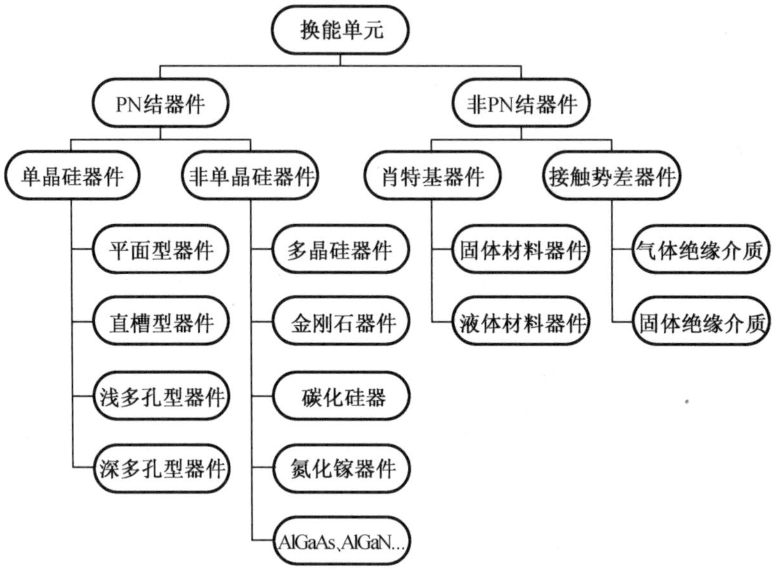

图 9-14　RVIB 换能单元

一般来讲，辐伏电池所用的放射性同位素选择原则如下：

(1)功率密度高；

(2)半衰期长；

(3)毒性小，其合适的化学形态应具有不易被生物体吸收、不易在人体内积聚等性质；

(4)纯度高，有害杂质少，不发射中子和高能 γ 射线；

(5)稳定性好，选用的具有一定化学形态的放射性同位素应抗氧化、耐腐蚀、不潮解、不挥发、不与电池内其他材料，甚至在包装失效的情况下也不发生严重的化学污染；

(6)经济易得。

发射低能纯 β 射线的放射性同位素不易造成器件辐射损伤，无须附加屏蔽层，作为辐伏电池驱动源比 α 和 γ 核素更具有优势；但是其能量密度较低，使得相应辐伏电池输出功率较小。如果采用耐辐照能力较强的半导体材料作为换能单元，可选用高能 β 同位素甚至 α 同位素为驱动源。

微型同位素电池与 MEMS 相结合，可应用于许多研究领域，如由长寿命微型同位素电池供能的微型气压传感器，可检测千分之一帕斯卡的气压变化，用于低气压环境(如真空室)的气压监测；微型压力(应力)传感器，可永久性地置于建筑物的墙体内、飞行器的腔体壁内、船舶外壁内，提供各种情况下(如地震前后、巨浪作用等)的墙体、腔体的结构变化信息，为安全评价和事故预防提供及时可靠的资料。MEMS 在航空航天领域的应用将促进航空航天系统的变革，组成重量不足 0.1 kg、尺寸减到最低限度的微卫星，用一枚中等运载火箭即可将成百上千颗微卫星射入近地轨道，形成覆盖全球的星座式布局。

9.4.3　放射性核素辐射致光

利用放射性核素核能产生光能称为辐射致光，也称为永久自发光，它是利用放射性核素所发出的射线激发某些材料(荧光、磷光材料等)发出可见光的特性而获得的光能。辐射致光由两个重要部分组成:提供射线(能量源)的放射性核素和受激发产生光能的发光基材。放射性核素早期采用α核素,出于防护和毒性考虑,目前绝大多数自发光材料均采用β核素。辐射致光自1906年被发现后就在工程技术中被用来制作发光的放射性涂料,通常称之为永久发光材料。作为一种自发光的微光源,由于其具有无须外部激发、简单可靠、持久稳定等特点,因此具有很广的适用范围,例如低度照明、发光信号、显示装置和发光标记等。它可用于飞机、潜艇、坦克等仪器仪表盘上,也可涂在枪、炮的瞄准器上;同时它可在恶劣的环境下正常工作,可用于地下矿井、坑道的照明和安全标志,以及航空航天设备中。

氚发光材料是目前技术较成熟且应用较广的一种放射性核素发光材料,它是由含氚载体与荧光剂组成的自发光材料。氚发光材料是黑暗条件下小视野照明的优选光源。美国、法国、俄罗斯、加拿大、瑞士等国家氚发光材料研发起步早,产品质量好,目前已广泛用于交通路标、建筑物逃生标志牌、手表指针、钓鱼灯等照明之用。

9.4.4 核能供热(暖)

在世界能源结构上,用于低温(如供暖等)的热源占总热耗量的一半左右,这部分热多由直接燃煤取得,给环境造成严重污染。

1964年苏联提出了核能供热的技术方案,不论是核原料生产堆、还是研究堆,在完成主要生产、研究任务的同时都会产生大量的热,而且必须利用散热系统将这些热量散发出去,如果将散热系统和供暖系统结合起来,就可以在寒冬时节给生产、生活场所进行供暖,可谓一举两得。后来陆续发展了以供热为主要功能或重要功能的核能热电厂、低温核供热堆和漂浮式核能热电厂。其中,低温核供热堆在低温、低压下工作,反应堆结构简单、造价低且安全性高。漂浮式核能热电厂主要为孤立的海岛供电、供热。核能供热代替大量的燃煤供暖可大大减少烟尘的排放。

由于核能供热经济、安全、清洁,因而在国际上受到广泛的重视。德国、法国、瑞士、加拿大等国也都进行过核供热堆的研究与开发。中国于20世纪80年代初期开始研发核能供热反应堆,2017年中核集团的“燕龙”400 MW 供热堆完成演示论证。在我国能源结构中,近70%的能量是以热能形式消耗的,而其中约60%是120 ℃以下的低温热能,所以发展核反应堆低温供热,对缓解运输紧张、净化环境、减少污染等方面都有十分重要的意义。

9.4.5 核能制氢

氢是一种高热值、无污染、不产生温室气体的能源载体,氢能被认为是21世纪理想的二次能源。

目前,常用的制氢方法有甲烷重整(SMR)、水电解、生物质转化、石油部分氧化、煤或生物质的热解或气化等,工业上占主导地位的是SMR和水电解两种方法。

使用甲烷等化石燃料制氢存在环境污染和温室效应问题,而水电解制氢消耗电能较大,因此想要实现氢能源生产和利用的无污染、零排放,必须寻找可持续利用的、洁净的并且成本低廉的一次能源。而核能正好满足上述要求,有可能成为今后制氢的一次能源。

核能制氢技术主要有电解水制氢、热化学制氢两类。利用核电电解水制氢是核能制氢的一种方式,已经得到实际应用,但这种方式能耗高($4\sim6\ kW\cdot h\cdot m^{-3}$)、效率低(制氢总效率30%左右)。相比于核电电解制氢,利用反应堆中核裂变过程产生的高温直接用于热化学制氢这种技术具有更高的制氢总效率(>50%)，因此该技术已经得到了广泛的研究。

热化学制氢基于热化学循环，使水在 800～1 000 ℃进行催化热分解，制取氢和氧。使用该方法的关键之一是利用反应堆中核裂变所产生的低成本高温热源作为热化学循环制氢的热源。20 世纪 70 年代后，美国、日本、欧盟等投入几十亿美元，开发出了 100 多种热化学循环流程，其中由美国 GA 公司首先开发的碘硫(IS)循环和日本东京大学提出的 UT-3 循环被认为是最优流程。IS 循环于 2004 年建成了一套产氢量为 50 $NL \cdot L^{-1}$ 的台架装置。

由于热化学制氢具有效率较高、无温室气体排放的优点，随着研究的不断深入，在解决了高温下设备腐蚀等问题后，它将是一种理想的大规模制氢方式。

9.4.6 核能淡化海水

我国淡水总量 2.7 万亿 m^3，排世界第六，但人均占有量仅为世界平均水平的 25%，排世界第 110 位，是联合国认定的 13 个最贫水的国家之一。我国目前有 300 多个城市缺水，每年缺水量达 400 亿 m^3，而通过多年超量采用地下水使得目前地下淡水资源也日渐匮乏，发展海水淡化就成为取得淡水资源、改善水资源结构的迫切需要。

海水淡化的主要方法是蒸馏法和膜分离法，其中蒸馏法是海水淡化工业化装置的主要方法。然而采用蒸馏法淡化海水本身要消耗大量能源，如何提高效能比是推动蒸馏法淡化海水大规模发展的关键。核能用于海水淡化主要利用反应堆的热能，这和核能供暖的思路相似，将核电站或低温核反应堆与海水淡化厂结合，利用核电站的余热给海水淡化的蒸馏装置供热，或者直接利用低温核反应堆为整流装置提供蒸汽。低温核反应堆的优势如核能供热章节所述。

9.4.7 核能的其他应用

除上述核能应用外，核能还有着其他的应用，如开凿运河、建造洞库、轰炸可能撞击地球的小行星等。

核能的广泛应用，在解决人类赖以生存的环境、资源，以及保护地球免受宇宙小行星撞击灾难等人类社会可持续发展上发挥着重要的作用。

9.5 核能的可持续发展

核能的广泛利用，极大地促进了世界经济的迅速发展和人类生活水平的提高。特别是核聚变电站的开发，将永久解决困扰人类社会发展的能源问题。在核聚变能未开发应用之前，还需要大力发展核裂变能，以缓解目前及今后很长一段时间内全球能源供应紧张的状况。尽管相对于化石燃料，核裂变发电具有成本低、相对清洁等优点，但它也带来了不少难以解决的问题。

9.5.1 目前核能发展面临的难题

大量高放废物的处理与处置、铀资源的匮乏是制约核裂变发电的两大世界性难题。核裂变能要实现可持续发展，必须要解决这两个主要问题。

1. 大量放射性废物的处理与处置

核电在世界范围内复苏后，许多国家都大力发展核电。大量核电站的运行产生了巨大的放射性废物。如何处理和处置这些放射性废物成为困扰世界核电发展的一个难题。

目前,全世界的核设施每年卸出的乏燃料大约 1.05×10^4 t(金属质量),全球累计存量已经达到 1.30×10^5 t(金属质量)。据推算,世界上现有的核反应堆排出的核废物将达到 2.5×10^5 t(金属质量),其中 2.9×10^3 t 为超铀元素,1.15×10^4 t 为裂变产物,2.356×10^5 t 为铀。这些核废物中含有大量的 U、Pu、次锕系元素(MA)和裂变产物(FP),其中的锕系元素(如 Pu、Np、Am 和 Cm 等)和长寿命裂变产物(LLFP)构成了对地球生物和人类环境主要的长期放射性危害。目前,全球乏燃料的工业后处理能力是 3.9×10^3 t · a^{-1},只占每年产生量的 1/3。其处理也只是进行铀的回收、军用钚的提取,其他的锕系元素及长寿命裂变元素仍保留在放射性废物中。由于目前在全世界范围内还没建成一座可靠的深地质处置库,因此大部分乏燃料仍暂时存放在暂存库里。

核电产生的大量放射性废物势必会给公众带来巨大的心理压力,苏联的切尔诺贝利核电站事故、美国三哩岛核电站事故,以及日本福岛核电站事故的阴影,让人们对高放射性废物的处理与处置的安全性、可靠性还心存顾虑。这一问题如不能妥善解决,将制约核能的持续发展。

为此,近几十年世界各国都投入了大量的人力、物力和财力进行安全处置高放废物的研究。自 2000 年以来,俄罗斯、美国以及国际原子能机构先后发出各种与核燃料处理有关的倡议,如在 2003 年 IAEA 全体会议上总干事巴拉迪提出的多边核能合作方案(Multilateral Nuclear Approaches,MNA)即对核燃料循环(包括铀浓缩、后处理和乏燃料处置)实行多国合作方式、2005 年俄罗斯提出的所谓"普京倡议"或全球核能基础设施(Global Nuclear Power Infrastucture,GNPI)倡议、2006 年美国能源部发布全球核能合作伙伴(Global Nuclear Power Partnership,GNPP)倡议等,这些倡议的目的是在防止核扩散的前提下,通过世界各国相互合作,解决目前困扰世界各核能发展强国的核废物处理、处置问题。

2. 目前世界的核电规模及铀贮量

截至 2020 年 1 月 1 日,全世界核电装机总容量为 392 GWe(442 台并网发电机组),年需铀量 6.8×10^4 t~7.2×10^4 t。预测到 2025 年,世界核电装机总容量为 449 GWe~533 GWe,若仅以压水堆(PWR)计,年需铀量 8.2×10^4 t~ 1.0×10^5 t。按 60 a 寿期计算,总需铀量为 4.9×10^6 t~6.0×10^6 t。

2004 年,世界范围已探明的铀储量中回收成本≤ 80$/kg 的铀储量为 3.804×10^6 tU,回收成本≤ 130$/kg 的铀储量为 4.743×10^6 t;待查明铀资源约 1.3×10^7 t。也就是说,按现在的消费能力,世界上已探明的铀储量仅能维持全部核电机组大约 60 a 的正常运行,即使算上待查明资源,也仅能维持世界上全部核电机组正常运行 200 年左右。在核聚变电能开发成功之前,铀资源的短缺势必影响到核电的后续发展。

解决上述问题,需要采取以下措施:

①加大投资,进一步探明铀矿储量;

②发展先进核能系统,以充分利用铀、钍资源,并减少高放射性废物的产生;

③加强其他可再生能源,如聚变能、太阳能的开发与利用。

在聚变能实际应用之前,一方面得加大铀矿探查力度,另一方面应大力发展先进的核能系统,以保证核能的可持续发展。

9.5.2 目前的乏燃料处理方式

目前正在实施的乏燃料处理方式有两种,即"一次性通过"方式和"后处理"方式。

1.“一次性通过”方式

“一次性通过”方式，是指将乏燃料元件经长时间冷却、包装后，整体作为废物送入建于深地层中的永久储存库进行最终处置。该种核废物最终处置方式的概念比较简单，而且费用可能较低、核扩散的风险小，但大量的核资源（铀和钚）被埋入地下，天然铀利用率很低。同时，由于乏燃料中包含了所有的放射性核素，其中部分核素放射性强、发热量大、毒性大、半衰期长，需要将它们与人类生存环境长期、可靠地隔离。但这些核素要在深地质处置过程中衰减到低于天然铀矿的放射性水平，需要 10 万年以上（图 9-15 中的曲线 1）。由于深地质层地质环境的复杂性、各种包装材料的可靠性等因素影响，这种处置方式对环境安全的长期威胁极大，公众的认可度低。

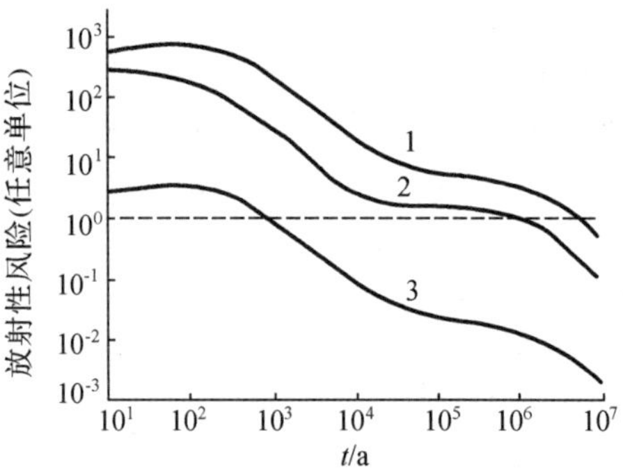

1—乏燃料直接处置；2—回收 99.5%铀和钚；3—回收 99.5%锕系元素。

图 9-15　不同燃料循环方式下核废物长期放射性风险

“一次性通过”方式采用的是高放射性废物地质处置，这是一个极其复杂的系统工程，它涉及工程、地质、水文地质、化学、环境安全等众多学科领域，是集基础、应用、工程等学科为一体的综合性的攻关项目。

自美国科学家 1950 年提出高放废物地质处置的设想到现在已经有 70 多年的历史，“地质处置”已从原来的概念设想、基础研究、地下实验研究，进入到处置库场址预选，少数国家如芬兰、美国、中国已进入确定场址的阶段。在过去 10 年，高放废物地质处置研究已取得重要进展。但直到现在世界上仍没建成一个高放废物地质处置库，全球的高放废物仍保存在暂存库中。

2. 后处理方式

与“一次性通过”方式相比，“后处理”技术已在工业规模上证明其安全有效性。它从 20 世纪 70 年代开始已经在若干国家成功运行，并且其技术还在不断改进中。

目前，乏燃料的后处理主要采用普雷克斯流程（Purex 流程）。采用该流程，可将乏燃料中的 U、Pu 提取出来进行再循环，以充分利用铀资源，而长寿命裂变产物和次锕系元素进入高放射性废液，通过水泥固化等技术将高放废物做成稳定的固化块如硅硼酸盐玻璃，送入深地质层永久储存库进行处置。

尽管目前的后处理方式可实现 U、Pu 的再循环，但长寿命裂变产物和次锕系元素仍留在高放射性废液中，在深地质处置时仍需与地质圈隔离 10^6 a 才能达到环境放射性水平。也就是说，目前的后处理方式仍没有解决高放废物带来的环境问题。

9.5.3　建立先进的核燃料循环体系，保证核能的可持续发展

从图 9-15 中曲线 2、曲线 3 可知，深地质处理的放射性风险主要来源于高放废物中的次锕系元素（MA）和长寿命裂片元素（LLFP）。若将这些 MA 和 LLFP 从高放废物中分离出来，剩余的放射性废物制成玻璃固化废物存放 1 000 a 后，其放射性毒性即可降至天然铀矿水平。如果再将分离出的 MA 和 LLFP 通过嬗变使之转变成短寿命或稳定核素，则可将核能生产给

环境可能造成的放射性危害降到很低的程度(图 9-15 曲线 3)。同时,在 MA 嬗变过程中所释放的能量也可以利用,从而进一步提高铀资源的利用率。由此,形成了先进的燃料循环体系概念(图 9-16)。

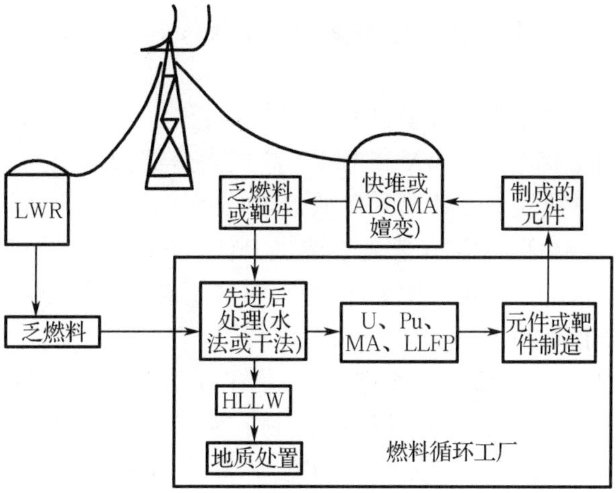

图 9-16 先进核燃料循环系统概念图

先进燃料循环体系是指将热堆燃料循环与快中子堆或加速器驱动系统(accelerator-driven system,ADS)结合,在实现 U、Pu 的闭路循环的同时,实现 MA 及 LLFP 的嬗变。

与现有的燃料循环体系相比,先进燃料循环体系中燃料循环过程将进一步简化,可在满足快堆燃料循环要求的前提下采用"一循环"Purex 流程,在低 FP 去污因子下将 U 和 Pu 同时从乏燃料中分离出来,制成快堆用混合氧化物燃料,再利用快堆将 ^{238}U 增殖为易裂变的 ^{239}Pu,从而使得铀的利用率更高、核电经济性更好(投资费用减少 1/2~1/3)、防核扩散能力更强(低 FP 去污)。同时,燃料循环过程中产生的 MA、LLFP 在快堆或 ADS 中燃烧或嬗变,可以减少其长期放射性危害,保证环境安全。因此,先进燃料循环体系还具有核废物产生量小等特点。建立先进的燃料循环体系是实现核能可持续发展的必要条件。

需要注意的是,尽管先进燃料循环体系极大地消除了长寿命核素的放射性危害,但最终仍不可避免地会产生需要地质处置的强放射性废物。

从上面的论述可知,先进燃料循环体系是建立在先进的乏燃料后处理技术和先进的核反应堆或加速器驱动系统上的,其中分离是先进燃料循环体系的关键。

1. 发展先进后处理技术

未来燃料循环发展的最重要的趋势是实现向锕系(Pu、U、MA)完全再循环,即所谓的先进燃料循环的转变。实施先进燃料循环不仅可以提高铀资源的利用率,而且有助于解决最受公众关注的高放废物的安全处置问题。在先进燃料循环的实施中,通过次锕系(MA)的分离-嬗变(P/T)使核废物与生物圈隔离的时间缩短到 1 000~1 500 a(图 9-10 曲线 3)。同时,除锕系的完全再循环外,还应对乏燃料中其他有毒、长寿命核素如 ^{90}Sr、^{137}Cs、^{99}Tc 等进行分离,使之得到控制或再利用。

发展先进的后处理技术、建立包括高放废液处理以及长寿命核素嬗变在内的先进核燃料循环体系已经成为目前全球研究的热点。先进后处理技术,包括能适应高燃耗、短冷却期的乏燃料后处理技术、分离次要锕系的先进水法分离技术、快堆乏燃料后处理的先进干法技术等,这也是未来发展的先进燃料循环技术的主要研究内容之一。其中,三价锕系元素与镧系元素之间的良好分离是“分离-嬗变”核燃料循环必须解决的问题。

由于目前的乏燃料后处理主要是针对 U、Pu 的回收建立的,不涉及 MA 及 LLFP 的分离,因此无法满足先进燃料循环体系的要求,有必要开展先进后处理技术的研究。

(1)水法后处理的改进

目前,先进后处理有两种技术方案,即全分离方案和“后处理-高放废物分离”方案。全分离方案是指从乏燃料中将 U、Pu、MA 和 LLFP 等核素全部分离出来的全新分离流程,该方案实施难度较大。另一种是“后处理-高放废物分离”方案,即所谓的“后处理-分离”(reprocessing-partitioning,R-P)方案。它是在改进 Purex 流程(如增加 Np、Tc 等的分离)的基础上,从高放废物中分离出三价 MA,并实现镧系、锕系元素之间的分离。

①水法后处理流程的改进研究

目前,国际上对常规 Purex 流程的改进,主要是在分离 U、Pu 的基础上,强化 Np 和 Tc 等的分离,改进并加强对 ^{14}C 和 ^{129}I 气体排放的控制。如日本 JAER 开发的先进 Purex 流程-PARC(partitioning conundrum key)流程、日本 JNC 开发的用无盐试剂从 Purex 流程中提取 Np 的方法、英国 BNFL 与俄罗斯镭研究所合作开发的“一循环”Purex 流程等。

上述基于常规 Purex 流程的各种改进方案,其优点是只需对成熟的 Purex 流程的工艺稍加调整即可实现,再在现有商用后处理厂附近建设从 HLLW 中分离 MA 的工厂,就能实现核素的全分离。所以,该方案技术比较成熟、易于实现、投资费用较低。目前,各国大都沿着这一思路开展研究。

②从高放废物中分离 MA

提取 U、Pu 后的高放废液里含有放射性毒性很大的三价 MA(主要是 Am 和 Cm),其分离比较复杂,它还包括锕系、镧系元素之间的分离。由于在高放废液中镧系元素的含量比锕系元素高一个数量级,并且三价的锕系、镧系元素的化学行为极为相似,所以两者的分离极其困难。

自 20 世纪 70 年代以来,各国开发了 20 多个从高水平液体废物 HLLW 中分离 MA 的流程,但比较有代表性的流程只有 4 个:美国提出的 TRUEX 流程、中国原子能科学研究院提出的 TRPO-Cyanex 301 流程、日本的 DIDPA-TALSPEAK 流程和法国的 DIAMEX-SESAME 流程。

在上述四个流程中,国际上公认较好的流程是 DIAMEX 流程和 TRUEX 流程。德国超铀元素研究所 B Sätmark 等用真实料液进行了几个典型分离程的热实验。实验结果表明,对于从 Purex 流程高放废液中共萃 MA 和镧系,双酰胺是最好的萃取剂,它不仅不需调料,还因只含 C、H、O、N 而可彻底焚烧。对于 An(Ⅲ)与 Ln(Ⅲ)之间的分离,BTP(双三嗪吡啶)是最好的萃取剂,其分离系数高,且不需对料液调酸,在连续逆流萃取情况下,可使 Am/Cm 产品中的镧系的含量低于 1%。

总之,从 HLLW 中分离 MA 的工作,各国仍处于实验室研究阶段,An/Ln 分离处于探索性研究阶段。实现工业应用至少还需要 10 a 以上的努力。在 An/Ln 分离方面,需继续寻找高效的分离方法并尽量减少二次废物的产生(要求尽量采用无盐试剂)。

(2)干法后处理

动力堆燃料燃耗的进一步加深,以及出于核燃料循环的经济性考虑缩短乏燃料冷却时间的要求,都将导致待处理的乏燃料的辐射增强,从而使以有机溶剂为萃取剂的水法后处理难以胜任。干法后处理又成为一个颇为活跃的研究领域。目前，正在积极开发干法后处理研究的国家有美国、俄罗斯、日本、法国、印度和韩国。

干法后处理先将氧化物燃料经氯化处理为氯化物熔盐，在高温条件下进行电化学处理，对目标核素选择性分离。与水法后处理相比，干法后处理的优点如下：

①采用的无机盐介质具有良好的耐高温和耐辐照性能；

②工艺流程简单，设备结构紧凑，具有良好的经济性；

③试剂循环使用，废物产生量少；

④Pu 与 MA 一起回收，有利于防止核扩散。

但是，干法后处理的技术难度很大：元件的强辐照要求整个过程必须实现远距离操作；需要严格控制气氛，以防水解和沉淀反应；结构材料必须具有良好的耐高温和耐腐蚀性能等。

目前，大多数国家在干法后处理方面尚处于实验室研究阶段，只有美国已完成实验室规模（50 g 重金属）和工程规模（10 kg 重金属）的模拟实验，正在着手准备中试规模（约 100 kg 重金属）的热实验。

2. 发展快堆技术，实现^{238}U、^{232}Th 的快堆增殖

热堆核电站产生的乏燃料经后处理提取的铀和钚，如果返回热堆中循环使用，则铀资源的利用率仅能提高 2~3 倍。由于地球上^{235}U 资源有限，限制了以燃烧^{235}U 为主的热堆电站的发展规模及运行时间。由于乏燃料及天然铀矿中^{238}U 占大多数，只有在快中子堆（快堆）中多次循环，将大部分^{238}U 燃烧掉，才能使铀资源利用率提高几倍（表 9-6），核废物的体积和毒性降低 10 倍以上。这意味着，采用快堆技术及其相应的先进核燃料闭合循环，可以使地球上已知常规铀资源利用几千年。正因为如此，以美国为首的国际“第四代”核能系统技术发展路线图将快堆及其燃料循环列为核能发展的主要方向，并制定了核能发展的可持续目标：废物最小化和实现废物的安全管理；最大限度利用资源。俄罗斯总统普京也曾在新千年峰会上倡议发展快堆核能系统，足见核裂变能的可持续发展寄厚望于快堆及其燃料闭合循环。

表 9-6　不同堆型、不同燃料循环方式时铀的利用率

堆型	处理方式	铀利用率/%
压水堆	“一次通过”	0. 45
压水堆	后处理，U、Pu 循环	1
压水堆、快堆	后处理，U、Pu 在快堆中再循环	60~70

此外，地球上钍资源相当丰富，其地质储量是铀资源的 4 倍，所能提供的能量大约相当于铀、煤和石油全部储量的总和。^{232}Th 不是易裂变材料，但它在快中子作用下增殖为易裂变的^{233}U。而^{233}U 在更宽的中子能谱范围内有着比^{235}U、^{239}Pu 优越的核性质，它的热中子寄生俘获小于^{235}U、^{239}Pu、锕系废物，尤其是超铀元素产生量小，Th-U 循环可在热堆中实现高转换比（接近 1）。同时，由于^{232}Th(n,2n)反应后产生的^{232}U 及其子体核素发出强 γ 射线（如铊-208 的 γ 射线能量为 2. 6 MeV），使得钍循环内在的防核扩散能力强。

基于以上原因，利用快堆-热堆技术，开展 Th-U 循环研究，将有助于长期缓解核电资源匮乏的问题。

3. 长寿命裂变产物及锕系元素的嬗变

嬗变是指通过吸收中子，重原子发生裂变或散裂等核反应，使长寿命核素转变成短寿命或稳定核素。可提供中子源的嬗变设施包括热中子堆、快中子堆和 ADS。

通过分离-嬗变(P-T)处理中、长寿命高放废物的概念是在 20 世纪 60 年代提出的。在 20 世纪 70 年代,美国、英国等国家曾对 P-T 开展了广泛探索性研究。但由于受当时技术水平限制,P-T 研究一直存在着较大的争议,某些国家对 P-T 技术用于核废物处理甚至得出了否定结果,P-T 研究一度转入低潮。随着反应堆技术、加速器技术、后处理和分离等技术的发展,以及深地层处置研究中暴露出的复杂性和远期风险的不确定性等原因,特别是 20 世纪 80 年代末和 90 年代初法国和日本分别提出 SPIN(separation-incineration)计算和 OMEGA(options making extra gains of actinide and fission products generated in nuclear fuel reprocessing)计划以后,分离-嬗变研究在全世界重新得到重视,并取得了较大进展。通过快堆、聚变-裂变混合堆、散裂中子源次临界堆嬗变处置核废物的工作相继开展起来。

高放废物的 P-T 能否达到消除远期风险的目的,关键在于对长寿命高放废物分离的干净程度。不管嬗变效率多高,嬗变多彻底,最后残留毒性决定于分离的丢失率。如丢失率为 1%,最后残留毒性则不会小于 1%。嬗变效率越差,循环次数越多,残留毒性越高。

采用何种堆型进行 MA 及 LLFP 的嬗变影响到先进核能系统的组成及最终放射性废物量。目前,开展嬗变研究所用的中子源有热中子堆、快中子堆及 ADS。比较系统地进行嬗变研究的主要国家为法国、日本、俄罗斯和美国。

(1)长寿命裂变产物的嬗变

乏燃料中的长寿命裂变产物主要有^{99}Tc、^{129}I、^{89}Sr、^{107}Pa、^{135}Cs、^{137}Cs、^{93}Zr、^{151}Sm 等核素。在这些核素中,^{151}Sm 在热中子谱中为强中子吸收体,很容易在堆内烧掉;^{107}Pa、^{135}Cs、^{137}Cs、^{93}Zr 等由于放射性活度较低,可进行稀释排放处理;放射性活度最高、毒性最强的^{89}Sr、^{137}Cs 由于其热中子俘获截面太小,不易嬗变(中子注量率 10^6~10^7 $cm^{-1}\cdot s^{-1}$ 时才能嬗变),但由于其半衰期相对较短,约 30 a,可以将其长时间放置,待其衰变成稳定的^{90}Zr 和^{137}Ba。^{99}Tc 和^{129}I 这两种核素寿命长、毒性大、容易迁移并渗透到生物圈,必须进行嬗变处理。由于这两个核素具有较大的热中子俘获截面,在超热中子谱中可有效嬗变,其年嬗变率可分别达到 5%和 10%。

(2)锕系核素的嬗变

锕系核素通过(n,γ)、(n,2n)、(n,3n)等嬗变,其产物仍然是锕系核素,只有通过裂变反应才能嬗变成裂变产物。

乏燃料中的锕系元素,只有少数是易裂变核素,如^{239}Pu、^{241}Pu 在热中子谱中裂变截面大,而其他核素的裂变截面远远小于中子俘获截面。因此,热堆中的嬗变以热中子俘获为主,嬗变时产生的锕系废物往往比通过裂变嬗变的多,并且一些新生的 MA 如^{244}Cm 的高毒性使得多级循环几乎无法操作。只有在热堆中热中子很富足时,方可通过多次中子俘获后再裂变。所以在热堆中不能有效地嬗变锕系核素。

对于锕系元素只有利用快中子照射,提高裂变份额,才能实现高效率的嬗变。例如,经一次循环后,Np 的嬗变率为 40%~50%,其结果是减少了^{237}Np 的长期放射性危害,但产生了高毒性的^{238}Pu;经一次循环,Am 的嬗变率为 73%,产生了以中长寿命毒物^{238}Pu 和^{240}Pu 为主的混合核素。用 Pu 作燃料的快中子堆在嬗变 MA 的同时,一部分 Pu 将通过中子俘获产生新的 MA,所以在快堆中,在相当长时间内存在 MA 的消长平衡。

在快堆中嬗变 MA 时,因堆芯反应性的提高而使堆安全性下降,所以快堆中加入 MA 的量一般不能超过燃料总量的 21.5%。在 ADS 中嬗变 MA,由加速器所驱动的次临界装置确保了良好的安全性。如前所述,在快堆嬗变过程中,因新的 MA 的产生而导致长期的 An 消长平衡,而在 ADS 嬗变 MA 时,由于裂变份额极高,几乎不产生新的更重的 MA。研究表明,ADS 的嬗变能力比快堆高一个数量级。尽管 ADS 的嬗变能力高,但它在安全和长期稳定运行方面尚存在许多问题。该技术通向实用的道路仍然漫长,并且开发 ADS 耗资巨大。不过作为 ADS 研究方面处于领先地位的美国,最近认为,加速器嬗变废物(ATW)的希望与挑战并存。

必须指出,不论是快堆还是 ADS,都不能消灭而只能减少 MA 和 LLFP。所以,地质处置仍然是不可避免的,只是待处置的高放废物量大大减少。

从上面的论述可知,先进的核燃料循环系统要实现废物最小化、资源利用最大化,必须具备先进的后处理技术(U、Pu、MA 及 LLFP 的分离)和先进的核反应堆技术(快堆或由加速器驱动的核能系统,用于^{238}U、^{232}Th 的增殖和 MA、LLFP 的嬗变),也只有建立了先进的核燃料循环系统才可能实现核能的可持续发展。

9.5.4 铀资源匮乏问题的解决策略

面对陆地上铀原料的不足,人们将目光转向海洋,浩瀚的海洋中蕴含约 45 亿吨天然铀,可供 1000 台百万千瓦级核电机组使用 10 万年,因此世界科学家提出了海水提铀的策略。海水提铀的难点首先在于海水中铀的浓度极低(约为 3.3 mg/m^3),其次在于海水中大量 K^+、Na^+、Ca^{2+}、Mg^{2+}等离子的干扰。在已提出的吸附法、萃取法、离子交换法、沉淀法、生物转换法和电化学提取法等多种技术方法中,吸附法最具发展前景。吸附法的关键在于高选择性、高吸附容量、易洗脱、循环利用性能好、抗海洋生物污染的吸附材料的设计制备,如日本开发的含偕胺肟基的聚丙烯纤维材料、美国开发的含偕胺肟基的高比表面积的空心齿轮状聚乙烯纤维、我国开发的含偕胺肟基和聚六甲基盐酸胍的聚丙烯纤维材料。当前海水提铀尚未进入工业化生产,一旦获得突破,将为裂变能的长期使用解决源头问题。

习　题

9-1　简述核电站的工作原理。

9-2　简述核聚变约束的种类及原理。

9-3　为什么说核聚变是取之不尽的清洁能源?

9-4　试论述如何实现核能的可持续发展。

9-5　已知质子和中子结合成氘核时的质量亏损为 $0.004\ 0\times10^{-27}$ kg,则此过程中释放出的能量为多少?已知 $c=2.997\ 9\times10^{8}\ \mathrm{m\cdot s^{-1}}$,$1\ \mathrm{eV}=1.602\ 2\times10^{-19}$ J。

9-6　静止的锂核^5_3Li 在俘获一个中子后,生成一个氚核和一个 α 粒子,并释放 4.8 MeV 的能量:(1) 写出核反应方向式;(2) 计算反应过程中的质量亏损。

附　　录

附录 A　国际单位制(SI)单位

1. SI 基本单位

表 A-1　SI 基本单位名称及相应符号

量的名称	单位名称	基本符号
质量	千克(公斤)	kg
长度	米	m
时间	秒	s
电流	安[倍]	A
热力学温度	开[尔文]	K
物质的量	摩[尔]	mol
发光强度	坎[德拉]	cd

2. SI 导出单位

表 A-2　SI(包括 SI 辅助单位)导出单位

量的名称	SI 导出单位		
	名称	符号	用 SI 基本单位和 SI 导出单位表示
频率	赫[兹]	Hz	$1\ \text{Hz}=1\ \text{s}^{-1}$
力	牛[顿]	N	$1\ \text{N}=1\ \text{kg}\cdot\text{m/s}^2$
压力,压强,应力	帕[斯卡]	Pa	$1\ \text{Pa}=1\ \text{N/m}^2$
能[量],功,热量	焦[耳]	J	$1\ \text{J}=1\ \text{N}\cdot\text{m}$
功率,辐[射能]通量	瓦[特]	W	$1\ \text{W}=1\ \text{J/s}$
电荷[量]	库[仑]	C	$1\ \text{C}=1\ \text{A}\cdot\text{s}$
电阻	欧[姆]	Ω	$1\ \Omega=1\ \text{V/A}$
电导	西[门子]	S	$1\ \text{S}=1\ \Omega^{-1}$
电容	法[拉]	F	$1\ \text{F}=1\ \text{C/V}$
摄氏温度	摄氏度	℃	1 ℃ = 1 K
磁通[量]	韦[伯]	Wb	$1\ \text{Wb}=1\ \text{V}\cdot\text{s}$
磁通[量]密度,磁感应强度	特[斯拉]	T	$1\ \text{T}=1\ \text{Wb/m}^2$
[放射性]活度	贝可[勒尔]	Bq	$1\ \text{Bq}=1\ \text{s}^{-1}$
吸收剂量	戈[瑞]	Gy	$1\ \text{Gy}=1\ \text{J/kg}$
剂量当量	希[沃特]	Sv	$1\ \text{Sv}=1\ \text{J/kg}$

3. SI 单位的倍数单位

表 A-3　构成十进制数和分数单位的常见 SI 词头

因数	词头名称(英文)	词头名称(中文)	符号
10^{24}	yotta	尧[它]	Y
10^{21}	zetta	泽[它]	Z
10^{18}	exa	艾[可萨]	E
10^{15}	peta	拍[它]	P
10^{12}	tera	太[拉]	T
10^{9}	giga	吉[咖]	G
10^{8}	—	亿	—
10^{6}	mega	兆	M
10^{4}	—	万	—
10^{3}	kilo	千	k
10^{2}	hecto	百	h
10^{1}	deca	十	da
10^{-1}	deci	分	d
10^{-2}	centi	厘	c
10^{-3}	milli	毫	m
10^{-6}	micro	微	μ
10^{-9}	nano	纳[诺]	n
10^{-12}	pico	皮[可]	p
10^{-15}	femto	飞[母托]	f
10^{-18}	atto	阿[托]	a
10^{-21}	zepto	仄[普托]	z
10^{-24}	yocto	幺[科托]	y

附录 B 法定计量单位

表 B-1 可与国际单位制并用的主要法定计量单位

量的名称	单位名称	单位符号	与 SI 单位的关系
时间	年 日,(天) [小]时 分	a d h min	1 a=365 d=3.153 600×10^7 s 1 d=24 h=8.64×10^4 s 1 h=60 min=3.6×10^3 s 1 min=60 s
长度	千米 分米 厘米	km dm cm	1 km=10^3 m 1 dm=10^{-1} m 1 cm=10^{-2} m
平面角	度 分 秒	° ′ ″	1°=(π/180)rad 1′=(1/60)° 1″=(1/60)′
质量	吨 克 原子质量单位	t g u	1 t=10^3 kg 1 g=10^{-3} kg 1 u≈1.660 540×10^{-27} kg
体积	升	L	1 L=1 dm^3=10^{-3} m^3
旋转速度	转每分	r/min	1 r/min=(1/60) s^{-1}
能[量]	电子伏[特]	eV	1 eV≈1.602 177×10^{-19} J
磁通密度	高斯	G	1 G=10^{-4} T
磁通	麦克斯韦	Mx	1 Mx =10^{-8} Wb
活度	居里	Ci	1 Ci=3.7×10^{10} Bq

附录 C 原子物理学和核物理学的量和单位

表 C-1 原子物理学、核物理学、电离辐射的量和单位

量的名称	符号	定义	单位名称	单位符号
质子数 原子序数	Z			
中子数	N			
质量数 核子数	A	$A=Z+N$		
元电荷	e	一个质子的电荷	库仑	C
普朗克常量	h	基本作用量子	焦[耳]秒	J·s
比活度	a	$a=A/m$	贝可[勒尔]每千克	Bq/kg

表 C-1(续)

量的名称	符号	定义	单位名称	单位符号
平均寿命	τ		秒 分 [小]时 日,(天) 年	s min h d a
衰变常量	λ	$\lambda=\tau^{-1}$	每秒	s^{-1}
辐射能	E_R		焦[耳] 电子伏	J eV
α 衰变能	Q_α		焦[耳] 电子伏	J eV
β 最大能量	E_β		焦[耳] 电子伏	J eV
β 衰变能	Q_β		焦[耳] 电子伏	J eV
宏观截面	Σ		每米	m^{-1}
反应能	Q		焦[耳] 电子伏	J eV
授[予]能	ε		焦[耳]	J
吸收剂量	D	$D=\mathrm{d}\varepsilon/\mathrm{d}m$	戈[瑞]	Gy
剂量当量	H	$H=DQN$	希[沃特]	Sv
照射量	X		库[仑]每千克	C/kg
粒子注量	Φ	$\Phi=\mathrm{d}N/\mathrm{d}a$	每平方米	m^{-2}
粒子注量率 (粒子通量密度)	φ	$\varphi=\mathrm{d}\Phi/\mathrm{d}t$	每平方米秒	$m^{-2}\cdot s^{-1}$
能注量	Ψ	$\Psi=\mathrm{d}E_R/\mathrm{d}a$	焦[耳]每平方米	J/m
能注量率 (能通量密度)	ψ	$\psi=\mathrm{d}\Psi/\mathrm{d}t$	瓦[特]每平方米	W/m

附录 D 基本物理常数

表 D-1 基本物理常数

物理量	符号	量值
真空中的光速	c	$2.997\ 924\times10^{8}$ m · s^{-1}
普朗克常量	h	$6.626\ 075\ 5\pm0.000\ 004\ 0)\times10^{-34}$ J · s
元电荷	e	$1.602\ 177\times10^{-19}$ C
电子质量	m_{e}	$9.109\ 390\times10^{-31}$ kg
质子质量	m_{p}	$1.660\ 540\times10^{-27}$ kg
中子质量	m_{n}	$1.674\ 929\times10^{-27}$ kg
原子质量单位	u	$1.602\ 177\times10^{-27}$ kg
标准大气压	atm	101 325 Pa
阿伏加德罗常数	N_{A}	$6.022\ 136\ 7\pm0.000\ 003\ 6\times10^{23}$ mol^{-1}
摩尔气体常数	R	8. 314 511 J/(kg · mol)
经典电子半径	r_{e}	$2.817\ 941\times10^{-15}$ m

附录 E 天然放射性核素

表 E-1 天然放射性核素

核素名称	核素符号	核素名称	核素符号	核素名称	核素符号
铊-207	$^{207}_{81}$Tl	铊-208	$^{208}_{81}$Tl	铊-210	$^{210}_{81}$Tl
铅-206	$^{206}_{82}$Pb	铅-207	$^{207}_{82}$Pb	铅-208	$^{208}_{82}$Pb
铅-210	$^{210}_{82}$Pb	铅-211	$^{211}_{82}$Pb	铅-214	$^{214}_{82}$Pb
铋-210	$^{210}_{83}$Bi	铋-211	$^{211}_{83}$Bi	铋-212	$^{212}_{83}$Bi
铋-214	$^{214}_{83}$Bi	钋-207	$^{207}_{84}$Po	钋-210	$^{210}_{84}$Po
钋-212	$^{212}_{84}$Po	钋-214	$^{214}_{84}$Po	钋-215	$^{215}_{84}$Po
钋-216	$^{216}_{84}$Po	钋-218	$^{218}_{84}$Po	氡-219	$^{219}_{86}$Rn
氡-220	$^{220}_{86}$Rn	氡-222	$^{222}_{86}$Rn	钫-223	$^{223}_{87}$Fr
镭-223	$^{223}_{88}$Ra	镭-224	$^{224}_{88}$Ra	镭-226	$^{226}_{88}$Ra
镭-228	$^{228}_{88}$Ra	锕-227	$^{227}_{89}$Ac	锕-228	$^{228}_{89}$Ac
钍-227	$^{227}_{90}$Th	钍-228	$^{228}_{90}$Th	钍-230	$^{230}_{90}$Th
钍-231	$^{231}_{90}$Th	钍-232	$^{232}_{90}$Th	钍-234	$^{234}_{90}$Th
镤-231	$^{231}_{91}$Pa	镤-234	$^{234}_{91}$Pa	铀-234	$^{234}_{92}$U
铀-235	$^{235}_{92}$U	铀-238	$^{238}_{92}$U		

附录F 元素周期表

族 / 周期	1 IA	2 IIA	3 IIIB	4 IVB	5 VB	6 VIB	7 VIIB	8	9 VIIIB	10	11 IB	12 IIB	13 IIIA	14 IVA	15 VA	16 VIA	17 VIIA	18 VIIIA	电子层
1	1 H $1s^1$ 1.008																	2 He $1s^2$ 4.003	K
2	3 Li $2s^1$ 6.941	4 Be $2s^2$ 9.012											5 B $2s^2 2p^1$ 10.811	6 C $2s^2 2p^2$ 12.011	7 N $2s^2 2p^3$ 14.007	8 O $2s^2 2p^6$ 15.999	9 F $2s^2 2p^7$ 18.998	10 Ne $2s^2 2p^8$ 20.180	L K
3	11 Na $3s^1$ 22.990	12 Mg $3s^2$ 24.305											13 Al $3s^2 3p^1$ 26.982	14 Si $3s^2 3p^2$ 28.086	15 P $3s^2 3p^3$ 30.974	16 S $3s^2 3p^4$ 32.065	17 Cl $3s^2 3p^5$ 35.453	18 Ar $3s^2 3p^6$ 39.948	M L K
4	19 K $4s^1$ 39.098	20 Ca $4s^2$ 40.078	21 Sc $3d^1 4s^2$ 44.956	22 Ti $3d^2 4s^2$ 47.867	23 V $3d^3 4s^2$ 50.942	24 Cr $3d^5 4s^1$ 51.996	25 Mn $3d^5 4s^2$ 54.938	26 Fe $3d^6 4s^2$ 55.845	27 Co $3d^7 4s^2$ 58.933	28 Ni $3d^8 4s^2$ 58.693	29 Cu $3d^{10} 4s^1$ 63.546	30 Zn $3d^{10} 4s^2$ 65.409	31 Ga $4s^2 4p^1$ 69.723	32 Ge $4s^2 4p^2$ 72.641	33 As $4s^2 4p^3$ 74.922	34 Se $4s^2 4p^4$ 78.963	35 Br $4s^2 4p^5$ 79.904	36 Kr $4s^2 4p^6$ 83.798	N M L K
5	37 Rb $5s^1$ 85.478	38 Sr $5s^2$ 87.621	39 Y $4d^1 5s^2$ 88.906	40 Zr $4d^2 5s^2$ 91.224	41 Nb $4d^4 5s^1$ 92.906	43 Mo $4d^5 5s^1$ 95.941	43 Tc $4d^5 5s^2$ 97.907	44 Ru $4d^8 5s^1$ 101.07	45 Rh $4d^8 5s^1$ 102.91	46 Pd $4d^{10}$ 106.42	47 Ag $4d^{10} 5s^1$ 107.87	48 Cd $4d^{10} 5s^2$ 112.41	49 In $5s^2 5p^1$ 114.82	50 Sn $5s^2 5p^2$ 118.71	51 Sb $5s^2 5p^3$ 121.76	52 Te $5s^2 5p^4$ 127.60	53 I $5s^2 5p^5$ 126.90	54 Xe $5s^2 5p^6$ 131.29	O N M L K
6	55 Cs $6s^1$ 132.90	56 Ba $6s^2$ 137.33	57-71 La-Lu 镧系	72 Hf $5d^2 6s^2$ 178.49	73 Ta $5d^3 6s^2$ 180.95	74 W $5d^4 6s^2$ 183.84	75 Re $5d^5 6s^2$ 186.21	76 Os $5d^6 6s^2$ 190.23	77 Ir $5d^7 6s^2$ 192.22	78 Pt $5d^9 6s^1$ 195.08	79 Au $5d^{10} 6s^1$ 196.97	80 Hf $5d^{10} 6s^2$ 200.59	81 Tl $6s^2 6p^1$ 204.38	82 Pb $6s^2 6p^2$ 207.21	83 Bi $6s^2 6p^3$ 208.98	84 Po $6s^2 6p^4$ 208.98	85 At $6s^2 6p^5$ 209.99	86 Rn $6s^2 6p^6$ 222.02	P O N M L K
7	87 Fr $7s^1$ 223.02	88 Ra $7s^2$ 226.03	89-103 Ac-Lr 锕系	104 Rf $6d^2 7s^2$ 261.11	105 Db $6d^3 7s^2$ 262.11	106 Sg $6d^4 7s^2$ 263.12	107 Bh $6d^5 7s^2$ 264.12	108 Hs $6d^6 7s^2$ 265.13	109 Mt $6d^7 7s^2$ 266.13	110 Ds (269)	111 Uuu (272)	112 Uub (277)	113 Unt	114 Fl (289)	115 Uup	116 Lv (289)	117 Dus	118 Uuo	Q P O N M L K

镧系	57 La $5d^1 6s^2$ 138.90	58 Ce $4f^1 5d^1 6s^2$ 140.12	59 Pr $4f^3 6s^2$ 140.71	60 Nd $4f^4 6s^2$ 144.24	61 Pm $4f^5 6s^2$ 144.91	62 Sm $4f^6 6s^2$ 150.36	63 Eu $4f^7 6s^2$ 151.96	64 Gd $4f^7 5d^1 6s^2$ 157.25	65 Tb $4f^9 6s^2$ 158.92	66 Dy $4f^{10} 6s^2$ 162.50	67 Ho $4f^{11} 6s^2$ 164.93	68 Er $4f^{12} 6s^2$ 167.26	69 Tm $4f^{13} 6s^2$ 168.93	70 Yb $4f^{14} 6s^2$ 173.04	71 Lu $4f^{14} 5d^1 6s^2$ 174.97
锕系	89 Ac $6d^1 7s^2$ 227.03	90 Th $6d^2 7s^2$ 232.04	91 Pa $5f^2 6d^1 7s^2$ 231.04	92 U $5f^3 6d^1 7s^2$ 238.03	93 Np $5f^4 6d^1 7s^2$ 237.05	94 Pu $5f^6 7s^2$ 244.06	95 Am $5f^7 7s^2$ 243.06	96 Cm $5f^7 6d^1 7s^2$ 247.07	97 Bk $5f^9 7s^2$ 247.07	98 Cf $5f^{10} 7s^2$ 251.08	99 Es $5f^{11} 7s^2$ 252.08	100 Fm $5f^{12} 7s^2$ 257.10	101 Md $5f^{13} 7s^2$ 258.10	102 No $5f^{14} 7s^2$ 259.10	103 Lr $5f^{14} 6d^1 7s^2$ 260.11

参考文献

[1] 李星洪. 辐射防护基础[M]. 北京:原子能出版社,1982.

[2] 王祥云,刘元方. 核化学与放射化学[M]. 何建王,魏连生,译. 北京:北京大学出版社,2007.

[3] 涅斯米扬诺夫 A H. 放射化学[M]. 何建王,魏连生,译. 北京:原子能出版社,1985.

[4] 肖伦. 放射性同位素技术[M]. 北京:原子能出版社,2000.

[5] 邓启民,李茂良,程作用. 利用医用同位素生产堆生产^{89}Sr[J]. 同位素,2007,20(3):185-188.

[6] CHUVILIN D Y, KHVOSTIONOV V E, MARKOVSKIJ D V, et al. Production of ^{89}Sr in solution reactor[J]. Applied Radiation and Isotopes,2007,65:1087-1094.

[7] LUO H M, DAI S, BONNESEN P V, et al. Separation of fission products based on ionic liquids:task-specific ionic liquids containing an aza-crown ether fragment [J]. Journal of Alloys and Compounds,2006,418:195-199.

[8] COCALIA V A,HOLBREY J D,GUTOWSKI K E,et al. Separations of metal ions using ionic liquids:the challenges of multiple mechanisms [J]. Tsinghua science and technology,2006, 11:188-193.

[9] LEGEAI O, DILIBERTO S, STEIN N, et al. Room-temperature ionic liquid for lanthanum electrodeposition [J]. Electrochemistry Communications,2008,10:1661-1664.

[10] HEITZMAN H,YOUNG B A,RAUSCH D J,et al. Fluorous ionic liquids as solvents for the liquid-liquid extraction of metal ions by macrocyclic polyethers[J]. Talanta, 2006, 69: 527-531.

[11] 吴伦强,韦孟伏. 辐射探测技术在核保障中运用简述[J]. 核电子学与探测技术,2005, 25(4):442-448.

[12] 吉昂,陶光仪,卓尚军,等. X射线荧光光谱分析[M]. 北京:科学出版社,2003.

[13] 柴之芳. 活化分析基础[M]. 北京:原子能出版社,1982.

[14] 高能物理所中子活化分析实验室. 中子活化分析在环境学、生物学和地学中的应用[M]. 北京:原子能出版社,1992.

[15] 刘培楠. 仪器分析及其在分子生物学中的应用(第3册)[M]. 北京:科学出版社,1978.

[16] 丁大钊,叶春堂,赵志祥,等. 中子物理学:原理、方法与应用(下册)[M]. 北京:原子能出版社,2003.

[17] 庞巨丰,迟云鹏,钟振伟. 现代核测井技术与仪器[M]. 北京:石油工业出版社,1998.

[18] 吴世旗,金山,郑华. 核技术在大庆油田生产测井中的应用[J]. 国外测井技术,2003, 18(6):26-31.

[19] 陈福利,柴细元,金勇,等. 放射性核素示踪注水剖面污染校正研究[J]. 测井技术, 2003,27(6):528-533.

[20] 谢荣华. 生产测井技术应用与发展[M]. 北京:石油工业出版社,1998.